普通高等教育“十四五”规划教材

炉外精炼技术

Secondary Refining Technology

李晶　主编

北京
冶金工业出版社
2023

内容提要

炉外精炼是钢铁产品质量保证的重要手段，也是整个钢铁生产流程高效、稳定、顺行的保证，在产品结构的优化调整、促进洁净钢及高附加值产品生产中发挥了不可替代的作用。本书在介绍国内外各种炉外精炼技术的基础上，详细阐述了国内钢铁企业常用炉外精炼技术，包括LF、VD、RH、AOD/VOD，并注重将炉外精炼基础理论、最新成果、前沿技术、工艺装备、智能化控制和应用实践相互融合。

本书可作为冶金工程专业和金属材料科学与工程专业本科及研究生的教材，也可作为钢铁企业培训和高职高专学生学习参考资料，还可供从事钢铁冶金及材料开发的工程技术人员参考。

图书在版编目(CIP)数据

炉外精炼技术/李晶主编．—北京：冶金工业出版社，2023.8
普通高等教育“十四五”规划教材
ISBN 978-7-5024-9644-9

Ⅰ.①炉… Ⅱ.①李… Ⅲ.①炉外精炼—高等学校—教材 Ⅳ.①TF114

中国国家版本馆CIP数据核字(2023)第192865号

炉外精炼技术

出版发行	冶金工业出版社	**电　　话**	(010)64027926
地　　址	北京市东城区嵩祝院北巷39号	**邮　　编**	100009
网　　址	www. mip1953. com	**电子信箱**	service@ mip1953. com

责任编辑　刘小峰　曾　媛　美术编辑　彭子赫　版式设计　孙跃红
责任校对　王永欣　责任印制　禹　蕊
三河市双峰印刷装订有限公司印刷
2023年8月第1版，2023年8月第1次印刷
787mm×1092mm　1/16；20.5印张；498千字；318页
定价49.00元

投稿电话　(010)64027932　投稿信箱　tougao@cnmip. com. cn
营销中心电话　(010)64044283
冶金工业出版社天猫旗舰店　yjgycbs. tmall. com
（本书如有印装质量问题，本社营销中心负责退换）

前　言

炉外精炼在产品结构的优化调整、促进洁净钢及高附加值产品生产中发挥了不可替代的作用，不仅是钢铁产品质量保证的重要基础，也是整个钢铁生产流程高效、稳定、顺行的保证，现已发展成为功能齐全、系统配套、效益显著的钢铁生产主流技术。它与转炉、超高功率电炉、连铸技术的发展，互相依存，互相促进，同步发展，形成了现代钢铁生产流程。

本书在介绍国内外各种炉外精炼技术的基础上，详细阐述了国内钢铁企业常用炉外精炼技术，包括LF、VD、RH、AOD/VOD，并注重将炉外精炼基础理论、最新成果、前沿技术、工艺装备、智能化控制和应用实践相互融合。

全书共八章：

第1章介绍炉外精炼的发展、分类和功能，阐明炉外精炼的基本原理及工艺；

第2章从非真空精炼、真空精炼角度，简要介绍了国际上出现的所有炉外精炼工艺、设备和精炼效果，叙述了包括喷粉和喂线的喷射冶金工艺技术；

第3章介绍LF精炼技术的发展、工艺及设备，分析了LF精炼过程钢液洁净度控制技术，包括氧含量控制技术、夹杂物控制技术、硫含量控制技术和回磷控制技术，阐明了LF精炼过程窄成分控制和气体含量控制原理及影响因素，明确了LF精炼过程影响钢液温度的因素，提出了LF精炼全自动化控制技术；

第4章介绍VD精炼工艺、设备及精炼效果，阐明了VD精炼过程深脱硫、气体含量控制和锰烧损的原理及影响因素，建立了VD精炼温度控制工艺模型并分析了影响VD精炼过程钢液温度的因素；

第5章介绍RH精炼工艺、设备及其发展情况，阐明了RH精炼过程深脱碳理论及影响脱碳的因素，分析了影响RH精炼过程氧含量、夹杂物、硫含量及磷含量等洁净度控制和气体含量控制因素，阐述了RH精炼全自动化控制；

第6章介绍了AOD精炼工艺、技术发展及其在不锈钢冶炼过程的作用，说明脱碳保铬的原理及相关控制措施，阐明了AOD精炼过程洁净度控制和气体含量控制原理及影响因素，阐述了 AOD 精炼过程碳含量、氮含量及钢液温度控制模型；

第 7 章介绍 VOD 精炼技术发展、工艺及设备，说明脱碳保铬的原理及相关控制措施，阐明了 VOD 精炼过程洁净度控制及气体含量控制原理及相关技术，阐述了 VOD 精炼过程钢液成分及温度控制模型；

第 8 章说明了炉外精炼设备的选型依据，比较分析了 LF-RH/RH-LF 及 LF-VD 精炼工艺的特点及其对产品质量的影响。

本书可作为冶金工程专业和金属材料科学与工程专业本科及研究生的教材，也可作为钢铁企业培训和高职高专学生学习参考资料，还可供从事钢铁冶金及材料开发的工程技术人员参考。

北京科技大学史成斌教授参与了第 6 章编写，北京科技大学闫威副教授编写了第 7 章，还参与编写了第 8 章部分内容，并对全书内容进行了初步整理。

在本书编写过程中，得到了李斌、崔博、崔博轩、张相棗、黄飞、童为硕等多名博士与硕士研究生的帮助，北京科技大学支持了本书的项目立项和教材建设经费资助，北京科技大学教务处和绿色低碳钢铁冶金全国重点实验室对本书的出版给予了支持，在此致以真诚的感谢。编写过程中查阅了大量资料，参考过程中可能出现的遗漏，敬请谅解。

目前国内炉外精炼图书的侧重点各具特色，本书在取材和论述方面也必然存在不足之处，敬请广大读者批评指正。

李　晶

2023 年 7 月 28 日

目　录

1 炉外精炼技术及其理论基础

内容提要

本章介绍了炉外精炼技术的产生、发展及其在我国的发展和完善，说明了炉外精炼技术的分类和在钢铁流程中的作用。从炉渣作用、钢液搅拌、加热及真空处理四个方面，阐述了炉外精炼的理论基础。

1.1 炉外精炼技术的产生与发展

1.1.1 炉外精炼技术的产生

炉外精炼（二次精炼）是指初炼炉（转炉、电炉或其他熔化炉）炼钢结束后，利用另一台冶金设备（如钢包）以更加优化的方式，完成初炼炉原有但较难高效率和高质量完成的部分功能，以更加经济、有效的方法，改进钢液的物理与化学性能的冶金技术。它包括以下两个方面：

（1）在钢包或熔炼炉（如LF）中，调整钢液温度、成分、气体含量，进一步去除有害元素与夹杂物，达到钢液洁净、均匀、稳定的目的。

（2）在中间包中，促进气体与夹杂物上浮，稳定全浇铸过程的钢液温度（也称中间包冶金）；在结晶器中去除钢中夹杂物，促进形核，均匀结晶，达到铸坯洁净化和均质化的目的。

本书介绍的炉外精炼技术主要指第一方面的内容。

炉外精炼技术最初是为了解决初炼炉不能顺利生产、必须用成本高及生产率低的电渣重熔技术或其他特种熔炼方法生产某些高质量品种钢的问题，现在已成为生产一般初炼炉冶炼达不到的高质量品种钢不可缺少的独立工艺环节，在钢铁工业流程中占有重要地位。

炉外精炼技术是建立在对钢铁生产流程深入解析的基础上，选择有效性与经济性相结合的方法来完成相关的冶金任务。因此，炉外精炼技术是流程中各工序冶金功能在优化基础上的分解与重新组合，使原来由初炼炉中完成的部分冶金功能，逐一分别在不同的冶金容器中完成，虽然增加了工序环节，但是可以完善和优化钢铁生产工艺流程、实现钢铁生产流程各工序有效衔接匹配、协调生产节奏、优化衔接炼钢与连铸界面、缩短初炼炉炼钢过程时间，是钢铁生产流程高效、稳定、顺行的保证。炉外精炼技术与转炉、超高功率电炉、连铸技术的发展，互相依存，互相促进，同步发展，形成了现代钢铁生产流程。

炉外精炼也是钢铁产品最终质量保证的基础，可以减少磷、硫等有害元素含量，降低氢、氧、氮等有害气体含量和内生、外来夹杂物含量。对钢质量要求的不断提高，以及连铸钢品种增加、效率不断提高，促进了钢液炉外精炼技术迅速发展。炉外精炼技术快速发展、广泛应用适应连铸技术迅速发展的客观要求，不仅满足了连铸生产对优质钢液的质量要求，大大提高了铸坯的质量，而且在温度、成分及时间节奏的匹配上起到了重要的协调和完善作用，可以定时、定温、定品质地提供连铸钢液，使连铸坯生产工艺更加稳定、减少工艺与质量事故的作用更为明显，部分品种不经过精炼，根本不能进行连铸生产，炉外精炼成为稳定连铸生产的重要工序，在很大程度上也促进了连铸生产的优化。

1.1.2 炉外精炼技术的发展

20 世纪 30~40 年代，炉外精炼技术就在提高钢质量、扩大品种方面表现出明显的作用。30 年代开始应用合成渣洗精炼钢液，进行脱硫和去夹杂。40 年代初出现了真空模铸技术。

50 年代中后期，由于大功率蒸汽喷射泵技术的突破，相继发明了钢包内钢液提升脱气法（DH）及循环脱气法（RH）。

60 年代和 70 年代，由于洁净钢生产、连铸稳定生产和扩大品种钢的需求，发明了各种钢液炉外精炼方法，成为大部分品种钢生产和全面提高质量不可缺少的手段，奠定了吹氩技术作为各种炉外精炼技术基础的地位和作用，特别是新日铁大分厂实行全部钢液 RH 处理、全连铸生产具有划时代意义。炉外精炼技术正式形成了真空和非真空两大系列。真空处理技术中有：用于超低碳不锈钢生产的 VOD-VAD 技术，用于不锈钢和轴承钢生产的有电弧加热、带电磁搅拌和真空脱气的 ASEA-SKF 技术；日本新日铁公司为了提高超低碳钢的生产效率，发明了吹氧脱碳升温的 RH-OB 技术[1]。非真空处理技术中有：用于低碳不锈钢生产的氩氧精炼炉 AOD、配合取消还原期的超高功率电炉生产的 LF 钢包炉技术、配套发展起来的 VD 技术（虽然 VD 技术早在 50 年代就已应用于生产，但与 LF 配套才得以迅速发展）、喷射冶金技术（包括 SL、TN、KTS、KIP 等）、合金包芯线技术、加盖和加浸渍罩的吹氩技术（包括 SAB、CAB、CAS 等）。

进入 80 年代以来，炉外精炼技术水平已成为现代钢铁生产流程水平与钢铁产品高质量水平的标志，其发展也朝着功能更全、效率更高、冶金效果更佳的方向完善与发展。这一时期主要发展起来的炉外精炼技术有 RH-KTB（相似的还有 RH-MFP、RH-O 等）、RH-IJ 真空深脱磷、RH-PB 及 WPB 真空深脱硫、V-KIP 技术。

发展至今，炉外精炼技术已成为功能齐全、系统配套、效益显著的钢铁生产主流技术，特别是以洁净钢生产为中心适应连铸时间节奏要求的强化炉外精炼技术，主要包括快速脱氧与去夹杂，快速深脱硫，快速脱氮和防止吸氮，精准温度控制和成分窄窗口控制等，对新一代钢铁材料的生产具有重要的保证作用。在优化功能、提高效率等各方面，炉外精炼技术仍需不断优化与完善。

1.1.3 我国炉外精炼技术的发展与完善

我国炉外精炼技术始于 20 世纪 50 年代中后期至 60 年代中期，开发利用高碱度合成渣在出钢过程对轴承钢钢液脱硫、采用钢包静态真空脱气（VD）和真空处理装置（DH）精炼电工硅钢等钢种。

60年代中期至70年代，炉外精炼技术在特钢企业和机电、军工行业有了一定的发展。引进了一批真空精炼设备，还消化吸收及试制了一批国产的真空处理设备，钢包吹氩精炼也在首钢等企业投入生产应用。

80年代，国产LF钢包精炼炉、喂合金包芯线设备与技术、铁水喷粉脱硫、钢液喷粉精炼技术得到了初步的发展。宝钢引进了现代化的大型RH装置及KIP喷粉装置，实现了RH-OB的生产应用；首钢和宝钢引进了KTS喷粉装置、齐齐哈尔钢厂引进了SL喷射冶金技术和设备、宝钢和太钢分别引进了铁水“三脱”技术和装备等。引进的炉外精炼设备，在推动和优化我国钢铁生产流程、开发高质量钢材品种方面发挥了重要作用。

90年代初，随着现代电弧炉流程和连铸技术的发展以及对钢铁产品质量日益严格的要求，我国炉外精炼技术得到了迅速发展，技术开发和在生产中的应用更加系统化、规范化，明确“立足产品、合理选择、系统配套、强调在线”发展炉外精炼技术基本方针[1]。立足产品是指选择炉外精炼方法时，最根本的是以生产的产品质量要求为基本出发点，确定哪些产品需要进行何种炉外处理；合理选择是指在选炉外精炼方法时，要结合产品质量要求，考虑精炼方式与生产规模、工序衔接匹配的合理性、经济性，分层次地选择相应的炉外精炼方法，并合理地优化工艺布置；系统配套是指严格按各工序间的配套要求，使前后工序配套完善，保证炉外精炼功能的充分发挥和生产过程正常、持续进行；强调在线是指在合理选择炉外精炼方法的前提下，从加强经营管理入手，把炉外处理技术纳入分品种的生产工艺规范中去，保证在生产中正常运行。

90年代，还在当时国家经贸委和冶金部的主持下，组织了“八五”国家重大引进技术消化吸收项目“炉外精炼技术”攻关，项目起点高、内容全，坚持消化吸收与开发相结合、科研与技改相结合和工程设计、生产工艺与装备制造相结合原则，系统研究了包括RH多功能真空精炼技术、LF钢包精炼技术、CAS-OB加热精炼技术、SRP中磷铁水预处理技术、炉外精炼用耐火材料技术、炉外精炼检测与控制技术等6大技术，取得了广泛应用于生产的产业化成果，不仅推动了我国炉外精炼技术的发展，也在某些方面赶上了国际先进水平，为21世纪我国炉外精炼技术的高水平、快速发展奠定了基础。

目前，在高炉—铁水预处理—复吹转炉—炉外精炼—连铸、电炉—炉外精炼—连铸的现代化工艺流程，炉外精炼在产品结构的优化调整、促进洁净钢及高附加值产品的生产中，起到了不可替代的重要作用，是优质高效、节能降耗、降低生产成本的可靠保证。为了进一步提高现代炉外精炼装备的生产效率及冶金效果，达到与连铸的良好衔接匹配，必须不断优化自身流程，提高初炼炉以及下游各衔接工序之间过程管理的自动化水平，加强冶金效果的在线监测及控制模型应用等工作。

我国已拥有高水平炉外精炼装备，但软件控制技术与国外相比存在明显的差距，不能充分发挥其功能与生产效率，特别是智能化控制技术还需开发和应用。智能化手段与钢铁冶炼过程的全面结合已经成为工艺改进趋势。建立在智能化控制手段之上的炼钢生产工艺具有更加精确的工艺特性，便于企业实现对于钢液精炼流程的有效控制，确保灵活调整现有的钢液加热温度，顺利完成相应的搅拌操作以及合金温度调节操作[2]。炉外精炼技术走向智能化阶段，还需要有技术人才的支持，钢铁企业必须要加强对工作人员信息能力的培养力度，确保相关工作者可以灵活操纵计算机，促使炉外精炼智能化工作效能得到提升[3]。

1.2 炉外精炼及其在钢铁生产流程中的作用

1.2.1 炉外精炼的分类

不同炉外精炼方法实现的功能和侧重点不同，但是无论哪种方法都力争创造完成某种精炼任务的最佳热力学和动力学条件，例如在创造良好冶金反应动力学条件方面，采用真空、吹氩、喷粉、各种搅拌等炉外精炼方法，增大传质系数，扩大反应界面。炉外精炼方法有 30 多种（图 1-1），主要分真空和非真空两大类，实现的功能包括脱硫、脱碳、脱氮、脱氧，减少非金属夹杂物，改变夹杂物形态，均匀温度和微调成分等。

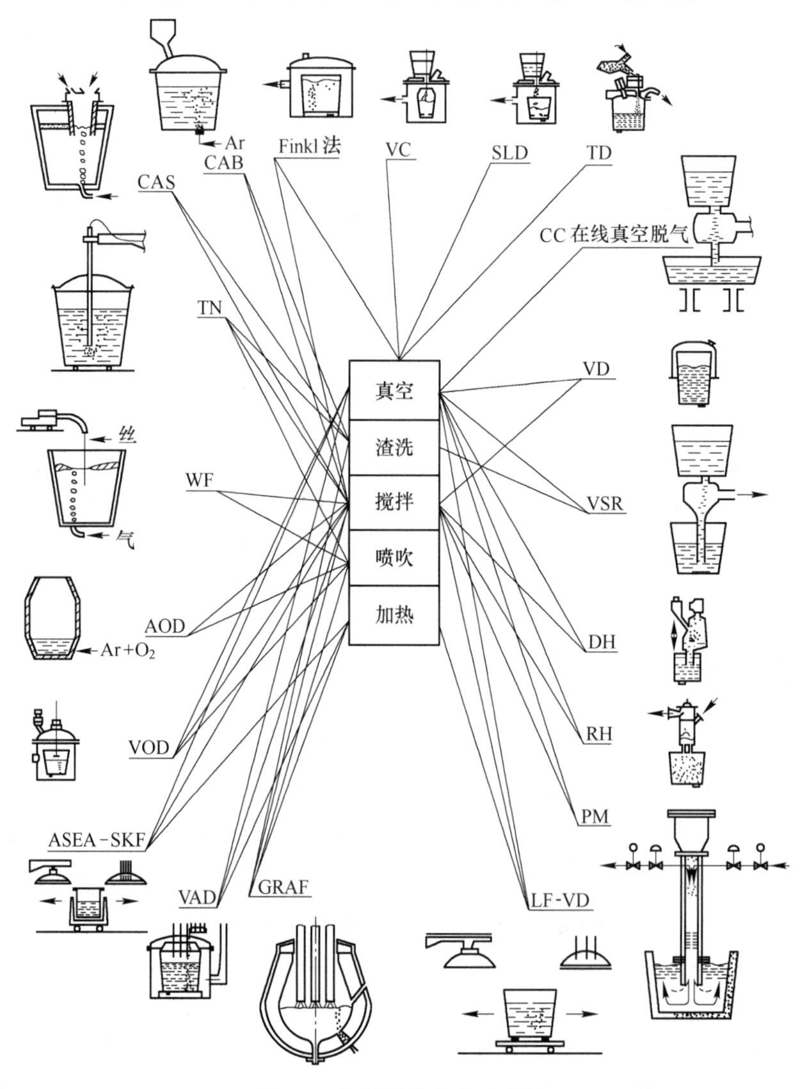

图 1-1 炉外精炼方法示意图

炉外精炼方法中，渣洗和吹氩搅拌是最简单的精炼手段，LF 精炼是最常用的非真空精炼手段，真空处理是目前应用的高质量钢精炼的手段，其中 RH 和 VD 最为常用，AOD 和 VOD 分别是冶炼不锈钢常用的非真空及真空精炼手段。图 1-1 中所示的炉外精炼方法开发时间与国别、实现的功能如表 1-1 所示。

表 1-1　主要炉外精炼方法的分类、开发及实现功能

分类		名称	开发时间与国别	实现的功能
真空（或气体稀释）精炼法	真空脱气法	BV（倒桶法） VC（真空浇铸） SLD（倒包法） VD（真空罐内钢包脱气法） DH（提升脱气法） TD（出钢过程真空脱气法） 连续真空处理法（CVD） VSR（真空渣洗精炼法） RH（真空循环脱气法） RH-OB RH-KTB RH-PB RH-PTB RH-MFB	1952 年，联邦德国 1952 年，联邦德国 1952 年，联邦德国 1952 年，联邦德国 1956 年，联邦德国 1962 年，联邦德国 1971 年，苏联 1974 年，苏联 1958 年，联邦德国 1968 年，日本 1986 年，日本 1987 年，日本 1994 年，日本 1992 年，日本	脱氢、脱氮、脱氧、去除夹杂物
真空（或气体稀释）精炼法	不锈钢冶炼的真空脱碳法	VOD（真空吹氧脱碳法） VODC（转炉真空吹氧脱碳法）	1965 年，联邦德国 1976 年，联邦德国	真空脱碳保铬，适用于超低碳不锈钢和低碳钢的精炼
真空（或气体稀释）精炼法	真空加热	ASEA-SKF（真空电磁搅拌+电弧加热） VAD（真空埋弧加热去气法）	1965 年，瑞典 1967 年，美国	钢液升温、脱氧、脱硫
真空（或气体稀释）精炼法	气体稀释精炼	AOD（氩、氧混吹脱碳法） CLU（气、氧混吹脱碳法）	1968 年，美国 1973 年，法国	降碳保铬，适用于超低碳不锈钢和低碳钢的精炼
非真空精炼法	合成渣渣洗	液态合成渣洗（液态） 固态合成渣洗 预熔渣渣洗	1933 年，法国	脱氧、脱硫、去除夹杂物
非真空精炼法	搅拌	GAZAL（钢包吹氩法） CAB（带盖钢包吹氩法） SAB（密封吹氩法）	1950 年，加拿大 1965 年，日本 1965 年，日本	去夹杂、均匀成分和温度
非真空精炼法	喷粉	IRSID（钢包喷粉） ABS（弹射法） TN（蒂森法） SL（氏兰法） WF（喂线法）	1963 年，联邦德国 1973 年，日本 1974 年，联邦德国 1976 年，瑞典 1976 年，日本	脱氧、脱硫、去除夹杂物
非真空精炼法	加热	LF（电弧加热） CAS-OB（化学加热） IR-UT（化学加热）	1971 年，日本 1982 年，日本 1986 年，日本	钢液升温、脱氧、脱硫

炉外精炼技术主要是由真空处理（或气体稀释）、渣洗、搅拌、喷吹（包括喷粉或喂线）、加热等五种精炼技术的不同组合，如图 1-2 所示。

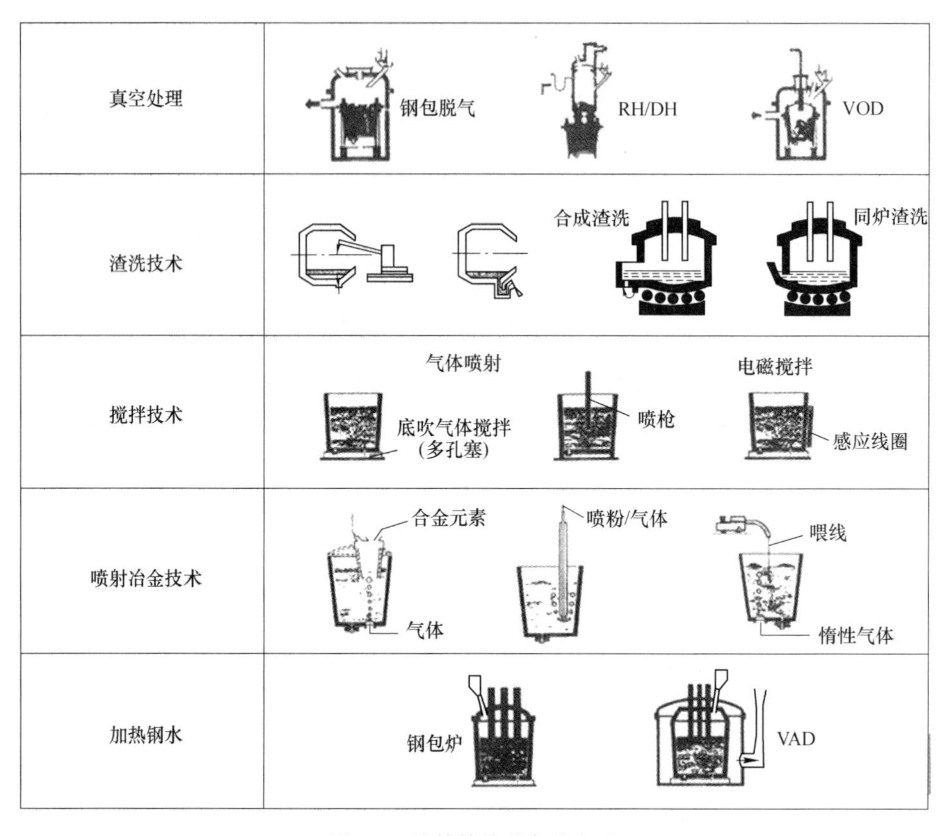

图 1-2　炉外精炼的各种方法

（1）真空处理（或气体稀释）技术。在真空下冶炼，同时浇铸也在真空下进行。相继出现有真空自耗电弧炉、电子束熔炼炉用以生产一些高质量的金属产品及特殊钢的重熔[4]。目前用得最广的是将钢液置于真空室内（或向熔炼设备中吹入惰性气体），如 VD、真空循环脱气法 RH、真空氩氧脱碳法 VOD，由于真空作用（或气体稀释）使反应向生成气相方向移动，达到脱气、脱氧、脱碳等的目的。

（2）渣洗技术。渣洗包括合成渣洗法和同炉渣洗法。合成渣洗（Perrin 法或 synthetic slag）是指将事先配好（可在专门炼渣炉中熔炼）的合成渣倒入钢包内，利用钢流的冲击作用，使钢液与合成渣充分混合，完成脱氧、脱硫和去除夹杂物等精炼任务。同炉渣洗是指出钢时炼钢炉内钢液与炉渣混合进入钢包，利用钢渣的冲击作用，钢液与合成渣充分接触，完成脱氧、脱硫和去除夹杂物等精炼任务。

（3）搅拌技术。钢液搅拌是炉外精炼中最基本的手段。通过搅拌向钢包内的钢液-熔渣系统供给能量，使钢-渣产生运动，扩大反应界面，加速反应过程，提高反应速度，达到加速冶金反应、均匀钢液成分和温度的目的。搅拌包括气体搅拌、电磁搅拌、机械搅拌和重力引起的搅拌等几类，以气体搅拌和电磁搅拌较为常见。

（4）喷粉或喂线技术。通过喷枪喷吹固体材料（包括合金、脱氧剂和炉渣改质剂）或向钢包内喂入合金线，是将反应剂加入钢液内的一种手段。其冶金功能取决于精炼剂的种类，可以完成脱氧、脱硫、合金化和控制夹杂物形态等精炼任务，也有合金化的功能。

（5）加热调温技术。可以在钢包内加热钢液，调节钢液温度，使炼钢与连铸更好地衔接。加热方法主要有常压和真空电弧加热、化学加热。

1.2.2 炉外精炼在钢铁生产流程中的作用

炉外精炼在现代钢铁生产流程中的重要作用，主要表现在以下四个方面：

（1）提高冶金产品质量，扩大生产品种不可缺少的手段；

（2）优化冶金生产工艺流程，进一步提高炼钢生产效率、节能降耗、降低生产成本；

（3）保证炼钢—连铸—连铸坯热送或直接轧制高温连接优化的必要手段；

（4）优化重组钢铁生产工艺流程，独立的、不可替代的生产工序。

对钢铁产品生产而言，炉外精炼要完成以下任务：

（1）降低钢中氧、硫、氢、氮和非金属夹杂物含量，改变夹杂物形态，提高钢的纯净度；

（2）深脱碳，满足低碳或超低碳钢的要求；

（3）微调钢液成分，在低成本合金消耗的前提下，实现钢液成分的精准控制，并使合金均匀分布；

（4）调整钢液温度，实现满足连铸工艺的窄窗口温度控制。

为完成上述任务，一般要求炉外精炼设备具有熔池搅拌功能、钢液升温和控温功能、精炼功能、合金化功能、生产调节功能。但是，没有任何一种炉外精炼方法能完成上述所有任务，某一种精炼方法只能完成其中一项或几项任务。由于各厂条件和冶炼钢种不同，为了更有效地发挥炉外精炼的作用，一般是根据不同需要配置一至两种炉外精炼设备，向组合化、多功能精炼方向发展。这种多功能化的特点，不仅适应了不同品种生产的需要，提高了炉外精炼设备的适应性，还提高了设备的利用率、作业率，缩短了流程，在生产中发挥了更加灵活、全面的作用。

在满足各种炉外精炼技术客观要求的过程中，相关技术不断开发、完善。主要有各种挡渣（分渣）技术（如气动挡渣器、挡渣塞、挡渣球、偏心炉底出钢、转炉出钢口滑动水口等）和与之配套的示渣技术（电感型传感器、振动型传感器等）；高寿命钢液精炼用耐火材料及耐火材料的热喷补技术和装备；真空动密封技术与材料；以洁净钢炉外处理所需要的钢液中痕量元素分析技术为重点的先进冶金分析技术；以炉外处理为重点的计算机过程控制、生产管理和物流控制技术等。以上技术已成为炉外精炼系统工程技术中不可分割的重要组成部分，其完善与发展，推动着炉外精炼技术的进步。

炉外精炼技术的发展，具有不断促进钢铁生产流程优化重组的作用。LF 钢包精炼技术，促进了超高功率电弧炉生产流程优化；AOD/VOD 精炼技术实现了不锈钢生产流程优质、低耗、高效化的变革等，已成为现代钢铁生产先进水平的主要标志。

1.3 炉外精炼理论基础

1.3.1 炉外精炼过程炉渣的作用

1.3.1.1 熔渣脱氧的基础理论

当还原性渣与未脱氧（或脱氧不充分）的钢液接触时，熔渣中 FeO 含量远低于钢液中平衡氧含量 $w[O]$ 的数值，即：

$$w[O] > a_{FeO}/L_O \tag{1-1}$$

式中 a_{FeO}——熔渣中 FeO 的活度；

L_O——氧的分配系数。

钢液中溶解氧［O］经过钢-渣界面向熔渣内扩散，使钢液脱氧，直到 $w[O] = a_{FeO}/L_O$ 的平衡状态。

根据氧在钢液与熔渣间的质量平衡关系，降低熔渣中 FeO 活度（a_{FeO}）及增大渣量，可提高渣脱氧速率。渣洗精炼时，由于还原渣在钢液中乳化，钢渣界面大幅增大，同时强烈搅拌，使钢液中溶解氧［O］经过钢-渣界面向熔渣内扩散过程显著地加快。

LF 精炼时，钢液深脱氧后，熔渣中 FeO 含量大于钢液中 $w[O]$ 平衡的数值，即 $w[O] < a_{FeO}/L_O$，为避免渣中的氧向钢液中扩散，向渣面加入脱氧剂，降低渣中不稳定氧化物 FeO 和 MnO 含量，主要是降低渣中 FeO 含量（即 a_{FeO}），保持 $w[O] > a_{FeO}/L_O$。加入的脱氧剂包括 SiC、CaC_2、铝粒等，发生如下反应：

$$Al + 3/2(FeO) = 3/2Fe + 1/2(Al_2O_3) \tag{1-2}$$

$$Al + 3/2(MnO) = 3/2[Mn] + 1/2(Al_2O_3) \tag{1-3}$$

$$SiC + 3(FeO) = (SiO_2) + 3[Fe] + \{CO\} \tag{1-4}$$

$$SiC + 3MnO = 3[Mn] + SiO_2 + \{CO\} \tag{1-5}$$

$$CaC_2 + 3(FeO) = (CaO) + 3[Fe] + 2\{CO\} \tag{1-6}$$

$$CaC_2 + 3(MnO) = (CaO) + 3[Mn] + 2\{CO\} \tag{1-7}$$

用 CaC_2 降低渣中稳定氧化物时，当渣中 FeO 含量高时，生成的 CaO 与之反应生成含钙的铁酸盐，冲破了 CaC_2 表面形成的 CaO 层，保证反应进行；当渣中 FeO 含量低时，生成的 CaO 会在 CaC_2 表面形成壳，阻碍 CaC_2 的脱氧。

1.3.1.2 熔渣对夹杂物的吸附与去除

A 钢中夹杂物的上浮

钢液中加入脱氧剂后，会经历脱氧元素的溶解和均匀化、脱氧化学反应、脱氧产物的形核、脱氧产物的长大、脱氧产物的去除等过程。

从钢液中生成脱氧产物新相核心，其浓度必须达到饱和。脱氧产物的长大有四种形式，包括扩散长大、颗粒间相互扩散而凝聚长大、由于上浮速度差而碰撞凝集长大、由于钢液运动而碰撞凝集长大。如图 1-3 所示，扩散长大是钢液中加入脱氧剂后，脱氧产物晶核均匀地分布在钢液中，每个晶核以自己为中心形成一球形扩散区，每个脱氧产物核心在自己的扩散区长大，核心长大的速度与夹杂物初始半径、颗粒数以及氧的浓度有关。脱氧初期，氧的浓度差大，脱氧产物核心多，扩散长大有一定的重要性。

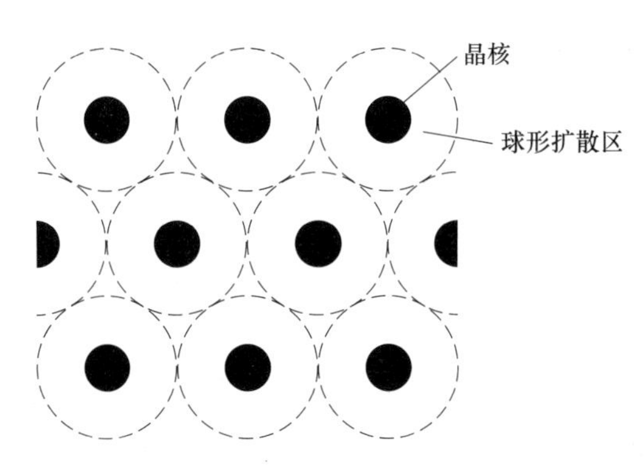

图 1-3 脱氧产物的扩散长大

颗粒间相互扩散而凝聚长大时小颗粒脱氧产物周围氧的浓度比大颗粒脱氧产物周围的浓度高，当颗粒大小不同的脱氧产物距离接近时，由于浓度差形成的扩散可使小颗粒消失而大颗粒长大。

夹杂物从钢中排除过程包括两个步骤：

（1）夹杂物从钢液内部迁移到金属-熔渣-气体或金属-炉衬相界面上；

（2）相界的迁移。所谓相界的迁移是夹杂物为了转移到第二相中去，必须打破原来存在于夹杂物表面的金属膜才有可能。如果夹杂物能冲破金属膜，接触到吸收夹杂物的熔渣或炉衬耐火材料，夹杂物就可从钢中排出。

以铝脱氧产生的 Al_2O_3 夹杂为例，只要 Al_2O_3 夹杂被具有一定流速的金属对流送到相界面上，润湿性很差的 Al_2O_3 夹杂便能安全无阻碍地通过隔离的金属膜，迁移到第二相中。相反，易于被金属润湿的夹杂物如硅酸盐类夹杂却不能随时冲破隔离的金属膜，这种夹杂物可能在相界上聚集，这样它又被金属流重新卷入金属液内部的可能性比 Al_2O_3 夹杂物大得多，所以 Al_2O_3 夹杂去除的限制性环节是 Al_2O_3 夹杂向熔池相界面迁移，而其他夹杂物则可能是相界面的迁移。

夹杂物上浮速度差而碰撞凝集长大是钢液与脱氧产物之间存在着密度差，因而产生上浮力。脱氧产物颗粒越大，上浮速度越快。在上浮过程中大颗粒和小颗粒脱氧产物碰撞的机会很多，可以凝集长大。

脱氧产物的去除一般采用斯托克斯公式说明。此式适合于钢液静止状态下研究夹杂物上浮速度，有一定局限性。

$$v = \frac{2g(\rho_m - \rho_s)r^2}{9\eta_m} \tag{1-8}$$

式中 v——夹杂物上浮速度，m/s；

g——重力加速度，$g=9.8\text{m/s}^2$；

ρ_m——钢液密度，$\rho_m=7\times10^3\text{kg/m}^3$；

ρ_s——夹杂物密度，$\rho_s=4\times10^3\text{kg/m}^3$；

r——夹杂物当量直径，m；

η_m——钢液黏度，$\eta_m=0.005\text{Pa}\cdot\text{s}$。

上浮速度与夹杂物和钢液之间的密度差成正比，与夹杂物尺寸的平方成正比，与钢液的黏度成反比。上浮速度与夹杂物直径的关系，如图 1-4 所示。

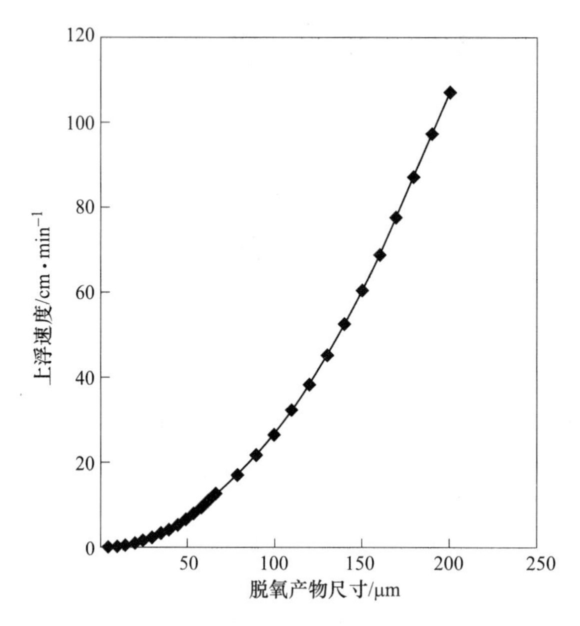

图 1-4 上浮速度与夹杂物直径的关系

B 熔渣对夹杂物的吸附作用

熔渣是氧化物熔体，夹杂物大都是氧化物，所以夹杂物比较容易溶解于熔渣中，这种溶解过程称为同化。钢中夹杂物进入熔渣并被吸收溶解的示意图，如图 1-5 所示。如果考虑界面能的作用，夹杂物应首先进入熔渣，然后在熔渣中溶解[5]。

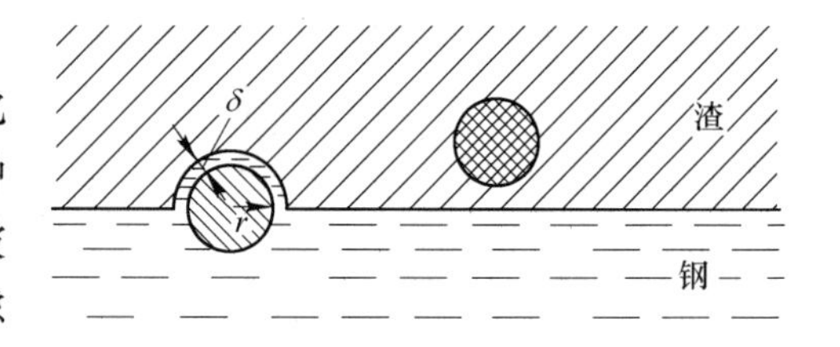

图 1-5 钢中夹杂物排入熔渣示意图

如果忽略溶解过程自由能的变化而仅考虑界面能的变化，得到式（1-9）：

$$4\pi r^2\left(\sigma_{i-s} - \sigma_{m-i} - \frac{1}{2}\sigma_{m-s}\right) < 0 \tag{1-9}$$

式中 r——夹杂物颗粒半径，m；

σ_{i-s}——夹杂物与熔渣间的界面张力，N/m；

σ_{m-i}——钢液与夹杂物间的界面张力，N/m；

σ_{m-s}——钢液与熔渣间的界面张力，N/m。

可见，当 σ_{i-s}越小，σ_{m-i}和 σ_{m-s}越大，夹杂物颗粒尺寸越大时，脱氧产物进入熔渣的自发趋势越大。熔渣与钢液接触，由于夹杂物与熔渣间的界面张力 σ_{i-s}远小于钢液与夹杂间的界面张力 σ_{m-i}，所以钢中夹杂物很容易被熔渣吸附去除。

1.3.1.3 熔渣脱硫技术

离子理论认为，参与脱硫反应的是渣中的（O^{2-}）。脱硫反应为：

$$[S] + (O^{2-}) = (S^{2-}) + [O] \tag{1-10}$$

反应平衡常数为：

$$K_S = \frac{a_{S^{2-}} a_{[O]}}{a_{[S]} a_{O^{2-}}} \tag{1-11}$$

硫在渣-钢间分配系数为：

$$L_S = (\%S)/[S] \tag{1-12}$$

$$L_S = K_S \frac{a_{O^{2-}} f_{[S]}}{a_{[O]} \gamma_{S^{2-}}} = K_S \frac{N_{O^{2-}} \gamma_{O^{2-}} f_{[S]}}{[\%O] f_{[O]} \gamma_{S^{2-}}} \tag{1-13}$$

不同学者通过实验得到的 K_S 与温度的关系式不同。

由式（1-13）可知，要使渣钢间硫分配比增加：增加 K_S 值，即提高温度；提高渣中氧活度 $a_{O^{2-}}$，即提高碱性氧化物含量，即要增加碱度；降低钢中氧活度 $a_{[O]}$，即降低钢液中溶解氧含量。

加强搅拌可以加快脱硫。出钢过程为了提高“渣洗”脱硫率，加入包底的精炼剂，应正对出钢口一侧，以强化钢液与脱硫剂的混冲效果，通过喷粉将合成渣吹入钢液也可大大加快脱硫反应。

1.3.2 炉外精炼中钢液搅拌技术

1.3.2.1 炉外精炼的搅拌方式

钢液搅拌主要包括气体搅拌、电磁搅拌、重力引起的搅拌、机械搅拌等四类。

（1）氩气搅拌。喷吹气体搅拌是应用较为广泛的钢液搅拌方法，也称为气泡搅拌，完成的冶金过程称为气泡冶金过程。气体搅拌最常用的是利用安装在钢包底部一个或几个透气砖（多孔塞）或采用浸入式喷枪向钢液吹入气体进行钢液搅拌。喷吹的气体主要是氩气，氩气是一种惰性气体，吹入钢液后既不参与化学反应，也不溶解。能否喷吹氮气取决于所炼钢种。气体搅拌的炉外精炼方法有钢包吹氩、CAB、CAS、VD、LF、GRAF、VAD、VOD、AOD、SL、TN 等。

（2）电磁搅拌。电磁搅拌就是在钢包外加磁场，利用电磁感应搅拌线圈产生的磁场引起钢液运动，均匀钢液温度及成分、促进钢-渣反应及非金属夹杂物的去除，实现提高钢液洁净度的目的。在去除钢液中气体及渣-钢混合方面，电磁感应搅拌不如氩气搅拌的效果好。ASEA-SKF 钢包精炼炉采用了电磁搅拌，美国的 ISLD（真空电磁搅拌脱气法）也采用了电磁搅拌。

（3）钢液重力引起的循环搅拌。RH、DH、READ 的搅拌方式是典型的钢液循环搅拌，是借助钢液重力作用引起的搅拌，也称吸吐搅拌。它是利用大气压力将钢包中被处理的钢液压入真空室，精炼后的钢液再借助于重力作用返回钢包，利用返回钢流的流动来搅动钢包中的钢液。

（4）机械搅拌。由钢流冲击或外加动力对钢液的搅拌，如渣洗的搅拌。

1.3.2.2 钢液搅拌的作用

钢液搅拌在炉外精炼中起着重要作用：

（1）去除夹杂物并促进渣钢反应。搅动的钢液增加了钢中非金属夹杂物碰撞长大的机会，特别是底吹氩气搅拌时，上浮的氩气泡不仅能够吸收钢中的气体，还会黏附悬浮于钢液中的夹杂，将黏附的夹杂物带至钢液表面而被渣层所吸收。大颗粒夹杂物比小颗粒夹杂物更容易被气泡捕获而去除，小直径的气泡捕获夹杂物颗粒的概率比大直径气泡高。因此，底吹氩去除钢中夹杂物的效率主要取决于氩气泡和夹杂物的尺寸以及吹入钢液的气体量。采用大搅拌功率吹氩，只能使气泡粗化，达不到有效去除夹杂物的目的。钢包弱搅拌和适当延长低强度吹氩时间，更有利于去除钢中夹杂物颗粒。对于大钢包，应增加底吹透气砖的面积，或使用双透气砖甚至多透气砖。相同氩气消耗量下，与双透气砖吹氩相比，单透气砖吹氩能产生更大的搅拌能。实际生产中，容量小于100t 的钢包炉大多采用单透气砖吹氩。

（2）实现钢包内钢液成分及温度混匀。钢液的搅拌实现了钢包内钢液成分和温度的混匀。混匀是指钢液成分或温度在精炼设备内处处相同，但这很难做到。一般说来，成分均匀时，温度也一定均匀，可以通过测量成分的均匀度来确定混匀时间 τ。混匀时间指在被搅拌的熔体中，从加入示踪剂到它在熔体中均匀分布所需的时间，是常用的描述搅拌特征的指标。

熔体搅拌得越剧烈，混匀时间就越短。由于大多数冶金反应速率的限制性环节是传质，所以混匀时间与冶金反应的速率有一定联系。常用单位时间内，向 1t 钢液（或 1 m^3 钢液）提供的搅拌能量作为描述搅拌特征和质量的指标，称为比搅拌功率，用符号 $\dot{\varepsilon}$ 表示，单位为 W/t 或 W/m^3。比搅拌功率太小，达不到精炼的目的；比搅拌功率太大，则会引起钢、渣卷混，甚至喷溅。

中西恭二总结了不同精炼方法，混匀时间（τ，s）与比搅拌功率的关系[6]：

$$\tau = 800\dot{\varepsilon}^{-0.4} \tag{1-14}$$

由式（1-14）可知，随着 $\dot{\varepsilon}$ 的增加，加快了熔池中的传质过程，缩短了混匀时间 τ，一般在 1~2min 内钢液即可混匀。混匀时间实质上取决于钢液的循环速度，以传质为限制性环节的冶金反应，可以借助增加 $\dot{\varepsilon}$ 的措施而得到改善。式（1-14）中的系数除了受搅拌功率影响外，还与熔池直径、吹入深度、被搅拌液体的性质、透气元件个数等因素有关。

钢包没有搅拌，钢包上、中、下部的钢液成分和温度是有差别的。以吹氩搅拌为例，如图 1-6 所示[7]，在没有吹氩搅拌的情况下，80t 钢包内钢液出现温度分层的现象，而且

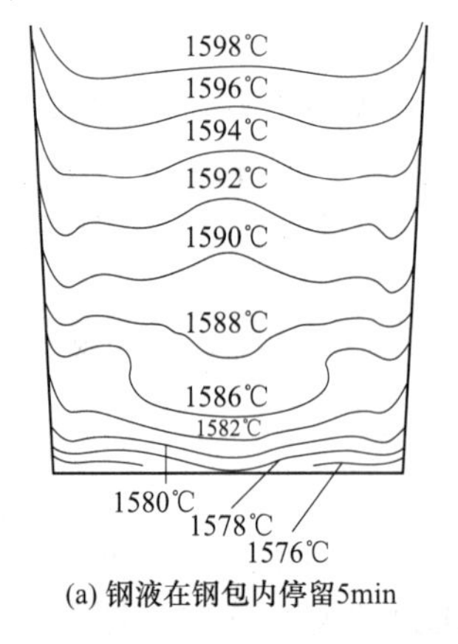

(a) 钢液在钢包内停留5min

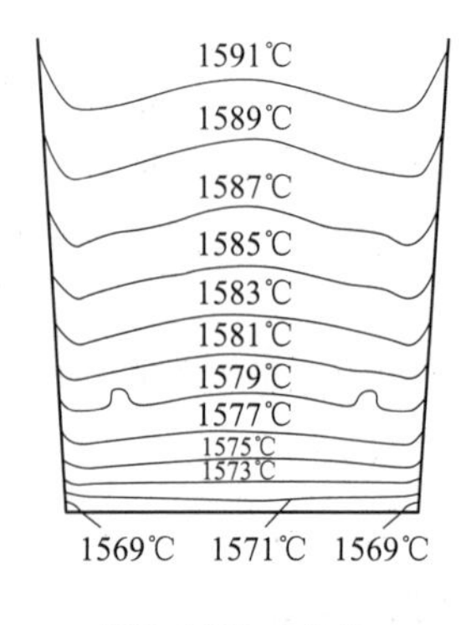

(b) 钢液在钢包内停留10min

图 1-6 80t 钢包内钢液温度分层情况

钢液在钢包内静置的时间越长，钢液温度分层越严重。对于底吹氩搅拌，控制氩气流量可以控制钢液的搅拌程度。

通过安装在钢包底部适当位置的透气砖将氩气喷入钢包，搅拌钢液。氩气泡上浮过程中推动钢液上下运动，使钢包中的钢液产生环流，钢液成分和温度迅速趋于均匀。如图 1-7 所示，吹氩搅拌后，钢包内钢液温度趋于均匀[8]。

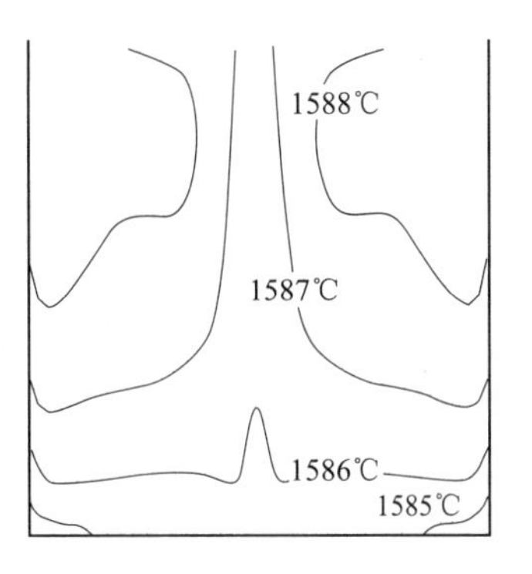

图 1-7　吹氩搅拌时钢包内钢液的温度分布

（3）调整钢液温度，满足连铸工艺的要求。钢液的搅拌加速了钢液与包衬的热传导和向大气的散热。可以起到降低钢液温度的作用。对于开浇温度有比较严格要求的钢种或浇铸方法，都可以利用吹氩将钢液温度降到规定的要求。

1.3.3　炉外精炼的加热技术

炉外精炼过程或钢包运输过程中，由于钢包炉衬的蓄热（包括由包壁或包底向四周环境的传导散热和对流散热）、钢液裸露面辐射散热、渣层表面的辐射散热和加渣料、合金、吹氩搅拌等操作造成的热损失，都会造成钢液温度的降低。出钢或钢包静置过程，钢液温降主要是由于包衬耐火材料的吸热[9]。钢液裸露面的热损失和钢液与包壁的热传导产生的热损失相当[10]。浇铸过程中有 55%～60% 热量损失于包壁，15%～20% 损失于包底，25%～30%损失于渣中[11]。薄包壁温降大，钢包的使用次数及钢包的循环周期是决定钢包热损失极为重要的因素。

钢包加盖可以减少钢液热损失。无盖时，钢液热损失大，其值与时间和钢包高/径比没有明显关系。这是因为高度较小时，热量直接散失于大气中，包壁几乎没有吸收到热量；高度较大时，包壁吸收了部分热量，而不是全部损失于大气中。有盖时，钢液热损失小，时间和高/径比是决定钢液热损失的主要原因。高度小，从表面散出的热量，用来加热包壁，使小面积的包壁温度迅速升高，达到回射热量的程度；高度大，钢包表面散出的热量加热包壁的面积大，耗散的热量多。另外，钢包使用前的烘烤温度越高，钢液温降也越小。

虽然可以采取一些措施，减少热损失，但是如没有加热装置，要实现精确控制钢液温度是不可能的。为了充分发挥设备的精炼功能，增强精炼不同钢种的适应性及灵活性，使精炼前后工序之间起到保障和缓冲作用，达到精准控制钢液浇铸温度的目的，应考虑采用加热手段。无加热手段的炉外精炼一般采取提高初炼炉出钢温度和缩短精炼时间的方式，保证连铸对钢液温度的要求。

目前，炉外精炼设备对钢液加热方法主要是电弧加热和化学加热，无论采用哪种加热方式，都必须伴随搅拌，以均匀钢液温度。对设备耐火材料加热的方法包括燃料燃烧加热和电阻加热。

1.3.3.1　电弧加热

A　电弧加热设备

当前有加热手段的炉外精炼装置，大多采用电弧加热。电弧加热要考虑电极性能、包衬寿命短，常压下钢液吸气等。电弧加热精炼方法包括 LF、VAD、ASEA-SKF 等，升温速度为 3~5℃/min。钢包内熔渣覆盖钢液，降电极给电加热的同时，进行氩气搅拌（或电磁搅拌）。在耐火材料允许的情况下，升温过程宜采用较高电压、较大电流供电，达到最大升温速度，以缩短加热时间、减少钢液二次吸气。

炉外精炼所用电极加热系统与电弧炉相同，由专用的三相变压器供电，整套供电系统、控制系统、检测和保护系统组成，燃弧方式与一般电弧炉也相同，所不同的是配用的变压器单位容量（平均每吨精炼钢液的变压器容量）较小，二次电压分级多，电极直径较小，电流密度大，对电极的质量要求较高。由于炉外精炼无熔化过程，二次电压相对较低。精炼时钢液面比较平稳，电流波动小，没有熔化炉料时引起的短路冲击电流，许用电流密度选得较大，所以采用低电压、大电流埋弧加热精炼钢液。这就要求电极调节系统要反应良好、灵敏度高，电极升降速度一般为 2~3m/min。同时为避免电弧对钢包衬的热辐射，三根电极采用紧凑式布置，如图 1-8 所示。

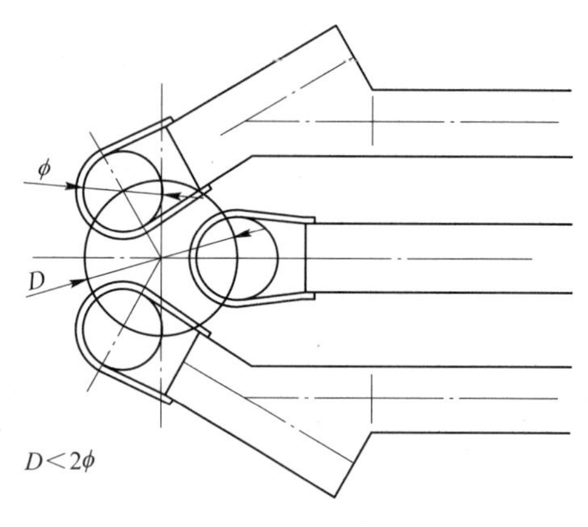

图 1-8　三根电极的布置

B　电弧加热功率的确定

电弧加热的目的一方面是为了补偿精炼引起的钢液温降；另一方面是要在规定的时间内将钢液温度提高到连铸所要求的水平。所以，合理地确定加热速率是非常重要的。而加热的弧功率是决定加热速率最直接的因素，对加热功率的选择好坏，关系到整个工艺顺行和节能降耗。

根据所选取的研究对象及已知的有关参数不同，计算电极的供热及热损失公式都略有不同。三相电弧加热中，对于变压器-电弧炉体系，电极供热为[12]：

$$Q = \int_{\tau_1}^{\tau_2} P_i \mathrm{d}\tau \qquad (1\text{-}15)$$

式中　P_i——某时间内由短网输入钢包炉的有功功率，kW；

τ_i——供电时间，min。

其输电主回路电阻上的电损失包括变压器损耗的电量和短网损耗的电量。变压器损耗的电量可由实测的工作电流和变压器铭牌上给出的参数计算，短网损耗可由测定变压器二次侧出面板处到电极把持器的电压降而近似求得。若讨论电弧炉内电弧发热的问题，其电弧供热为[13]：

$$Q_{i\_in} = \sum 60 P_a \tau \qquad (1\text{-}16)$$

式中　Q_{i_in}——单位时间电弧供给的热，J/min；

P_a——某时间内的电弧功率，kW；

τ——某时间间隔，min。

弧功率不是全部用来加热钢液，因为电弧通过辐射和对流对外散热。显露于钢液面上的电弧长度是造成弧功率损失的主要原因。其损失功率为[14]：

$$P_{loss} = P_a\phi[1 - \lambda(\phi_c I_a + \phi_{sl}h_{sl})/V_a - 0.5\gamma/V_a] \tag{1-17}$$

式中 P_{loss}——电弧功率损失，MW；

ϕ——比例系数；

λ——电弧柱上的电压梯度，V/mm；

ϕ_c——冲击凹坑与弧流的比例系数；

I_a——电弧电流，kA；

ϕ_{sl}——埋弧长度与渣厚的比例系数；

h_{sl}——渣层厚度，mm；

V_a——电弧电压，V；

γ——相应于电弧斑点损失的电压降，V。

以上模型中的参数，取值为[15]：$\phi=0.75$，$\phi_c=0.36$，$\phi_{sl}=0.15$，$\lambda=1$，$\gamma=40$。

为减少电弧功率损失，应：

（1）短弧操作，即增大弧流，弧压降低。采用短弧操作，可引起功率因数低，回路上无功电流增大，不可避免地带来电效率低，若 $\cos\varphi$ 由 0.75 降至 0.65，回路上电损耗可增大 50%；

（2）如果吹氩搅动与弧长配合不好，会造成钢液“舔”电极，导致电极消耗增加，钢液增碳；

（3）适当增加渣厚，但不能无限制地增加渣量，增加渣厚要和弧长配合。

电弧加热功率也可由以下经验公式确定[11]：

$$\breve{W}' = C_m\Delta t + S\%W_S + A\%W_A \tag{1-18}$$

式中 $\breve{W}'$——精炼 1t 钢液所需补偿的能量，kW·h/t；

C_m——每吨钢液升温 1℃所需的能量，kW·h/t；

Δt——钢液的升温，℃；

$S\%$——渣量材料的用量与钢液总量的百分比；

W_S——熔化 10kg 渣料所需的能量，一般为 $W_S=5.8$kW·h/(%·t)；

$A\%$——合金料的加入量占钢液总量的百分比；

W_A——熔化 10kg 合金料所需的能量，一般为 7kW·h/(%·t)。

通过上式计算可求出所需的功率，选择此弧功率下的变压器抽头。

电弧的辐射对钢包炉衬寿命影响很大，因此，提出了耐火材料指数的概念，它反映了电参数、热参数、几何参数对包壁热点区的综合破坏作用。其公式为：

$$R = P_pU_p/a^2 \tag{1-19}$$

式中 R——耐火材料损耗指数；

P_p——弧柱上有功功率，kW；

U_p——弧柱上的电压降，V；

a——电极与炉壁的距离，cm。

从所要求的加热速率，渣层厚度出发，同时考虑最小弧长，选择电极电流及变压器抽头，保证 $R<35$ 是可接受的。从包衬寿命考虑，以耐火材料指数进行自动控制是很有前途的方案[14]。

K. Mackenzie 通过用自动测渣厚设备测量渣厚、用监视器控制钢包内吹氩搅拌情况，同时考虑渣成分不同，分析不同弧长情况下的电流光谱，建立数据库，然后在生产实际中定时收集有关信息，形成电流光谱，与数据库中的电流光谱比较，选定弧长，从而确定弧功率[16]。其原理图如图 1-9 所示。

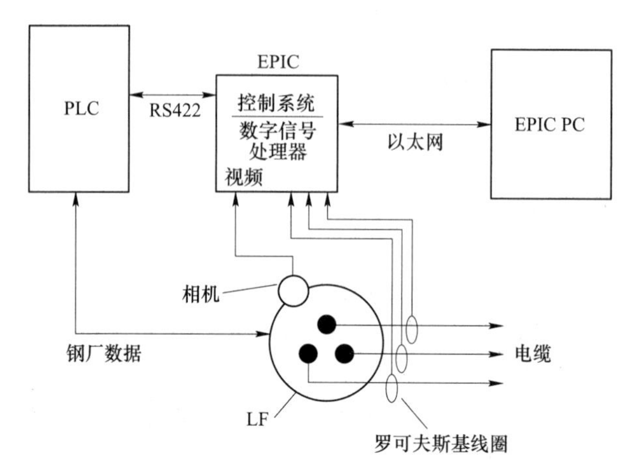

图 1-9 弧功率选定系统图

电极加热效率是炉外精炼电弧加热考虑的重要问题，精炼炉大小不一，加热效率也不一样，炉子越大，加热效率越高[17]。

1.3.3.2 化学反应加热

化学反应加热的基本原理是利用氧枪吹入氧气，与加入钢中的发热剂发生氧化反应，产生化学热，通过辐射、传导、对流传给钢液，借助氩气搅拌均匀钢液温度。发热剂主要有两大类：一类是金属发热剂，如铝、硅、锰等；另一类是合金发热剂，如 Si-Fe、Si-Al、Si-Ba-Ca、Si-Ca 等合金。铝、硅是首选的发热剂。化学反应加热过程中，一直伴随搅拌，以均匀熔池温度和成分、促进氧化产物排出。

选择合理的粒度、位置和速度向高温钢液顶部投入铝、硅，并同时吹氧时，产生以下两个反应：

$$[Al] + \frac{3}{4}O_2(g) = \frac{1}{2}(Al_2O_3) \qquad \Delta H_{Al} = -833.23kJ/mol \tag{1-20}$$

$$[Si] + O_2(g) = (SiO_2) \qquad \Delta H_{Si} = -855.70kJ/mol \tag{1-21}$$

按每 1t 钢液加入 1kg 铝或硅计算，生成 Al_2O_3 和 SiO_2 的发热量分别为 30860kJ 和 30560.7kJ。取钢液比热容为 0.879kJ/(kg·℃)，则不同热效率下钢液升温的程度，如表 1-2 所示[5]。

表 1-2 加铝或硅的升温效率

热效率/%	每吨钢液升温值/℃	
	加 Al(1kg)	加 Si(1kg)
100	35.1	34.8
90	31.6	31.3
80	28.1	27.8
50	17.6	17.4

1.3.3.3　其他加热方式

（1）燃料燃烧加热。一般利用煤气、天然气、重油等矿物燃料的燃烧发热作为热源，进行真空室或钢包的预热烘烤。

（2）电阻加热。利用石墨电阻棒作为发热元件，通电流后，靠石墨棒的电阻热来加热钢液或精炼容器的内衬，因为电阻加热方法是靠辐射传热，加热效率较低。DH 法及部分 RH 法就是采用这种方式加热后，减缓或阻止了精炼过程中钢液的降温。

其他加热钢液的方法还有直流电弧加热、电渣加热、感应加热、等离子弧加热、电子轰击加热等，但是由于设备复杂化和投资问题，限制了其在炼钢生产中的大规模应用。

1.3.4　真空炉外精炼技术

目前真空精炼的主要目的是脱氢、脱氮、真空碳脱氧、真空氧脱碳。真空精炼时，必须尽快达到所需真空度，尽可能在短的时间内完成钢液的处理。真空是指在给定的空间内，气体分子的密度低于该地区大气压的气体分子密度的状态。处于真空状态下的气体稀薄程度称为真空度，它通常用压强表示。

真空度主要是根据钢液脱氢要求确定。产生白点时的钢液氢含量一般大于 2×10^{-6}，而将氢脱至 2×10^{-6}的氢分压是 100Pa 左右，炉外精炼设备的工作真空度可以在几十帕，而其极限真空度应该具有达到 20Pa 左右的能力，高真空度有利于脱除气体和碳脱氧。

1.3.4.1　钢液真空脱气

真空脱气主要降低钢液中氢含量和氮含量。

A　真空脱气热力学

小于 10^5Pa 的压力范围内，氢和氮在钢液中的溶解度符合平方根定律，用通式表示为：

$$1/2X_2(g) = [X]$$

$$a_{[X]} = f_X w[X]_{\%} = K_X\sqrt{p_{X_2}/p^{\ominus}} \tag{1-22}$$

式中　$X_2(g)$——表示 H_2、N_2 气体；

$a_{[X]}$——气体（氢或氮）在铁液中的活度；

f_X——气体的活度系数；

$w[X]_{\%}$——气体在铁液中的质量百分数；

K_X——气体（氢或氮）在铁液中溶解的平衡常数；

p_{X_2}——气相中氢、氮的分压，Pa；

$p^{\ominus}$——标准态压力，100kPa。

温度和压力的增加，气体的溶解度增大，其他溶解元素 j 的影响可一起近似地利用相互作用系数表示：

$$\lg f_X = \sum e_X^j w[j]_{\%} \tag{1-23}$$

氢和氮在钢液中的溶解服从平方根定律，真空时因降低了气相分压，减小了钢液中溶解的气体量，使溶解在钢液中的气体排出。从热力学的角度，气相中氢或氮的分压为 100~200Pa 时，就能将气体含量降到较低水平。当抽真空到 13.3~66.5Pa 以下时，钢液的氢含量可达到 1×10^{-6}以下[17]。

B 钢液脱气动力学

氢和氮在钢液中的浓度很小时，形成气泡的析出压力远小于其所受的外压，所以这些溶解气体就不能依靠形成气泡的形式排出，只能通过向钢液表面吸附转变为气体分子，再向气相中排出，即 $[X]=X_{(吸)}$，$2X_{(吸)}=X_2$。溶解于钢液中的气体向气相的迁移过程，由以下步骤所组成：

（1）通过对流或扩散（或两者的综合），溶解在钢液中的气体原子迁移到钢液-气相界面；

（2）气体原子由溶解状态转变为表面吸附状态；

（3）表面吸附的气体原子彼此相互作用，生成气体分子；

（4）气体分子从钢液表面脱附；

（5）气体分子扩散进入气相，并被真空泵抽出。

步骤（1）是高温真空脱气的限制性环节，即溶解在钢液中的气体原子向钢-气相界面的迁移。真空脱气过程中，都有不同形式的搅拌，气体原子在钢液中的传递极其迅速，控制速率的环节是气体原子穿过钢液扩散边界层时的扩散速率。

真空脱气的速率可写为：

$$-\frac{\mathrm{d}w[X]}{\mathrm{d}t}=\beta_X\frac{A}{V}(w[X]-w[X]_s) \tag{1-24}$$

式中 $w[X]$——钢液内部某气体 X 的质量分数；

$w[X]_s$——钢液表面与气相平衡的 X 的质量分数，可由气体溶解的平方根定律得出；

β_X——比例系数，又被称为传质系数，m/s；

A——接触界面积，m^2；

V——脱气钢液的体积，m^3。

工作压力 67~133Pa 的真空条件下，经简化处理，可得：

$$\lg\frac{w[X]_t}{w[X]_0}=-\frac{1}{2.3}\beta_X\frac{A}{V}t \tag{1-25}$$

式中 $w[X]_t$——真空脱气 t 时间后钢液中的气体质量分数，%；

$w[X]_0$——脱气前钢液中气体的初始质量分数，即原始含量，%；

t——脱气时间，s。

式（1-25）表明经过 t 时间脱气后，钢液中残留的气体分数，实际上也代表了脱气的速率公式。由此可见，决定脱气效果的是传质系数和比表面积。

1.3.4.2 钢液的真空脱氧

真空炉外精炼条件下，主要利用碳作为脱氧剂，与钢液中的溶解氧发生反应，形成 CO 气体脱氧产物，通过真空降低 CO 分压，实现真空碳脱氧。

A 真空碳脱氧热力学

在真空下，碳脱氧可表示如下：

$$[C]+[O]=\!=\!=\{CO\}$$

$$K_C=\frac{p_{CO}/p^{\ominus}}{a_C a_O}=\frac{p_{CO}/p^{\ominus}}{f_C w[C]_{\%} f_O w[O]_{\%}} \tag{1-26}$$

上式可改写成：

$$\lg\left(\frac{p_{CO}/p^{\ominus}}{w[C]_{\%}w[O]_{\%}}\right)=\lg K_{C}+\lg f_{C}+\lg f_{O} \tag{1-27}$$

对于 Fe-C-O 系，有：

$$\begin{aligned}\lg f_{C}&=e_{C}^{C}w[C]_{\%}+e_{C}^{O}w[O]_{\%}\\ \lg f_{O}&=e_{O}^{O}w[O]_{\%}+e_{O}^{C}w[C]_{\%}\end{aligned} \tag{1-28}$$

平衡常数和温度的关系：

$$\lg K_{C}=\frac{1168}{T}+2.07 \tag{1-29}$$

钢液温度为1600℃时，碳氧之间的平衡关系为：

$$\lg\left(\frac{p_{CO}/p^{\ominus}}{w[O]_{\%}w[C]_{\%}}\right)=2.694-0.31w[C]_{\%}-0.54w[O]_{\%} \tag{1-30}$$

由式（1-30）可以算出不同 p_{CO} 下碳的脱氧能力。

真空室内，钢液中过剩的碳可与氧发生碳氧反应，而使钢液的氧变成 CO 排出，这时碳在真空下成为脱氧剂，其脱氧能力随真空度的提高而增强。

熔池内部生成的 CO 气泡要克服气相总压力、钢液与熔渣静压力以及钢液表面张力形成的附加压力（毛细管压力）的作用。由于向钢液吹入惰性气体或在器壁的粗糙的耐火材料表面上形成气泡核，减小了表面张力的附加压力，有利于真空脱氧反应的进行。

向钢液吹入惰性气体后形成很多小气泡，这些小气泡内的 CO 含量很少，钢液中的碳和氧能在气泡表面结合成 CO 进入气泡内，直到气泡中的 CO 分压达到与钢液中的碳、氧含量相平衡为止。

B 碳脱氧的动力学

炼钢条件下，可以认为碳氧反应的步骤是：

（1）溶解在钢液中的碳和氧通过扩散边界层迁移到钢液和气相的相界面；

（2）在钢液-气相界面上进行化学反应生成 CO 气体；

（3）反应产物 CO 脱离相界面进入气相；

（4）CO 气泡的长大和上浮，并通过钢液排出。

步骤（2）~（4）进行得都很快，控制碳氧反应速率的是步骤（1）。碳在钢液中的扩散系数比氧大（$D_{C}=2.0\times10^{-8}m^{2}/s$，$D_{O}=2.6\times10^{-9}m^{2}/s$），一般碳含量又比氧含量高，因此氧的传质是真空下碳氧反应速度的限制环节。

可通过分析推导，得出碳脱氧的速率表达式：

$$-\frac{dw[O]}{dt}=\frac{D_{O}}{\delta}\frac{A}{V}(w[O]-w[O]_{s}) \tag{1-31}$$

式中 $-\frac{dw[O]}{dt}$——钢中氧浓度的变化速率；

D_{O}——氧在钢液中的扩散系数；

δ——气液界面钢液侧扩散边界层厚度；

D_{O}/δ——钢液中氧的传质系数，等于 β_{O}；

$w[O]_{s}$——在气-液界面上与气相中 CO 分压和钢中碳浓度处于化学平衡的氧含量。

简化处理，分离变量后积分得：

$$t = -2.3\lg \frac{w[O]_t}{w[O]_0} \Big/ \left(\beta_O \frac{A}{V}\right) \tag{1-32}$$

$w[O]_t/w[O]_0$ 的物理意义是钢液经脱氧处理 t 秒后的未脱氧率，即残氧率（指溶解氧，不包括氧化物）。氧的传质系数 β_O 在该状态下取 3×10^{-4}m/s。

钢液平静的条件下，碳脱氧速率不大，所以无搅拌措施的钢包真空处理中，碳的脱氧作用不明显。钢液在进入真空室后爆裂成无数小液滴，液滴暴露在真空中的时间大约为0.5~1s，脱氧率是相当可观的，液滴越小脱氧效果越好。

大多数生产条件下，真空下碳氧反应不会达到平衡，碳的脱氧能力比热力学计算值要低得多，而且脱氧过程为氧的扩散所控制，为了有效地进行真空碳脱氧，真空处理前，不采用铝、硅等强脱氧剂对钢液脱氧，同时，钢液面处于无渣、少渣的状况。有渣时，还应降低炉渣中 FeO、MnO 等易还原氧化物，以避免炉渣向钢液供氧。为了加速碳脱氧过程，可适当加大吹氩量。

1.3.4.3　钢液真空脱碳

生产条件下，真空吹氧时高铬钢液中的碳，有可能在不同部位参与反应，并得到不同的脱碳效果。碳氧反应可以在下述三种不同部位进行：

（1）熔池内部。熔池内部进行脱碳时，为了产生 CO 气泡，CO 的分压 p_{CO} 必须满足如下关系：

$$p_{CO} > p_a + p_m + p_s + \frac{2\sigma}{r} \tag{1-33}$$

式中　p_{CO}——气泡内 CO 的分压，Pa；

p_a——钢液面上气相的压力，认为等于真空系统的工作压力，Pa；

p_m——钢液的静压力，Pa；

p_s——熔渣的静压力，Pa；

σ——钢液的表面张力，N/m；

r——CO 气泡的半径，m。

p_a 可以通过抽真空降到很低，如果反应在吹入的氧气和钢液接触的界面上进行，那么 $2\sigma/r$ 可以忽略，但是只要有炉渣和钢液，p_s+p_m 就会有一确定的值，往往该值较 p_a 大。这显然就是限制熔池内部真空脱碳的主要因素。它使钢液内部的脱碳反应不易达到平衡，真空的作用不能全部发挥出来。若采用底吹氩增加气泡核心和加强钢液的搅拌，真空促进脱碳的作用会得到改善。

（2）钢液熔池表面。熔池表面真空脱碳，不仅没有钢或渣产生的静压力，表面张力所产生的附加压力也趋于零，脱碳反应主要取决于 p_a。因此，真空度越高、钢液表面越大，脱碳效果就越好，钢液表面脱碳反应易于达到平衡。

（3）悬空液滴。钢液滴处于悬空状态时，液滴表面的脱碳反应不仅不受渣、钢静压力的限制，而且由于气液界面的曲率半径 r 由钢液包围气泡的正值（在此曲率半径下，表面

张力产生的附加压力与 p_a、p_m 等同方向）变为气相包围液滴的负值（$-r$），结果钢液表面张力所产生的附加压力也变为负值。这样 CO 的分压只要满足 $p_{CO} > p_a - \left|\frac{2\sigma}{r}\right|$，反应就能进行。因此，悬空液滴的情况下，表面张力产生的附加压力将促进脱碳反应的进行，反应容易达到平衡。

在液滴内部，由于温度降低，氧的过饱和度增加，有可能进行碳氧反应，产生 CO 气体。该反应有使钢液滴膨胀的趋势，而外界气相的压力和表面张力的作用使液滴收缩，当 p_{CO}超过液滴外壁强度后，就会发生液滴的爆裂，而形成更多更小的液滴，这又反回来促进碳氧反应更容易达到平衡。

在生产条件下，熔池内部、钢液表面、悬空液滴三个部位的脱碳都是存在的，真空吹氧后的钢液碳含量决定于三个部位所脱碳量的比例。脱碳终了时钢中含铬量及钢液温度相同的情况下，悬空液滴和钢液表面所脱碳量越多，则钢液最终碳含量也就越低。为此，在生产中应创造条件尽可能增加悬空液滴和钢液表面脱碳量的比例，以便把钢中碳含量降到尽可能低的水平。

真空脱碳时，为了得到尽可能低的碳含量，可采取以下措施：

（1）尽可能增大钢液与氧气的接触面积，加强对钢液的搅拌。

（2）尽可能使钢液处于细小的液滴状态。

（3）使钢液处于无渣或少渣的状态。

（4）尽可能提高真空处理设备的真空度。

（5）耐火材料允许的情况下适当提高钢液温度。

把未脱氧钢和中等脱氧的钢暴露在真空下，将促进钢液中碳氧反应。适当的真空条件下，钢液脱碳可达到低于 0.005%的水平。真空处理前后钢液中碳氧含量的关系如图 1-10 所示。

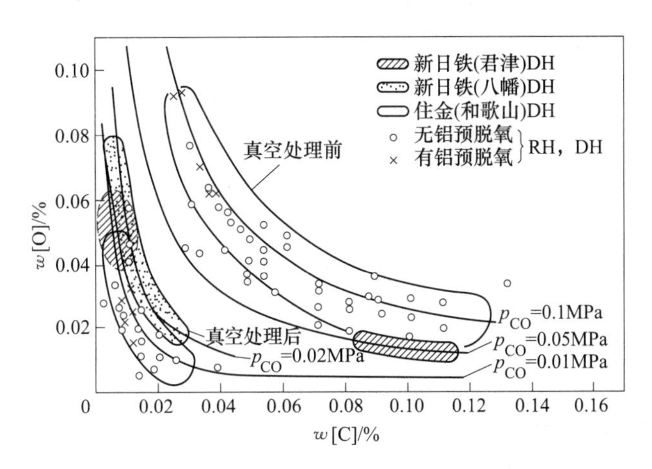

图 1-10　真空处理前后的 w[C]、w[O] 关系

由图 1-10 可见，当降低钢液上气相压力 p_{CO}时，w[C] 与 w[O] 的积相应减少。利用真空条件下的碳氧反应，可使碳氧同时减少。

还可以用稀释的办法降低 CO 分压力进行脱碳，典型的是 AOD 精炼，将在第 6 章介绍。

本章小结

（1）炉外精炼已成为高质量品种钢生产不可缺少的独立工艺环节，是钢铁生产高效、稳定、顺行的保证，在钢铁工业流程中占有重要地位。

（2）炉外精炼技术已发展成为功能齐全、系统配套、效益显著的钢铁生产主流技术。从优化功能、提高效率等各方面，炉外精炼技术仍需不断优化与完善。

（3）随着现代电弧炉流程和连铸技术的发展以及对钢铁产品质量日益严格的要求，我国炉外精炼技术得到了迅速发展，在产品结构优化调整、促进洁净钢及高附加值产品生产中，起到了不可替代的重要作用。

（4）炉外精炼主要分真空和非真空两大类。渣洗和吹氩搅拌是最简单的精炼手段，LF 精炼是最常用的非真空精炼手段，RH 和 VD 真空处理是目前应用的高质量钢精炼的手段，AOD 和 VOD 是冶炼不锈钢常用的精炼手段。

（5）炉外精炼实现的功能包括脱硫、脱碳、脱氮、脱氧，减少非金属夹杂物，改变夹杂物形态，均匀温度和微调成分等。一般根据不同需要将单一功能的炉外精炼设备发展为多种精炼功能的设备或将各种不同功能的精炼设备组合到一起建立多功能精炼站，一般组合一至两种炉外精炼设备。

（6）熔渣在脱氧、吸附夹杂物和脱硫方面具有重要作用，搅拌可促进夹杂物去除和渣钢反应、实现钢包内钢液成分和温度的均匀，还可起到调节钢液温度的作用。钢液搅拌主要包括气体搅拌、电磁搅拌、重力引起的搅拌、机械搅拌等四类。

（7）炉外精炼采用加热手段，有利于增强精炼不同钢种的适应性及灵活性，对精炼前后工序起到保障和缓冲作用，达到精准控制钢液浇铸温度的目的。钢液加热方法主要有电弧加热和化学加热，无论采用哪种加热方式，都必须伴随搅拌，以均匀钢液温度。对设备耐火材料加热的方法包括燃料燃烧加热和电阻加热。

（8）真空精炼的主要目的是脱氢、脱氮、真空碳脱氧、真空氧脱碳。真空精炼时，必须尽快达到所需真空度，尽可能在短时间内完成钢液的处理。底吹强度和精炼渣是影响精炼效果的重要因素。

思考题

（1）简述炉外精炼技术产生的原因及发展。

（2）炉外精炼功能、分类及主要由哪几种精炼技术的组合？

（3）炉外精炼向多功能化发展的原因及促进了哪些相关技术的发展？

（4）试说明熔渣脱氧理论及对吸附夹杂物和脱硫的影响作用。

（5）简述炉外精炼钢液搅拌的方式及对钢液质量的影响。

（6）炉外精炼中加热的方式与作用是什么？

（7）简述真空精炼的目的及原理。

参 考 文 献

[1] 周榕平，李俊辉．我国炉外精炼装备的发展与技术进步 [J]. 重型机械，2013 (S1)：26-30.
[2] 赵龙飞．我国炉外精炼技术现状及对发展炉外精炼技术的研究 [J]. 科技创新导报，2020，17 (15)：107，109.
[3] 钟华．炉外精炼技术在钢铁生产中的应用和发展研究 [J]. 冶金与材料，2023，43 (2)：1-3.
[4] 杨乃恒，巴德纯，王晓冬，等．钢液真空脱气及炉外精炼技术的回顾与评述 [J]. 真空，2017，54 (4)：8.
[5] 高泽平，贺道中．炉外精炼操作与控制 [M]. 北京：冶金工业出版社，2013.
[6] 张鉴．炉外精炼的理论与实践 [M]. 北京：冶金工业出版社，1993.
[7] Ilegbusi O J, Szekely J. Melt stratification in ladle [J]. Transaction ISIJ, 1987, 27 (7): 563-569.
[8] Koo Y S, Kang T, Lee I R, et al. Thermal cycle model of ladle for steel temperature control in melt and its application [C]. 1989 Steelmaking Conference Proceedings, 1989: 415-420 .
[9] Henzel G, Keverian Jr. J. Ladle temperature loss [C]. Proceedings of Electric Furance Conference, 1961: 435-453.
[10] Szekely J, Evans W. Radioactive heat loss from the surface of molten steel held in ladle [J]. Transactions of the Metallurgical Society of AIME, 1969, 245: 1149-1159.
[11] Omotani M A, Heaslip L J, Mclean A. Ladle temperature control during continuous casting [J]. I&SM, 1983 (10): 29-35.
[12] 徐增启．炉外精炼 [M]. 北京：冶金工业出版社，1995.
[13] 李士琦．现代电弧炉炼钢 [M]. 北京：原子能出版社，1995.
[14] 蒋国昌．电弧炉若干电热特性问题的探讨 [J]. 上海金属，1989，11 (3)：5.
[15] Lyakislev N P, Orzhekh I M, Snitko Yu P. Heating of motlen metal bath in ultra high-power electric-arc steelmaking furnace [C]. Proceeding of 6th International Iron-Steel Congress, Nagoya, Japan, ISIJ, 1990: 163-171.
[16] Mackenzie K. A ladle furnace power input control system for improved secondary steelmaking [C]. 1996 Steelmaking Conference Proceeding, 1996: 97-103.
[17] Hoppmann W, Fett F N. Energy balance of a ladle furnace [J]. Metallurgy Plant and Technology, 1989 (3): 38-51.

2 炉外精炼工艺

内容提要

本章介绍了渣洗精炼法、吹氩精炼法、密封吹氩成分调整法（CAS、CAS-OB 与 IR-UT）和水蒸气-氧气混合精炼法（CLU）等非真空精炼工艺、设备及精炼效果；阐述了无加热的钢流真空处理工艺和钢液循环真空处理工艺、真空电弧加热钢包精炼 VAD 和具有电磁搅拌、真空脱气、电弧加热功能 ASEA-SKF 钢包精炼技术等真空精炼工艺、设备及精炼效果；分析了包括新一代钢包喷射冶金工艺技术 L-BPI 的喷粉及喂线的喷射冶金工艺。

2.1 非真空炉外精炼工艺

LF 工艺及用于不锈钢冶炼的 AOD 精炼工艺将分别在第 3 章及第 6 章中介绍，本节主要介绍其他非真空精炼炉外精炼工艺。

2.1.1 渣洗精炼工艺

渣洗精炼是提高钢液质量最简单的一种炉外精炼方法，也是现代炉外精炼技术的萌芽。渣洗精炼就是在转炉或电弧炉出钢过程中，钢渣混出或盛放在钢包中的渣，在钢流的冲击下，被分裂成细小的渣滴，并弥散分布于钢液中，使渣与钢液充分混合，实现熔渣对钢液的冲洗。1933 年，法国佩兰（R. Perrin）应用高碱度合成渣对钢液进行“渣洗脱硫”。

2.1.1.1 渣洗的分类

渣洗工艺可分为同炉渣渣洗和合成渣渣洗。

同炉渣渣洗是渣洗的液渣和钢液在同一座炉内冶炼，并使液渣具有合成渣的成分与性质，然后通过钢渣混出，渣-钢充分接触，完成渣洗钢液的任务。同炉渣渣洗适用于碳钢或一般低合金钢的生产。早期电弧炉包括熔化、氧化及还原三期冶炼时，采用同炉渣洗法。

合成渣渣洗是指出钢前或在出钢过程中，将合成渣加入钢包中，出钢时利用钢液与合成渣在钢包内充分混合，实现渣洗。出钢过程加入石灰等造渣料，也能起到渣洗的效果。合成渣包括液态渣、固态渣和预熔渣三种。

（1）液态合成渣是利用专用的炼渣炉，将配比一定的渣料，炼制成具有一定温度、成分和冶金性质的液渣，出钢时加入钢包中。

（2）固体合成渣是将一定比例和粒度原材料进行人工或机械混合，或者直接将原材料按比例加入钢包内。还有一种是烧结制备的固态合成渣，是指将原料按一定比例和粒度混合后，在低于原料熔点的情况下加热，使原料烧结在一起制成的。

（3）预熔渣是将原料按一定比例混合后，在专用设备中利用高温将原料熔化成液态，冷却凝固后机械破碎成颗粒状，再用于炼钢精炼过程。预熔型精炼渣的主要组成是$12CaO \cdot 7Al_2O_3$，具有熔化温度低、成渣速度快、脱硫效果十分稳定等特点。国内外实践证明，不同操作条件下，转炉出钢采用预熔渣渣洗的脱硫率可以达到30%~50%[1]。

2.1.1.2 渣洗的效果

渣洗工艺可以强化脱氧及脱硫、有效去除钢液中夹杂物、部分改变夹杂物形态、减少钢液温度散失、减轻出钢过程中二次氧化。

钢流冲击炉渣后，增加了炉渣与钢液中夹杂物接触的机会；炉渣粒径越小，与钢液接触的表面积越大，钢-渣界面进行的化学反应越快。随钢流紊乱搅动，乳化的渣滴碰撞、合并、长大和上浮。在保证脱氧和去除夹杂的前提下，适当增大渣滴直径，有利于提高乳化渣滴的上浮速度。渣的流动性是影响渣在钢液中乳化的主要因素；在相同的温度和混冲条件下，提高合成渣的流动性，可以减小渣滴平均直径，增大钢液接触面，提高渣洗效果。

渣洗过程中夹杂物的去除，主要靠两方面的作用[2]：

（1）钢中原有的夹杂物与乳化渣滴碰撞，被渣滴吸附、同化而随渣滴上浮排除。渣洗时，乳化了的渣滴与钢液在强烈的搅拌条件下，渣滴与钢中原有的夹杂物，特别是大颗粒夹杂接触的机会就急剧增加。由于夹杂物与熔渣间的界面张力$\sigma_{i\text{-}s}$远小于钢液与夹杂物间的界面张力$\sigma_{m\text{-}i}$，所以钢中夹杂物很容易被碰撞的渣滴吸附。

（2）促进脱氧产物的排出，减少钢中夹杂物数量。渣洗过程中，乳化的渣滴表面可作为脱氧反应新相形成的晶核，形成新相所需要的自由能增加不多，可以在不太大的过饱和度下脱氧反应就能进行，脱氧产物比较容易被渣滴同化并随渣滴一起上浮，使残留在钢液内的脱氧产物数量明显减少。

为了达到精炼钢液的目的，渣量一般为钢液质量的6%~7%。无论是合成渣还是同炉渣，必须具有较高的碱度、强还原性（即炉渣FeO含量低）、低熔点和良好的流动性，还要具有合适的密度、扩散系数、表面张力和导电性等。

2.1.2 吹氩精炼工艺

2.1.2.1 钢包吹氩方式

A 顶吹氩精炼

从钢包顶部向钢包中心位置插入一支吹氩枪吹氩。吹氩枪的结构比较简单，中心为一个通氩气的钢管，外衬为一定厚度的耐火材料。氩气出口有直孔和侧孔两种，小容量钢包用直孔型，大容量钢包用侧孔型。插入钢液的深度一般在液面深度的2/3左右。顶吹方式如图2-1所示，可以实现在线吹氩，缩短精炼时间，但精炼效果比底吹差。

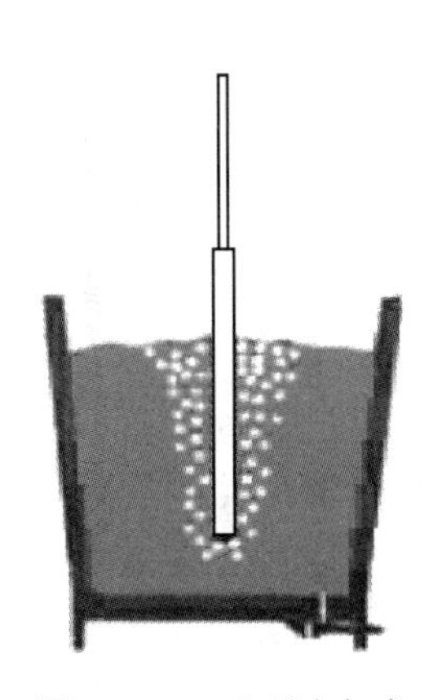

图2-1 Gazal顶吹方式

B 底吹氩精炼

一般采用钢包底部吹氩的方式，底吹氩可以配合其他精炼工艺，达到强化熔池搅拌、净化钢液、均匀成分和温度的目的。顶吹只是在底吹出故障时，作为备用方式应用。

20世纪50年代初期，就开始采用多孔耐火砖在钢包底部吹氩气搅拌钢液，60年代中期出现了较好的透气净化材料，钢包底吹氩技术才得以推广和普及。透气砖是底吹氩工艺最关键的功能元件，钢包底吹氩技术的发展过程实质上就是透气砖改进和完善的过程。透气砖种类主要有弥散型透气砖、定向气孔型透气砖、狭缝型透气砖和迷宫型透气砖等[3,4]。

出钢过程及钢包转运过程中，在条件允许的情况下要底吹氩气，以保证透气砖不被堵塞。底吹氩的最佳位置一般在包底半径方向（离包底中心）的1/2处。此处上升的气泡流会引起水平方向的冲击力，促进钢液的循环流动，减少涡流区，缩短混匀时间，同时钢渣乳化程度低，有利于钢液成分、温度的均匀及夹杂物的排除。

根据钢包的大小，在钢包底部安装单个和多个透气砖，氩气通过底部的透气砖吹入钢液，形成大量细小的氩气泡。氩气吹入钢包后，要避免出现大气泡的相互融合现象，融合的气泡不可能均匀透过熔池，难以实现均匀钢液成分和温度的作用，特别在钢液与渣层间的过渡区，大气泡有可能产生卷渣，降低钢液的洁净度。

20世纪50年代初，加拿大通过安装在盛钢桶底部的多孔塞将氩气吹入钢液，对钢液搅拌，称为Gazal（盖扎尔）法。这种方法使钢液与炉渣充分接触，创造了良好的冶金反应条件，增强了脱硫和脱氧的冶金效果，脱氢的效果差，Gazal法是钢包吹氩的原始工艺。1963年，法国对Gazal法进行改进，在钢包上装上具有密封性能的真空包盖，使Gazal法具有了一定脱气能力，并称这种方法为Gazid法（图2-2（b））。1963年美国Linde公司也对Gazal法进行改进（图2-2（c）），在钢包上加盖，控制渣面气相的氧分压，使钢包空间气相分压以氩气为主体，也达到了脱气效果。为避免吹氩处理带来的钢液温降，将钢包预热到800~1100℃，进一步完善了这种简易处理钢液的技术。1965年日本又分别开发了带盖钢包吹氩法CAB(Capped Argon Blowing)、密封钢包吹氩法SAB(Sealed Argon Blowing)。

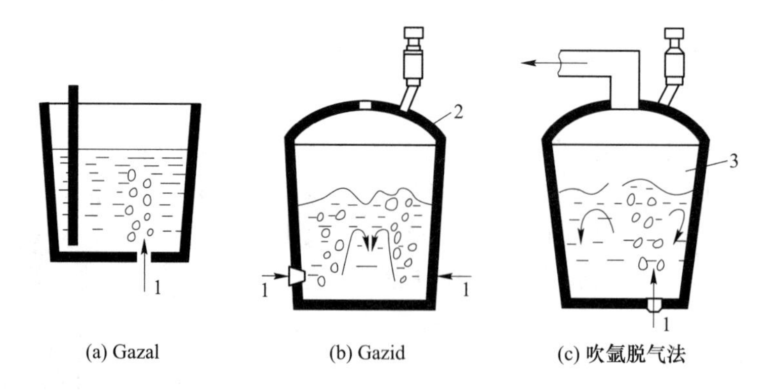

图2-2 Gazai法的发展

1—吹入氩气；2—真空钢包盖；3—真空钢包

2.1.2.2 钢包吹氩工艺

钢包吹氩的条件下，在气泡群到达表面时，上升流所持的动能转化为势能，使钢液凸起，形成凸峰，凸峰的峰高决定了钢液能否暴露，而凸峰的形状则决定裸露面的大小。图 2-3 为钢包吹氩时钢包内情况。

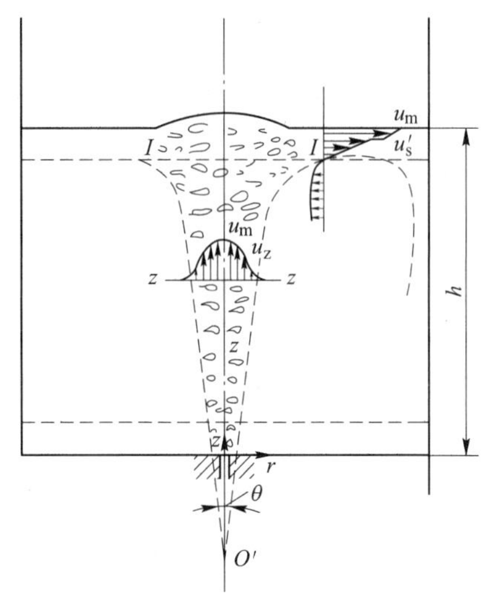

图 2-3 钢包吹氩时钢包内情况

凸峰的峰高取决于气泡群流中心的时均速度大小。如果渣厚高于峰高，钢液就不会裸露。与凸峰高度相关的凸峰直径，是通过对气泡扩展角（θ）的研究而得出的。

根据气泡的含气率不同，将气液两相流分为动量区、转换区、浮力区、表面区，在内部各区域，气泡群流边界有较好的规律性，扩展角基本保持不变。将气泡流群的扩展角外推至液体表面，可估计表面气泡群凸峰的边界。

钢包吹氩精炼应根据钢液温度、钢液重量、钢种精炼目的等选择合适的吹氩工艺参数，包括吹氩压力、流量及吹氩时间等。

（1）吹氩压力。开始吹氩时，压力不宜过大，以防造成很大的沸腾和飞溅。一般吹氩压力是指钢包吹氩时的实际操作表压，它不代表钢包中压力，但它应能克服各种压力损失及熔池静压力。吹氩压力越大，搅动力越大，气泡上升越快。但吹氩压力过大，气泡扩展角（θ）小，氩气流涉及范围就越来越小，甚至形成连续气泡柱，容易造成钢包液面翻滚激烈，钢液大量裸露与空气接触造成二次氧化和降温，另外，还会造成钢渣相混，被击碎乳化的炉渣进入钢液深处，使夹杂物含量增加，所以控制合适的吹氩压力，特别在钢液弱搅拌的情况下，最大压力以不冲破渣层露出液面为限。压力过小，搅拌能力弱，会造成吹氩时间延长，甚至堵塞透气砖，所以压力过大过小都不好。理想的吹氩压力应能克服各种压力损失和钢液静压力，使氩气流遍布整个钢包，氩气泡在钢液内呈均匀分布。

一般要根据钢包内的钢液量、透气砖孔洞大小或塞头孔径大小和氩气输送的距离等因素，来确定开吹的初始压力。然后根据钢包内钢液面翻滚程度调整。对弱搅拌而言，以控制渣面有波动起伏、小翻滚或偶露钢液为宜。

（2）吹氩流量。在系统不漏气的情况下，氩气流量是指进入包中的氩气量，它与透气砖的透气度、截面积等有关。因此，氩气流量既表示进入钢包中的氩气消耗量，又反映了透气砖的工作性能。一定压力下，增加透气砖个数和尺寸，氩气流量就大，钢液吹氩处理的时间可缩短，精炼效果明显。

（3）吹氩时间。初炼炉炉后吹氩时间通常为 5~12min，主要与钢包容量和钢种有关。吹氩时间不宜太长，否则温降过大，对耐火材料冲刷严重。但一般不得低于 3min，吹氩时间不够，非金属夹杂物不能有效排除，没有明显的吹氩效果。

（4）氩气泡大小。实际生产过程中，为了获得细小、均匀的氩气泡，吹氩压力一定要控制。吹氩装置正常情况下，当氩气流量、压力一定时，氩气泡越细小、均匀、在钢液中上升的路程和滞留时间越长，与钢液接触面积就越大，吹氩精炼效果也就越好。透气砖的孔隙要适当的细小，孔隙直径在 0.1～0.26mm 范围时为最佳，如孔隙再减小，透气性变差、阻力变大。

2.1.3 密封吹氩成分调整法（CAS、CAS-OB 与 IR-UT）

2.1.3.1 CAS 工艺

A CAS 设备及功能

CAS 法（Composition Adjustment by Sealed Argon Bubbling，即密封吹氩合金成分调整法）是一种钢包炉外处理手段，1975 年由日本新日铁八幡厂推出，1976 年取得美国专利。CAS 法处理系统如图 2-4 所示。CAS 设备由钢包、底吹透气砖、隔离罩、加料口和排烟口以及隔离罩的升降装置构成。隔离罩是由钢板支承的耐火材料环罩，操作时插入钢液。

CAS 法的基本功能包括：均匀钢液成分和温度、调整钢液成分和温度、促进夹杂物上浮、与喂线配合进行夹杂物变性处理。

B CAS 工艺

CAS 处理时，首先用氩气喷吹，在钢液表面形成一个无渣的区域，然后将隔离罩插入钢液罩住无渣区，保证加入的合金与炉渣隔离，也使钢液与大气隔离，减小合金损失，稳定合金收得率。

隔离罩内的残余炉渣是造成合金损失的主要因素之一。CAS 处理下罩前进行底吹氩，利用气泡群造成的钢液表面流动和凸起将覆盖在钢液表面的炉渣推向包壁产生一个裸露的钢液面，该裸露面的大小和渣厚决定了下罩后残留在罩内的渣量，应尽可能扩大钢液裸露面积，保证罩内残余渣量最少。转炉出钢下渣控制水平决定了 CAS 操作合金收得率的高低。下渣厚度和底吹气体流量对撇渣面直径的影响如图 2-5 所示。

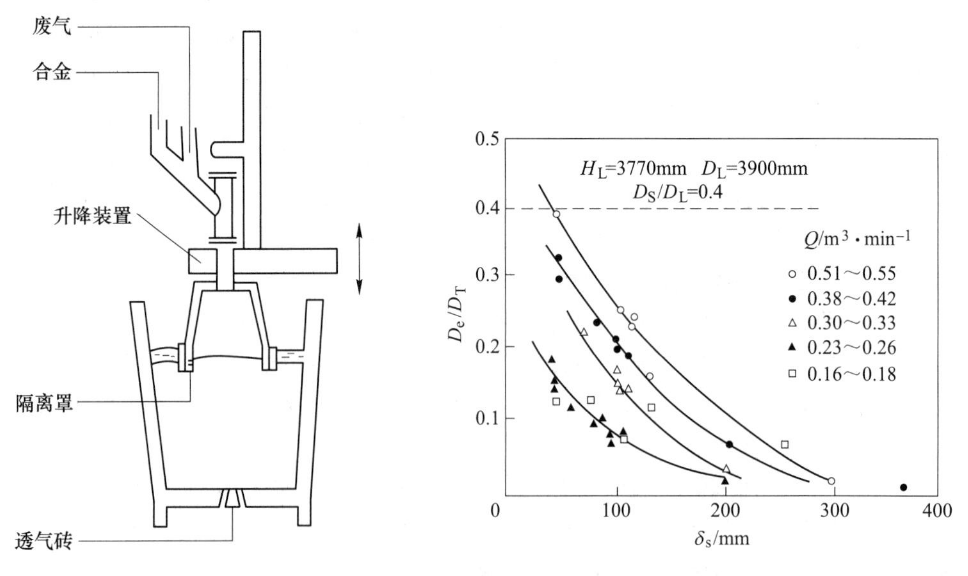

图 2-4 CAS 法处理系统

图 2-5 渣厚和底吹气体流量对撇渣面直径的影响

由图 2-5 可见，渣厚和底吹气体量是决定钢液裸露面直径的关键因素，其中渣厚的影响更为显著[5]。渣层加厚时，炉渣顶面的凝固层厚度随之增加，在吹氩时，如果炉渣的凝固层不能重新熔化，钢液水平流对炉渣的排推效应不再起作用，或者作用相对减弱，由此造成裸露面直径随渣厚增加而急剧减小的现象。同样，气体流量较小时，钢液对炉渣搅动作用差，炉渣传热效果不好，凝固层熔化慢，因此，厚渣层时的小气体流量吹氩排渣效果极差。

当底吹气体流量大于一定值、浸罩深度控制在一定范围内，可以在一定时间内将罩内残留渣排除干净。

C　CAS 精炼效果

生产铝镇静钢时，采用 CAS 工艺，钢中夹杂物含量明显降低，钢中总氧含量下降。与常规吹氩搅拌处理效果相比，CAS 精炼后，40μm 以上的大型夹杂物减少 80%，钢中总氧含量由 0.0100%下降到 0.0040%以下；提高脱氧元素收得率，锰收得率可达 94%以上、铝收得率可达 60%以上，钢液成分波动降低。

2.1.3.2　CAS/ANS-OB(IR-UT)

A　精炼设备

CAS-OB(Composition Adjustment by Sealed Argon-Oxygen Blowing) 法是在原 CAS 法的基础上发展起来的，由新日铁最早推出，是最具有代表性的化学加热法。它在隔离罩内增设了氧枪吹氧，利用加入的铝或硅铁与氧反应所放出的热量，直接对钢液加热，可对钢液进行快速升温，补偿 CAS 法工序温降，为中间包内的钢液提供准确的目标温度，使转炉和连铸协调配合[6]。其设备示意如图 2-6 所示。

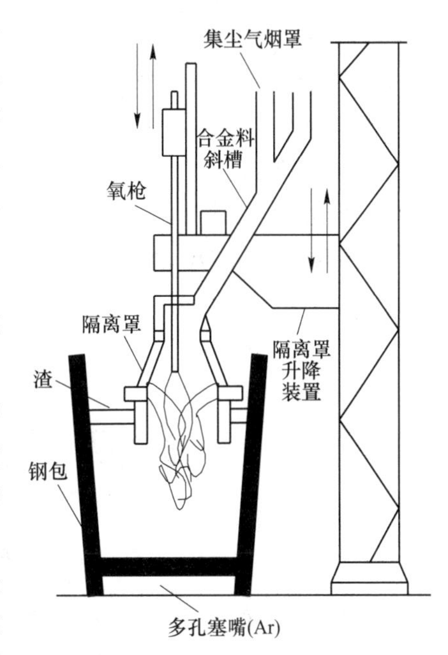

图 2-6　CAS-OB 设备示意图

ANS(ANsteel)-OB 是鞍钢三炼钢厂研制的一种与 CAS-OB 类似的钢液处理装置，能保证钢液温度波动范围小，满足大板坯连铸机对供给钢液的要求。

IR-UT(Injection Refining-Up Temperature) 法是继 CAS-OB 后由日本住友金属工业公司 CSMI 在 1986 年开发的又一新型炉外精炼方法。特点是采用顶枪吹氩搅拌，还能以氩气载粉精炼钢液，潜罩呈筒形，顶面有凸缘，可盖住罐口。采用上部敞口式隔离罩，与 CAS-OB 采用的上部封闭隔离罩相比，整个设备高度降低；喂线可在隔离罩内进行，避免与表面渣反应。采用浸入式搅拌枪，没有钢包底部透气砖，对钢液加热的同时，搅拌枪向钢液喷粉，进行脱硫及控制夹杂物形态[7]。IR-UT 钢包冶金如图 2-7 所示。

使用隔离罩是 CAS、CAS-OB 和 IR-UT 的重要特征，出现的各种吹氧化学法加热钢液技术基本上都采用隔离罩。隔离罩的作用是隔开浮渣，在钢液表面形成无渣亮面并提供加入微调合金空间，形成保护区并为加热钢液提供化学反应空间。此外，也具有一般的烟罩作用，借以收集和排出烟气。

B CAS-OB/ANS-OB 工艺

钢液到站后，先采用大流量底吹氩气搅拌钢液，把渣排斥到包壁四周，翻腾的钢液呈裸露状态。这时降下隔离罩，渣被拦在罩外。向罩内加入铝丸（含铝 99.7%，粒度 8~12mm），铝丸被钢液迅速熔化成熔融状态，吹入的氧气与液态铝发生剧烈的氧化反应，释放出大量的化学热，首先将罩内的钢液加热。由于钢包底吹氩气的搅拌作用，使罩内高温钢液与钢包内低温钢液发生对流，达到整包钢液升温的目的。

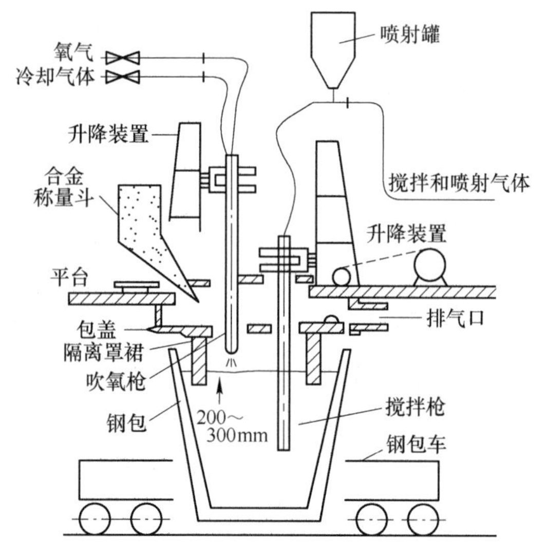

图 2-7 IR-UT 钢包冶金

根据钢液升温要求，计算加铝量和吹氧量后，加铝吹氧的同时底吹氩气搅拌，并在加铝吹氧结束后再持续吹氩搅拌 3~5min。钢液中碳、磷、硫含量变化很小，硅含量降低 0~0.05%，锰含量降低 0~0.05%。

为保证钢液升温的正常进行，升温时浸渍管插入深度为 300~400mm，这样能保证投入的铝在浸渍管内，减少外逸，增大与氧反应的机会。当插入深度过低，投入铝外逸严重，铝收得率降低。

OB 处理过程，由于渣中 Al_2O_3 含量的增加，会引起渣成分的变化，降低了渣的熔点，提高了渣的流动性。OB 前后渣成分的变化如图 2-8 所示。

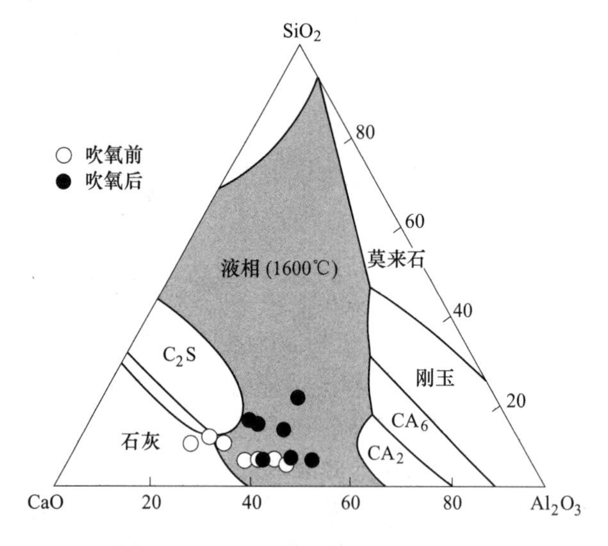

图 2-8 OB 处理前后炉渣成分的变化

C CAS/ANS-OB(IR-UT) 法的精炼效果

CAS/ANS-OB(IR-UT) 炉外精炼升温效果较好，日本和歌山 160t 转炉配 IR-UT 炉外精炼设备，加热钢液升温速度一般为 8℃/min，最高达到 13℃/min。美国伯利恒厂 300t 转炉配 CAS-OB 炉外精炼设备，加热钢液升温速度平均为 6.1℃/min。

钢液化学加热法在升温过程中，钢中元素的变化规律，如图 2-9 所示。由图可见，在吹氧前期，钢液中硅、锰含量下降，在后期回升[8]。因前期集中供氧，钢液中硅、锰参与反应，随着向钢中投入金属铝，铝含量逐渐增大，硅、锰的氧化受到抑制，硅、锰含量逐渐回升；钢液中碳、磷、硫含量在精炼过程中变化微小。因此，OB 处理前后，钢液成分几乎没有变化或变化不大。

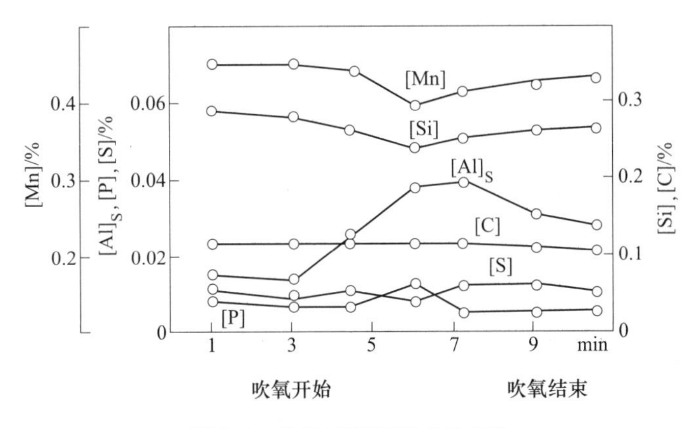

图 2-9 升温过程钢液成分变化

CAS-OB 处理过程中回磷 0.003%、回硫 0.002%，氢含量基本没有变化[9]，如图 2-10 所示。

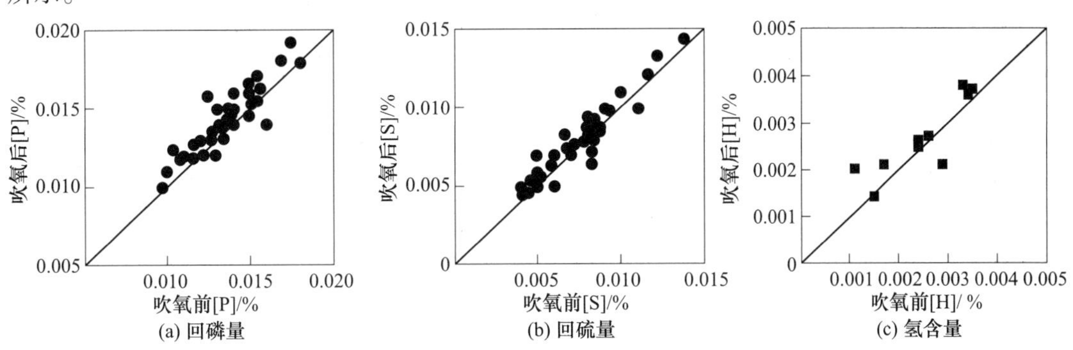

图 2-10 OB 处理前后钢液回磷量、回硫量及氢含量

钢液升温后，要进行钢液成分微调。由于浸渍罩的设置，较易实现准确的成分微调。

与 CAS 处理相比，钢液中氧化物夹杂含量和大型夹杂物含量没有明显差异，甚至还有所降低。

2.1.4 水蒸气-氧气混合精炼法（CLU 法）

CLU 法是由法国克勒索-卢瓦尔公司（Creusoi-Loire）和瑞典乌德霍尔姆公司（Uddeholms）共同开发，是专门生产不锈钢和高铬合金的方法。

CLU 法是用水蒸气底吹。水蒸气接触钢液分解成氢和氧，氢可使钢中 CO 浓度稀释，分解出的氧可以参加脱碳反应。水蒸气分解是吸热反应，可以降低熔池温度，对提高炉衬寿命有利。冶炼过程中红烟较少，车间的环境较好。相比于 AOD 工艺，可以节省氩气，冶炼温度低于1700℃，易于脱硫操作。但需要一套气体预处理装置，冶炼成本与AOD法差不多。CLU炉示意图如图2-11（a）所示。

为了减少铬的损失，吹炼过程中随着碳含量的降低，相应调整氧气与水蒸气的比例。精炼过程钢液成分与温度的变化如图2-11（b）所示。由图2-11（b）可知，钢液温度随着时间变化，先升高后降低；钢中铬含量先降低再升高然后保持平稳，锰含量先升高再降低再升高然后保持平稳，碳含量和硅含量先降低然后保持平稳。

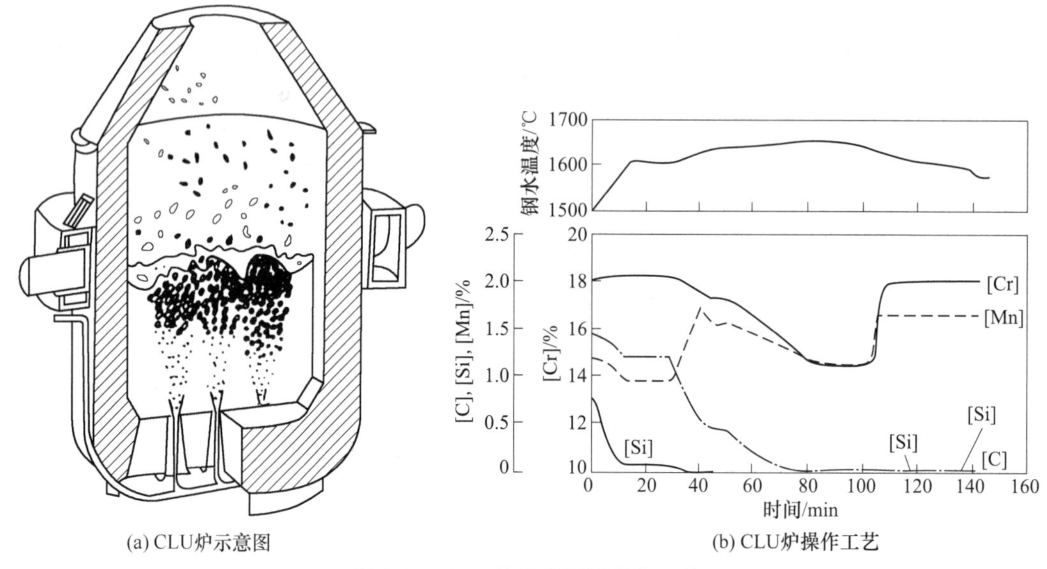

(a) CLU炉示意图　　(b) CLU炉操作工艺

图2-11　CLU炉示意图及操作工艺

还原过程中仅水蒸气进入风口，水蒸气分解所产生的氢会进入钢中，为此，需要吹氩或氩、氮的混合气体进行脱氢。钢液氢含量与冲洗气体量的关系如图2-12所示。由图2-12可知，随冲洗气体量的增加，氢含量降低。

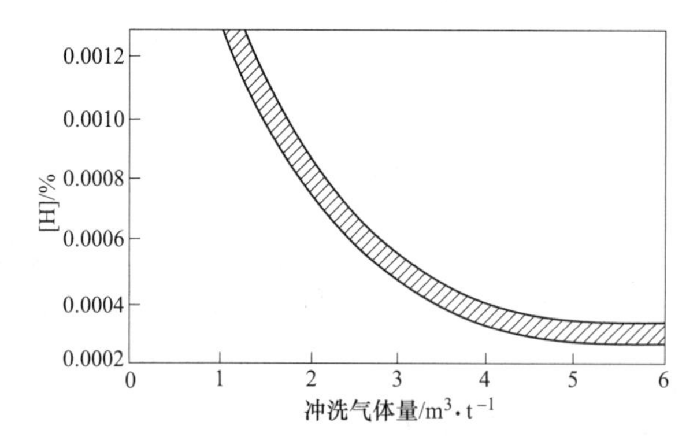

图2-12　钢中氢含量与冲洗气体量的关系

2.2　真空炉外精炼工艺

20世纪50年代后期到1960年，开发了许多类型的真空精炼设备。其中，液滴脱气法是1952年Bochumer联盟为消除大型铸锻锭中的氢缺陷开发的第一个商用脱气设备。

常用的真空精炼分类如图 2-13 所示。由图 2-13 可知，真空精炼主要包括三类，即钢流真空处理、循环真空处理和钢包真空处理。

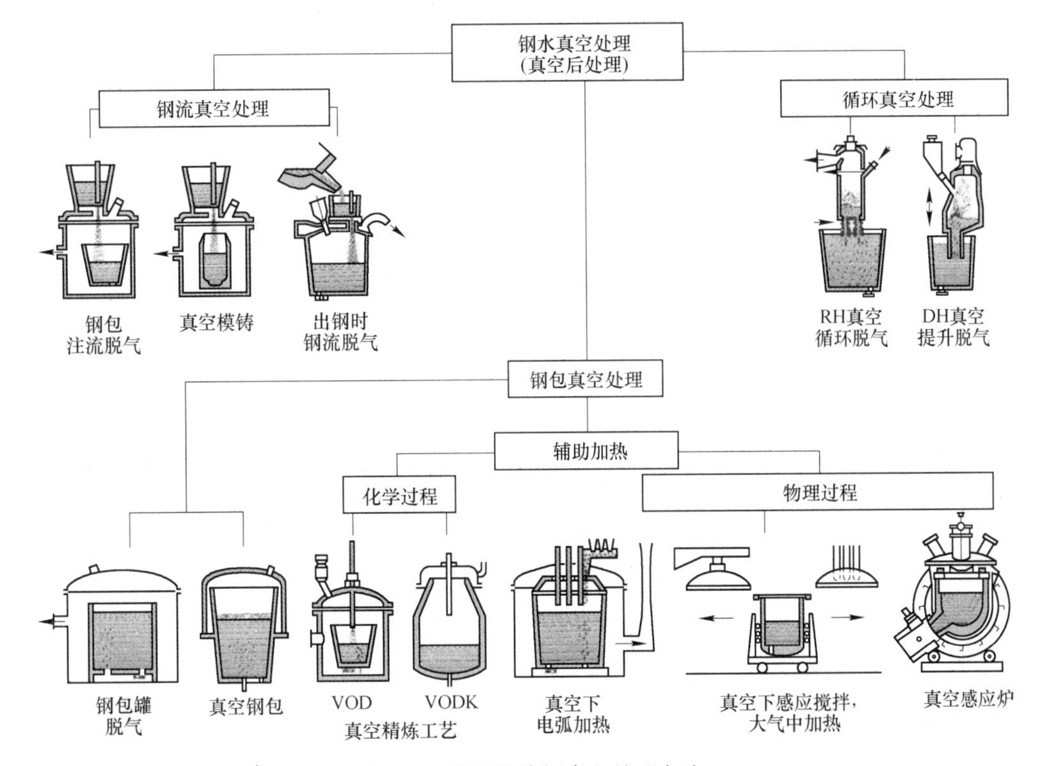

图 2-13 常用的炼钢真空处理方法

2.2.1 钢流真空处理工艺

钢流真空处理是下落中的钢流暴露在真空中，进行脱气处理，然后钢流被收集到钢锭模、钢包或炉内。如图 2-14 所示，钢流真空处理有三种方式，即钢包注流脱气法（BV 法）、真空浇铸法（VC 法）、出钢时钢流脱气法（TD 法）。联邦德国于 1952 年开发了 BV 法和 VC 法，1956 年开发了 TD 法。

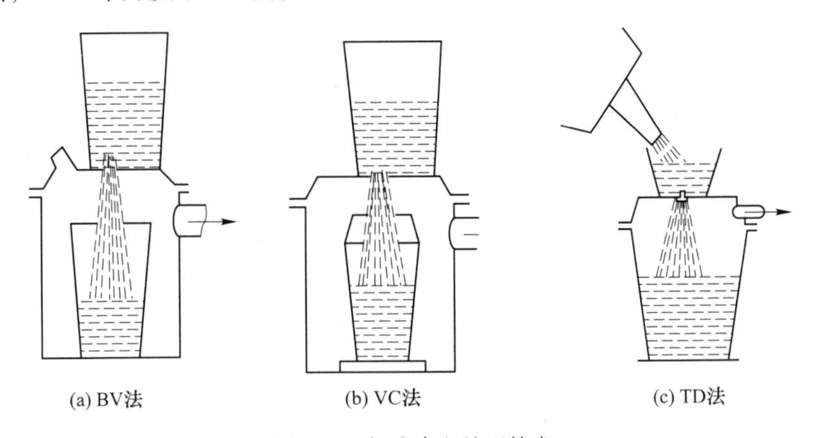

图 2-14 钢流真空处理技术

1971~1974 年苏联开发了真空渣洗精炼法（即 VSR 法）和连续真空处理法（即 CVD 法），分别如图 2-15 和图 2-16 所示。

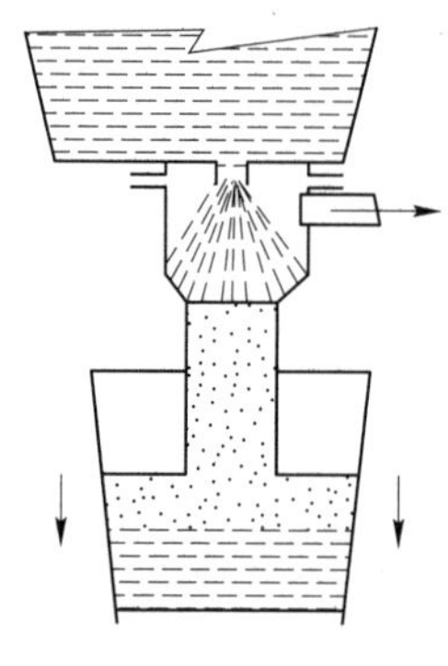

图 2-15　VSR 法

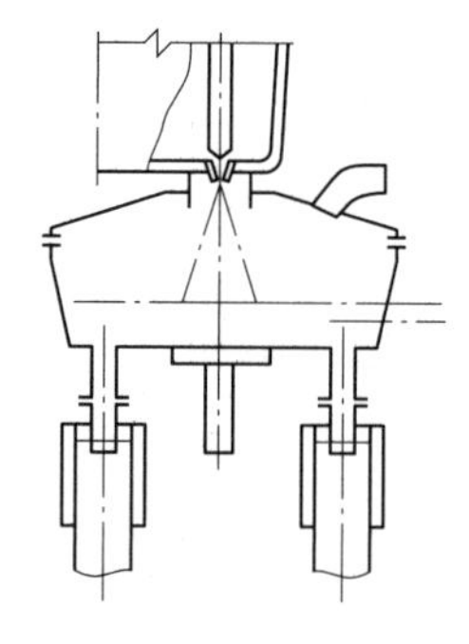

图 2-16　VCD 法

钢流真空处理具有以下特点：

（1）脱气表面积大，有利于气体的逸出；

（2）脱氧的同时具有脱碳的作用，非金属夹杂物降低 50%~70%；

（3）钢流处理后，仍可进行脱气。

钢流处理的缺点是钢液温降严重，所以相应出钢温度要高。真空浇铸时，为保证浇铸温度，钢液过热度要保证在 100℃左右。

2.2.2　钢液循环真空处理工艺

钢液循环真空处理是钢包内的钢液由大气压力压入真空室内，钢液暴露在真空中，进行脱气处理，然后钢液流出脱气室进入钢包。钢液循环真空处理主要包括真空循环脱气（RH）、真空提升脱气（DH 或 REDA）工艺。RH 真空循环脱气工艺将在第 5 章中介绍，本节重点介绍 DH（REDA）工艺。

2.2.2.1　DH 工艺技术

真空提升脱气（DH 法）是 1956 年由德国 Dortmund Horder 公司开发。1961 年安装在新日铁的 DH 是日本第一个真空精炼设备。

A　DH 精炼原理

DH 精炼设备构成如图 2-17 所示，主要由钢包、合金加入系统、真空系统、加热装置、真空室、提升机构等构成。

DH 法是根据压力平衡原理进行精炼的。精炼时首先将真空室下部的吸嘴插入钢包内的钢液中。吸嘴插入可以采用钢包台车将钢包抬高的方式，也可以采用真空室上部安装铰链机构将真空室放下的方式，也可以是二者兼而有之。吸嘴插入真空室后，真空系统开始工作。随着真空度提高，由于真空室内外压力差作用，钢液进入真空室内。钢包上升或真空室下降，钢液被吸入真空室；钢包下降或真空室上升，部分钢液回流到钢包[11]，如图 2-17 所示，完成一次处理过程。钢包上升或真空室下降，又一个处理过程开始。这样周期性的处理直至达到所要求的处理效果。

钢液进入真空系统后，溶解气体的分压力随之降低，脱气过程钢液中［C］+［O］═

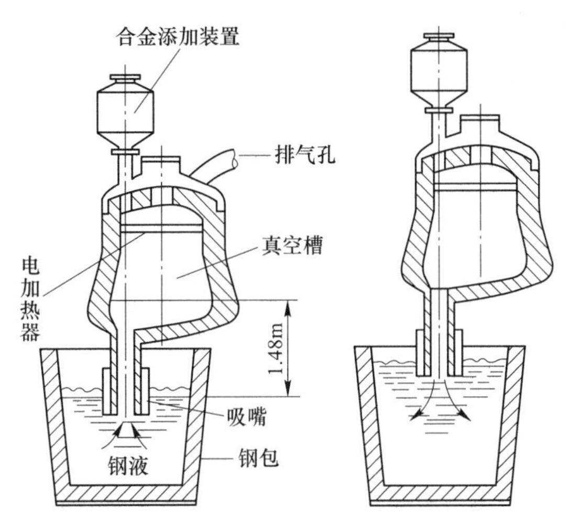

图 2-17 DH 精炼设备

CO 反应也向着生成 CO 的方向进行，从而实现了脱氢、脱氮、真空碳脱氧。

B DH 精炼工艺

DH 法的工艺流程：处理前根据精炼钢种和出钢量确定需要配加的合金种类和数量，并将其装入料罐内→调整上下行程→给吸嘴安装挡渣帽→给真空室加热→将装有钢液的钢包运至处理工位，取样、测温、将吸嘴插入钢液内→启动真空泵，使真空度达到 13kPa 左右，升降机构开始自动升降，使钢液进入真空室，开始脱气反应，钢液产生沸腾和喷溅；处理后的钢液回流到钢包，产生搅拌和混匀。这样升降 30 次左右，钢液经 3 次循环，真空度达极限值，脱气基本完成→加入合金料再升降数次，使合金混匀→破真空、测温取样、浇铸。

脱气效果主要取决于处理容量、钢液吸入量、升降次数、循环因数、停留时间、升降速度和提升行程等。

（1）处理容量是指钢包内待处理的钢液量。

（2）钢液吸入量是指每次升降时吸入到真空室的钢液量，取决于钢包容量，一般为10%～15%。

（3）升降次数是指处理过程中钢液分批进入真空室的次数。

（4）循环因数又称循环次数，是指处理过程中进入真空室的钢液总量与钢包内钢液总量之比。其选择应根据处理钢种、钢液中原始气体含量以及处理时的真空度而定。其表达式如下：

$$\mu = \frac{Wt}{V} \tag{2-1}$$

式中 μ——循环因数，次；

t——循环时间，min；

W——环流量，t/min；

V——钢液总量，t。

（5）停留时间是指提升钢液在真空室内停留时间和排出钢液在最低位置停留时间。一般提升钢液要在真空室内停留 6~7s，排出钢液在最低位置停留 5s，以使钢液完全返回至钢包内。

（6）升降速度是指钢包上升（真空室下降）速度和钢包下降（真空室上升）速度。钢包升降（真空室降升）速度，影响钢液在吸嘴内的流速。升降速度大，有利于脱气，但是升降速度也不宜过大，以免产生冲击震动和吸嘴衬砖的严重侵蚀。早期的 DH 升降速度一般为 6~7m/min，现在一般设计为 10~15m/min。

（7）提升行程是指钢包与真空室相对运动的距离。取决于处理容量、钢液吸入量和钢包直径，也与升降速度有关。

DH 处理过程中钢液分批进入真空室并产生剧烈沸腾和喷溅，使脱气表面增大，脱气效果好，可以用较小的真空室处理大量的钢液。在温度控制方面，真空室可用石墨电极、重油、煤气烘烤，降低了精炼过程钢液的热损失，钢液温降较小。另外，由于精炼过程钢液不与氧化性炉渣接触且钢液充分脱氧，因此，加入合金料的收得率高。

C　DH 精炼效果及发展前景

DH 处理可使钢中氢含量降低到 2×10^{-6} 以下、氧含量降低到 20×10^{-6} 左右、氮含量降低到 15×10^{-6} 左右、碳含量降低到 $(10\sim20)\times10^{-6}$ 左右。由于钢中氧含量大幅度降低，使钢中夹杂物含量也大为减少，达到了很好的纯净钢液的效果，因此适用于各种特殊要求的钢种的处理。由于 DH 法与钢液循环脱气法（RH 法）的功能相似，与 RH 法相比，存在着设备复杂、脱气能力较小、处理速度慢的问题，因此自 20 世纪 80 年代后期已无新的 DH 设备投入运行[12]。

2.2.2.2　REDA（Revolutionary Degassing Activator）真空精炼技术

1998 年，新日铁发展了 REDA 法，REDA 法被用于超低碳钢和不锈钢的生产，生产高纯不锈钢比 VOD 精炼更为有效。

A　REDA 真空精炼工作原理

REDA 精炼炉最显著的特征是拥有一个大圆筒形浸渍管。该圆筒形浸渍管上部与真空室相连，下部插入钢包内的钢液，利用压力差将钢液吸入浸渍管[13]，如图 2-18 所示。

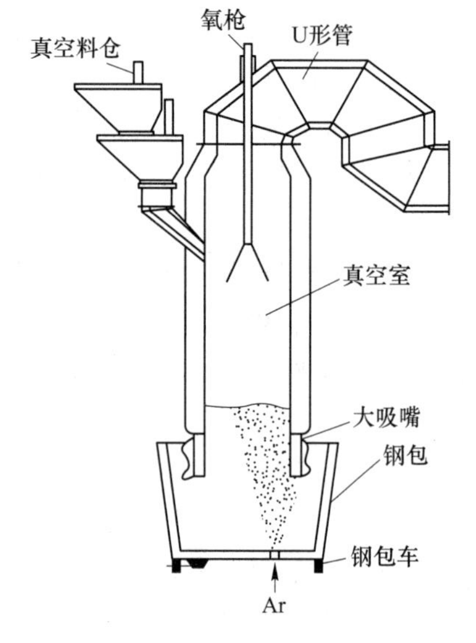

图 2-18　多功能真空精炼工艺

圆筒形浸渍管下部插入钢包内钢液时，将钢包渣排除在浸渍管外部。依靠钢包底部透气砖吹入的氩气泡流吸引钢液上升形成循环，气泡上升的驱动力主要是浮力和真空的抽吸引力。使钢液由浸渍管一侧上升，在另一侧下降，带动钢液循环流动。

偏心底吹气时，气液两相区密度远小于钢液密度，这使得钢液随吹入气体与上浮气泡作上升运动至真空室内自由表面处，于是就形成了上升流股。钢液上升到真空室内液体表面处，由于受到后继流股的作用，会沿钢液表面向远离两相区方向运动，同时钢液内气体含量不断减小（受真空泵抽真空的影响），液体密度变大，因此受自身重力作用向下流动，到达钢包底部附近补充了被上升流股带走的钢液，形成了下降流股。由上升流股和下降流股的共同作用形成了 REDA 精炼炉内钢液的循环流动。气泡带动的钢液体积要远大于自身体积，这与气泡泵原理描述的气泡行为是一致的。

气泡对于 REDA 精炼有着重要的作用。气泡能够发挥脱气、脱碳、去除夹杂物等一系列的精炼效果。吹入的气泡首先是钢液循环的动力源，气泡对钢液搅拌做功主要有：气泡的浮力功、气泡的膨胀功、吹入气体带入的动能。

B　REDA 真空精炼工艺的特点

REDA 真空精炼装置结构简单，容易维护，能够减少脱碳过程中的喷溅，避免真空室粘钢、粘渣，有效扩大氩气与钢液接触面积，提高精炼的效率。通过对 READ 真空精炼炉的改进，可以形成具有顶枪吹氧、加热、浸渍管气体驱动、扁平单管型等多功能真空精炼炉。REDA 真空精炼炉特别适用小于 120t 钢包。在日本主要应用于生产低碳和超低碳不锈钢。

REDA 脱碳能力如图 2-19 所示。由图 2-19 可知，READ 具有很强的脱碳能力。随着精炼的进行，碳含量降低，特别是前 20min 内，最终可以将碳脱到 5×10^{-6}左右。

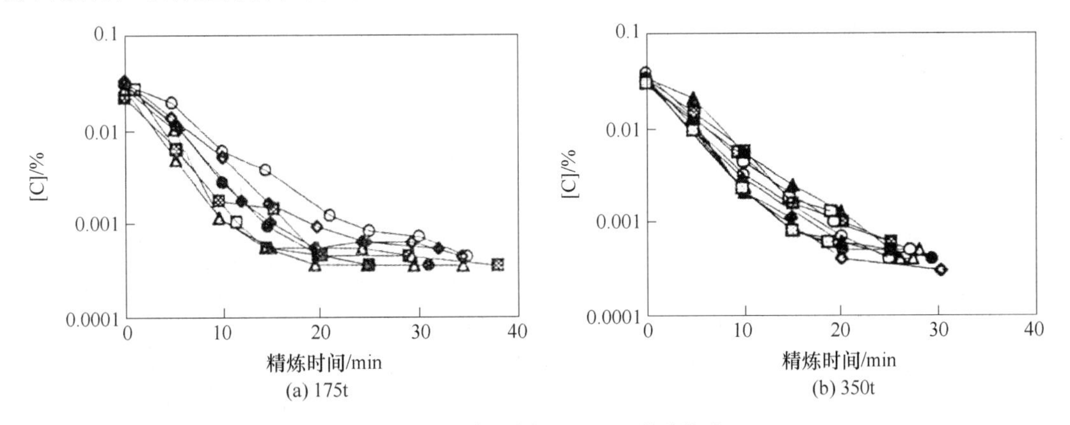

图 2-19　日本八幡厂 REDA 脱碳能力

日本新日铁公司基于改进 DH 脱气能力的目的，对单嘴精炼炉进行开发研究，于 1991 年将八幡厂一座 175t 的 DH 改造为单嘴精炼炉，并命名为 REDA(Revolutionary Degassing Activator)，并研究其脱碳行为。1994 年将一座 330t 的 DH 也改造为 REDA；1998~1999 年对 REDA 的脱碳特性进行水模型研究，并研究了 REDA 冶炼不锈钢技术。

C　SSRF 真空精炼工艺的发展

SSRF(Single Snorkel Refining Furnace) 为单嘴精炼炉，其炉型与 REDA 类似。在日本企业建设前，中国就已得到了应用。

1976 年，北京钢铁学院（现北京科技大学）张鉴教授等与大连钢厂合作，对大连钢厂 13t RH 进行了改造，在 45CrNiMoVA（坦克轴钢）进行了脱氢工业试验，取得了优异的成绩，使我国成为全世界研究单嘴精炼炉最早的国家。1983 年开始，张鉴教授等与长城特殊钢厂、北京工业设计院合作，进行了 35t 单嘴精炼炉水模型研究，其后将长城特殊钢厂四分厂一台一直未投产的 RH 脱气装置改造成了单嘴精炼炉。1992 年，在长城特殊钢厂进行 35t 单嘴精炼炉轴承钢脱氧、去除夹杂物等的工业实验。2004 年，与武钢合作进行了 250t 单嘴精炼炉脱碳的初步工业研究和脱碳特性水模型研究。2007 年开始，将太钢 80t

RH 改为单嘴精炼炉。2011 年，在石钢设计、建造了 60t 单嘴精炼炉实验装置并进行了脱氢实验。2011 年左右，马钢在圆形单管炉的基础上开发了扁平单管真空精炼炉[14]。

2.2.3　钢包真空处理工艺

钢包真空处理是钢包内钢液暴露在真空中，并用气体或电磁搅拌，进行脱气处理。按是否有加热功能，钢包真空精炼分为两大类。具有加热功能的钢包真空精炼炉可细分为两种：一种是化学加热的钢包真空精炼炉，包括 VOD 及其演变的 VODK；另一种是物理加热的钢包真空精炼炉，包括真空电弧加热钢包炉（VAD）、真空电磁感应搅拌大气中加热的钢包炉（ASEA-SKF）及真空感应炉。

非加热功能的钢包真空精炼法（VD）和化学加热的钢包真空精炼法（VOD）分别在第 4 章和第 7 章详细阐述，本节主要介绍物理加热的钢包真空精炼炉。

2.2.3.1　真空电弧加热钢包炉 VAD

A　VAD 的发展及设备组成

1967 年由美国 Finkl 公司建成世界上第一台 65t VAD(Vacuum Arc Degasser)。A. Finkl 父子公司将早期钢包真空处理改进为钢包真空吹氩处理时，由于吹氩钢液温降快，处理时间受限，真空处理的效果不能充分发挥。为了补偿温度损失，与摩尔（Mohr）公司合作完善了粗真空下的电弧加热，从而诞生了 VAD。德国人用 Heat 代替 Arc，又称 VHD。1972 年奥地利将 3 个电极之间加设了氧枪，发展成 MVAD。1997 年中国抚顺钢厂从德国引进一台与 VOD 组合在一起的 30~60t VHD/VAD。

VAD 主要由真空系统、加热系统、加料系统、吹氩系统、精炼钢包组成，设备组成如图 2-20 所示。

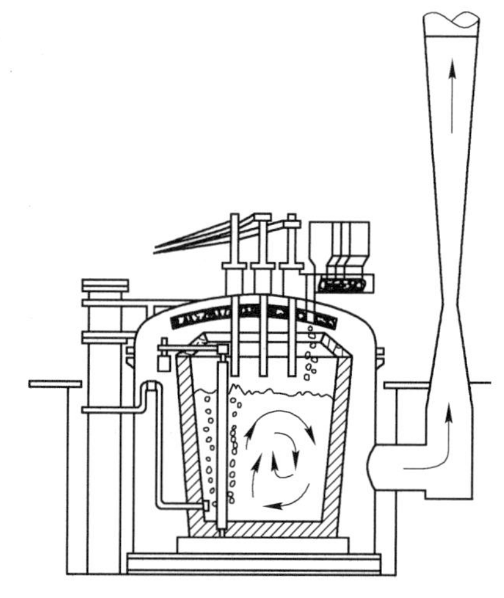

图 2-20　VAD 的设备组成

B　VAD 精炼工艺

VAD 主要完成合金化、脱硫、脱氧、脱氮、脱氢的任务。操作工艺如下：抽真空的同时，包底吹氩搅拌钢液→真空加热约在 24~26kPa(180~120mmHg) 进行→真空加热外，可进行钢包脱气和钢包精炼，脱气处理约 15min→真空精炼处理时间一般不小于 30min，电弧加热后可升高温度 100~200℃。

如果设有水冷氧枪，采用真空吹氧脱碳工艺，精炼超低碳不锈钢。铬的收得率约为 98%，冶金质量与 VOD 法相同。

C　VAD 的精炼效果

VAD 电弧加热是在真空下进行，加热过程中可以获得良好的脱气效果；钢包内衬充分蓄热，能够准确地调整钢液温度；精炼过程搅拌充分，有利于夹杂物的去除，降低钢液中氧含量；可加入大量的合金，精准调整钢液成分，扩大碳素钢与合金钢的冶炼范围；可以加入造渣剂和其他造渣材料进行脱硫。渣厚是影响脱氢率的重要因素。渣厚对脱氢率的影响如图 2-21 所示，精炼轴承钢时钢液总氧含量变化如图 2-22 所示。

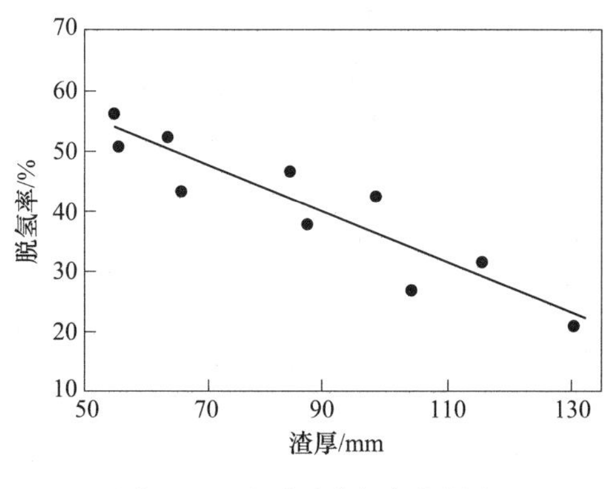

图 2-21 渣厚对脱氢率的影响

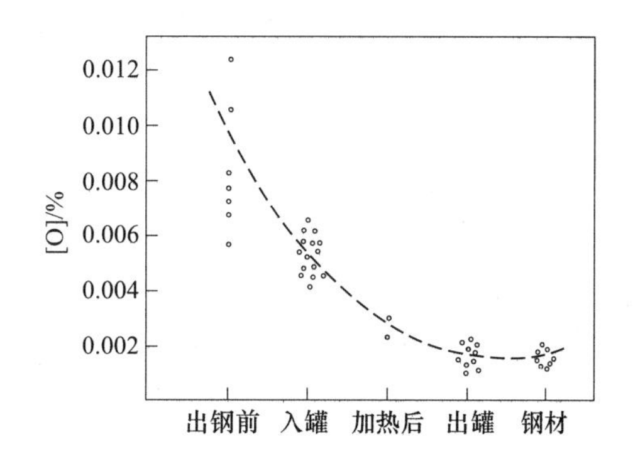

图 2-22 精炼轴承钢时氧含量变化

由图 2-21 可知，钢包中渣层越厚，脱氢率越低，渣层厚度小于 60mm，可实现 50%以上的脱氢率。由图 2-22 可知，随着精炼的进行，钢液中氧含量降低，精炼结束氧含量低于 10×10^{-6}。入精炼时钢液中的氢、氧含量高，出精炼时钢液中的氢、氧含量也高。

2.2.3.2 真空电磁感应搅拌大气中加热的钢包炉 ASEA-SKF

A ASEA-SKF 钢包精炼炉的发展及设备组成

1965 年瑞典滚珠轴承公司（SKF）与瑞典通用电机公司（ASEA）合作，在瑞典 SKF 公司的海莱伏斯钢厂（Hallefors）建成第一座 ASEA-SKF 钢包精炼炉。

ASEA-SKF 钢包精炼炉可完成炼钢过程所有精炼任务，因此其结构比较复杂，主要有钢包、水冷电磁感应搅拌器及其变频器、电弧加热系统、真空密封炉盖和抽真空系统、渣料及合金加料系统、吹氧系统等，如图 2-23 所示。

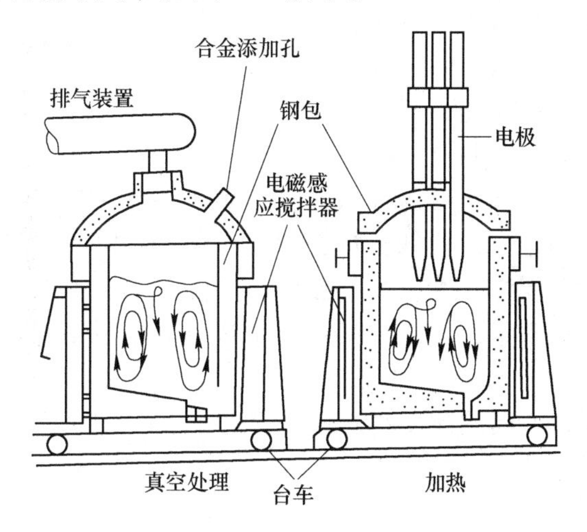

图 2-23 ASEA-SKF 钢包精炼炉示意图

B ASEA-SKF 钢包炉精炼工艺

ASEA-SKF 钢包精炼炉具有电磁搅拌、真空脱气和电弧加热功能。ASEA-SKF 将初炼钢液进行电弧加热、真空脱气、真空吹氧脱碳、脱硫以及在电磁感应搅拌钢液下调整成分和温度、脱氧和去除夹杂物等。精炼后将钢包吊出，进行浇铸。因此，ASEA-SKF 钢包精炼炉同时具有盛钢桶、真空脱气设备和精炼炉的作用[16]。具体工艺如图 2-24 所示。

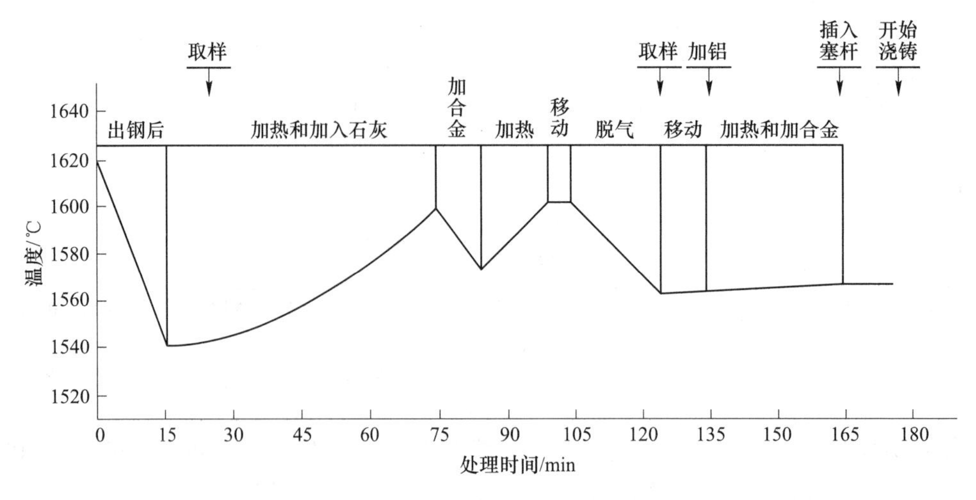

图 2-24 ASEA-SKF 钢包炉精炼工艺

C 精炼效果

采用 ASEA-SKF 钢包精炼工艺，不仅提高了初炼炉生产能力、扩大了品种、提高了生产稳定性，而且提高了钢液质量，包括钢化学成分均匀、钢中夹杂物降低、氢和氧含量大大降低，特别是达到了脱氢的目的，钢中氢含量 0.00015%~0.0002%。由于强搅拌钢液，使细小、悬浮状脱氧产物聚集成较大的夹杂物上浮到渣中，钢液中氧含量可降低 40%~60%，高倍夹杂物也得到了改善。52100 轴承钢（C 1%，Cr 1.5%）的高倍夹杂物面积可降低 40%。

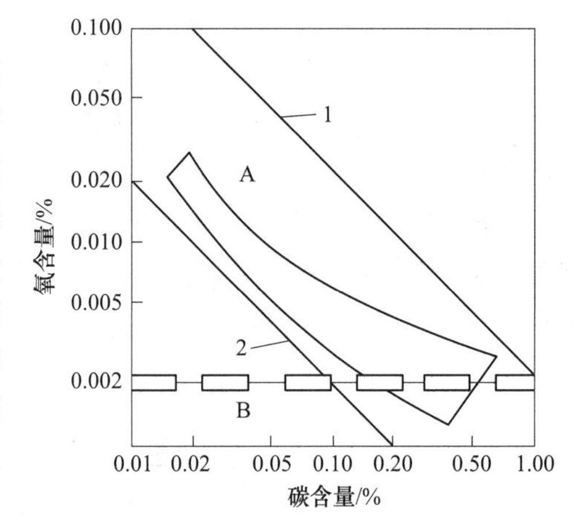

图 2-25 脱氧前后的氧含量

A—碳脱氧（66.7Pa）；B—铝脱氧（101.325kPa）；
1—101.325kPa 下理论平衡；2—10.13kPa 下理论平衡

采用真空碳脱氧与铝脱氧，脱氧前后的氧含量如图 2-25 所示。由图 2-25 可知，对于铝脱氧钢液，钢液中氧含量基本不变。真空碳脱氧过程，真空度越高，氧含量越低，与 101.325kPa 下真空下精炼相比，10.13kPa 下理论平衡氧含量更低。

精炼加热后期加铝，不同搅拌强度下氧含量达到 0.003%所需搅拌时间不同，搅拌强度越大，所需的搅拌时间越短[17]。

2.3 喷射冶金技术

2.3.1 喷射冶金的概念

喷射冶金（Injection Metallurgy）是根据流化态和气力传输原理，用氩气或其他气体作载体，将不同类型的粉剂喷入钢液或铁水中进行精炼的一种冶金方法，也称喷粉冶金。

通过载气将固体粉粒吹入熔池深处，在强烈搅拌熔池的同时，既可以加快物料的熔化和溶解，也大大增加了反应界面，加速了传输过程和反应速率。喷吹工艺参数（如载气的压力与流量、粉气比等）关系到粉剂利用率和喷射冶金效果。喷射冶金可以实现脱磷、脱氧、脱硫和使夹杂物球化，常用于以下几个方面：

（1）铁水预处理脱硫及脱磷。

（2）电弧炉冶炼过程喷粉造泡沫渣，提高电极加热效率，降低电耗。

（3）喷粉增碳。

（4）精准控制易氧化元素在钢中的含量。将易氧化元素（如 Ti、B、V、Ca、RE 等）的粉剂用氩气作载体喷入钢液或以包芯线的形式喂入钢液，可提高并且稳定合金元素的收得率。

（5）夹杂物形态控制。向钢液中喷入 Ca-Si 系列粉或稀土金属 RE 粉时，可起到很好的脱氧、脱硫效果和控制夹杂物形态的作用。

有学者提出了钢包底喷粉工艺，进行深脱硫。采用喷粉工艺时要严格控制粉剂的粒度，常用的粉剂粒度直径应小于 1mm，不得小于 0.2mm。这是因为粉剂喷射入铁水或钢液之后，粒子要能冲破气泡壁，克服气泡和铁水或钢液间的界面张力，进入铁水或钢液深处。如果粒子过小，动量不够，难以克服气泡壁障，粒子随气泡一起在铁水或钢液内上浮进入渣中，没有起到应有的作用；粒子过大，粒子动量足够，粒子可以冲出气泡，但反应界面又相对小了，而且上浮速度加快，有些粒子来不及反应完，利用率不高。

喷射冶金粉状物料的制备、储存和运输比较复杂。对粉剂的物理、化学性质，如粒度、松装密度、密度、流动性、颗粒形状以及化学成分等都有具体要求，以保证粉剂具有良好的输送性能，除了上述物理化学性能外，也应考虑熔剂和合金元素的熔点、沸点、蒸气压以及在铁液、钢液中的溶解度。

喷射冶金还存在喷吹过程熔池温度损失较大、需要专门的设备和较大气源的问题。

2.3.2 喷粉技术

2.3.2.1 喷粉过程粉剂的行为

A 粉剂的类型

喷粉粉剂的类型主要根据精炼的目的确定。表 2-1 介绍了常用的几种脱磷、脱硫、脱氧和合金化粉剂。

表 2-1 反应和合金化采用的喷粉材料

脱磷	$CaO+CaF_2+Fe_2O_3$+氧化铁皮；苏打
脱硫	钝化镁粉、Mg + CaO、$Mg + CaC_2$；$CaC_2 + CaCO_3 + CaO$； $CaO + (CaCO_3)$；CaO + Al；$CaO + CaF_2 + (Al)$；苏打；CaC_2； 混合稀土合金
脱氧	Al、SiMn；采用 CaSi、CaSiBa、Ca 脱氧及控制夹杂物的形态
合金化	FeSi；石墨、碎焦；NiO、MnO_2；FeB、FeTi；FeZr、FeW、SiZr、FeSe

喷粉的形式，可以通过浅喷射或深喷射喷枪喷入钢液中。图 2-26 为典型的深浸喷枪的喷射系统。这个设备由分配器、流态化器、挠性导管和深喷枪以及储存箱组成。

一般根据粉气比（kg/kg）大小，将气力输送分为稀相输送和浓相输送，浓相输送是指粉气比达 80~150kg/kg 的状况，而喷射冶金喷粉时粉气比一般为 20~40kg/kg，故属于稀相输送。粉料只占混合物体积的 1%~3%，出口速度在 20m/s 左右。浓相输送对喷射冶金有利，因为可以少用载气，减少由于载气膨胀引起的喷溅，钢包中不至于因喷粉而冲开顶渣，引起钢液裸露被空气氧化和吸氮。但浓相输送时单位长度管路的阻力损失比稀相大得多。

喷吹粉料过程包括：以一定的速度向钢液喷吹粉料、溶解于钢液中的杂质元素向这些粉粒的表面扩散、杂质元素在粉粒内扩散、在粉粒内部的相界面上的化学反应。

如图 2-27 所示，喷吹粉料的体系内常出现两个反应区：一个发生在钢液内，上浮的粉粒与钢液作用的所谓瞬时反应，能加速喷粉过程的速率；另一个发生在顶渣与钢液界面的所谓持久反应，它决定整个反应过程的平衡[20]。但它与一般的渣-钢液界面反应不同，其渣量因钢液内上浮的已反应过的粉粒的进入而不断增多，但也有返回钢液内的可能性。因此，在喷粉条件下，反应过程的速率是瞬间反应和持久反应速率之和。但是瞬间反应的效率仅 20%~50%。主要是因为进入气泡内的粉粒并未完全进入钢液中，并且还受“卷渣”的干扰，加之粉粒在强烈运动的钢液中滞留的时间极短，仅 1~2s，就被环流钢液迅速带出液面。瞬间反应是加速反应的主要手段。

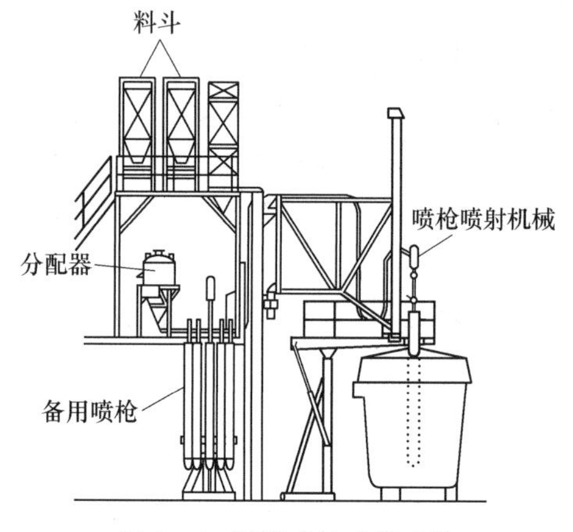

图 2-26 深浸喷枪喷射系统

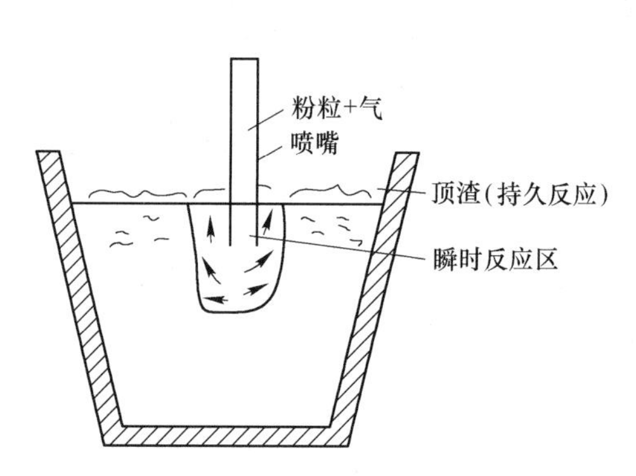

图 2-27 钢液中喷粉时的两个反应区

B 粉粒在熔体内的停留时间

粉粒进入熔体后的停留时间，直接影响冶金粉剂的反应程度或溶解并被熔体吸收的程度。对于喷吹造渣剂，要求粉粒在熔体内的停留时间应该能够保证它们完全熔化，并充分进行冶金反应。对于喷吹合金化材料，则要求停留时间能使喷入的合金材料完全熔化并被吸收。

粉粒穿过气液界面进入熔体内一段距离后，因为熔体阻力作用粉粒速度变慢最后趋于零。这时粉粒（或已熔化的液滴）将受浮力作用上浮，或随熔体运动。粉粒越细越容易随熔体运动，停留时间也就越长。同时，粉粒的密度越大越容易随熔体运动，因为它们上浮困难。粉粒越大上浮越快，停留时间越短。因为粉粒在上浮过程中同时熔化、溶解和进行冶金反应，直径不断变小，上浮速度也随之变小，受熔体运动的影响逐渐增加，所以实际的停留时间比计算值长。

C 粉粒在熔体中的溶解

每一种粉料应有相应的合适粒度范围。如果粉粒尺寸太大，既不易随钢液流动，又来不及在上浮中溶解，收得率不高且不稳定；如果粉粒过细，难于穿越气液界面进入熔体内部，有相当一部分粉粒随载气自熔体逸出，利用率也低。

与其他处理工艺相比，喷吹法温降较大。喷入的气体与粉剂吸热使钢液降温，气体由室温升到钢液温度造成的钢液损失，使钢液温降很小。粉剂由于种类、数量不同，对温降的影响也不同。粉剂与钢液中元素反应，有的是吸热反应可使钢液降温。另外，喷入的固体物料加热熔化还要吸热，并且气体搅拌使渣面传导和辐射热损失以及包衬导热损失加大。混铁车喷射65%CaO+25%$CaCO_3$+10%C 混合料脱硫时的铁水温降如图 2-28 所示[21]。由图 2-28 可知，喷吹粉量越大，处理时的温降值越高。

2.3.2.2 新一代钢包喷射冶金工艺技术 L-BPI

近年来朱苗勇教授[22]等人开发出通过安装在钢包底部透气砖位置的元件喷吹精炼粉剂或合金化的合金粉的精炼新工艺，即新一代钢包喷射冶金工艺技术 L-BPI，如图 2-29 所示。此工艺可以不用铁水预脱硫而实现低硫钢和超低硫钢的生产，为避免 LF 长时间深脱硫处理开辟了一条新途径。

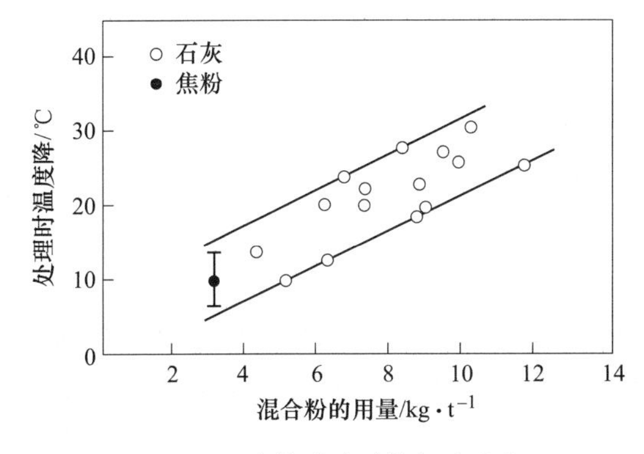

图 2-28 喷粉脱硫时的钢液温降

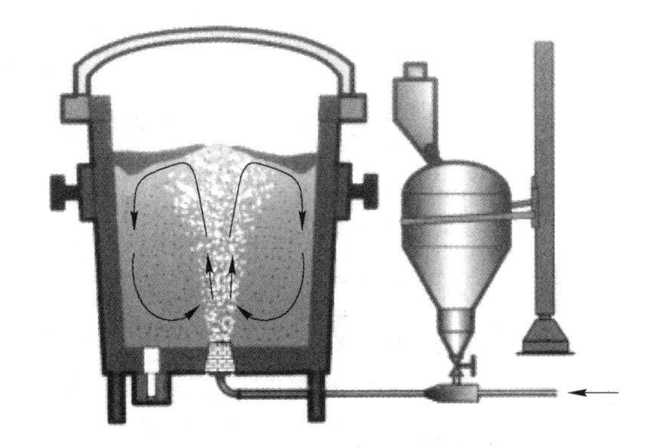

图 2-29 新一代钢包喷射冶金工艺示意图

钢包底喷粉技术通过安装在底吹氩位置的喷粉元件进行喷吹精炼粉剂或合金化的合金粉，粉剂经由底喷粉元件送入钢液深部，在上浮过程与钢液充分接触完成精炼。与传统钢包底吹氩工艺相比，此新工艺要实现应用还要解决许多问题，如钢液渗漏、粉剂堵塞、喷吹元件使用寿命、底喷气-粉-钢液多相流行为与脱硫动力学等[23]。

钢包脱硫属于冶金过程中的液-液相反应，液-液相反应特点是反应物从各自相内传输到两相界面，然后发生化学反应，最后产物离开反应界面扩散到各自的相区。

LF 钢包精炼炉依靠的是顶部渣-金界面脱硫，其脱硫限制环节是硫在钢中或者渣中的传质，且精炼前期脱氧造还原渣需要一定的时间，所以在有限的精炼时间内，难以满足钢液深脱硫的需求。而钢包底喷粉通过透气砖从钢包底部喷入精炼渣剂，增加粉剂和钢液接触面积，改善了限制钢包炉脱硫反应渣-金界面小及渣-金属界面整体移动困难问题，提高了脱硫效率。

底喷粉脱硫模型可以看作钢液表面渣-金界面的脱硫反应即持续接触反应模型和粉剂在钢液随着气泡上浮时短暂接触反应模型。对于钢包底喷粉持续反应，认为脱硫反应的限制性环节是硫在钢液内的传质，其反应模型服从液-液反应模型。根据脱硫反应的双膜理论建立了持续反应界面脱硫反应速率方程为：

$$-\frac{\mathrm{d}[w_S/w^\theta]}{\mathrm{d}t}=\frac{A}{V_m}k_m\left\{[w_S/w^\theta]-\frac{(w_S/w^\theta)}{L_S}\right\} \tag{2-2}$$

式中　A——钢-渣界面积，m^2；

V_m——钢液体积，m^3；

k_m——持续反应界面硫在钢中传质系数，m/s；

L_S——硫在钢-渣的分配系数；

(w_S/w^θ)——渣中硫含量,%；

$[w_S/w^\theta]$——钢中硫含量,%。

对于钢包底喷粉短暂接触反应界面脱硫模型建立，考虑到大量在粉剂上浮过程中与钢液短暂接触，以全部粉剂作为研究对象，难以建立准确的脱硫反应速率方程。但是可以考虑单个粉剂颗粒，在其有效的停留时间内脱硫反应速率方程。对于单个粉剂颗粒在钢液上升过程中，脱硫反应的限制性环节是硫在钢液内的传质，根据双膜理论建立了单个粉剂硫含量增加的反应速率方程为：

$$-\frac{\mathrm{d}[w_S/w^\theta]}{\mathrm{d}t}=\frac{A_p}{V_p}k_t\left\{[w_S/w^\theta]-\frac{(w_S/w^\theta)_p}{L_S}\right\} \tag{2-3}$$

式中　k_t——短暂反应过程中硫在钢中传质系数，m/s；

A_p——单个粉剂渣-金界面面积，m^2；

V_p——单个粉剂颗粒的体积，m^3；

$(w_S/w^\theta)_p$——单个粉剂的硫含量,%。

对于单个粉剂来说，在其上升到钢液表面过程中，相比于整个喷粉时间，其停留时间非常短，在这么短暂的时间内，钢液的硫含量可以看成不变的常数。假设单个粉剂不含硫。通过积分把式（2-2）化简为：

$$(w_S/w^\theta)_{ep}=L_S[w_S/w^\theta][1-\exp(-A_pk_t\tau/L_SV_p)] \tag{2-4}$$

引入参数 η，令 $\eta=[1-\exp(-A_pk_t\tau/L_SV_p)]$，式（2-4）可化简为：

$$(w_S/w^\theta)_{ep}=\eta L_S[w_S/w^\theta] \tag{2-5}$$

参数 η 可以看作短暂反应单个粉剂颗粒有效利用系数，而式（2-5）表示了单个粉剂在上升到钢液面时的脱硫能力。对于全部粉剂来说，其脱硫能力可以认为是单个粉剂的脱硫能力与单位质量钢液的喷粉量的乘积，所以其短暂反应脱硫动力学方程为：

$$-\frac{\mathrm{d}[w_S/w^\theta]}{\mathrm{d}t}=(w_S/w^\theta)_{ep}\frac{v_{in}}{W_m} \tag{2-6}$$

式中　v_{in}——钢包底喷粉过程中喷粉效率，kg/s；

η——粉剂有效利用系数；

$(w_S/w^\theta)_{ep}$——单个粉剂的脱硫能力。

将持续接触反应速率和短暂接触反应速率叠加起来，脱硫反应动力学方程为：

$$-\frac{\mathrm{d}[w_S/w^\theta]}{\mathrm{d}t}=\frac{A}{V_m}k_m\left\{[w_S/w^\theta]-\frac{(w_S/w^\theta)}{L_S}\right\}+(w_S/w^\theta)_{ep}\frac{v_{in}}{W_m} \tag{2-7}$$

2.3.2.3 RH 喷粉精炼

自 20 世纪 80 年代以来，主要发展了 RH-PB、RH-IJ 和 RH-PTB 喷粉脱硫方法，主要区别在于脱硫粉剂在钢液和 RH 装置中吹入的部位不同。

（1）RH-PB 喷粉工艺。RH-PB 是 RH-Powder Blowing 的英文缩写，是 1987 年日本（新日铁）在 RH-OB 的基础上开发，生产超低硫（[S]≤0.001%）、超低碳和超低磷钢，并降低气体含量，如图 2-30 所示。

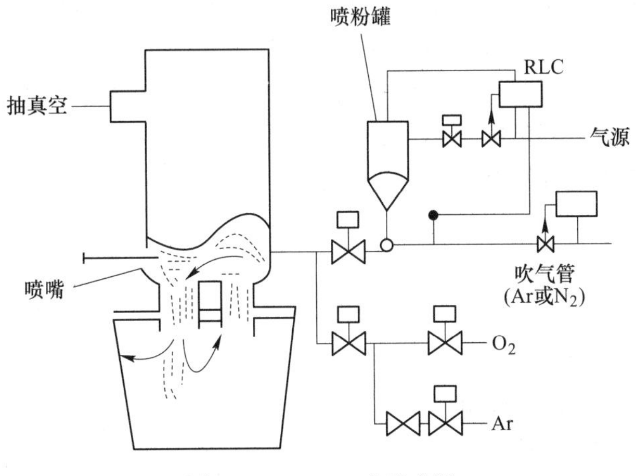

图 2-30　RH-PB 法示意图

其原理是利用 RH-OB 真空室下部的吹氧喷嘴将粉剂通过 OB 喷嘴吹入钢液，进行脱气、脱硫以及冶炼超低磷钢的精炼方法[28]。RH 真空室下部两个喷嘴，可以利用切换阀门改变成吹氧方式。采用 RH-PB 法时吹入并分布在钢液中的熔剂形成的熔渣颗粒具有很强的脱硫能力，提高了脱硫效率。因此，使用少于传统方法中的熔剂也能达到很高的脱硫率。由于能在真空状态下进行喷粉处理，可以防止钢液被大气污染，特别是钢液吸氮对钢质量的影响。

利用 RH-PB 精炼超低硫钢时，是把转炉钢液兑入 RH-PB 钢包中，进行真空脱气，加铝脱氧，通过吹氧喷嘴喷入脱硫剂（石灰+萤石 1∶1 的混合物），同时脱氢。随后吹氧加热，精调成分，可在 20min 内获得[H]≤0.00015%、[S]≤0.001%及[N]≤0.004%的钢液。

（2）RH-IJ 喷粉法。RH-IJ 法是日本新日铁大分厂 1985 年开发的，该方法是将喷枪直接插入上升管的下方，既可将氩气与粉剂同时吹入，又可单独吹氩[29]，如图 2-31 所示。该方法可以将炉渣的不利影响限制在最低程度，且粉体与钢液接触时间延长，有利于增强钢包底部和真空室内的钢液搅拌、增大环流量，可达到较好的冶金效果。RH-IJ

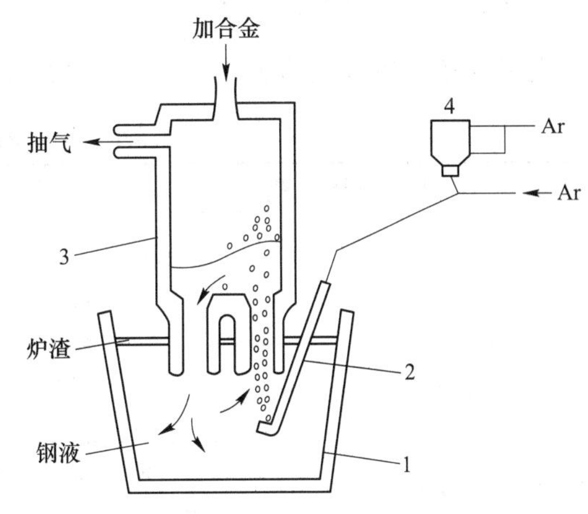

图 2-31　RH-IJ 法示意图

1—钢包；2—喷枪；3—脱气室；4—喷粉罐

主要强化脱硫，可同时完成脱硫、脱氢、脱碳、减少非金属夹杂和调整成分的目的。

（3）RH-PTB。由于RH-PB喷粉用的喷嘴直接与高温钢液接触，加速了对浸入管根部的侵蚀，因此PB管的寿命很低，为此开发了RH-PTB工艺。

RH-PTB是RH-Powder Top Blowing的英文缩写，是由日本住友金属工业公司和歌山厂于1994年研制开发的，为生产超低碳深冲钢和超低硫钢种开辟了一条新途径。其原理如图2-32所示，是由RH真空室的顶部向真空室插入一支水冷喷枪，向真空室钢液表面喷吹脱硫剂或合成渣粉剂进行精炼的一种方法[30]。由于采用了浸入钢液中的水冷喷枪，延长了喷枪的寿命，减小了喷枪堵塞的概率和喷枪损耗。

喷吹的粉剂进入熔池后，扩大了颗粒与钢液之间的反应界面面积，加速了脱硫反应，降低了钢中硫含量。通过降低喷枪高度，提高真空度，可显著提高钢液脱硫率。另外，氩气泡与钢液之间反应界面面积扩大，明显加快了氮气的去除速率[31]。反应机理如图2-33所示。

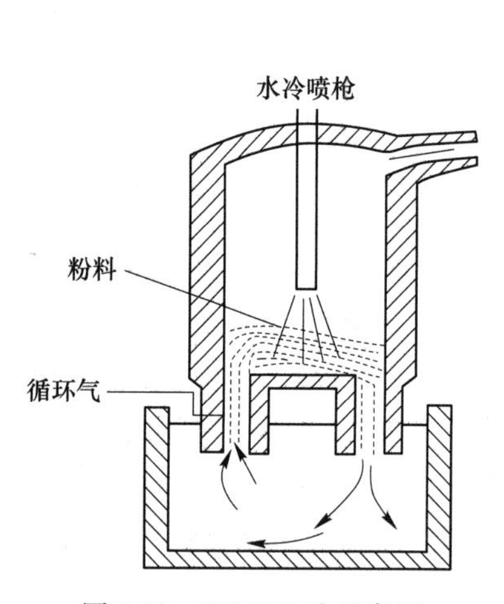

图2-32 RH-PTB法示意图

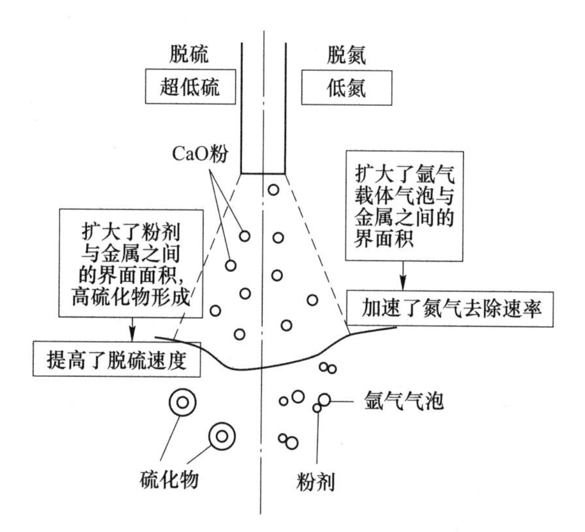

图2-33 RH-PTB反应机理概貌

几种喷粉脱硫方法的比较[32]如表2-2所示。

表2-2 各种脱硫方法的比较

脱硫方法	示意图	脱硫效果/%	综合优势	劣势
投入法		40~60	不需改造现有车间、设备；工艺简单、易行	反应效率低；侵蚀耐火材料0.7~1mm/炉（不脱硫炉次为0.4~0.5mm/炉）
RH-PB	图2-30	70~90	脱硫反应效率高	需增加整套喷吹设备、车间改造、易喷溅；喷嘴处侵蚀严重
RH-IJ	图2-31	70~90	粉剂参与钢液多次循环；脱硫反应效率很高	需增加整套喷吹设备、车间改造；粉剂易堵枪，喷枪开支高
RH-PTB	图2-32	50~80	不增加氧枪成本；对耐火材料影响小；可以升温；负压输粉，枪不易堵	需增加部分设备；反应持续时间比RH-IJ、RH-PB法短；粉剂利用率较低

2.3.2.4 VOD-PB 精炼法

日本住友金属公司在 VOD 脱碳、脱氮的基础上，开发了一种强化脱碳、脱氮的方法——VOD-PB 法，其设备简图如图 2-34 所示。这种方法是在常规的 VOD 生产铁素体不锈钢时，吹氧脱碳到一定程度然后改用氩气和氧气作为载体喷吹金属氧化物颗粒，使得脱碳、脱氮反应同时都得以进一步强化[33]。喷吹的金属氧化物粉末主要是铁矿粉、锰矿粉及氧化锰，粉末直径小于 0.1mm。

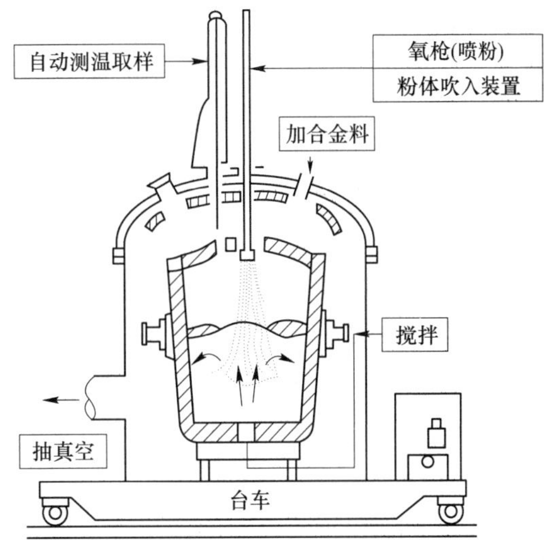

图 2-34 VOD-PB 设备示意图

图 2-35 比较了 VOD 吹氧与 VOD 喷吹铁矿石粉末过程中，钢中氮含量和碳含量的变化情况[34]。相较于 VOD 法，VOD-PB 法可将脱碳速率和脱氮速率提高 2~3 倍，碳可脱至 0.002%以下，氮可脱至 0.004%以下。

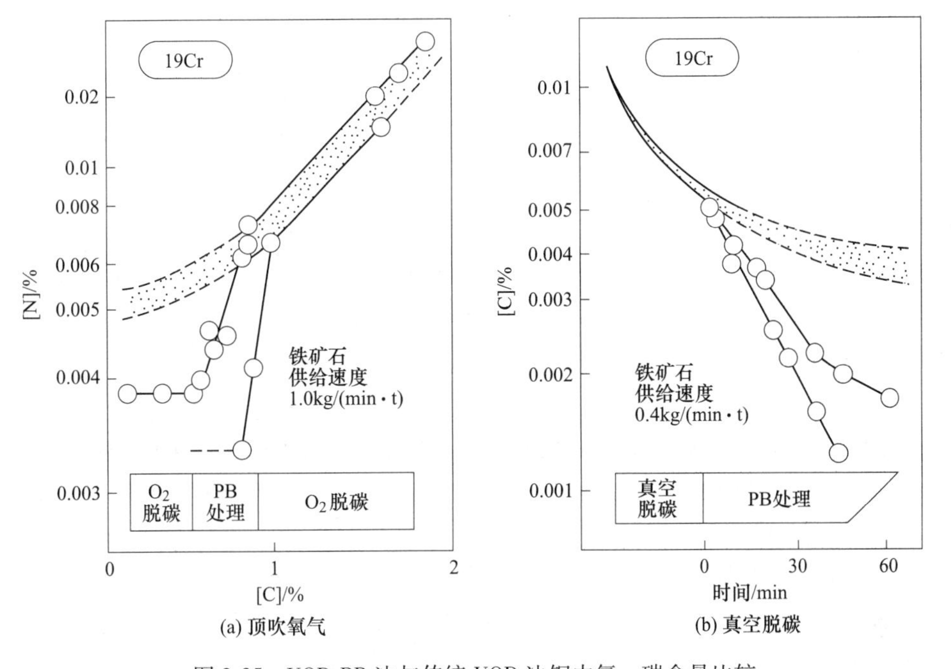

图 2-35 VOD-PB 法与传统 VOD 法钢中氮、碳含量比较

2.3.3 喂线技术

2.3.3.1 喂线设备及优势

喂线（丝）法（Wire Feeding，即 WF 法），就是在一定速度条件下将合金芯线、铝线射入到钢包底部附近的钢液中，并通过搅拌的动力学作用，有效地达到合金成分微调、脱氧、脱硫、去除夹杂及改变夹杂性态等目的的处理方法，它是在喷粉基础上开发出来的技术。喂线设备及材料如图 2-36 所示。它由 1 台线卷装载机、1 台喂线机、1 根或多根导管

及其操作控制系统等组成。喂线机有单线机、双线机、三线机等类型。其布置形式有水平的、垂直的、倾斜的3种。一般是根据工艺需要、钢包大小及操作平台的具体情况，选用一台或几台喂线机，分别或同时喂入一种或几种不同品种的线。

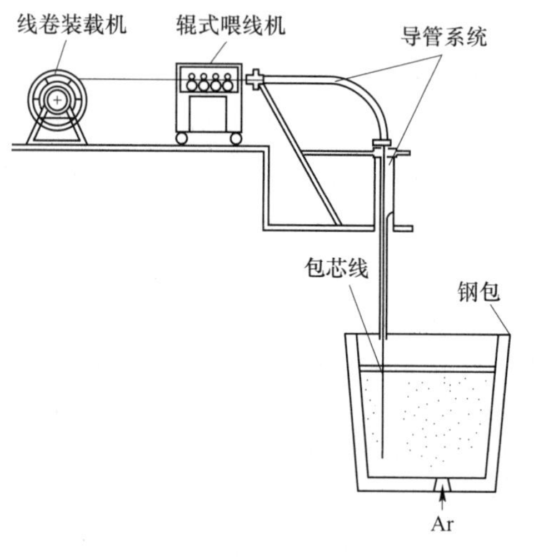

图2-36　喂线设备布置示意图

导管是一根具有恰当的曲率半径钢管，一端接在辊式喂线机的输出口，另一端接在钢包上口距钢液面一定距离的架上（导管端部离钢液面约400~500mm），将从辊式喂线机输送出来的线正确地导入钢包内，伸至靠近钢包底部的钢液中，使包芯线或实心线熔化而达到冶金目的。

包芯线喂入钢液后，包皮迅速被熔化，线内粉料裸露出来与钢液直接接触进行化学反应，并通过氩气搅拌的动力学作用，能有效地达到脱氧、脱硫、去除夹杂物及改变夹杂物形态以及准确地微调合金成分等目的，从而提高钢的质量和性能。

通过喂线技术，将不同合金加入钢液，显著提高加入合金的收得率。喂线机最大喂入速度应根据钢包允许最大盛钢液量及不同喂入料的熔化时间确定，喂入速度可调，以保证喂入合金具有较高的收得率。

2.3.3.2　喂线所用的合金

钢包处理所使用的线有金属实心线和包芯线两种。铝一般为实心线，其他合金元素及添加粉剂则为包芯线，都是以成卷的形式供给使用。目前工业上应用的包芯线的种类和规格很多，通常包入的合金种类有钙、硅钙、碳、硫、钛、铌、硼、铅、碲、锰、钼、钡、硅、铋、铬、铝、锆等。

包芯线主要参数的选用，需要考虑的是其横断面、包皮厚度、包入的粉料量。包芯线一般为圆形断面，尺寸大小不等。断面小的用于小钢包，断面大的用于大钢包。包皮一般为0.2~0.4mm厚的低碳带钢。包皮厚度的选用需根据喂入钢包内钢液的深度和喂入速度确定。芯线单重：硅钙线约182g/m，碳芯线约130g/m，铝芯线约254g/m。

包芯线的质量直接影响其使用效果，因此，对包芯线的表观和内部质量都有一定要求。表观质量要求：铁皮接缝咬合牢固、外壳表面无缺陷、断面尺寸均匀。内部质量要求包括：包芯线质量均匀、填充率高、压缩密度合适、芯料化学成分准确稳定。填充率是指单位长度包芯线内芯料的质量与单位包芯线的总质量之比。压缩密度是指包芯线单位容积内添加芯料的质量。

2.3.3.3　喂线工艺

对于经钢包炉（如LF）精炼的钢液，可在钢包炉精炼后，于钢包炉工位上进行喂线操作；经真空处理的钢液，则在真空处理后，于真空工位上大气状态下进行喂线操作；对于直上的炉次，即不经钢包炉精炼和真空处理的钢液，可在钢包终脱氧10min左右进行喂线操作，以便提高回收率，准确地控制成分。喂线点位置应选择丝线与钢液混匀时间最短的地点，如果钢包底部装有两个透气砖，则可选择其连线中点位置；钢包底部装有一个透气砖，喂线的位置应在钢液环流的下降流区。

喂线速度是决定喂线效果的重要因素。将线喂入到距包底上方100~200mm处，线在此熔化和反应，合金收得率最高。最佳喂线速度为：

$$v = \frac{y(H - 0.15)}{t} \tag{2-8}$$

式中　v——喂线速度，m/s；

H——钢包钢液深度，m；

t——铁皮熔化时间，一般为1.5~2.0s；

y——修正系数，为1.5~2.5。

根据钢包中钢液重量、线的断面规格以及钢种所需微调合金的数量和回收率等确定喂入量。

喂线结束后，进行吹氩弱搅拌，防止钢液与空气接触，导致喂入的合金或粉料发生再氧化。弱搅拌5min左右后，取样分析最终成分，合格后即可运往连铸平台浇铸。

本章小结

（1）渣洗是最基本的精炼手段。渣洗工艺可以快速脱硫、有效脱氧、去除夹杂和减轻出钢过程中二次氧化。

（2）几乎所有的炉外精炼都采用以底吹氩为主的搅拌精炼，根据钢液温度、钢液重量、钢种精炼目的等确定合适的吹氩压力、流量及吹氩时间等。

（3）CAS、CAS-OB/ANS-OB与IR-UT是简单的精炼手段，能调整并均匀钢液成分和温度，促进夹杂物上浮，与喂线配合，可以进行夹杂物变性处理。

（4）水蒸气-氧气混合精炼法（CLU法）是专门生产不锈钢和高铬合金的方法，需要吹氩或氩/氮的混合气体进行脱氢。

（5）钢流真空处理脱气效果好，但温降严重；真空提升脱气（DH或REDA）工艺的脱气效果主要取决于处理容量、钢液吸入量、升降次数、循环因数、停顿时间、升降速度和提升行程等。

（6）真空电弧加热钢包精炼VAD主要完成合金化、脱硫、脱氧、脱氮、脱氢的任务，实现50%以上的脱氢率、氧含量低于10×10^{-6}。ASEA-SKF钢包精炼炉具有电磁搅拌、真空脱气和电弧加热功能。精炼后，钢中的氢含量0.00015%~0.0002%，氧含量可降低40%~60%。

（7）喷射冶金包括喷粉和喂线。钢包底喷粉精炼增加了钢包粉剂与钢液接触面积，改善了限制渣-金属界面整体移动困难问题，有利于提高脱硫效率。喂线速度是决定喂线效果的重要因素，将线喂入到距包底上方100~200mm处，线在此熔化和反应，合金收得率最高。

思　考　题

（1）简述渣洗及吹氩搅拌精炼的基本原理、作用及效果。

（2）说明 CAS、CAS-OB/ANS-OB 与 IR-UT 法的精炼原理、功能及操作工艺。
（3）简述水蒸气-氧气混合精炼法（CLU 法）精炼的原理及精炼效果。
（4）DH 或 REDA 的工作原理、功能及影响脱气效果的因素是什么？
（5）VAD 法与 ASEA-SKF 法的主要操作工艺和冶金效果有什么？
（6）说明喷射冶金的概念、作用及粉剂在钢液中行为。
（7）简述新一代钢包喷射冶金 L-BPI 工艺及脱硫模型。
（8）简述喂线工艺及决定喂线效果的因素。

参考文献

[1] 朱立光，王硕明，姬旦旦，等．渣洗工艺冶金效果分析与评测［J］．河南冶金，2012，20（1）：1-5.
[2] 马杰，侯伟，赵磊磊．转炉出钢渣洗脱硫的理论研究与工业试验［J］．钢铁研究，2009，37（2）：23-26.
[3] 程中福．精炼钢包底喷粉元件内钢液渗透与粉气流输送行为研究［D］．沈阳：东北大学，2017.
[4] 李晶．LF 精炼技术［M］．北京：冶金工业出版社，2009.
[5] 尹弘斌，金山同，陆连芳，等．CAS 工艺吹氩排渣操作调查分析［J］．钢铁研究学报，1994，16（2）：8-11.
[6] 何平，白瑞国，刘浏，等．CAS-OB 钢水在线精炼工艺［J］．钢铁研究学报，2001（2）：18-23.
[7] 张鉴．炉外精炼的理论与实践［M］．北京：冶金工业出版社，1999：607-610.
[8] Ma W J，Bao Y P，Zhao L H，et al. Physical modelling and industrial trials of CAS-OB refining process for low carbon aluminium killed steels［J］. Iron Making & Steelmaking，2014，41（8）：607-610.
[9] Ma W，Bao Y，Zhao L，et al. Physical modelling and industrial trials of CAS-OB refining process for low carbon aluminium killed steels［J］. Ironmaking & Steelmaking，2014，41（8）：607-610.
[10]《中国冶金百科全书·钢铁冶金》编辑委员会．中国冶金百科全书·钢铁冶金［M］．北京：冶金工业出版社，2001.
[11] 杨乃恒，巴德纯，王晓冬，等．钢水真空脱气及炉外精炼技术的回顾与评述［C］．第十二届国际真空冶金与表面工程学术会议论文（摘要）集，2015：41-53.
[12] 杨乃恒，巴德纯，王晓冬，等．钢水真空脱气及炉外精炼技术的回顾与评述［J］．真空，2017，54（4）：1-8.
[13] 成国光，芮其宣，秦哲，等．单嘴精炼炉技术的开发与应用［J］．中国冶金，2013，23（3）：1-10.
[14] 代卫星．单嘴精炼炉冶炼不锈钢冶金机理及工艺［D］．北京：北京科技大学，2021.
[15] 苟智峰，仝永博，花皑．新型真空电弧精炼炉［J］．真空，2014，51（3）：49-52.
[16] 阎立懿．现代电炉炼钢工艺及装备［M］．北京：冶金工业出版社，2011：153，171-175.
[17] 冯兵．钢包精炼炉的发展概述［J］．甘肃冶金，2009，31（2）：58-61.
[18] 孙光，李伯超，宋斌．真空感应炉冶炼技术［J］．冶金与材料，2020，40（4）：96-98.
[19] 赵大伟．真空感应炉未来发展趋势［J］．冶金与材料，2021，41（3）：51-53.
[20] 李伟峰，赵腾，张明，等．RH 喷粉脱硫工艺研究［J］．重型机械，2022（5）：59-63.
[21] 杨宏博，李京社，高增福，等．RH 喷粉脱硫工业试验研究［J］．炼钢，2014，30（1）：55-58.
[22] 潘时松，朱苗勇，周建安．精炼钢包底喷粉透气砖的研制与实验研究［J］．中国冶金，2007（7）：41-43.
[23] 周建安，朱苗勇，潘时松，等．狭缝式透气砖底喷粉铁水脱硫的实验研究［J］．钢铁研究学报，2007（9）：14-16.

[24] 肖兴国．冶金宏观动力学讲义［R］．沈阳：东北大学，2022.

[25] 李博，朱荣，蔡海涛，等．150t 钢包精炼炉喷粉脱硫的试验研究［J］．钢铁研究学报，2005（3）：75-78.

[26] Ohguchi S，Robertson D G C. Kinetic model for refining by submerged powder injection. Part 1-Transitory and permanent contact reactions［J］. Ironmaking & Steelmaking，1984（11）：262-273.

[27] 李勇鑫．底喷粉精炼钢包内粉气流行为及脱硫动力学研究［D］．沈阳：东北大学，2017.

[28] 黄会发，魏季和，郁能文，等．RH 精炼技术的发展［J］．上海金属，2003（6）：6-10.

[29] 徐国群．RH 钢水精炼技术的现状与发展前景［C］．中国金属学会．2006 年全国炼钢、连铸生产技术会议文集，2006：119-123.

[30] 战东平，姜周华，芮树森，等．RH 真空精炼技术冶金功能综述［J］．宝钢技术，1999（4）：61-64.

[31] 张永华，赵有义．顶枪喷粉系统在 RH 炉冶炼中的应用［J］．冶金设备，2016（S1）：65-67.

[32] 耿凡．二次精炼新工艺——RH-PB 法［J］．钢铁研究学报，1990（1）：4.

[33] 武明雨，胡凯，王丛，等．不锈钢冶炼的研究进展［C］．中国金属学会，宝钢集团有限公司．第十届中国钢铁年会暨第六届宝钢学术年会论文集Ⅱ．北京：冶金工业出版社，2015：6.

[34] 苏丽娟．VOD 精炼渣对超纯铁素体不锈钢中夹杂物的影响［D］．武汉：武汉科技大学，2013.

3 LF 精炼技术

内容提要

本章介绍了LF精炼技术的发展、设备及工艺，阐述了LF精炼过程氧含量、硫含量及夹杂物控制技术，明确了LF精炼过程影响回磷的因素和钢液成分、气体含量控制技术。在分析钢包热状态、渣层厚度对钢液温度影响的基础上，提出了LF精炼过程钢液温度控制模型。阐述了LF精炼全自动化控制目的及构成、LF二级计算机过程控制系统和实现LF精炼全自动化的条件。

3.1 LF 精炼技术概况

3.1.1 LF 精炼技术的发展

1968年开始研究开发钢包炉（Ladle Furnace，简称LF）时，发现电弧炉预造还原渣、钢渣混出后钢包吹氩处理，精炼效果显著，因此进行了以省略电弧炉还原期为目标的LF精炼技术开发。1971年在日本大同特殊钢投入使用了第一台LF。1973年新日铁八幡制铁所的转炉厂设置了LF。由于下渣控制较难，出现了以下工艺[1]：

（1）电炉或转炉出钢→除渣→脱氧（加还原渣、加脱氧剂）→LF加热（加合金、取样）→浇铸；

（2）冶炼时不能采用任何脱氧剂的钢种，采用的工艺为：电炉或转炉出钢→除渣→LF加热（加渣料、强搅、加碎石墨）→真空碳脱氧（加合金）→加热（加合金、取样）→真空→真空下浇铸；

（3）生产低硫、超低硫钢，通过多次加渣料、除渣达到脱硫目的。采用的工艺为：电炉或转炉出钢→除渣→LF加热（加渣料、强搅、加铝脱氧）→除渣→真空（吹氩、加铝）→LF精炼（加铝、加Ca-Si）。

以上三种工艺的共同点是电炉或转炉出钢后，要进行钢包除渣，例如采用钢包扒渣法、倒包法、压力罐法、闸板法、真空吸渣法等。钢包除渣一方面会增加设备或工人的劳动强度，另一方面还会降低钢液的温度，对钢液质量及金属收得率也会产生不利影响。

应尽可能减少初炼炉氧化渣进入钢包，尽快造好还原渣，更好地发挥精炼作用。转炉或电弧炉冶炼终点炉渣，含有Fe_tO、SiO_2、P_2O_5和MnO等氧化物，其中Fe_tO的含量通常在15%~25%，这些氧化物会增加铁合金和脱氧剂消耗、增加钢中夹杂物含量、增加LF还原变渣的时间而造成精炼时间的延长。

为了防止氧化渣进入钢包炉，发展了无渣或少渣出钢技术。对电弧炉而言，主要是无渣出钢技术。1979 年蒂森特钢公司维顿厂正式投产中心底出钢电弧炉，1983 年在丹麦特殊钢厂投产偏心底出钢 EBT(Eccentric Bottom Tapping) 电弧炉，之后相继出现了侧面炉底出钢法 SBT(Side Bottom Tapping)、水平无渣出钢法 HOT(Horizontal Tapping)、偏位炉底出钢法 OBT(Off-centre Bottom Tapping) 及滑动阀门 SG(Slide Gate) 法等，这些出钢方法和留钢留渣操作，使电弧炉少渣或无渣出钢成为可能；对转炉主要是少渣出钢技术，避免转炉下渣或将下渣量控制至最低。1970 年挡渣球法在日本新日铁公司发明后，相继出现了挡渣塞、避渣罩法、气动挡渣及电磁挡渣等 12 种挡渣方法。随着转炉挡渣技术不断完善并日趋成熟，转炉下渣量得到了合理的控制，出钢后钢包内的渣层厚度可以控制在 30~50mm。其中滑动水口+AMEPA 红外下渣检测技术，可以控制平均渣厚小于 40mm。

电炉无渣出钢和转炉少渣出钢技术的发展，对 LF 精炼技术的发展与完善起到了巨大的推动作用。但是，实际生产中要实现初炼炉无渣出钢或少渣出钢较为困难，特别是转炉。因此出现了目前普遍采用的初炼炉出钢后变渣处理工艺，即：电炉或转炉出钢→LF 精炼（加铝、加渣料、加 Ca-Si 或加改渣剂）。

钢包顶渣（覆盖渣）主要由初炼炉（转炉或电炉）出钢下渣和出钢过程脱氧剂脱氧所生成的产物组成。下渣量较大时，形成的覆盖渣氧化性高，渣中（FeO+MnO）含量会达 8%以上；下渣量较少时，如果硅铁参与了脱氧反应，其脱氧产物 SiO_2 在渣中比例增大，造成覆盖渣碱度降低，甚至小于 2.0。因此，要对钢包顶渣进行改质处理，即对钢包顶渣脱氧并改变其成分，降低氧化性。顶渣改质的目的包括适当提高顶渣碱度、降低顶渣氧化性、改善顶渣流动性、提高夹杂物去除率。

顶渣改质处理主要是在初炼炉出钢过程中向钢包内加入改质剂（或称脱硫剂、脱氧剂等），利用钢液的冲刷和搅拌作用，促进钢-渣反应并快速生成顶渣，在顶渣改质的同时，也有渣洗的作用。顶渣改质后，碱度大于 3.0 或 3.5，甚至大于 5，渣中（FeO+MnO）含量低于 2%~5%。

炉渣改性剂通常采用 CaO-CaF_2、CaO-Al_2O_3-Al 和 CaO-CaC_2-CaF_2 等系列。鲁奇钢厂采用的炉渣改性剂主要由 CaC_2 组成，配以熔剂，其化学成分分别如表 3-1 及表 3-2 所示。

表 3-1 炉渣改性剂成分

组成	SiO_2	Al_2O_3	CaO	Na_2O	MgO	CaC_2	CO_2	光学碱度（-）
含量/%	22.6	8.9	1.0	4.2	1.8	57.0	4.5	0.723

表 3-2 熔剂成分

组成	SiO_2	Al_2O_3	CaO	Na_2O	MgO	$CaCO_3$	CO_2	光学碱度（-）
含量/%	10.2	19.5	38.0	2.2	3.7	18.0	8.4	0.752

LF 设置在电弧炉炼钢厂，减少了电弧炉还原时间，取消了电弧炉的还原期，缩短了电弧炉的冶炼周期，提高了电弧炉的生产率，同时在一定时间内为连铸提供符合温度、成分及洁净度要求的钢液，保证了电弧炉+LF 精炼+连铸工艺的顺行，所以 LF 应用电弧炉炼钢厂，使电弧炉发展成为可以用普通废钢和生铁生产普通钢种的高效率的短流程炼钢方式，而不再仅仅是生产高质量钢种的设备。LF 用于转炉流程生产特殊钢，淘汰了过去用炼钢方法来区别钢液质量的方式，确立了“初炼（电炉或转炉）+LF 精炼+连铸”的生产

多品种、高质量钢的思想。

LF 精炼技术开发成功后，向多功能方向发展，1981 年在日本钢管福山制铁所开发了 NK-AP 法，即插入式喷枪代替透气砖进行气体搅拌法，1987 年开发了有喷吹设备和真空设备的 LF 法。由于 LF 具有多种冶金功能和使用中的灵活性，并且精炼效果显著，设备结构简单，具有较高的经济效益，由此成为钢铁生产流程中的重要设备。

我国于 1979 年设计了第一台 40t LF/V 型钢包炉，从此 50t 以下的 LF 纷纷被各钢厂使用，但大型 LF 还是依靠进口，如 1993 年天津无缝钢管公司从 Danmeg 引进的 150t LF。1996 年宝钢集团上海浦钢公司建成了一台三相三臂式 100t LF/VD，表明我国已具备了设计制造大型 LF 的能力。目前，钢包炉设计技术和装备水平基本与进口相当，可以替代进口，已成为钢铁企业重要的炉外精炼设备。

3.1.2 LF 精炼的设备

钢包炉按加热方式可分为交流钢包炉、直流钢包炉以及等离子枪加热钢包炉[2]。现在普遍应用的是以电弧加热为主要技术特征的交流钢包炉。

交流钢包炉系统组成如图 3-1 所示，主要包括电极加热系统、水冷炉盖系统、钢包及钢包车系统、合金渣料加入系统、底透气砖吹氩搅拌系统，还包括喂线系统、测温取样系统、除尘系统。

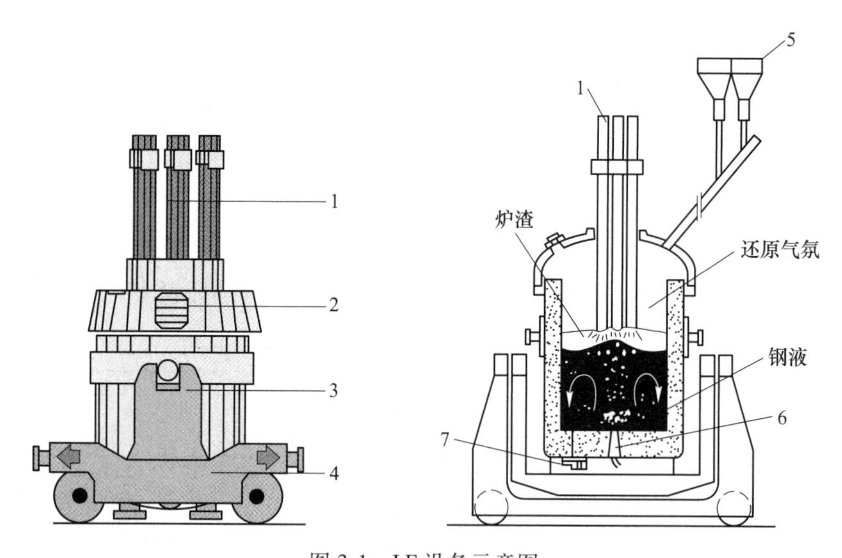

图 3-1 LF 设备示意图

1—电极；2—水冷炉盖；3—钢包；4—钢包车；5—合金料仓；6—透气砖；7—滑动水口

LF 使用初期，由于渣线部位侵蚀严重，钢包使用寿命低，操作成本中耐火材料占了 60.2%[3]。1974 年，大同特殊钢厂渣线部位采用 MgO-C 砖，提高了钢包寿命。钢包包衬损毁主要有以下几方面原因[4]：

（1）熔蚀作用。高温下，钢液与熔渣向包衬扩散，发生熔蚀作用。当熔渣与砖面接触时，渣中的 CaO、SiO_2 及 CaF_2 与砖发生化学反应，砖面形成熔渣渗透层，而基质被硅酸盐充填。

（2）熔渣的侵蚀。高温下，炉渣中液相的 CaO 与 SiO_2 沿着砖基质部分贯通气孔，裂隙迁移至凝固点时，形成了以硅酸盐为主的低熔点矿相，改变了砖的组织结构，产生了变质层，当温度急变时，形成结构剥落。

（3）热冲击和机械冲刷。长时间的吹氩搅拌以及三相电极加热时电极至包壁距离小，使包壁遭受强烈的机械冲刷和热冲击，造成包衬的损坏。

透气砖损毁主要有以下原因：

（1）钢液渗透到缝隙中阻碍气体吹入，在用氧枪清理砖表面时，氧与钢和渣接触发生反应，使砖表面剥落，造成透气砖破坏。

（2）气体吹入钢液过程中，吹出的气泡反扑到砖表面，严重冲刷砖体表面。

（3）透气砖与钢液接触的瞬间，承受钢液的热冲击造成的剥落。

（4）透气砖与钢液接触的表面温度为钢液温度，而另一表面为室温，造成砖体较大温度梯度；另外钢包的使用为间歇操作，频繁的冷热作用使砖体表面结构破坏，在钢液及气流的冲刷下产生剥落。

3.1.3 LF 精炼工艺技术

通过 LF 精炼要达到以下冶金目的：

（1）钢液温度满足连铸工艺要求。

（2）钢液成分满足产品要求并实现最低成本控制。

（3）钢液洁净度能满足产品质量要求并实现窄窗口控制。

（4）处理时间满足多炉连浇要求。

LF 精炼的主要操作包括：

（1）考虑温度目标控制的电弧加热。

（2）考虑最低成本的钢液成分微调。

（3）考虑埋弧加热、脱硫、吸附夹杂物的造渣制度。

（4）考虑防止吸气、卷渣以及加快夹杂物去除的吹氩搅拌处理。

（5）根据钢中酸溶铝要求及钢液中溶解氧含量，确定加铝量的喂铝线操作。

（6）夹杂物变性的喂钙线处理。

LF 一般采用如图 3-2 所示精炼工艺。

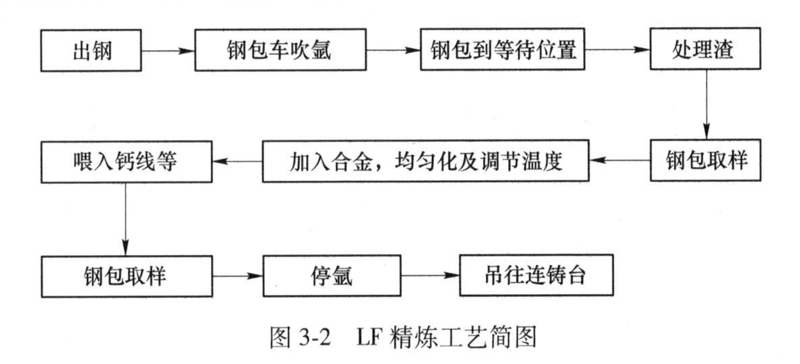

图 3-2 LF 精炼工艺简图

各工艺过程简述如下：

（1）钢包吹氩。钢包吹氩从出钢开始，一直到钢包吊往 LF 等待位置。此阶段吹氩搅拌的冶金目的包括：促进合金与造渣剂的熔化溶解、均匀熔池温度、去除出钢过程的脱氧产物、加强渣金混合降低钢液中硫含量。

（2）钢包到 LF 等待工位。钢包到 LF 等待位置后，接通吹氩管，这时吹氩要保证合适的吹氩量，避免钢液面裸露和钢渣溅出钢包。如果出钢量过大或下渣较多，应倒出一部分钢液或下渣。如果渣面吹不开，需要瞬间增大压力吹氩或用事故氩枪吹氩，吹开透气砖。如果透气砖吹不开就要进行倒包处理。对于生产铝脱氧的高品质钢，最好在 LF 等待位置喂铝，尽早把钢液中的溶解氧全部变成氧化物夹杂，为夹杂物的去除提供较长的时间，以降低钢液中的总氧量。

（3）处理渣形成良好的精炼渣。钢包进 LF 加热的同时，进行顶渣处理，加入石灰和 Al_2O_3，甚至加入 CaC_2、SiC 或铝粒进行渣脱氧，加热 3~5min 后，可以通过渣门观察顶渣。应保证顶渣流动性好，如果渣太稠，多加铝矾土或萤石；渣太稀，加入石灰。取渣样放置一段时间后，如果凝固时呈灰白色，表示渣脱氧良好；如果渣发黑，加铝粒或其他脱氧剂继续降低渣中的氧。造精炼渣的目的包括以深脱硫、吸收钢液中的夹杂物、防止熔池的二次氧化、防止熔池的热量损失、防止由于电弧辐射造成的耐火材料损失。

（4）测温取样。加热一段时间，保证加入钢包的合金全部熔化、钢液成分均匀；顶渣基本变白即渣中的不稳定氧化物含量最低，以保证稳定的合金收得率。达到以上两个要求后，进行测温，取第一样。

（5）加入合金、均匀化及调整温度。当要从料仓加料时，应增加氩气流量，吹开渣面，把料加到裸露的钢液面上。根据出钢加入的合金量及钢包炉第一样分析结果，确定加入的合金量以达到成品钢要求的成分。加入的合金应按预定的合金收得率改变钢液成分，如果钢液成分未能按加入的合金数量而改变，说明钢液脱氧不完全，需要用铝线等脱氧剂脱氧以确保合金元素的最佳收得率。加入合金后，继续加热并搅拌 5min 以确保加入的合金溶解，如果没有得到预期的钢液成分，必须加入新合金，以满足钢种的成分要求。铝随着精炼过程的进行而减少，如果铝含量迅速降低，表明铝氧化速率很高，这时应补喂铝，降低钢中溶解氧含量，保证钢液中铝含量的稳定。脱硫是钢包炉工艺的重要功能，脱硫的最佳条件是保证高的碱度及熔池温度高于 1580℃。对于生产含硫钢，由于精炼过程深脱氧及造渣，硫含量降到了较低的水平，所以必须在钢包处理末期通过喂硫线控制钢中硫含量。

（6）喂入钙线。钢液成分合格后，喂钙线或 Ca-Si 线进行夹杂物变性操作。要保证最后一次加料后，吹氩搅拌 3~6min，再喂钙线处理，时间太短不能均匀成分与温度；太长会产生熔池的二次氧化。钢的洁净度取决于脱氧产物及其他夹杂物如何被渣吸收的，而可浇铸性则取决于未被渣吸收的夹杂物的钙处理。要获得高洁净度及良好的浇铸性能，最佳条件是钢液在符合成分、流动性好并不打破渣层下，喂入适量的钙线并吹氩搅拌。

（7）弱吹氩搅拌。喂入钙线或 Ca-Si 线后弱吹氩搅拌时间应大于 5min，以进一步去除钢液中的夹杂物。

（8）停氩，钢包吊往连铸。吹氩搅拌时间应大于 5min 后，进行测温并取样分析最终钢液成分。之后钢包车开出加热工位，加入钢包发热剂或覆盖剂（如果进行 VD 处理，不加钢包发热剂或覆盖剂），取掉吹氩管停止吹氩，并吊往连铸平台浇铸。

目前很多炼普钢的转炉厂 LF 只起成分及温度调整的作用，没有控制钢液的洁净度，特别是中小转炉厂，一方面由于下渣量控制困难及没有进行有效变渣处理工艺；另一方面转炉冶炼时间节奏快，精炼时间短。这两点使得中小转炉配 LF 精炼生产高洁净钢较为困难。

3.2 LF 精炼过程氧含量控制

3.2.1 影响 LF 精炼过程氧含量的因素

脱氧方法是决定钢中夹杂物组成、数量、形状及大小的一个重要方面，它直接关系到能否达到脱氧的目标。常用的脱氧方法有沉淀脱氧、扩散脱氧、综合脱氧、真空碳脱氧。根据钢种不同，现场采用强脱氧剂铝脱氧或 Si-Mn 脱氧。

铝是极强的脱氧元素，其脱氧产物 Al_2O_3 熔点高（2050℃），颗粒细小，但 Al_2O_3 表面张力大，不为钢液所润湿，易于在钢液内上浮去除，滞留在钢液中的 Al_2O_3 夹杂物，将对钢质量产生不良影响。

LF 精炼过程一是采取措施进一步降低钢液中的溶解氧和渣中的不稳定氧化物；二是采取合理的工艺措施，促进脱氧产物上浮去除。用强脱氧元素铝脱氧，钢中的酸溶铝含量达到 0.03%~0.05%时，钢液脱氧完全，这时钢液中的溶解氧几乎都转变成 Al_2O_3 夹杂物，钢液脱氧的实质是钢中氧化物夹杂去除问题。

3.2.1.1 LF 精炼过程溶解氧含量的变化

LF 精炼过程钢液中溶解氧含量变化如图 3-3 所示。由图 3-3 可知，出钢过程向钢包加入铝脱氧，钢液中溶解氧含量迅速降低，入 LF 时钢液中碳含量越高，溶解氧含量越低；LF 精炼过程，钢液中溶解氧含量升高；喂 Ca-Si 线后，溶解氧含量有所降低[5]。

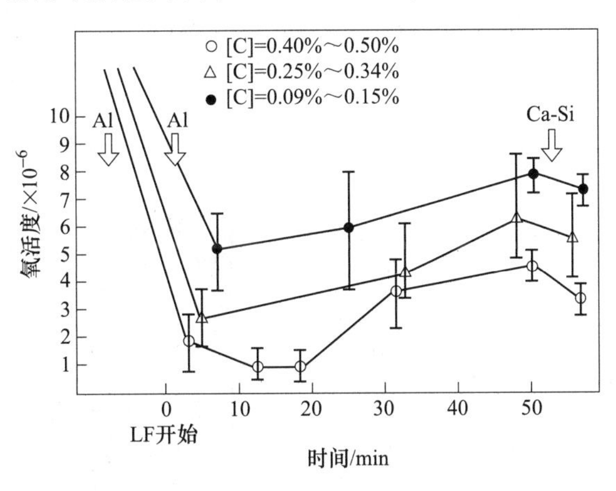

图 3-3 LF 精炼过程溶解氧含量的变化

LF 精炼过程溶解氧含量升高主要由于电弧区高温、大量补加合金或增碳等原因造成的[6]。

3.2.1.2 总氧含量与溶解氧含量的关系

钢液中的总氧含量与溶解氧含量的关系为：

$$T.O = [O]_{夹杂} + [O]_{溶解} \tag{3-1}$$

式中 T. O——钢液中总氧含量；

$[O]_{夹杂}$——脱氧形成的氧化物夹杂含量，如果用铝脱氧，主要是钢液中的 Al_2O_3 夹杂物；

$[O]_{溶解}$——溶解氧含量。

由式（3-1）可知，钢液中的溶解氧含量越高，总氧含量也越高。图 3-4 所示为出 LF 时的溶解氧含量与总氧含量的关系。在精炼时间基本相同的情况下，出 LF 时的溶解氧含量越高，总氧含量也越高，但很难找出溶解氧含量与总氧含量的定量关系。

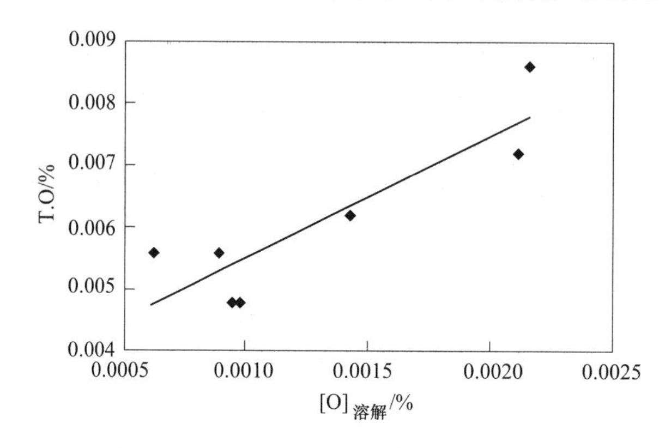

图 3-4 出 LF 时溶解氧对钢液总氧的影响

出钢时铝脱氧，出钢后氩气搅拌 6min，分析全铝含量和溶解铝含量，两者差别不大，说明出钢时的脱氧产物完全排出。加入铝后，从钢包内钢液不同位置、不同时间取样，结果如图 3-5 所示。在上部 1.5m 以上，钢液中的 Al_2O_3 在 3min 内，即可达到均匀分布。钢包站处理完后，从距钢渣界面 3.7m 以上处取样分析钢液中总氧含量及 Al_2O_3 晶相结构都没有区别[7]，也表明 Al_2O_3 夹杂在钢液中几分钟内，即可达到均匀分布。

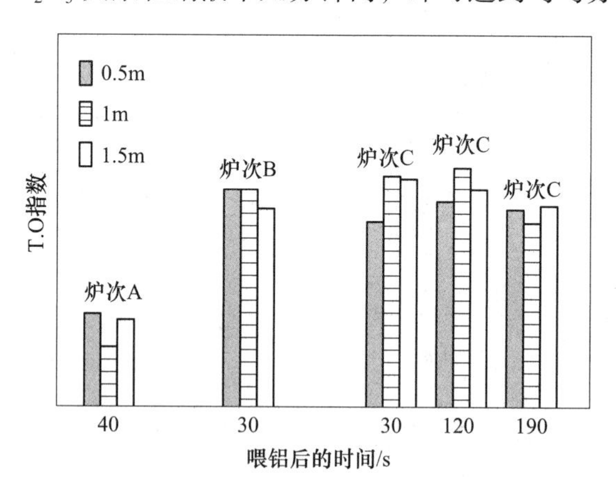

图 3-5 不同时间不同位置 T. O 指数

3.2.1.3 LF 顶渣对总氧量的影响

入 LF 后，一般往渣中加入 SiC、CaC_2 及铝粒等，降低渣中不稳定氧化物，其反应如式（3-2）~式（3-4），避免渣中的氧往钢液中扩散。

$$SiC + 2FeO + MnO = 2Fe + Mn + SiO_2 + CO \tag{3-2}$$

$$CaC_2 + 2FeO + MnO = 2Fe + Mn + CaO + 2CO \tag{3-3}$$

$$2Al + 2FeO + MnO = 2Fe + Mn + Al_2O_3 \tag{3-4}$$

对于反应（3-2）及（3-3），由于有 CO 产生，开始加热时有埋弧作用，噪声会明显降低。

渣中氧化铁含量影响钢液氧含量。钢液与熔渣之间的氧平衡为一种动态平衡，渣中氧化铁的高低直接决定着与钢中平衡氧的高低。精炼渣中 FeO 含量越低，渣钢界面溶解氧含量 $[O]_{渣-钢}$越低，越有利于去除钢水中溶解氧，钢水与渣钢界面的 $[O]_{渣-钢}$浓度梯度越大，越有利于扩散脱氧。

LF 精炼过程中要尽早降低渣中的不稳定氧化物含量，促进夹杂物上浮。如果渣中不稳定氧化物含量高，会出现一个可逆过程。一方面夹杂物与渣接触进入渣中，另一方面合金元素有可能与其作用，生成氧化物夹杂进入钢液。特别对铝脱氧钢液，生成的脱氧产物 Al_2O_3 较为细小，这样的夹杂物一旦卷入钢液，就很难上浮去除。

LF 精炼过程，以炉渣为主要氧源的条件下，假定脱氧和再氧化均为一级反应，将脱氧速度表示为[8]：

$$\frac{dT.O}{dt} = KT.O - \left(k_R \frac{T.O_{渣平} - T.O_{钢平}}{K} + k/K + T.O_{钢平}\right) \tag{3-5}$$

式中 $T.O_{渣平}$，$T.O_{钢平}$——分别为与渣及钢液平衡的氧量；

K——脱氧速度常数；

k——钢水中铝脱氧的再氧化速度；

k_R——再氧化速度常数。

熔池搅动条件下，钢液在低氧含量范围，存在再氧化问题，其供氧源是包衬耐火材料、顶渣以及裸露的大气。其脱氧速率可表示为：

$$\frac{dTO}{d\tau} = N_{O^+} - N_{O^-} \tag{3-6}$$

由上式推导得：

$$\frac{dTO}{d\tau} = (TO_e - TO) r_0 \frac{A}{V} \tag{3-7}$$

式中 N_{O^+}，N_{O^-}——分别为钢液总的吸氧速率和脱氧速率；

TO_e——时间 $\tau \to \infty$ 时，钢液氧含量；

r_0——夹杂物的平均排出速率；

A，V——钢液的总表面面积和体积。

3.2.1.4 吹氩搅拌对钢液氧含量的影响

以铝脱氧为例，铝加入钢液后，发生如下反应：

$$Al(s) \longrightarrow Al(l) \longrightarrow [Al] \tag{3-8}$$

$$2[Al] + 3[O] \longrightarrow Al_2O_3(s) \tag{3-9}$$

$$Al_2O_3(s)(夹杂) \longrightarrow Al_2O_3(s)(渣) \tag{3-10}$$

炼钢温度下，前两个反应进行得很快，钢液中的氧基本上转化为 Al_2O_3 夹杂物，熔池中的氧含量主要由第三步控制。只有创造与渣接触的良好条件（即吹氩搅拌），才能有利于夹杂物的去除。因此，LF 精炼过程中要控制吹氩搅拌功率，促进夹杂物上浮并防止钢液二次氧化。LF 吹氩搅拌功率控制如下[2]：加热时搅拌功率为 100W/t；脱硫及渣钢反应搅拌功率为 150W/t；去除夹杂物弱搅拌功率为 30~50W/t。

关于钢包底吹氩去除夹杂物，建立了夹杂物去除和降低总氧含量的数学模型[9]，将钢包分为上浮区、吸附区和混合区三个区，认为钢包底吹氩的过程中，钢液中的夹杂物和化合态的氧，主要通过上升的气、液两相流股带到钢液面进入渣相中而被去除。其模型为：

$$\ln\left(\frac{a_i^0}{a_i}\right) = \frac{x_i}{\overline{W}} \rho v_H t \tag{3-11}$$

式中 a_i^0——初始夹杂率或总氧含量,%；

a_i——终了夹杂率或总氧含量,%；

x_i——过滤或吸附率；

$\overline{W}$——钢液重量，t；

ρ——钢液密度，t/m^3；

t——吹氩时间，s；

v_H——两相流的提升速度，m/s：

$$v_H = 1.9(H + 0.8)[\ln(1 + H/1.48)]^{0.5}(Q_g^N)^{0.381} \tag{3-12}$$

式中 H——熔池深度，m；

Q_g^N——氩气流量，m^3/s。

因而，要提高去除钢中夹杂物的效率，就应在一定范围内增加底吹氩气流量。

钢液弱搅拌净化处理钢液技术是指通过弱的氩气搅拌促使夹杂物上浮，吹入的氩气泡可为 10μm 或更小的不易排出的夹杂颗粒提供黏附的基体，使之黏附在气泡表面排入渣中。LF 熔池深，钢液循环带入钢包底部的夹杂物和卷入钢液的渣上浮所需的时间长，变性的夹杂物也需要有一定的时间上浮。弱搅拌的功率一般为 30~50W/t，弱搅拌的时间为大于 5min。吹氩时间对夹杂物去除率的影响规律如图 3-6 所示。

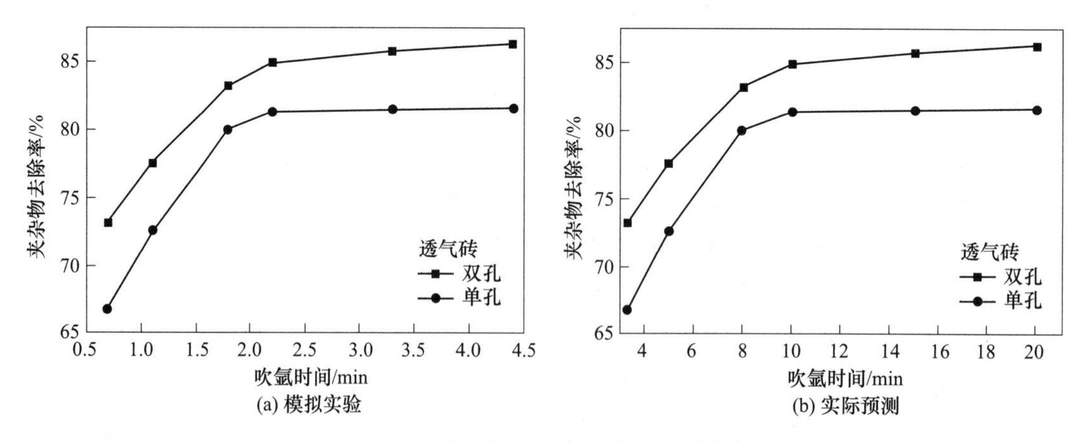

图 3-6 吹氩时间对夹杂物去除率的影响

由图 3-6 可以看出，两种喷吹方式下，随吹氩时间增加，夹杂物去除率逐渐升高。当 $t_m = 1.8 \sim 2.2\text{min}$($t_0 = 8 \sim 10\text{min}$) 时，钢中的夹杂物去除率可达 80%以上。继续增加吹氩时间并不能改变熔池内由于气泡、旋涡和液面速度共同作用使夹杂物在熔池中运动达动态平衡的状态，以致夹杂物的去除率不再有大变化[10]。

3.2.1.5 残铝量对钢液洁净度的影响

钢液中一定的残铝量是保证铝脱氧完全的关键。当钢液中酸溶铝含量为 0.02% ~ 0.05%时，钢液脱氧完全。冶炼管线钢时，钢液中残铝量在 0.02%左右，仍能保证钢液中总氧含量小于 0.001%。

3.2.1.6 精炼时间对钢液中氧含量的影响

精炼后期，钢液总氧量主要取决于夹杂物的排出程度，即夹杂物的排出速度是影响整个脱氧速度的限制性环节。足够的 LF 精炼时间是必须的，特定渣系下，LF 精炼过程总氧量随时间变化的动力学模型为：

$$\mathrm{T.O}_t = 21.18(1 - \mathrm{e}^{-0.458t}) + \mathrm{T.O}_0\mathrm{e}^{-0.458t} \tag{3-13}$$

或 LF 脱氧动力学模型[44]：

$$\frac{\mathrm{T.O}_t - \mathrm{T.O}_{平}}{\mathrm{T.O}_0 - \mathrm{T.O}_{平}} = \exp(-0.1166t) \tag{3-14}$$

式中 $\mathrm{T.O}_0$——钢液中初始氧含量，10^{-6}；

$\mathrm{T.O}_t$——t 时刻钢中的氧含量，10^{-6}；

$\mathrm{T.O}_{平}$——平衡氧含量，10^{-6}。

夹杂物去除量与精炼时间呈指数关系，必须保证一定的精炼时间才可将钢中的总氧量降至最低。对于特定渣系，一定精炼时间后，钢液中的总氧量降至较低的水平，再延长时间也无益于钢液的氧含量降低。

3.2.2 LF 精炼过程钢液卷渣控制

卷渣现象是由于吹氩搅拌强度过大，使上浮到渣、金界面没有被覆盖渣吸收的夹杂物重新卷入钢液，甚至将钢液表面的覆盖渣卷入钢液内部，造成钢液新的污染。

图 3-7 为钢包吹氩搅拌发生卷渣时钢包内渣及钢液运动情况。由图 3-7 可知，形成的渣滴随钢液的流动带入钢液中。吹氩搅拌是引起卷渣的主要因素，研究吹氩搅拌强度与卷渣的关系，确定出渣、金系统的临界搅拌强度值，对控制钢中夹杂物的数量，提高钢液质量具有十分重要的意义。

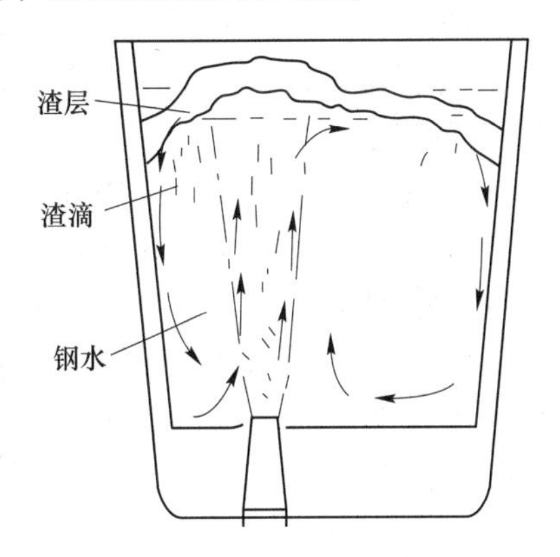

图 3-7 钢包卷渣示意图

图 3-8 和图 3-9 所示分别为弱搅拌与强搅拌条件下渣与钢液的运动情况。由图 3-8 可知，在弱吹气搅拌状态下未出现卷混现象。图 3-9 为强吹气搅拌。由图可见，其渣层下部已经出现渣片，如果渣片破裂，即成渣滴就可能出现卷混现象。考虑渣钢界面张力只有 0.01~0.1N/m，则得到临界条件下，钢液的临界流速为 0.18~0.32m/s；流速超过这一范围时将出现卷渣现象；低于这一范围时则不发生卷渣现象。

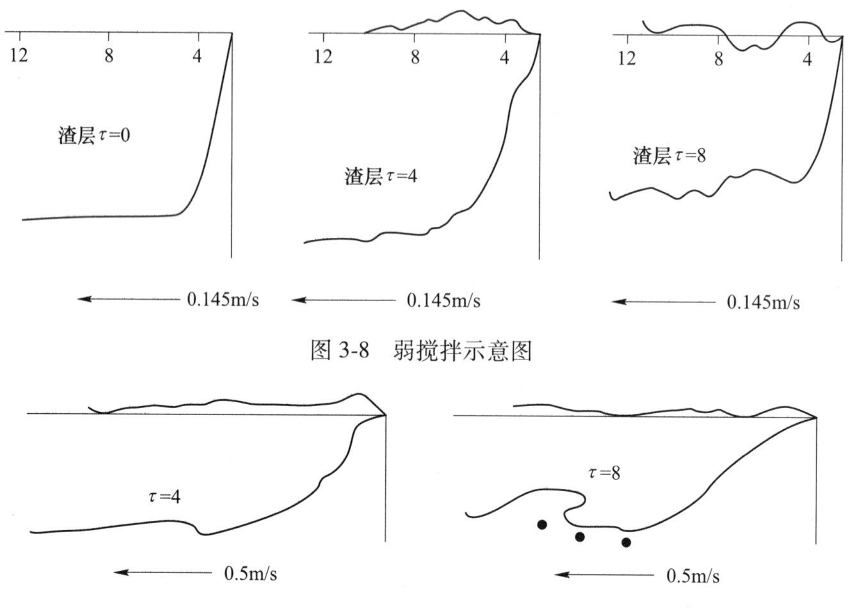

图 3-8 弱搅拌示意图

图 3-9 强搅拌钢渣运动示意图

3.2.3 精炼过程钢液二次氧化的控制

LF 精炼过程吹氩搅拌钢液时，钢液排开渣层面（即钢液裸露面）越大，钢液的吸气及二次氧化越严重，散热越多。为了有效地控制钢液裸露面积，减少钢液二次氧化、吸气及热损失，必须控制吹氩搅拌强度。

裸露面直径随吹氩量的增加而增加。当吹氩量很小时，由喷嘴喷出的气体对周围液体的运动影响不大；随吹氩量增大，气体会对周围介质发生卷吸，带动钢液在钢包内运动。增加吹氩流量，相当于增加了钢液面凸起造成的势压头，使钢液流向四周的力增大，所以在液面深度、渣层厚度及渣黏度一定的情况下，随吹氩量增加，钢液裸露面积增加。下面分别讨论钢液深度、渣厚及渣系仅一个条件为变量时，吹气量对钢液裸露面的影响。

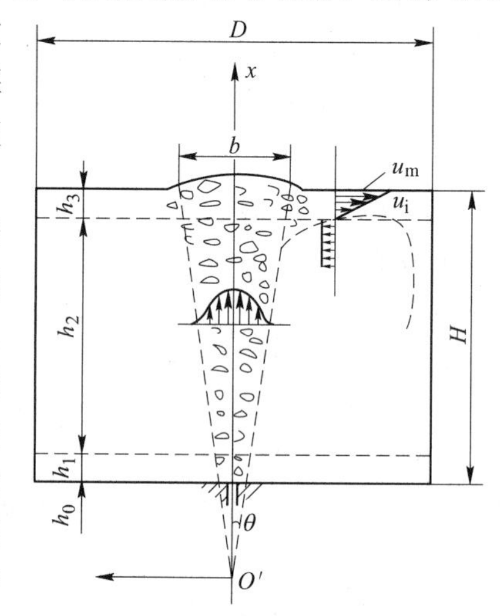

图 3-10 吹氩搅拌钢包内流场结构
b—水平流方向裸露的长度；
θ—扩张角；H—液面深度

（1）钢液深度对吹氩裸露面直径的影响分析。渣层厚度和底吹气量一定情况下，钢液越深，裸露面越小。这是因为熔池越深，吹入气体到达液面顶部时，气体向上冲击势能远低于液面浅的情况，使得液面顶部凸起的高度降低，降低了向四周扩散的力，从而使裸露面直径降低。在大吹气量下，液面越深，裸露面越大。造成这种现象的原因是吹入气体达液面顶部时，仍有较大的向上冲力，使凸起增加。如图 3-10 所示，当吹气流量以较大冲力达到冲开渣层的条件时，裸露面直径 $b=2H\tan\theta$，随钢液深度 H 增加，水平流方向 b 增大，钢液裸露面直径增大。

（2）渣层厚度对吹氩裸露面的影响分析。在钢液深度一定的情况下，在同样的吹氩量下，渣越厚裸露面越小。这是由于渣越厚，气泡达钢液顶部后，渣与金属相对运动的阻力增加，使水平运动速度降低，拉动渣向外扩散的水平力降。

（3）渣流动性对吹氩裸露面的影响分析。底吹气上升到钢渣界面，会在钢渣界面形成向外排渣的力（F_1），而熔渣也有避免向外推的反作用力（F_2），当 $F=F_1-F_2>0$ 时，熔渣会由于气体上升流而排开渣层形成钢液面的裸露。F 越大，液面的裸露越严重。黏度越大，F_2 值越大，相同气体流量和液面高度条件下，F_1 值保持不变。实际生产中，大氩气量搅拌钢液，渣与钢液温度基本相同，高温渣黏度低，会加大钢液裸露面。因此 LF 精炼过程中，应考虑不同渣温条件下的吹氩搅拌功率控制。

3.3 LF 精炼过程钢中夹杂物控制

3.3.1 脱氧对钢中夹杂物的影响

3.3.1.1 铝脱氧钢中夹杂物

A 钢液中 Al_s>0.01%的脱氧

对于自由氧高的钢液用铝脱氧，如果铝一次性加入，且钢液中 Al_s>0.01%时，平衡氧含量很低，钢液中的氧几乎全部与铝结合生成 Al_2O_3，没有氧与硅、锰发生反应，主要形成簇群状 Al_2O_3，如图 3-11 和图 3-12 所示。

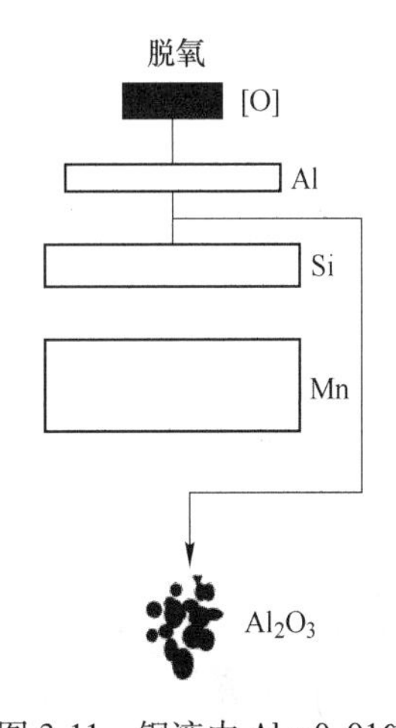

图 3-11 钢液中 Al_s>0.01%时脱氧内生夹杂类型

图 3-11 和图 3-12 所示的这些簇群状 Al_2O_3 容易上浮进入渣中，只有少量紧密簇状物或单个 Al_2O_3 粒子滞留在钢液中。如果铝以两批方式加入钢液，靠近 Al_2O_3 粒子有一些板形 Al_2O_3 的出现，尺寸在 5~20μm。所以，应尽可能一批加入铝，形成较大的 Al_2O_3 粒子和无数的板形 Al_2O_3 夹杂物。夹杂物尺寸越大，碰撞结合力越强，对气泡的附着力也越大，有利于夹杂物的去除。

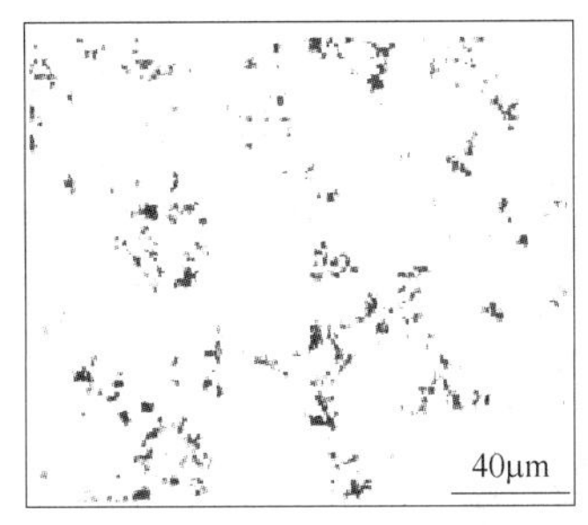

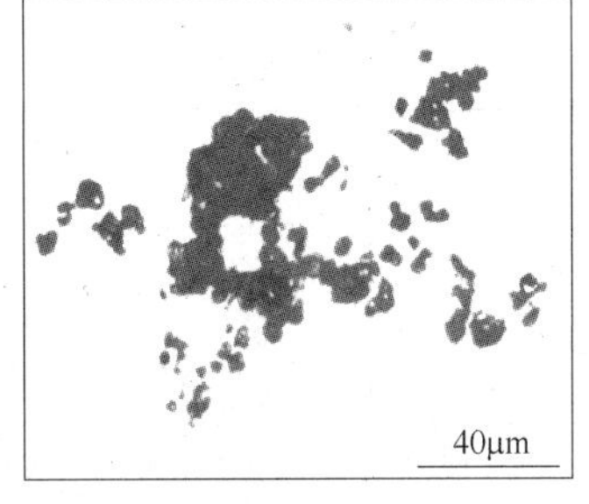

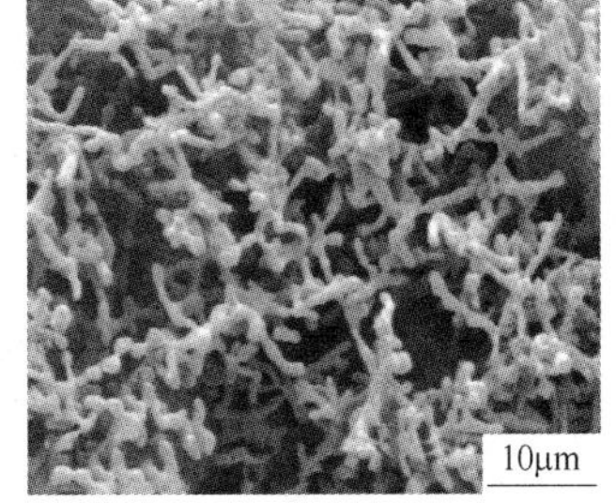

图 3-12 簇群状 Al_2O_3 夹杂物

B 钢液中 Al_s<0.01%的脱氧

当脱氧剂中 Si/Al 较低时，铝优先参与脱氧反应，生成物以 Al_2O_3 为核心，中心 Al_2O_3 含量高于周围，然后促进硅、锰脱氧反应。当脱氧剂中 Si/Al 较高时，硅、锰、铝同时参与脱氧反应，MnO_2、SiO_2、Al_2O_3 均匀分布。脱氧剂中 Si/Al 较低时，形成的脱氧产物如图 3-13 所示。

脱氧剂成分如表 3-3 所示，Si/Al = 1.75 形成的夹杂物如图 3-14 所示，夹杂物成分如表 3-4 所示。

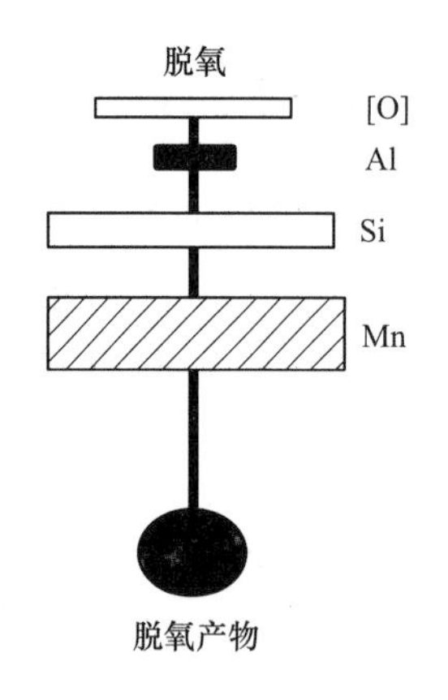

图 3-13　钢液中 Al_s<0.01%时脱氧内生夹杂类型

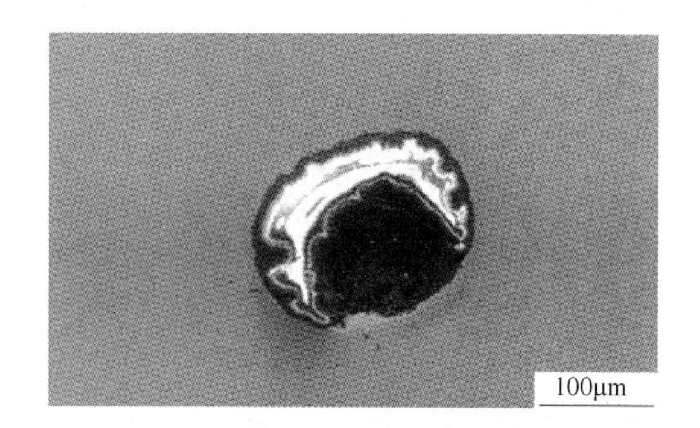

图 3-14　Si/Al 比值较低时的脱氧产物

表 3-3　脱氧剂成分

Mn/%	Si/%	Al/%	Mn/Si	Si/Al
58.4	6.21	3.55	9.5	1.75

表 3-4　夹杂物成分 (%)

位置	MnO	SiO_2	Al_2O_3
中心	47.65	27.70	24.65
边缘	63.89	18.40	17.71

当脱氧剂中 Si/Al 较高时，硅、锰、铝同时参与脱氧反应。脱氧剂成分如表 3-5 所示，Si/Al = 8.80 时形成的夹杂物如图 3-15 所示，夹杂物成分如表 3-6 所示。形成的夹杂物中 Al_2O_3 含量较低，主要是 Si-Mn 脱氧产物。

表 3-5　脱氧剂成分

Mn/%	Si/%	Al/%	Mn/Si	Si/Al
69.0	11.70	1.88	5.0	8.80

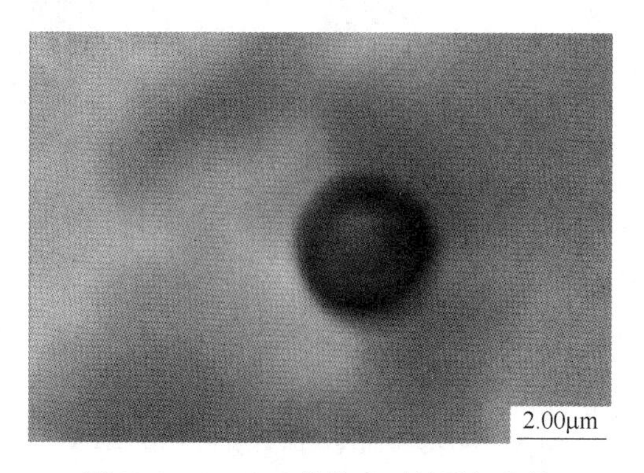

图 3-15　Si/Al 比值较高时的脱氧产物

表 3-6 夹杂物成分 (%)

MnO	SiO_2	Al_2O_3
48.68	38.71	12.61

3.3.1.2 Si-Mn 脱氧钢中夹杂物

Si-Mn 脱氧钢中夹杂物组成变化如图 3-16 所示。从图 3-16 中可以看出，Si-Mn 脱氧钢液中初始脱氧产物主要为 $CaO-SiO_2-Al_2O_3$ 系夹杂物，同时会有少量的 MgO 和 MnO。随着脱氧的进行，在部分初始脱氧产物中会有（Mg,Mn）· Al_2O_3 尖晶石类夹杂物析出。原生夹杂物从钢液析出完成后，由于钢液温度降低，生成的夹杂物转变为 $MnO-SiO_2-Al_2O_3$ 系成分，大约占全部夹杂物的 70%。其余主要是 $CaO-SiO_2-Al_2O_3$ 系夹杂物。

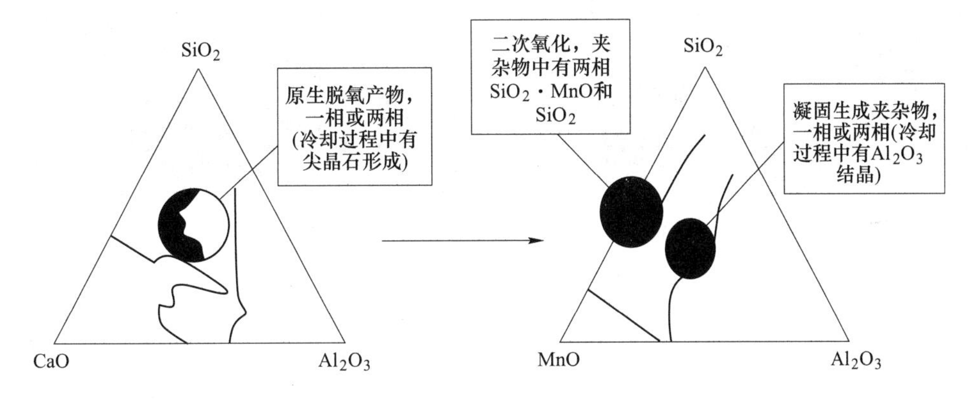

图 3-16 Si-Mn 脱氧钢中夹杂物组成变化

Si/Mn 对形成夹杂物的种类有一临界值 $[\%Si]/[\%Mn]^2$，如图 3-17 所示。由图 3-17 可知，低于此临界值时，生成液态的硅酸锰。当高于此临界值时，锰实际不参与脱氧反应，脱氧产物只能生成 SiO_2。

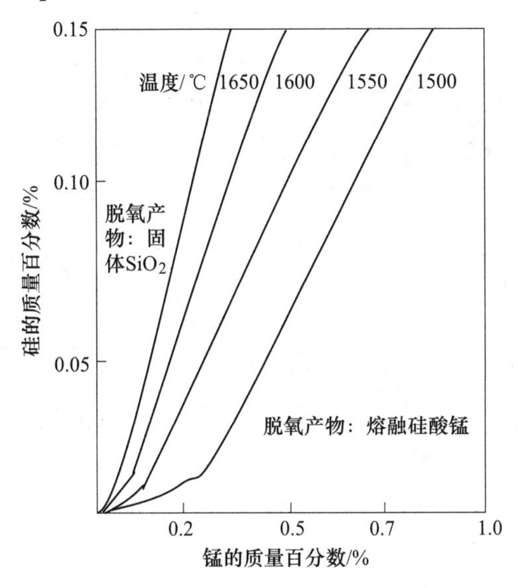

图 3-17 硅、锰含量对形成夹杂物的影响

出钢过程弱脱氧（不加铝或加铝量较少时），加入硅铁或锰铁会发生脱氧反应。出钢时，钢液中的氧活度高，加入硅铁中的硅被氧化而形成大量的脱氧产物 SiO_2。这些脱氧产物一部分与其他夹杂物形成复合的氧化物夹杂（即硅酸盐类夹杂物），图 3-18 所示为典型夹杂物外貌及大小，成分如表 3-7 所示；另一部分则在钢液中不断长大，形成单颗粒的夹杂物滞留在钢中，如图 3-19 所示，夹杂物为单颗粒 SiO_2 夹杂物，尺寸较大。

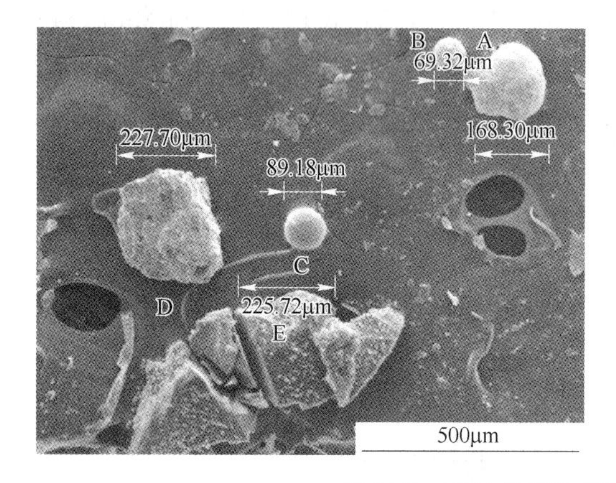

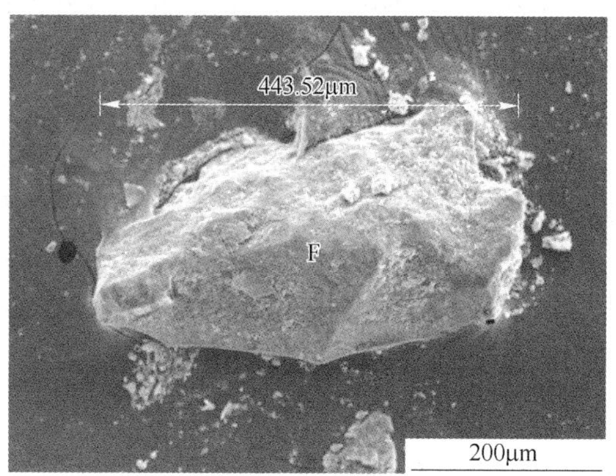

图 3-18 某炉号 X70 管线钢夹杂物形貌及大小

表 3-7 夹杂物成分 （%）

成分	Fe_2O_3	MnO	Al_2O_3	CaO	TiO_2	MgO	SiO_2
夹杂物 A	52.83						47.17
夹杂物 B	33.78		28.35	22.90	8.96	3.06	2.95
夹杂物 C	4.90	37.86	12.53				44.71
夹杂物 D	9.83		4.14			24.64	51.95
夹杂物 E				55.12			44.88
夹杂物 F	18.62		2.03				79.35

图 3-19 单颗粒的 SiO_2 夹杂物

由图 3-18 及图 3-19 可知，钢中夹杂物尺寸较大，最大尺寸达 443.52μm，成分主要以硅酸盐及二氧化硅为主。

这类夹杂物经LF及VD应可以去除，但是如果形成的量多，特别是与其他脱氧产物形成与钢液润湿性好的夹杂物，就很难从钢液中去除。凝固过程中这类夹杂物还有可能与其他夹杂物结合长大，构成大型的硅酸盐类夹杂物。

硅酸盐是金属氧化物和硅酸根的化合物，使用硅锰、硅铁合金脱氧时，极易形成可变形的硅酸盐。$MnO \cdot SiO_2$为主的硅酸锰夹杂，如夹杂物C；$FeO \cdot SiO_2$为主的夹杂物，如夹杂物A及夹杂物F；以及硅灰石$CaO \cdot SiO_2$，如夹杂物E。

硅酸盐成分比较复杂，它能溶解多种化合物、氧化物、硫化物，并与它们形成多种化合物共晶体及机械混合物。一般硅酸盐类夹杂物具有可塑性，热加工后沿变形方向延伸，外形较粗糙，对钢性能的危害程度小。但一些复相的铝硅酸盐夹杂，由于它的基底铝硅酸盐玻璃一般在钢经受热加工变形时具有塑性，在基底上分布的析出相晶体（如刚玉、尖晶石类氧化物）不具有塑性。当析出相的量相对较大时，脆性的析出相好像是被一层范性相的膜包着。钢经热变形后，塑性相随钢变形延伸，而脆性相不变形，仍保持原来形状，只是或多或少地拉开了颗粒之间的距离，所以复相的铝硅酸盐夹杂是有害的，从以上夹杂物的成分来看基本上是复相的铝硅酸盐夹杂以及尺寸较大SiO_2含量较高的硅酸盐类夹杂物，而且夹杂物中SiO_2含量越高，夹杂物尺寸越大。

为了降低钢中的硅酸盐类夹杂物，对于铝脱氧钢，出钢过程先用强脱氧剂脱氧，将溶解氧含量降至最低值，加入Fe-Si调整钢液成分时，合金中的硅不与溶解氧反应，不会产生硅脱氧产物，即不生成硅的氧化物夹杂，从而降低硅酸盐夹杂物的生成几率。通过以上措施后，经钙处理后，在轧材上取样分析夹杂物，形貌如图3-20所示，成分如表3-8所示。夹杂物中没有硅的成分，形成了圆形的钙铝酸盐。

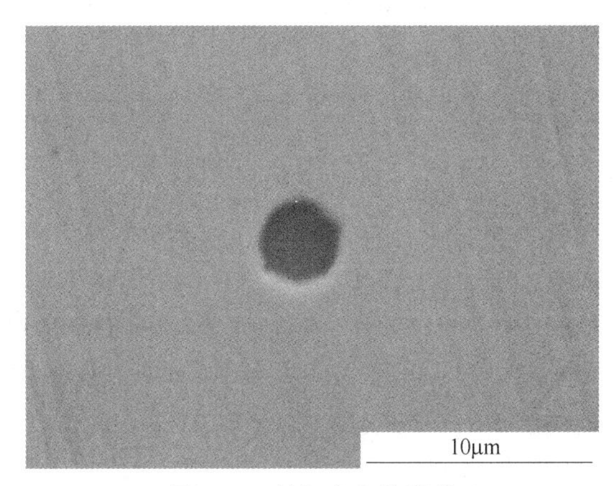

图3-20 铸坯夹杂物形貌

表3-8 铸坯夹杂物成分

元　素	O	Mg	Al	Ca	Fe
摩尔分数/%	49.97	1.76	16.58	24.68	6.31

3.3.2 渣控夹杂物技术

即使钢液中的氧含量降低到很低的水平，也会存在夹杂物，如何通过控制夹杂物成分，使其形成低熔点夹杂物，降低其对钢材性能的破坏，就显得极为重要。

渣控夹杂物技术是通过冶炼过程中控制顶渣成分及脱氧条件来实现对夹杂物成分的控制，以此获得低熔点、变形性能良好的夹杂物，提高钢材质量。夹杂物中 Al_2O_3 含量、$w(MnO)/w(SiO_2)$ 和 $w(CaO)/w(SiO_2)$ 比值，是控制钢中夹杂物塑性化的关键。

$MnO-SiO_2-Al_2O_3$ 三元系夹杂物相图如图 3-21 所示。由图 3-21 可知，塑性夹杂物分布在锰铝榴石（$3MnO \cdot 3SiO_2 \cdot Al_2O_3$）及其周围的低熔点区域[11]。此时 Al_2O_3 的质量分数为 15%~25%，$w(MnO)/w(SiO_2)$ 在 1.0 左右时可塑性最高。

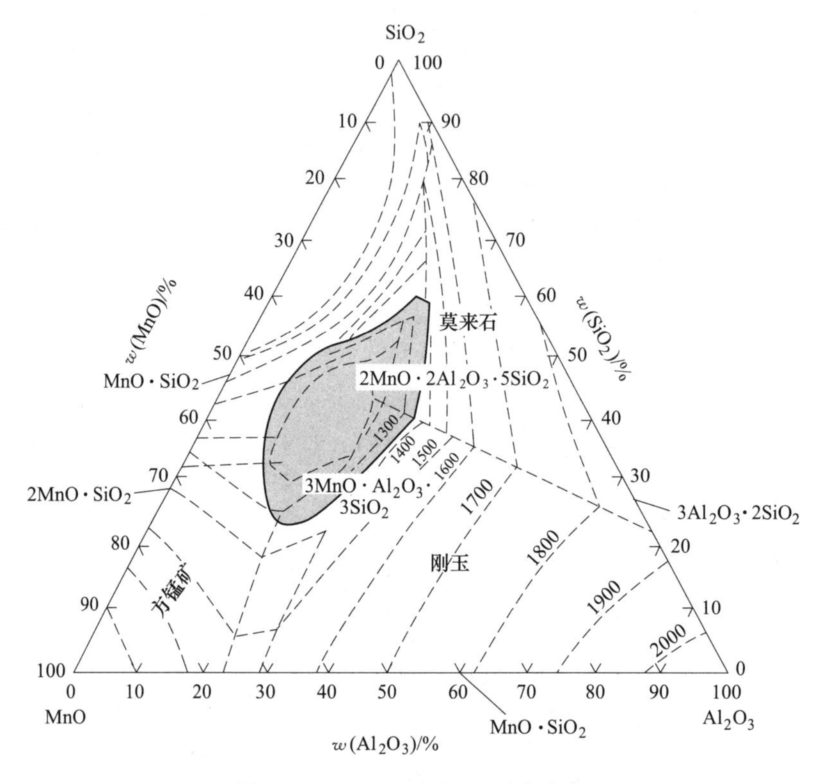

图 3-21 $MnO-SiO_2-Al_2O_3$ 系夹杂物

$CaO-SiO_2-Al_2O_3$ 三元系夹杂物相图如图 3-22 所示。由图 3-22 可知，塑性夹杂物成分位于钙斜长石（$CaO \cdot 2SiO_2 \cdot Al_2O_3$）与假硅灰石（$CaO \cdot SiO_2$）和鳞石英相邻的低熔点区域周围[11]。此时夹杂物中 Al_2O_3 质量分数为 15%~25%，$w(CaO)/w(SiO_2)$ 在 0.6 左右时可塑性最高。

3.3.2.1 夹杂物成分对低熔点区的影响

一般定义小于 1400℃ 相区为夹杂物低熔点区域。夹杂物中 Al_2O_3 含量对 $CaO-Al_2O_3-SiO_2-MnO$ 系夹杂物低熔点区域的影响如图 3-23 所示[12]。

由图 3-23 可见，$w(Al_2O_3)$ 从 0 变化到 20% 的过程中，低熔点区域面积迅速增加，在 20% 升高到 30% 过程中，低熔点区域面积占比略有下降。因此，控制 $CaO-Al_2O_3-SiO_2-MnO$ 四元系夹杂物中 Al_2O_3 为 20% 有利于降低氧化物熔点。

对于 $CaO-Al_2O_3-SiO_2-MnO$ 系夹杂物，控制夹杂物中 MnO 含量在 0~30% 内，MnO 含量越高，越容易生成低熔点夹杂物；控制夹杂物中 CaO 质量分数在 25%~30%，有利于降低

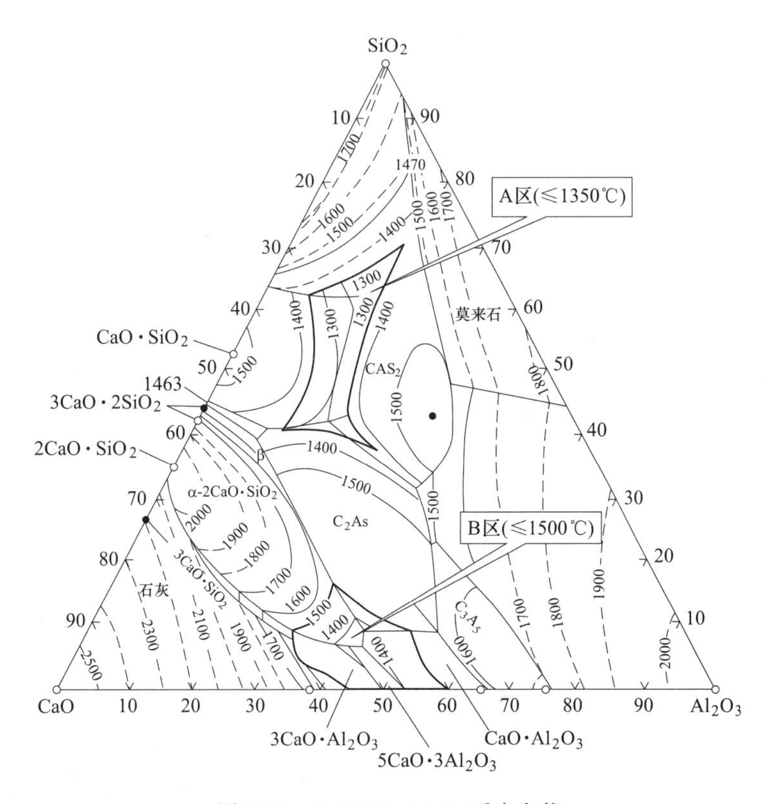

图 3-22　$CaO-SiO_2-Al_2O_3$ 系夹杂物

夹杂物熔点；提高夹杂物中 SiO_2 含量，有利于降低夹杂物熔点；随着 CaO/SiO_2 比值的增大，低熔点区域越来越小，$CaO/SiO_2<1.0$ 时低熔点区域最大，宜将夹杂物中 CaO/SiO_2 比值控制在 0.8～1.0 范围。

实际生产过程中，钢中还会存在 $CaO-Al_2O_3-SiO_2-MgO$ 四元系夹杂物。夹杂物中 MgO 含量对 $CaO-Al_2O_3-SiO_2-MgO$ 系夹杂物低熔点区域大小的影响，如图 3-24 所示[13]。

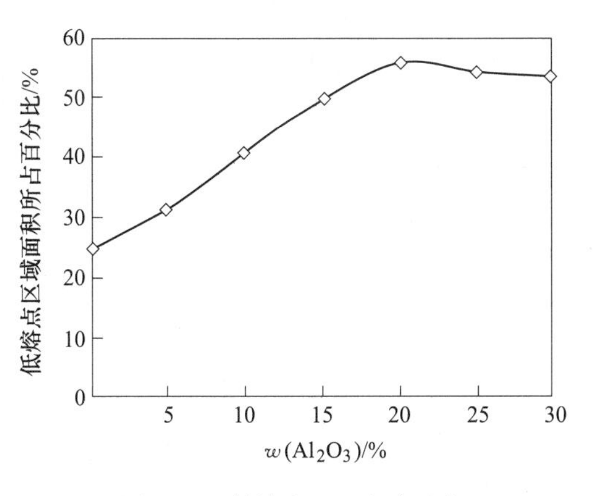

图 3-23　低熔点区面积占比与夹杂物中 Al_2O_3 含量的关系

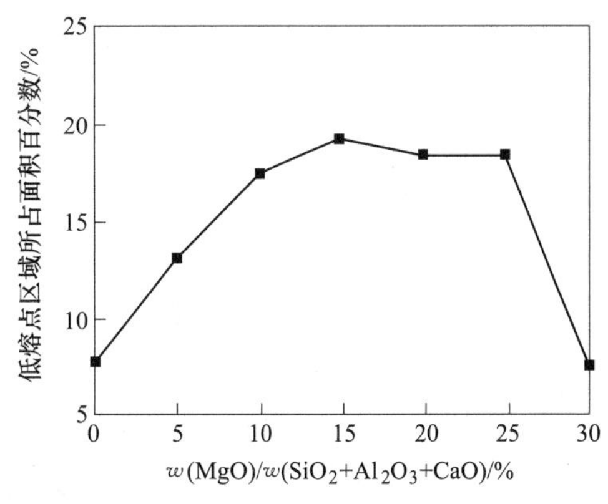

图 3-24　低熔点区面积占比与夹杂物中 MgO 含量的关系

由图 3-24 可知，随着夹杂物中 MgO 含量的升高，低熔点区面积呈现先增后减的趋势，MgO 含量在 10%～20%范围内时低熔点区面积保持在较大范围，当 MgO 含量为 15%时低熔点区最大。因此将 $CaO-Al_2O_3-SiO_2-MgO$ 四元系夹杂物中 MgO 含量控制在 15%有利于夹杂物低熔点化。

对于 $CaO-Al_2O_3-SiO_2-MgO$ 系夹杂物，夹杂物中 Al_2O_3 含量为 20%最有利于夹杂物低熔点化；提高夹杂物中 CaO 含量，有利于夹杂物低熔点化；夹杂物中 SiO_2 含量对夹杂物低熔点区域大小几乎没有影响。

3.3.2.2 钢中低熔点夹杂物控制技术

以硅锰脱氧钢为例，计算分析 60Si2MnA 弹簧钢液与 $MnO-SiO_2-Al_2O_3$ 系、$CaO-Al_2O_3-SiO_2$ 系复合氧化物夹杂平衡时生成低熔点夹杂物时的钢液成分。根据热力学软件 FactSage 的相平衡模块和相图模块计算得到不同温度下 $MnO-SiO_2-Al_2O_3$ 系、$CaO-Al_2O_3-SiO_2$ 系夹杂物成分与活度的关系和其液相线投影图[14]。计算过程所涉及的钢液-夹杂物平衡反应化学式及其标准吉布斯自由能变化 $\Delta G^{\ominus}$ 如表 3-9 所示。

表 3-9 钢液-夹杂物平衡化学反应式

序号	化学反应式	$\Delta G^{\ominus}$/J·mol^{-1}
1	$2(MnO)+[Si]=(SiO_2)+2[Mn]$	$-5700-34.8T$[15]
2	$2(Al_2O_3)+3[Si]=3(SiO_2)+4[Al]$	$658200-107.1T$[15]
3	$[Si]+2[O]=(SiO_2)$	$-581900+221.8T$[15]

基于表 3-9 中反应 1，利用 $\Delta G^{\ominus}$、$MnO-SiO_2-Al_2O_3$ 系中 SiO_2、MnO 活度以及 Si、Mn 活度系数（基于 Wagner 模型，通过与 Si 和 Mn 相关的各元素活度相互作用系数计算得到），采用迭代方法计算得出 1873K 温度下 60Si2MnA 弹簧钢液与 $MnO-SiO_2-Al_2O_3$ 系夹杂物平衡时等［Si］线和等［Mn］线，如图 3-25 所示。

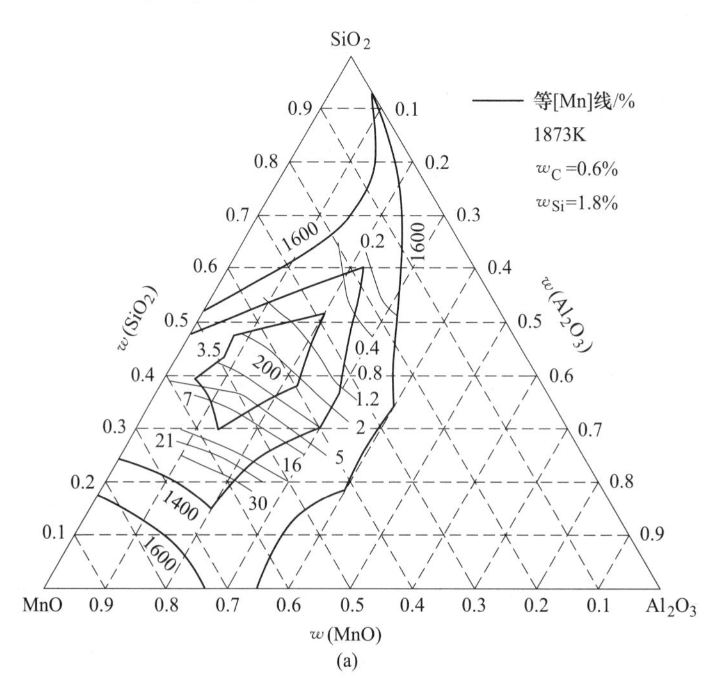

(a)

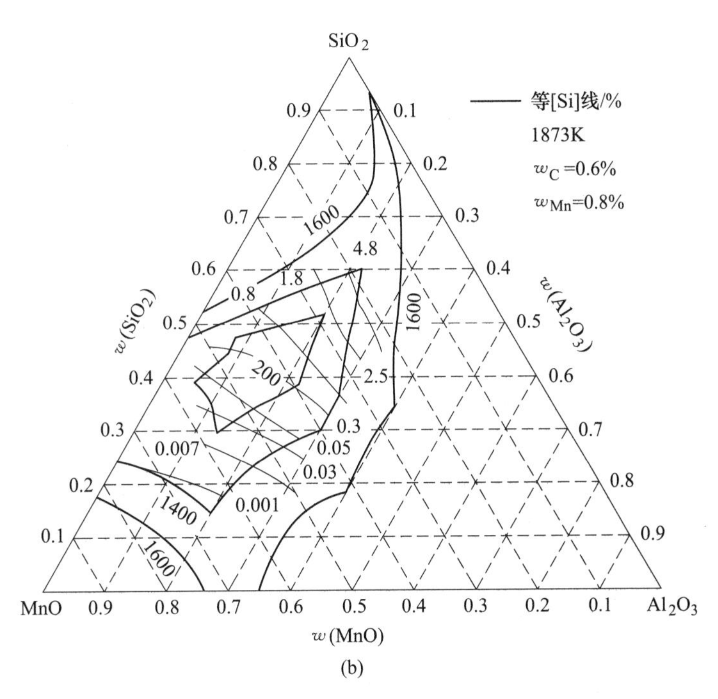

图 3-25　1873K 下弹簧钢液与 $MnO\text{-}SiO_2\text{-}Al_2O_3$ 系夹杂物平衡时等［Mn］线（a）和等［Si］线（b）

由图 3-25 可以看出，随着钢液中锰含量或硅含量的增加，复合夹杂物中 MnO 或 SiO_2 含量逐渐增加。对应钢液中硅与锰含量较高，导致生成的夹杂物成分没有落入具有良好变形能力的锰铝榴石相（$Mn_3Al_2Si_3O_{12}$）区域。

基于表 3-9 中反应 2 和 3，利用 $\Delta G^{\ominus}$、$MnO\text{-}SiO_2\text{-}Al_2O_3$ 系中 SiO_2、Al_2O_3 活度以及 Si、Al、O 活度系数（基于 Wagner 模型，通过与 Si、Al、O 相关的各元素活度相互作用系数计算得到），采用迭代方法计算得到钢液-夹杂物平衡等［Al］线和等［O］线，如图 3-26 所示。

根据钢液中硅和锰含量，再结合图 3-26 等［Al］线和等［O］线，可以得出生成低熔点夹杂物时钢液中 $w[Al]$ 和 $w[O]$，此时钢液中 $w[Al]=1\times10^{-6}\sim5\times10^{-6}$，$w[O]=6\times10^{-5}\sim7\times10^{-5}$。可见，控制 $MnO\text{-}SiO_2\text{-}Al_2O_3$ 系夹杂物低熔点化对钢液的铝含量要求很低，此时钢液中溶解氧含量高。

同理基于表 3-9 中反应式 2 和 3，可计算得到 1873K 下 60Si2MnA 弹簧钢液与 $CaO\text{-}SiO_2\text{-}Al_2O_3$ 系夹杂物平衡时等［O］线和等［Al］线，如图 3-27 所示。

由图 3-27 可知，1873K 下生成低熔点夹杂物对应钢液中 $w[O]$ 和 $w[Al]$ 分别为 $2\times10^{-5}\sim1\times10^{-4}$ 和 $0.1\times10^{-6}\sim1.4\times10^{-5}$。考虑到钢液氧含量不能过高，$w[O]$ 应控制在 $2\times10^{-5}\sim3\times10^{-5}$，相应的 $w[Al]=8\times10^{-6}\sim1.4\times10^{-5}$，但此时对应低熔点区较窄，不好控制。

钢液温度降低，钢液氧含量对夹杂物成分的影响显著增强（相邻等［O］线之间间距变大）。温度越低越有利于钢液在较低氧含量范围内实现夹杂物的低熔点化。

3.3.2.3　精炼渣成分对钢中非金属夹杂物的影响

精炼过程渣-钢反应对于钢中夹杂物有着重要的改性作用。当存在足够充分的动力学

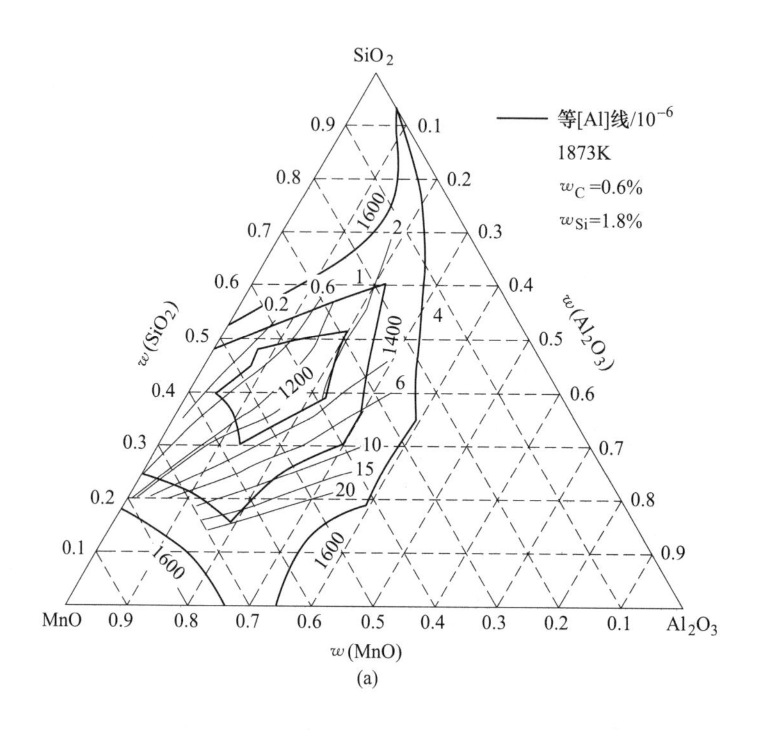

(a)

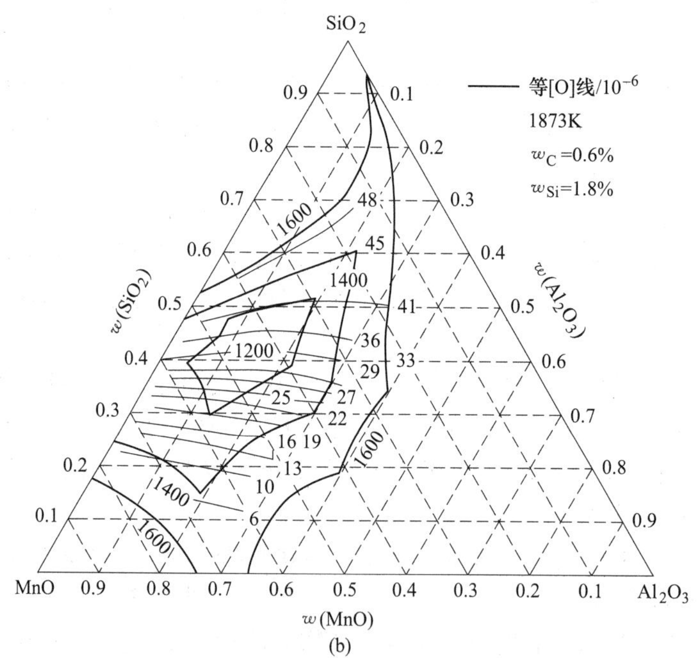

(b)

图3-26 1873K下弹簧钢液与$MnO-SiO_2-Al_2O_3$系夹杂物平衡时等［Al］线（a）和等［O］线（b）

条件，即钢液、精炼渣和夹杂物完全达到平衡时，钢中夹杂物成分应该与精炼渣成分接近[16]，实际生产过程中受到精炼时间及渣-钢传质反应动力学条件的限制，渣-钢-夹杂物之间很难达到完全平衡，但仍可为现场生产过程提供理论指导。

精炼渣对钢中非金属夹杂物的数量和成分等都有很大的影响，除了精炼渣的物理性

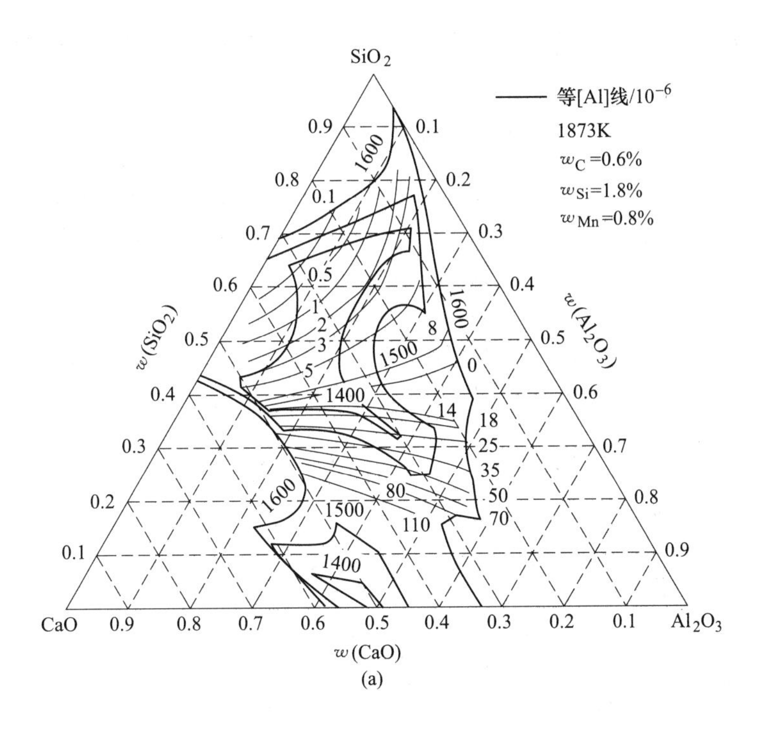

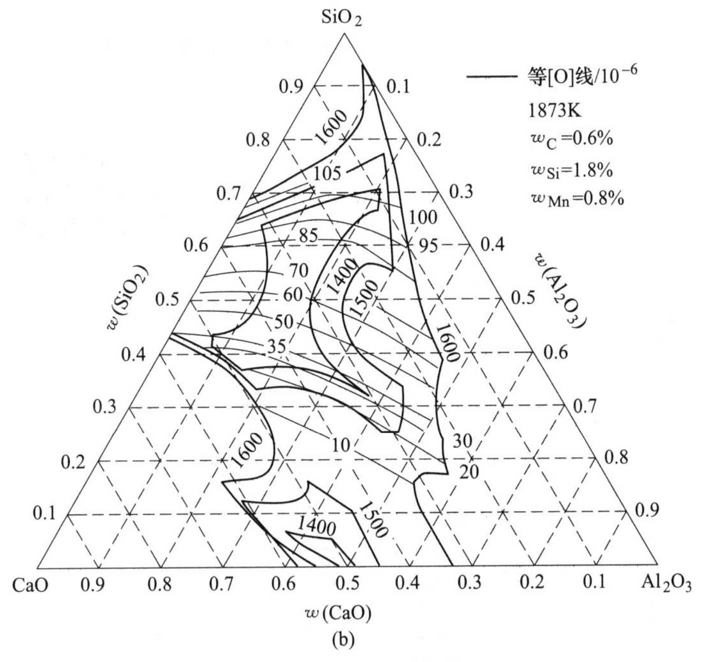

图 3-27 1873K 下弹簧钢液与 $CaO-SiO_2-Al_2O_3$ 系夹杂物平衡时等［Al］线（a）和等［O］线（b）

能（黏度、表面张力等）影响外，精炼渣的成分对钢中夹杂物的调控能力更为明显[16]。以 92Si 桥梁缆索用钢为例计算了不同 $CaO-Al_2O_3-SiO_2-5\%MgO$ 精炼渣系碱度对组元活度的影响[17]。

图 3-28 为等 Al_2O_3 活度图中碱度对精炼渣中 Al_2O_3 活度的影响，图 3-29 为等 CaO 活

度图中碱度对精炼渣中 CaO 活度的影响，图 3-30 为等 SiO_2 活度图中碱度对精炼渣中 SiO_2 活度的影响。

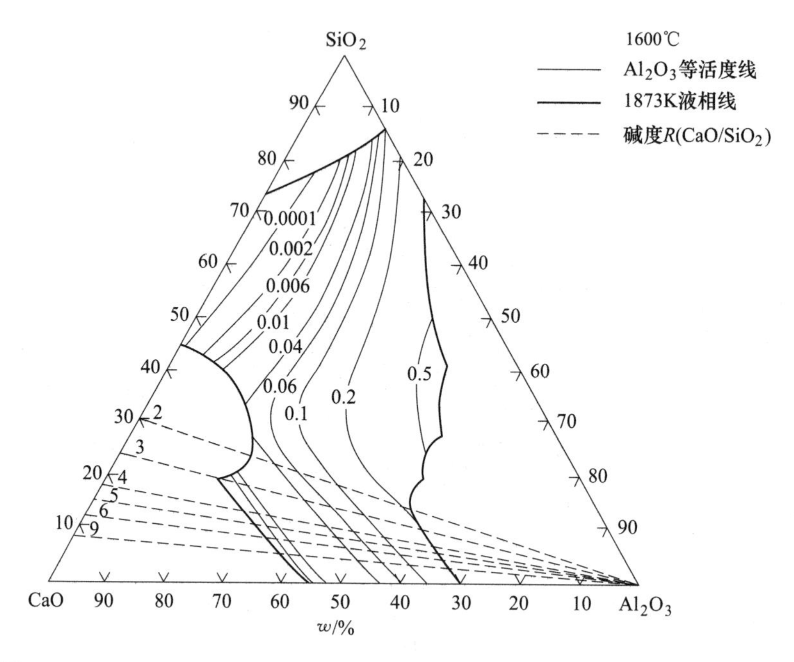

图 3-28　1873K 下 $CaO-Al_2O_3-SiO_2$-5%MgO 渣系中碱度对渣中 Al_2O_3 活度的影响

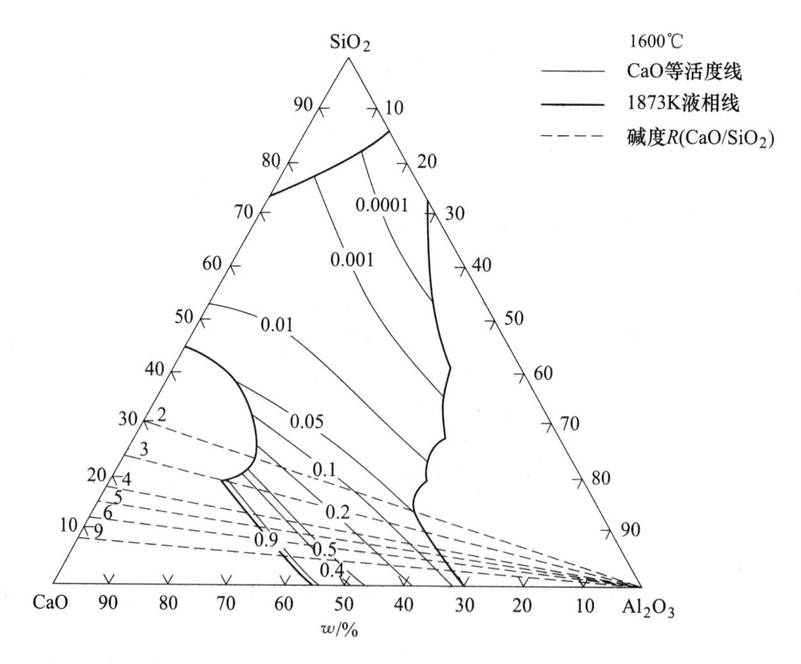

图 3-29　1873K 下 $CaO-Al_2O_3-SiO_2$-5%MgO 渣系中碱度对渣中 CaO 活度的影响

由图 3-28～图 3-30 可知，在液相区内，随着精炼渣碱度的增加，CaO 活度增大，Al_2O_3 和 SiO_2 活度减小，有利于精炼渣吸附 Al_2O_3 和 SiO_2 夹杂，同时复合夹杂物中 Al_2O_3

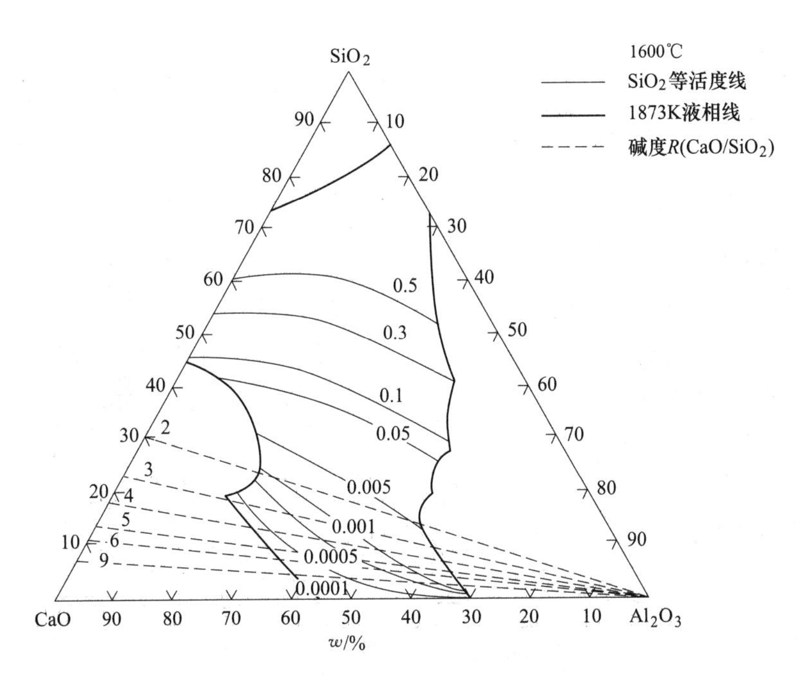

图 3-30　1873K 下 $CaO-Al_2O_3-SiO_2$-5%MgO 渣系中碱度对渣中 SiO_2 活度的影响

和 SiO_2 含量也会降低，CaO 含量会升高，因而为了降低钢液中总氧含量和 Al_2O_3 夹杂，可以考虑采用高碱度精炼渣进行炉外精炼。

综合以上渣-钢液-夹杂物热力学计算，在进行精炼渣系调整的过程中，需要考虑两方面的因素：一是精炼渣碱度，精炼渣碱度越低，钢中夹杂物数量越多，夹杂物中 Al_2O_3 含量越低；精炼渣碱度越高，精炼过程中可以有效地去除更多夹杂物，所以需要严格控制精炼渣的碱度；二应根据对应夹杂物体系相图中低熔点区域来设计精炼渣系组元成分。

实际生产过程中可以通过降低精炼渣中 Al_2O_3 含量，提高脱氧合金的纯度，控制脱氧合金中残铝含量，以降低钢液中的 $[Al]_s$ 含量；在不影响脱硫的前提下，通过适当减少精炼过程石灰加入量，降低精炼渣碱度 R，抑制精炼渣中 Al_2O_3 还原等措施来控制夹杂物的组成，改善夹杂物的变形能力，提高铸坯质量。

为将钢液铝含量控制在 0.0005%以下以获得塑性非金属夹杂物，采用的精炼渣二元碱度 R 和炉渣 Al_2O_3 含量均不能过高，当炉渣碱度控制在 1.0 左右，渣中 Al_2O_3 质量分数控制在 8%左右，可将钢中 $MnO-SiO_2-Al_2O_3$ 系、$CaO-Al_2O_3-SiO_2$-MgO 系夹杂物控制在塑性夹杂物成分范围[18,19]。

3.3.3 夹杂物的变性处理

3.3.3.1 氧化物夹杂的变性处理

铝脱氧钢液中最终会有一些细小的 Al_2O_3 夹杂很难去除，这些固体 Al_2O_3 夹杂对连铸生产及钢的机加工性能、钢的延性和疲劳性能都极为有害，主要表现在：

（1）钢中存在的少数残留的簇状 Al_2O_3 团，轧制时被碾成碎屑，沿轧制方向形成串状 Al_2O_3 群；

（2）恶化表面质量；

（3）Al_2O_3 夹杂沉积在水口，引起水口堵塞，导致连铸不能正常生产。

图 3-31 为铸坯中不同形状的 Al_2O_3 夹杂物。

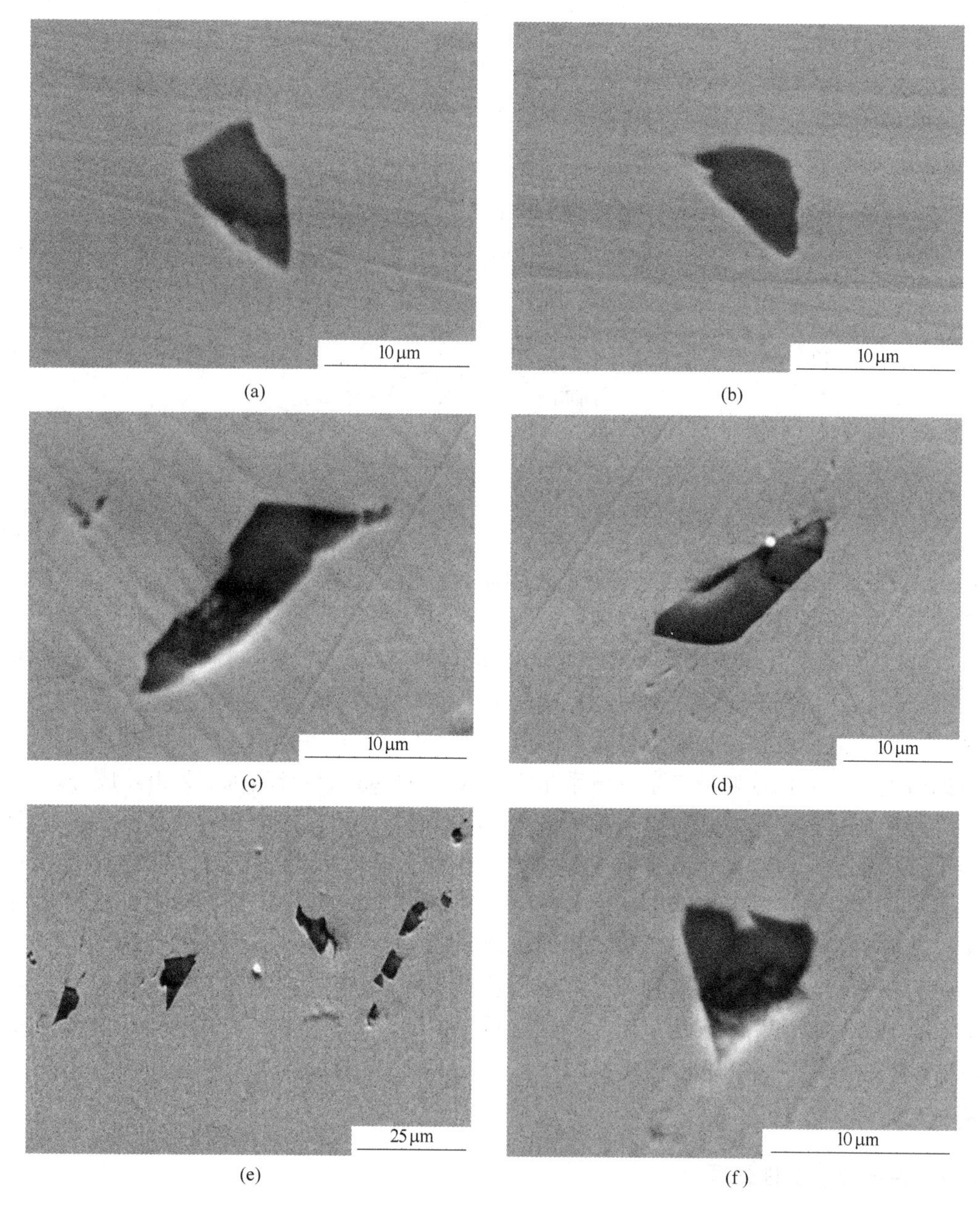

图 3-31　铸坯中不同形状的 Al_2O_3 夹杂物

为了克服铝脱氧钢的上述缺陷，提出改变夹杂物形态，将夹杂物转变成含 CaO 的钙铝酸盐，如形成 $12CaO \cdot 7Al_2O_3$，其熔点为 1450℃，在炼钢温度下成为液态，即使钢中仍残留少量这样的球状夹杂物，由于它的硬度比 Al_2O_3 低，对钢的危害程度也轻得多，另外它对氧化物夹杂周围形成硫化物夹杂环也较为有利。

铝脱氧的大部分钢种都要进行钙处理，一般喂 Ca-Si 线或 Fe-Ca 线，一方面可降低钢液中的氧含量和硫含量，另一方面可对夹杂物进行变性处理，形成低熔点夹杂物，更有利于大颗粒夹杂物的上浮，进一步降低钢液中的总氧量。钙对氧化物夹杂的变性过程简述如下：

(1) Ca 进入钢液：

$$Ca(g) =\!=\!= [Ca] \tag{3-15}$$

若有氧，则在 Ar-Ca 气泡表面或在熔体边界扩散层内发生脱氧反应。加入的是钙合金，由于钢液静压力的关系，熔池内不会发生激烈反应，钙气泡在上升过程中，钙很快溶解在钢液中。

(2) Ca 与 Al_2O_3 反应：

$$[Ca] + yAl_2O_3(\text{夹杂}) =\!=\!= x(CaO) \cdot (y - x/3)Al_2O_3(\text{夹杂}) + 2/3x[Al] \tag{3-16}$$

钙在 Al_2O_3 颗粒中扩散，使钙连续进入铝的位置，置换出的铝进入钢液。随着钙的扩散，在 Al_2O_3 颗粒表面 CaO 含量升高，当 CaO 含量超过25%时，出现液态或全部液态钙铝酸盐。用 Ca-Si-Ba-Al 可提高钙的变性效果，由于钡的存在明显减少了钙的氧化和蒸发，使钙合金反应时间延长，形成 CaO 含量很高的夹杂物，它不但使初次脱氧产物变性，且能保证凝固时 Al_2O_3 夹杂物的变性。用含钡的钙合金处理后，得到的夹杂物细小圆形，弥散分布，钢材表面质量大大改善。不同 $x(CaO) \cdot (y - x/3)Al_2O_3$ 的成分及有关性能如表 3-10 及图 3-32 所示。

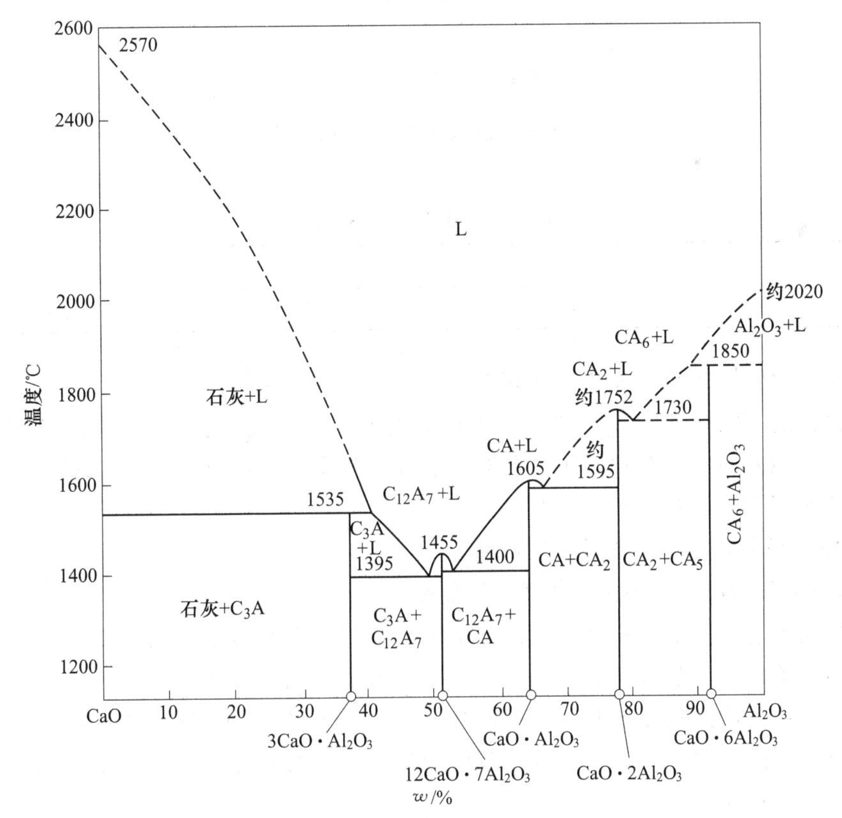

图 3-32 $CaO-Al_2O_3$ 相图

表 3-10 不同成分的铝酸钙的特性

铝酸钙	熔点/℃	化学组成/%		ASTM 卡片号	显微硬度 /kg·mm^{-2}
		CaO	Al_2O_3		
$3CaO \cdot Al_2O_3$	1535	62	38	8-6	—
$12CaO \cdot 7Al_2O_3$	1455	48	52	9-43	—
$CaO \cdot Al_2O_3$	1605	35	65	1-0888	930
$CaO \cdot 2Al_2O_3$	1750	22	78	7-82	1100
$CaO \cdot 6Al_2O_3$	1850	8	92	7-85	2200

钙处理后，铸坯中夹杂物的形貌及尺寸如图 3-33 所示，成分如表 3-11 所示。可以看出，夹杂物为钙铝酸盐，且夹杂物尺寸较小。

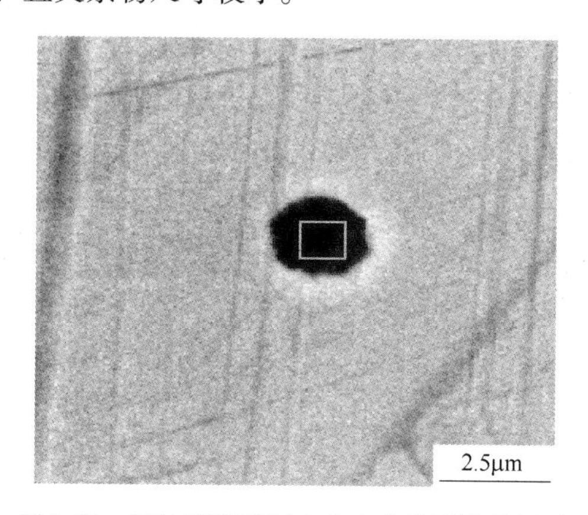

图 3-33 钙处理后铸坯中夹杂物的形貌及尺寸

表 3-11 夹杂物元素含量 (%)

O	Al	Ca	Fe
15. 22	5. 12	35. 47	44. 19

3. 3. 3. 2 硫化物夹杂变性处理技术

钢中存在适宜的硫含量和控制合适的硫化物形态，不仅不会对钢性能产生有害影响，反而在某些性能方面发挥有利作用。硫对钢性能产生不利的影响，主要表现在：

(1) 影响横向及径向韧性、塑性；

(2) MnS 夹杂是基体点腐蚀的发源地；

(3) 钢的氢脆现象与钢中硫化物夹杂有着密切关系。

优化脱硫工艺，控制钢中最佳硫含量范围和硫化物夹杂形态，是当前研究硫化物夹杂的主要目标。硫化物夹杂形态的控制主要有物理方法和化学方法两种。

物理方法：对钢坯热加工时采用纵横交叉轧制或通过控制轧制和热处理的方法。

化学方法：向钢中加入微量元素，改变硫化物夹杂的成分和性质，使生成的这种硫化物在热轧状态下不易变形。

炼钢过程采用化学方法改变硫化物夹杂的成分，主要是加含钙合金。含钙合金对硫化物夹杂变性过程如图 3-34 所示，主要包括以下过程：

（1）在钙气泡表面进行脱氧脱硫反应；有 Al_2O_3 夹杂存在的条件下，形成的钙铝酸盐，硫容量大，吸收脱硫后钢中的硫；

（2）随钢液的冷却，硫在铝酸钙中溶解度降低，以 CaS 的形式析出，或以（Ca、Mn）S 形式析出；

（3）最终形成内部含铝酸钙外壳包围 CaS 环的双相夹杂。

Ca/S>0.4 时，条形夹杂物和簇状 Al_2O_3 都变成了球形；内部是 $CaO\text{-}Al_2O_3$，外部是 $CaS\text{-}MnS\text{-}Al_2O_3$。衡量硫化物夹杂变性程度的指标：

$$ACR_{Ca} = \frac{1}{1.25} \times \frac{[\%Ca_{有效}]}{[\%S]} \tag{3-17}$$

$$[\%Ca_{有效}] = [\%Ca]_{总} \times \{0.18 + 130[\%Ca]_{总}\} \times [\%O]_{总} \tag{3-18}$$

式中 $[\%Ca_{有效}]$——钢液中有效钙含量,%；

$[\%S]$——钢液中硫含量,%；

$[\%Ca]_{总}$——钢液中总钙含量,%；

$[\%O]_{总}$——钢液中总氧含量,%。

$ACR_{Ca}>1$ 时，可使拉伸的硫化物完全变性。钢中钙含量至少应超过钢液凝固开始以前硫含量的 40%。

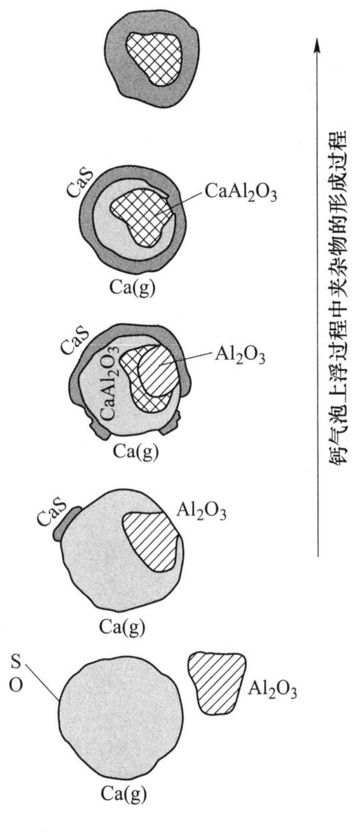

图 3-34 硫化物夹杂的变性过程

3.4 LF 精炼过程硫含量控制

3.4.1 LF 精炼脱硫的热力学条件分析

渣脱硫反应为：

$$[S] + (CaO) = (CaS) + [O] \tag{3-19}$$

对铝脱氧钢水，脱硫反应为：

$$3(CaO) + 2[Al] + 3[S] = 3(CaS) + (Al_2O_3) \tag{3-20}$$

$$\Delta G^{\ominus} = -RT\ln \frac{a_{CaS}^3 a_{Al_2O_3}}{a_{CaO}^3} \frac{1}{a_{Al}^2 a_S^3} \tag{3-21}$$

$$a_{CaS} = f'_{CaS}(\%S) \qquad a_S = f'_S[\%S] \tag{3-22}$$

$$\frac{(\%S)}{[\%S]} = \frac{a_{CaO}}{f'_{CaS} a_{Al_2O_3}^{1/3}} f'_S a_{Al}^{2/3} \exp\left(\frac{-\Delta G^{\ominus}}{3RT}\right)$$

$$= \frac{a_{Al}^{2/3}}{(S.P)} f'_S \exp\left(\frac{-\Delta G^{\ominus}}{3RT}\right) \tag{3-23}$$

$$f'_{CaS} = \frac{1}{(\%S)_{sat}} \tag{3-24}$$

$$(S.P)=\frac{a_{Al_2O_3}^{1/3}}{(\%S)_{sat}a_{CaO}} \tag{3-25}$$

由式（3-23）可知，增大硫在渣钢间的分配比，要求钢液中的强脱氧元素铝含量高、温度高、（S. P）值要低，要保证（S. P）值低，碱度要高，即渣中 CaO 含量要高，渣中硫的饱和溶解度要低。渣成分与（S. P）值的关系如图 3-35 所示。

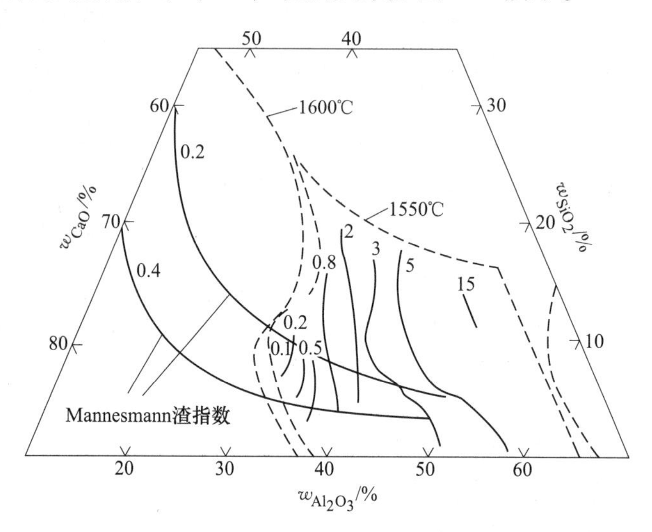

图 3-35 渣成分与（S. P）值的关系

由图 3-35 可知，渣成分为 60% CaO、10% SiO_2、30% Al_2O_3 时，炉渣的（S. P）值最低，在 0.1 左右。

钢中铝含量对不同炉渣（S. P）值条件下钢液硫含量影响如图 3-36 所示。由图 3-36 可以看出，（S. P）值随钢中铝含量升高而降低。对于（S. P）值为 0.1 的渣系，铝含量为 0.01%，就可将钢液中的硫含量降低到 0.0002%以下。

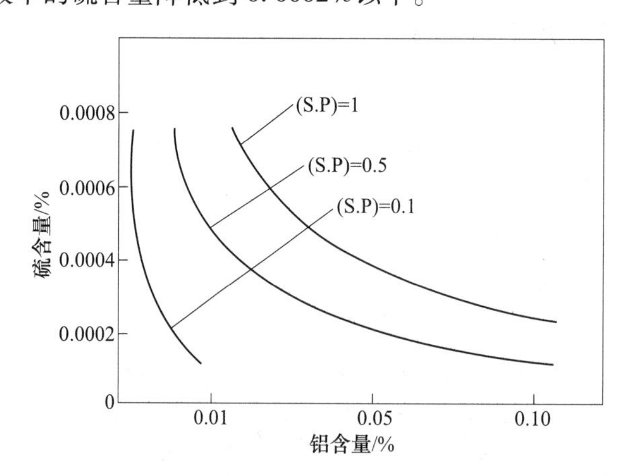

图 3-36 铝含量对不同炉渣（S. P）值条件下的钢液硫含量影响

炉渣的流动性对硫的分配系数也有影响，Al_2O_3、SiO_2 等成分除了可以降低熔点外，可使熔渣保持与钢中上浮夹杂物相似的成分，减小夹杂物与渣之间的界面张力，使夹杂物更易于上浮。

LF 精炼过程可以创造极为优越的脱硫热力学和动力学条件，适合于生产低硫、超低硫钢。从热力学角度，可以造高碱度还原渣、电弧加热渣温度高、渣量大；从动力学角度，由于吹氩搅拌，促进了钢渣接触。通常，小于 0.001%的超低硫钢的生产都可以通过 LF 精炼实现。

3.4.2 LF 精炼条件对脱硫的影响

3.4.2.1 入 LF 钢液硫含量对出 LF 钢液硫含量的影响

入 LF 时钢液中的硫含量低，有利于减轻精炼过程脱硫的负担，缩短因脱硫增加的精炼时间。假定渣钢间接触面积和传质系数足够大，渣-钢反应能达到平衡。可以建立以下的物料平衡：

$$W([\%S]_0 - [\%S]) = W_s\{(\%S) - (\%S)_0\} \tag{3-26}$$

式中 W，W_s——分别为钢液、渣重量，t；

$[\%S]_0$，$(\%S)_0$——分别为钢液中、渣中初始硫含量，%；

$[\%S]$，$(\%S)$——分别为某时刻钢液中、渣中硫含量，%。

再代入硫分配比的定义式：$L_S = (\%S)/[\%S]$，即可解得硫的热力学平衡值：

$$[\%S] = \frac{[\%S]_0 + (\%S)_0 W_s/W}{1 + L_S W_s/W} \tag{3-27}$$

在 LF 精炼过程，假定开始 $(\%S)_0 = 0$，则上式可简化为：

$$[\%S] = \frac{[\%S]_0}{1 + L_S W_s/W} \tag{3-28}$$

由上式可知，如果 W_s、L_S 一定，$[\%S]$ 与 $[S]_0$ 具有线性关系，即初始硫含量越低，出 LF 时钢液中硫含量也越低。入 LF 钢液中硫含量对出 LF 硫含量的影响如图 3-37 所示。由图 3-37 可知，入 LF 硫含量越高，出 LF 时的硫含量也越高。

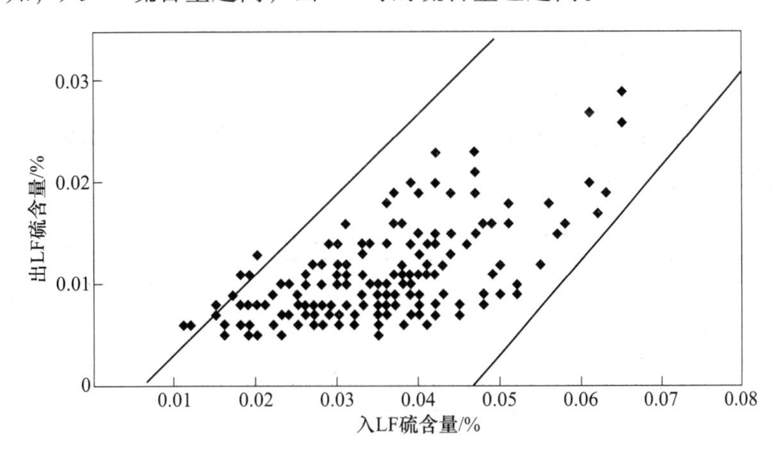

图 3-37 入 LF 硫含量对出 LF 硫含量的影响

3.4.2.2 入 LF 炉渣氧化性对脱硫反应的影响

由脱硫反应平衡常数可看出，降低钢中 $a_{[O]}$ 利于脱硫。钢中氧势是由渣和钢液脱氧情况决定的。氧在渣钢的分配比：

$$L_O = a_{(FeO)}/a_{[O]} \tag{3-29}$$

如取 $a_{(FeO)} \approx (\%FeO)$，$a_{[O]} \approx [\%O]$，可见降低（%FeO）和［%O］均有利于脱硫。

渣中不稳定氧化物（FeO+MnO）含量决定炉渣的氧化性（或称还原性）。100t 钢包，入 LF 时渣碱度在 2.2 左右，渣中的不稳定氧化物（FeO+MnO）含量与出钢时钢液脱硫率的关系如图 3-38 所示。

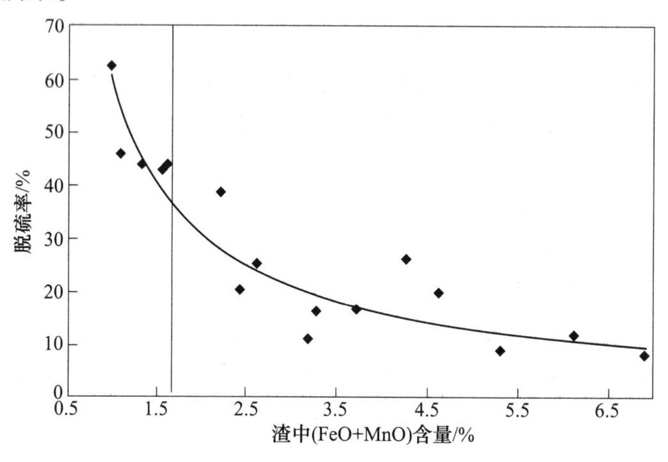

图 3-38 入 LF 时渣中（FeO+MnO）含量对出钢脱硫率的影响

由图 3-38 可知，随（FeO+MnO）含量增加，硫的分配比降低。当（FeO+MnO）> 1.0%时，脱硫率较低；当（FeO+MnO）<1.0%，（FeO+MnO）含量与 L_S 近似呈线性关系。随还原性增加，L_S 激增。因此，降低炉渣的氧化性，有利于脱硫。当入 LF 时渣中的不稳定氧化物小于 1.5%时，可保证出钢脱硫率在 40%以上。

3.4.2.3 钢液中氧含量对脱硫的影响

从离子理论观点看，渣中 FeO 含量增加相当于渣中 $N_{O^{2-}}$ 增大，$N_{O^{2-}}$ 的提高有利于脱硫。

$$N_{O^{2-}} = (N_{CaO} + N_{MnO} + N_{FeO} + N_{MgO}) - (2N_{SiO_2} + 3N_{P_2O_5}) \tag{3-30}$$

提高碱性氧化物含量（或碱度）也是增加渣中 $N_{O^{2-}}$，可提高渣脱硫能力。不同碱性氧化物相对脱硫能力如表 3-12 所示。

表 3-12 碱性氧化物相对的脱硫能力

阳离子	Ca^{2+}	Fe^{2+}	Mn^{2+}	Mg^{2+}	Na^{+}
$\lg K_i$	-1.4	-1.9	-2.0	-3.5	+1.63
K_i	0.040	0.013	0.01	0.0003	42.6
各元素对比	1.000	0.325	0.25	0.0075	1070

注：$K_i = \dfrac{N_{S^{2-}} a_{[O]}}{N_{O^{2-}} a_{[S]}}$。

当渣中 FeO 含量高时，L_S 与（%FeO）没有明显的关系。这是因为，此时渣中 FeO 既增加 $N_{O^{2-}}$，又增加［%O］，不能再保持 $N_{O^{2-}}$ 为常数，$N_{O^{2-}}$ 与［%O］的影响相互抵消的缘故。

BOF+LF+CC 生产工艺条件下，入 LF 时的溶解氧含量对 LF 精炼结束硫含量的影响如

图 3-39 所示。入 LF 溶解氧含量越高，精炼结束时的硫含量也越高，要保证精炼结束时钢液中的硫含量小于 0.005%，入 LF 时的溶解氧含量应低于 0.001%。

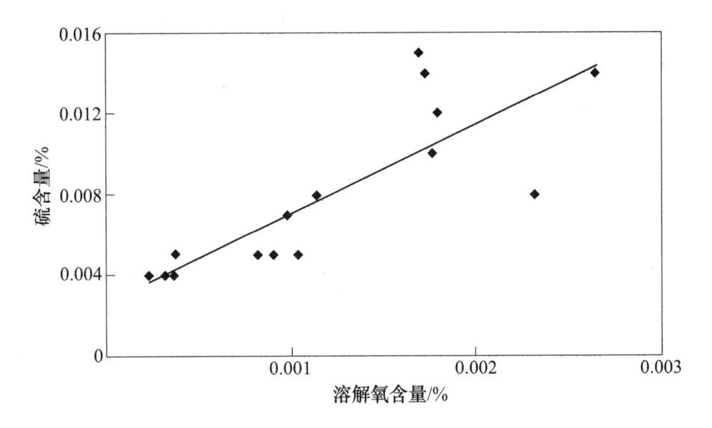

图 3-39 入 LF 溶解氧含量对最终钢液中硫含量的影响

3.4.2.4 精炼时间对钢液硫含量的影响

精炼时间越长，钢液与渣接触的机会就多，就越有利于脱硫。150t 钢包精炼时钢液中硫含量随时间的变化如图 3-40 所示。出钢过程由于脱氧良好且加强了搅拌，前 15min 内脱硫迅速，硫含量从最高 0.11%左右，到最低 0.01%以下。此后，脱硫速度减慢，38min 时钢液中的硫含量都在 0.01%以下，所以要想降低钢液中的硫含量，必须保证一定的精炼时间。同时要想生产硫含量低于 0.01%的钢液，必须控制初炼炉的硫含量。

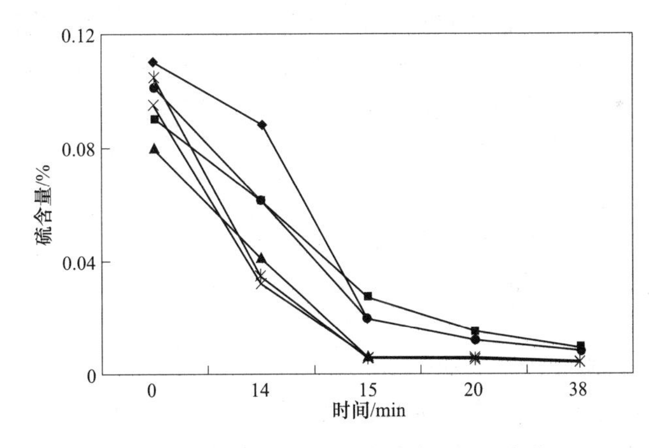

图 3-40 钢液中硫含量随精炼时间的变化

3.4.2.5 精炼温度对脱硫的影响

随着钢液温度的升高，为脱硫创造了更有利的条件，而且高温能使熔点较高的 CaO 加速成渣，加速脱硫反应。

3.4.3 LF 精炼渣对脱硫的影响

3.4.3.1 精炼渣碱度对脱硫率的影响

炉渣碱度是脱硫的基本条件。150t LF 精炼过程中精炼渣碱度与脱硫率的关系如图

3-41 所示。由图 3-41 可以看出，随渣碱度的提高，渣中自由 CaO 增加，炉渣脱硫能力增大，脱硫率上升。但不能无限制地增加碱度，否则会使炉渣的流动性变差，不利于脱硫反应的进行，一般碱度在 5 左右，脱硫率便可达 85%以上。如果炉渣碱度在 2.5 以上时，只要保证白渣精炼，钢液脱氧良好（钢液中的溶解氧小于 0.0005%）并且控制好吹氩搅拌功率，钢液中硫含量可控制在 0.004%左右。

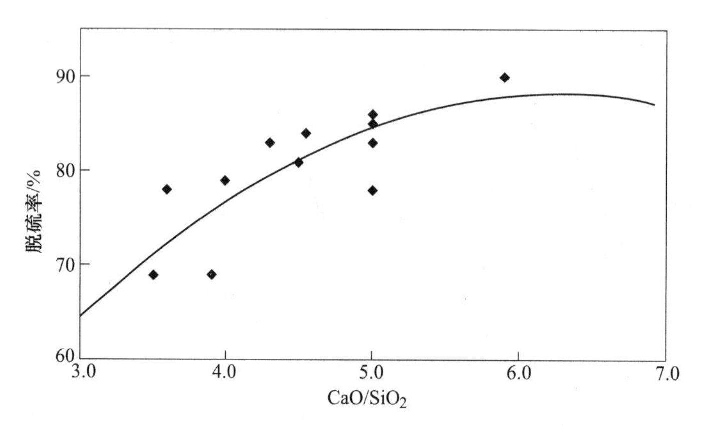

图 3-41 炉渣碱度和脱硫率的关系

3.4.3.2 精炼渣流动性对脱硫率的影响

炉渣的流动性是影响渣钢间化学反应的重要因素，渣流动性好，有利于提高脱硫速度。目前 LF 精炼过程调整渣流动性的材料主要有萤石、火砖块及石英砂。

加萤石可提高渣流动性时，提高硫的扩散能力，但加入量过大，渣子容易变稀，不利于脱硫，也会加剧对炉衬耐火材料侵蚀，有时还会发生反应：

$$(SiO_2) + 2CaF_2 \xlongequal{} 2(CaO) + SiF_4\uparrow \tag{3-31}$$

SiF_4 是有毒气体，对身体健康产生不利的影响，所以要控制渣中 CaF_2 量，一般在 5%左右。

利用火砖块及石英砂调整流动性时，由于含有 SiO_2，不利于提高炉渣的碱度。对铝脱氧钢，渣中 Al_2O_3 含量是影响渣流动性的重要指标，其含量越高，渣流动性越好，一般渣中 Al_2O_3 含量低于 25%。在渣中（FeO+MnO）含量小于 3%的条件下，渣中 Al_2O_3 含量对脱硫率的影响如图 3-42 所示。由图 3-42 可知，随渣中 Al_2O_3 含量的提高，脱硫能力上升。

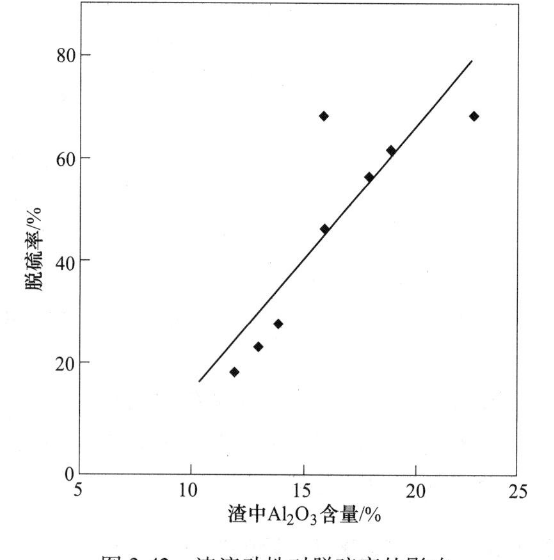

图 3-42 渣流动性对脱硫率的影响

3.4.3.3 精炼渣成分对脱硫率的影响

渣碱度、流动性及不稳定氧化物对脱硫都有影响，三者综合因素对脱硫的影响如图

3-43 所示。随（CaO/SiO_2）×（Al_2O_3）/（FeO+MnO）值的提高，脱硫率上升，当其值为 50 时，脱硫率可达 50%以上；当其值小于 10 时，几乎不影响脱硫率。

3.4.3.4 渣量对脱硫的影响

适当增加渣量，可以稀释渣中 CaS 浓度，即减少（S^{2-}）浓度，对脱硫有明显的效果。但是如果渣量过大，渣层过厚，脱硫反应不活跃，会导致钢中的硫并不随渣量的增加而按一定比例地降低；同时，渣量过大，电耗及原材料消耗增加，所以渣量应控制在钢液量的 1%~2%。如果是生产超低硫钢，增大渣量，可以采取换渣操作，但是要注意防止钢液的吸气。图 3-44 为渣量对脱硫率的影响。

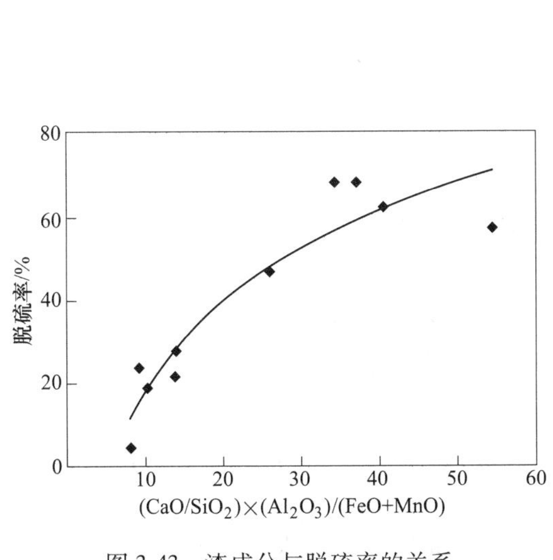

图 3-43 渣成分与脱硫率的关系

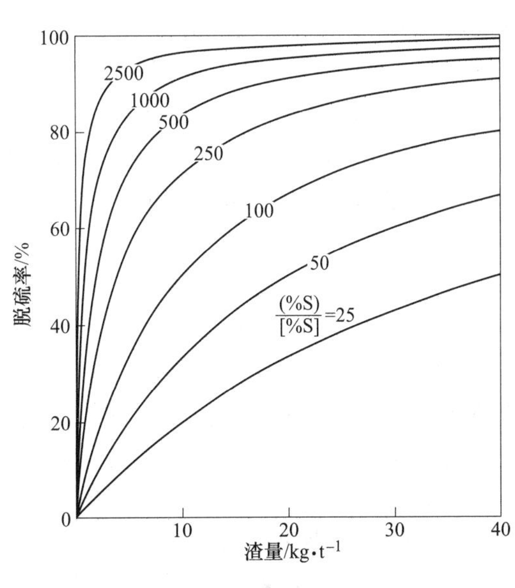

图 3-44 渣量对脱硫率的影响

3.5 LF 精炼过程钢液回磷控制

3.5.1 钢液回磷原因分析

转炉或电炉冶炼可以将钢液中的磷含量降低到很低水平，冶炼终点一般认为脱磷反应接近平衡。出钢时难免会带部分氧化渣进入钢包，出钢和精炼过程中向钢包内加入脱氧剂，降低了钢中氧含量和炉渣氧化性，脱氧产物进入炉渣，造成炉渣碱度降低，P_2O_5 活度（$a_{P_2O_5}$）增加，炉渣由氧化性气氛变为还原性气氛，磷平衡被打破，有利于 P_2O_5 的分解和还原，渣中大部分磷将重新进入钢液，成品钢中的磷含量一般高于转炉或电炉冶炼终点磷含量，这种现象就称为“回磷”。如果电炉能做到无渣出钢，就可避免下渣回磷。出钢下渣量较大、钢水温度过高，会加大钢液回磷。随着用户对钢中磷含量要求不断提高，应控制钢液回磷。

炉渣碱度降低、氧化性降低和温度升高是导致钢液回磷的根本原因，按从大到小的影响程度依次为炉渣碱度、炉渣氧化性和温度。

3.5.2 转炉出钢操作对钢液回磷的影响

除了出钢时的钢液条件，转炉出钢操作对出钢钢液回磷的影响也是不可忽视的。在出钢过程中，钢液温度过高、渣中 FeO 含量降低、炉渣碱度降低，都会导致一定程度的钢液回磷。

3.5.2.1 稠化炉渣对钢液回磷的影响

根据钢液回磷的动力学条件，可以通过稠化炉渣，增加炉渣稠化程度，降低回磷反应速率，抑制回磷反应的发生。因此，当钢水在钢包停留时可以加入一定量的石灰：一方面增加炉渣的碱度；另一方面使炉渣变稠，降低炉渣的流动性，以减弱渣钢界面反应。进入精炼炉后，对于下渣量较大且炉渣明显稀化的炉次，应先加入适量石灰稠化炉渣，增加炉渣碱度，再进一步脱氧，这样也可一定程度上防止回磷反应。

3.5.2.2 出钢挡渣对钢液回磷的影响

下渣量与钢液回磷的关系如下[20]：

$$\Delta[\mathrm{P}] = 0.05 \times \Delta(\%\mathrm{P}) \times W_{\mathrm{fs}} \tag{3-32}$$

式中 $\Delta(\%\mathrm{P})$——转炉下渣渣中磷含量的减少值；

W_{fs}——下渣量，kg。

初炼炉的氧化渣一旦进入钢包中，会对后续冶炼过程产生较大的危害，下渣不但会增加脱氧剂或合金的使用量，而且还会使冶炼过程产生回磷。钢液回磷量与转炉下渣量有很大关系，下渣量越多，回磷量也就越大。

降低转炉下渣量可以减少脱氧合金化过程中的脱氧剂及合金元素的消耗，降低精炼过程中的钢液回磷及夹杂物含量，提高钢水洁净度和金属收得率。转炉无法做到无渣出钢，只能采取有效措施控制减少下渣，将回磷降到最低。出钢时，首先要进行有效挡渣，减少下渣量；其次，出钢脱氧合金化过程操作要标准化、规范化，杜绝出钢后期补加合金（如硅铁等）；最后，出钢过程中向钢包内加入钢包渣改质剂，提高炉渣碱度，稀释炉渣中磷含量，降低渣中 P_2O_5 的活度，恶化回磷的热力学条件，阻碍回磷反应的进行，再进一步脱氧。

3.5.2.3 出钢脱氧制度对钢液回磷的影响

渣-钢间脱磷反应为：

$$[\mathrm{P}] + 5/2[\mathrm{O}] + 3/2(\mathrm{O}^{2-}) =\!=\!= \mathrm{PO}_4^{3-} \tag{3-33}$$

其平衡常数为：

$$K = \frac{(a_{\mathrm{PO}_4^{3-}})}{[a_{\mathrm{P}}][a_{\mathrm{O}}]^{5/2}(a_{\mathrm{O}^{2-}})^{3/2}} \tag{3-34}$$

由式（3-34）可知，在一定温度下，钢液中的溶解氧［O］及渣中的氧（O^{2-}）降低，反应（3-33）向左进行，即发生回磷反应。

要根据不同钢种，确定合理的出钢碳含量。出钢时，钢液碳含量越低，钢液溶解氧含量越高，由于加脱氧剂脱氧，钢液中溶解氧含量降低值大，根据渣-铁平衡，渣中 FeO 含量减少值也大，氧化性气氛大幅度减弱，造成磷在渣-钢间分配比 L_P 降低值越大，回磷量也就越大。另外，出钢过程由于脱氧和加入合金，脱氧产物进入渣中，造成渣碱度降低，随着炉渣碱度降低，炉渣的磷容量变小，造成部分磷会返回钢液中。因此，需要加入石灰，保证炉渣碱度。

转炉不脱氧出钢或弱脱氧出钢，可以防止出钢过程中的钢液回磷。

3.5.3 LF精炼对钢液回磷的影响

根据热力学分析，钢液回磷的原因主要是熔池温度升高、炉渣碱度和氧化性的降低。炉渣氧化性降低是引发LF精炼过程中钢液回磷的根本原因；温度是影响钢液回磷的一个比较活跃的因素；炉渣碱度对渣中磷的固定有重要作用。

3.5.3.1 钢液温度对钢液回磷的影响

LF精炼过程温度升高是回磷的原因之一。温度的升幅由钢种决定，是不可控因素。在炉渣碱度和氧化性不变的情况下，随着温度的升高，渣钢平衡时的磷含量被破坏，渣中磷向钢液中转移的可能性增加，回磷量增加。理论脱磷分配比采用如下公式计算[21]：

$$\lg L_{P平衡} = 22350/T - 16 + 0.08(\%CaO) + 2.5\lg(T.Fe) \tag{3-35}$$

炉渣碱度、氧化性不变的情况下，温度越高，磷在渣钢间的分配比 L_P 越低，回磷量也越大[22]。炉渣碱度越低、炉渣氧化性越小，熔池温度对钢液回磷的影响也就越大，可通过提高炉渣碱度来抑制由于温度升高对钢液回磷的影响。

3.5.3.2 炉渣氧化性对钢液回磷的影响

渣中FeO对钢液回磷起双重作用：一方面是作为磷的氧化剂起氧化磷的作用；另一方面充当把（P_2O_5）结合成（$3FeO \cdot P_2O_5$），起固定磷的作用。所以，渣中FeO是抑制回磷的必要条件。（FeO）与碱度对钢液回磷有综合影响：（FeO）有促进石灰熔化的作用，当（FeO）含量很低时，石灰不能很好地熔化，有可能造成钢液回磷；（FeO）含量过高，将稀释渣中CaO的脱磷作用，也有可能造成钢液回磷。

此外，终渣中MnO和 Al_2O_3 含量对钢液回磷也有影响。从脱磷的热力学分析中可知，增加渣中MnO含量，可降低渣中 P_2O_5 的活度系数，有利于抑制回磷。随终渣中 Al_2O_3 含量的增加，终渣的脱磷能力不断下降，有可能造成回磷。

精炼过程中钢中的氧含量急剧下降，炉渣中FeO含量降至1%以下。在强还原气氛下，下渣中的磷几乎全部被还原进入钢液，引起回磷。入LF炉溶解氧含量越高，回磷量也越大。钢液氧化性降低是引发LF炉内钢水回磷的根本原因。

采用固定组成的CaO基熔剂，对不同氧势的钢液进行脱磷、回磷转变处理，回归分析得到氧活度 $a_{[O]}$ 对脱磷率的影响关系式（3-36）[23]：

$$\eta_P = -21.44 + 0.29 \times 10^6 a_{[O]} \tag{3-36}$$

当 $\eta_P = 0$ 时，处于临界状态；$\eta_P > 0$ 时，钢液脱磷；$\eta_P < 0$ 时，钢液回磷。

在一定渣系条件下，入LF时钢液中溶解氧含量与回磷量的关系如图3-45所示。

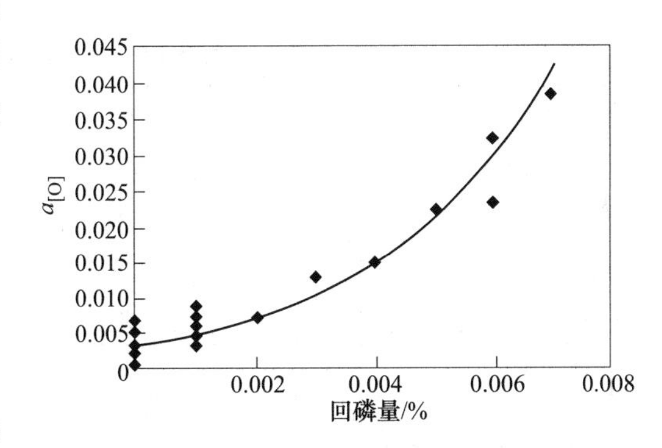

图3-45 钢液中溶解氧含量与回磷量的关系

入 LF 溶解氧含量越高，回磷量越大。这是因为 LF 精炼过程脱氧，钢液中溶解氧含量不断降低，为磷的还原创造了条件。

3.5.3.3 炉渣碱度对钢液回磷的影响

熔池温度和炉渣氧化性不变的情况下，炉渣碱度降低时，与之平衡的钢液磷含量增大，钢液将发生回磷。炉渣氧化性越小，炉渣碱度对平衡磷含量的影响越显著。LF 精炼时可以通过提高炉渣碱度来降低钢液的回磷量[24]。提高碱度虽不能完全防止钢液回磷，但有利于抑制钢液回磷，降低回磷量。

向精炼渣中分别加入 Li_2O、BaO、Na_2O、K_2O 替代等量的 CaO，对抑制精炼过程中的回磷有积极作用[25]。

3.5.3.4 合金加入对钢液回磷的影响

精炼过程中加入合金调整钢液成分，会造成钢液回磷，可用 $\Delta[\%P]_{合金}$表示，有[26]：

$$\Delta[\%P]_{合金} = (合金加入量 \times 合金磷含量)/ 钢液量 \tag{3-37}$$

不同合金及加入量对钢液增磷的影响，如图 3-46 所示。由图 3-46 可知，钢液增磷量与加入合金的种类、磷含量和加入量有关，且与合金磷含量及加入量成正比，常用合金中的磷含量如表 3-13 所示。LF 精炼过程中选择磷含量低的合金，对于减少回磷也是有利的。

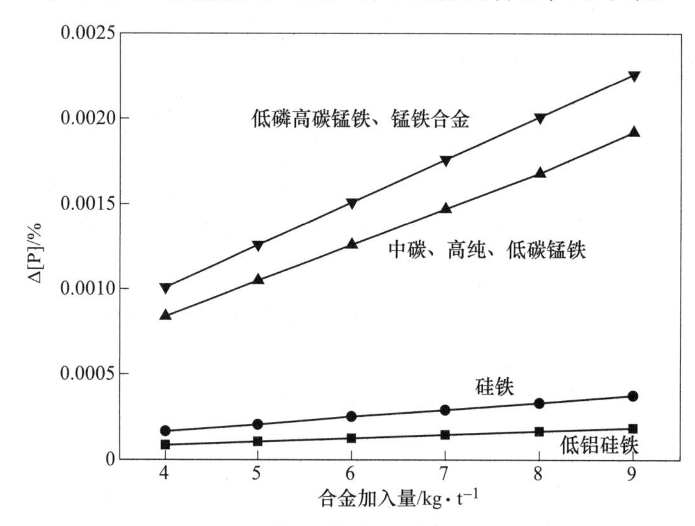

图 3-46 不同铁合金及不同加入量对钢水回磷的影响

表 3-13 常见硅锰铁合金的成分

铁合金种类	C/%	Si/%	Mn/%	P/%	S/%
低磷高碳锰铁	≤7.0	≤1.5	65.0~70.0	≤0.25	≤0.03
中碳锰铁	≤2.0	≤1.5	75.0~82.0	≤0.20	≤0.03
锰硅合金	<1.8	17.0~20.0	65.0~72.0	≤0.25	≤0.04
硅铁	≤0.2	72.0~80.0	≤0.5	≤0.04	≤0.02
高纯锰铁	—	—	≥70.0	≤0.20	≤0.03
低碳锰铁	≤0.7	≤1.0	80.0~81.0	≤0.20	≤0.02
低铝硅铁	—	76.0~80.0	≤0.5	≤0.02	≤0.01

3.5.3.5 底吹氩对钢液回磷的影响

精炼吹氩，压力过高，会造成钢液钢渣翻腾、卷渣，形成“渣洗”现象，会加快回磷反应的进行，增加钢液回磷量。

LF精炼后，渣中的磷几乎全部进入钢液中。精炼前后渣中 P_2O_5 含量的变化如表3-14所示。LF精炼前后渣中 P_2O_5 含量平均降低80.6%，最大降低90.3%，最小降低75.0%。

表3-14 LF精炼前后渣成分的变化 (%)

炉号	TFe	FeO	SiO_2	CaO	MgO	Al_2O_3	TiO_2	MnO	P_2O_5	S	CaF_2
5101204 精炼前	1.80	2.32	15.93	48.91	5.64	23.33	0.55	2.33	0.089	0.165	0.881
5101204 精炼后	0.69	0.89	16.80	57.06	5.31	23.82	0.46	0.48	0.021	0.358	—
5101205 精炼前	1.73	2.22	15.02	48.76	4.53	28.76	0.59	1.92	0.1	0.142	—
5101205 精炼后	0.85	1.1	16.61	60.15	4.55	22.27	0.42	0.32	0.013	0.248	0.010
5101206 精炼前	2.58	3.32	15.82	46.88	4.96	27.16	0.58	3.49	0.135	0.046	—
5101206 精炼后	0.61	0.79	16.14	63.32	4.04	21.39	0.37	0.27	0.013	0.033	0.057
5101207 精炼前	1.09	1.4	16.12	49.53	4.97	30.22	0.67	1.63	0.064	0.107	—
5101207 精炼后	1.01	1.3	17.64	61.64	4.21	20.25	0.4	0.41	0.016	0.026	0.240
5101208 精炼前	2.01	2.58	15.45	44.99	5.19	29.76	0.73	4.08	0.15	0.030	—
5101208 精炼后	1.13	1.45	16.25	55.07	5.06	23.99	0.49	0.93	0.04	0.211	—
5101209 精炼前	1.35	1.74	16.30	46.56	5.03	32.02	0.63	1.99	0.064	0.073	—
5101209 精炼后	0.75	0.97	16.64	57.42	4.05	23.64	0.39	0.27	0.014	0.306	0.230

为了保证成品钢中磷含量，必须考虑LF精炼过程的钢液回磷量，减少下渣量是控制钢中磷含量最有效的办法。

3.6 LF精炼过程钢液成分及气体含量控制

3.6.1 合金加入钢液后的熔化溶解行为

由于每种合金自身的物理化学性质不同，熔化和溶解过程的差别也较大。熔化的发生是由于热量的供给，而溶解是由于固体铁合金在低于熔点时与液体钢水接触而发生的。

S. A. Argyropoulos[27]研究了合金溶解过程的放热现象。

对于微观放热，当粉状合金压块加入到钢液后，发生以下反应：

$$x\mathrm{Fe} + y\mathrm{Me} = \mathrm{Fe}_x\mathrm{Me}_y \tag{3-38}$$

中间相 Fe_xMe_y 常常放出一定的热量，当热量足够大时，Fe_xMe_y 可熔化，粉状合金压块就可在炼钢温度下熔化。如图 3-47 所示，放入的粉状合金压块很快被钢壳包围（A），由于合金压块低的热传导率，钢壳持续时间很短，但在钢壳界面发生反应（B），此反应进行得很快，一直深入到合金压块内部，达到完全的熔化。

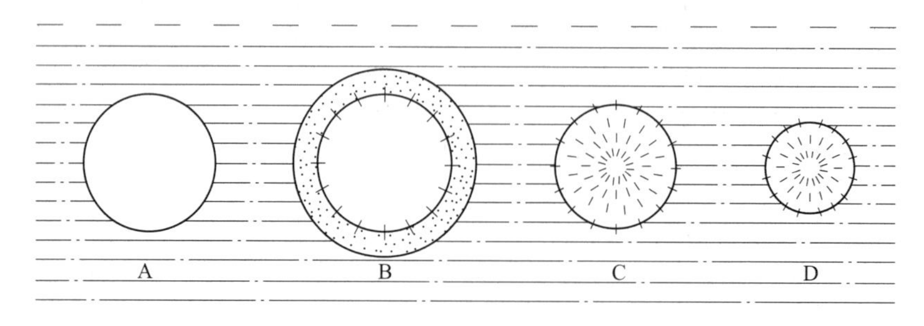

图 3-47　粉状压块在钢中微观放热示意图

对于宏观放热，当大块铁合金加入到钢液后，发生以下反应：

$$\mathrm{Fe} + \mathrm{Fe}_x\mathrm{Me}_y = \mathrm{Fe}_{x+1}\mathrm{Me}_y \tag{3-39}$$

如图 3-48 所示，在钢壳铁合金界面（B）发生反应，反应缩短了钢壳的熔化时间，当钢壳熔化后，合金自我加速溶解（C，D），在它溶于钢水以前，加速的程度取决于不同合金的比热。

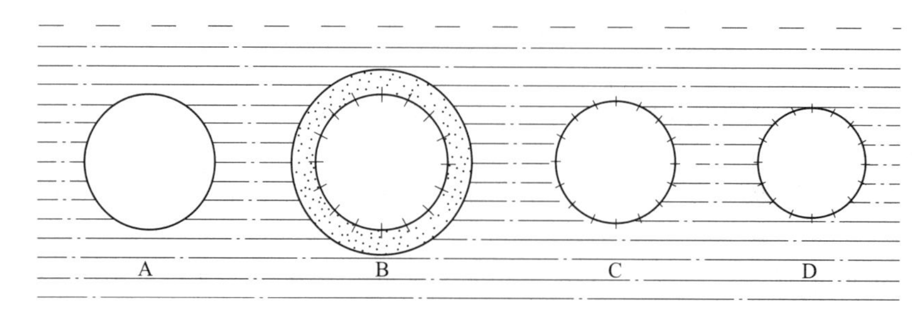

图 3-48　铁合金在钢液中宏观放热示意图

就 FeSi 而言，由于硅在铁水中溶解要放热，FeSi 中硅含量越高，因此合金表面形成钢壳的熔化速度越快。合金表面越粗糙，越有利于合金表面钢壳的熔化。钢液温度在 FeSi 溶解和熔化过程起关键作用，Fe-75%Si 合金能够在钢壳上产生 477.2kW/m^2 的热流，这些热量促进 FeSi 的熔化[27]。

就 FeMn 而言，其熔化所需的热量完全依赖于外界环境，因此 FeMn 的熔化和溶解决定于钢水的过热度，自身粒度和环境的传热状况，其溶解相对慢得多，但由于 FeMn 与钢水的密度很接近，容易和钢液一起运动，在其外围钢壳熔化之前，就被带到钢液的较深部位，钢壳一旦熔化，FeMn 就会在钢水内部发生熔化和溶解。

铝溶解过程比较复杂，固态铝加到钢液表面，铝块附近温度急剧下降，然后回升到高于钢水温度，再缓慢恢复到平衡值[28]。熔池温度高于铝熔点时，铝的溶解由传热系数决定，铝的熔化显著地依赖熔池温度[29]。

对重合金如 FeMo、FeNi 加入后很快到达钢包底，在钢包底流动相对平稳，需更长的时间熔化和溶解[30]。

S. A. Argyropoulse[27]指出溶解可分为两个连续的阶段，第一阶段是在合金表面形成液相钢壳，第二阶段是溶解的原子从界面通过边界层转移到钢液。由此钢中的熔化溶解分为五类：

（1）合金加入钢液后，合金表面形成凝固壳，开始不断增厚，同时内部合金熔化，钢壳一旦熔化，合金便以液态形式被钢液吸收。

（2）合金加入钢液后，合金表面形成凝固壳，凝壳熔化后，由于钢壳与合金温度非常接近，合金也随之熔化。

（3）合金加入钢液，一次钢壳形成、熔化以后，在未熔的合金周围又形成了二次钢壳，循环数次直到合金完全溶解为止。

（4）合金加入钢液后，钢壳与合金之间发生了反应，加速了合金的熔化、溶解，加速的程度取决于合金溶于钢液的放热量。

（5）合金加入钢液后，在合金周围先形成钢壳，钢壳熔化后，合金才进行熔化与溶解，熔化决定了其溶解速度。这种情况是在合金熔点比钢液熔点高的条件下发生。

3.6.2 LF 精炼过程钢液成分的控制

3.6.2.1 实现钢液窄成分控制的条件

LF 的重要作用在于它能对钢液进行合金化或者说成分的调整，确保钢包到达连铸台时具有合格的钢液成分。LF 调整钢液成分，一般是在脱氧良好的情况下进行，加入的合金与钢液中的氧几乎没有反应。钢液的合金化是一个比较复杂的过程，它不仅关系到钢的质量、合金料的消耗，而且关系到加热钢液的温度制度，较为精确地确定合金的加入种类及加入量，是获得高质量钢、达到节能降耗目的的重要措施。

在 LF 实现钢液成分的精确控制，必须：

（1）钢液脱氧良好（溶解氧最低）；

（2）白渣精炼（渣中不稳定氧化物最低）；

（3）前一次取样具有代表性（钢液成分的稳定性）；

（4）准确的钢液重量（考虑加入合金对钢液量的影响）；

（5）准确的合金成分（注意磷含量）；

（6）在线快速分析设施（要求分析响应时间小于 3min）。

3.6.2.2 成分微调合金补加量的确定

为确保成分微调的精确性，在计算各种合金料用量时，必须考虑加入的所有合金对钢液量的影响，因为增加的那部分钢液也同样需要达到成分的要求，其计算公式为：

$$G_i = \frac{P(a_i - b_i)}{f_i c_i} + M_i Q \tag{3-40}$$

式中　G_i——某种合金用量，kg；

P——钢液重量，kg；

a_i——某种元素的目标含量,%；

b_i——某种元素在钢液中的含量,%；

c_i——某种元素在合金料中的含量,%；

f_i——某种元素的收得率,%；

M_iQ——某种铁合金的补加量，kg。

某种铁合金的补加系数据：

$$M_i = \frac{a_i/(f_ic_i)}{1 - \sum_{i=1}^{n}[a_i/(f_ic_i)]} \tag{3-41}$$

式中　　$a_i/(f_ic_i)$——某种合金在钢液中所占的比分,%；

$1 - \sum_{i=1}^{n}[a_i/(f_ic_i)]$——不含合金的纯钢液所占的比分,%。

各种铁合金的初步总用量（kg）：

$$Q = \sum_{i=1}^{n} P \frac{a_i - b_i}{f_ic_i} \tag{3-42}$$

应用上式计算时，首先要判断加入合金种类，在判断加入合金种类时坚持以下原则：

（1）生产现场现有合金。

（2）在保证其他成分不超标的前提下，加入合金价格要低。

（3）加入合金后，炉内钢水中磷不超标；若磷出格，重新判断加入磷含量低的高价合金。

（4）钢液硅、锰都不合格时，而又要用 Si-Mn 合金微调时，先保证锰控制成分。

核算钢水重量及成分时除考虑合金中主元素对钢液成分的作用外，还要考虑合金中其他元素对钢液成分的影响，特别是合金中的有害元素；若钢液中某元素已在标钢成分限内，又要提高其含量，避免其在后续的冶炼中烧损，可改变标钢成分下限达到目的。标钢成分以数据库形式保存，随时调用；合金成分也以数据库形式保存，以便通过修改数据库中的相关数据，保证不同时期合金成分与计算所调取的合金成分一致。

3.6.3 LF 精炼过程钢液氮含量控制

炼钢过程脱氮困难的原因有以下几个方面：

（1）从热力学分析，液态金属液中，氮与多数元素反应生成的氮化物处于溶解状态，无法通过沉淀法去除。

（2）从动力学分析，氮原子的半径比氢大，扩散系数比氢小得多，真空去氮的效果与氢相比要差。

（3）从钢化学成分分析，表面活性物质氧、硫等元素阻碍钢液脱氮。钢液溶解氧含量容易控制，要把硫降低到很低（比如 0.002%以下）不太容易，这样就增加了脱氮的难度。

（4）从生产上来考虑，大气中含有 78%的氮气，钢液只要与大气接触就会增氮。

因此，对于非真空炉外精炼设备，要尽量避免精炼过程增氮。LF 精炼过程，可以保证增氮量小于 0.0005%的较好水平。LF 增氮的主要原因有脱氧良好钢液与大气接触、电弧电离、原材料等，供电制度也会对其产生影响。

3.6.3.1 氧、硫含量对钢液吸氮的影响

氧、硫是表面活性物质，它们在表面富集，占据了一部分可吸附氮的表面位置，阻碍了氮在这些位置上的吸附。随着氧、硫在钢液中浓度增加，占据表面位置的分数增加，吸氮过程相应变慢。从表面位置被封闭的模型出发，吸氮过程的速度常数为：

$$k = k^*(1 - \theta) \tag{3-43}$$

式中 k^*——纯铁液中的速度常数；

θ——被富集的氧、硫占据的表面位置分数。此分数可根据朗格缪尔吸附等温式与氧活度 a_O 或硫活度 a_S 通过下式相联系：

$$1 - \theta_O = \frac{1}{1 + k_O a_O} \tag{3-44}$$

$$1 - \theta_S = \frac{1}{1 + k_S a_S} \tag{3-45}$$

式中 k_O，k_S——分别为氧、硫吸附常数。

1600℃时氧、硫对吸氮速度常数的影响[31]：

$$k_O = 1.7 \times 10^{-5}/(1 + 220[\%O]) \tag{3-46}$$

$$k_S = 1.7 \times 10^{-5}/(1 + 130[\%S]) \tag{3-47}$$

式中 $[\%O]$，$[\%S]$——分别为氧、硫的质量百分浓度。

由式（3-46）及式（3-47）可以看出，钢液中氧含量及硫含量越高，氧、硫的吸氮速度常数越小。

A 钢液温度对钢液吸氮的影响[31]

当钢液温度高于2130℃时，氧对吸氮或脱氮的影响作用消失。这是因为随钢液温度的升高，反应界面被氧原子占据分数减小。当钢液温度大于2130℃后，$\theta=0$，$k_1=k_1^*$，氧的不利影响消失。

当钢液温度高于2630℃时，硫对吸氮或脱氮的影响作用消失。随温度的升高，反应界面被硫原子占据分数减小，即 θ 值减小，硫对脱氮的影响减小；当钢液温度大于2630℃后，$\theta=0$，硫对脱氮的影响消失。

B 钢液吸氮的动力学

当钢液溶解氧含量很低时，其吸氮限制性环节为氮在液相边界层的扩散，为一级反应。吸氮动力学方程为[2]：

$$Y_1 = \ln\frac{[\%N]_0}{[\%N]}\frac{V}{F} = -k_1\tau \tag{3-48}$$

式中 $[\%N]_0$——原始氮的质量百分浓度；

τ——脱氮时间；

V，F——钢液体积和表面积；

k_1——吸氮速度常数。

将 Y_1 与 τ 作图，其斜率即为所求的吸氮速度常数 k_1。

钢液溶解氧含量很高情况下，吸氮过程的控制环节为界面化学反应，因此，可按二级

反应处理，吸氮动力学方程为[2]：

$$Y_2 = \left(\frac{1}{[\%N]} - \frac{1}{[\%N]_0}\right)\frac{V}{F} = -k_c\tau \tag{3-49}$$

式中　k_c——化学反应控制的速度常数。

将 Y_2 与 τ 作图，其斜率即为所求的表观吸氮速度常数 k_c。

3.6.3.2　渣温对钢液氮含量的影响

钢液在熔渣覆盖良好的条件下，保证渣表面温度远低于钢液温度，钢液几乎不吸氮。

LF 精炼过程没有通电的条件下，钢液被渣覆盖，与大气没有接触，钢液吸氮的热力学和动力学条件不足，此时的吸氮是很微弱的，精炼渣能很好防止吸氮；精炼渣与钢液的温度接近，即 LF 加热时，钢液吸氮严重。温度升高，钢液吸氮的速率常数增大，氮在渣中的传质系数增大。应尽可能减少渣的高温时间对于减少钢液吸氮是很有益的。

如果 LF 加热采用大功率供电，短时间内，钢液迅速升温，可减少电弧电离增氮的机会，同时减少了高温渣存在的时间，有利于防止氮通过渣进入钢液。所以供电时间越短越有利于防止钢液增氮。

3.6.3.3　合金加入及增碳对钢液氮含量的影响

不同合金加入对钢液氮含量的影响如图 3-49 所示。由图 3-49 可知，不同的增碳剂的氮含量相差很大，特别是焦炭、沥青焦含有较高的氮，可能造成钢液增氮。目前所使用的增碳剂包括生铁、SiC、炭粉、焦炭、沥青焦等。某转炉厂生产中使用沥青焦作为增碳剂，沥青焦中氮含量达 1%，在增碳的同时不可避免地大量增氮。因此，要选用低氮、低硫增碳剂，避免钢液增氮。

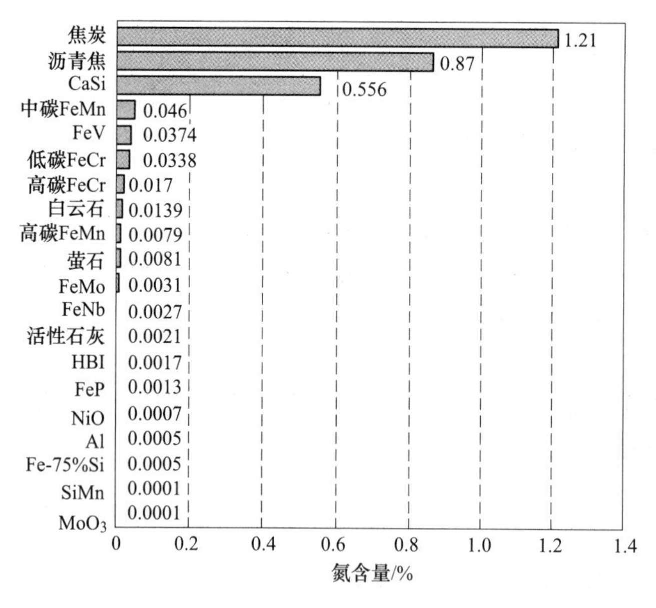

图 3-49　炭粉及各种铁合金中氮含量

喂 Ca-Si 线会造成一定的增氮量，这主要是由于钙气化形成钙气泡将钢液面吹开或吹氩搅拌量大，造成裸露的钢液从空气中吸氮造成的。如果喂钙线速度合适，钙在钢液较深处成为钙气泡上升，上升至钢液表面，不会将钢液面吹开，造成钢液面裸露，就有可能避免钢液吸氮。Ca-Si 线中的氮也会影响钢液最终的氮含量。除了焦炭以外，就是 Ca-Si 线中含有较多的氮，所以应选择氮含量低的 Ca-Si 线。如果选用纯钙线，就可避免线本身引起的钢液增氮。

3.6.3.4 精炼钢种对钢液氮含量的影响

钢液中氮的活度系数 f_N 为：

$$\lg f_N = \sum_{j=1}^{n} e_N^j [\%j] \tag{3-50}$$

式中 [%j]——某种元素，如 N、C、Cr 等；

e_N^j——j 元素对氮的相互作用系数。

Cr、Mo、Mn、Ti、V 和 W 等对氮的作用系数为负值，其含量增加，将降低钢中氮的活度系数，可提高氮在钢中的溶解度；而 B、C、Ni、P、S、Si 等元素则相反。

某厂转炉生产 Q235 和 H08A 时，不用强脱氧剂脱氧，钢液中的溶解氧及硫含量较高，但由于 Q235 碳含量高于 H08A，所以氮在 Q235 钢中的溶解度低，中间包氮含量比 H08A 少。Q235 最终氮含量在 0.0025%以下，平均 0.00196%；而 H08A 在 0.0029%以下，平均 0.00243%。

3.6.3.5 精炼过程吹氩搅拌对钢液氮含量的影响

精炼过程针对不同的精炼需求，控制吹氩搅拌功率：加热时搅拌功率为 100W/t；脱硫及渣钢反应搅拌功率为 150W/t；去除夹杂物弱搅拌功率为 30~50W/t。精炼开始至出 LF 钢液中氮含量只增加 0.0002%~0.0003%，如图 3-50 所示。

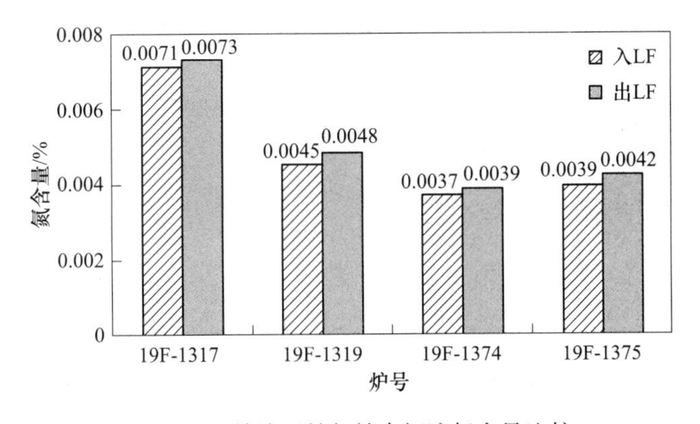

图 3-50 精炼开始与结束钢液氮含量比较

3.7 LF 精炼过程钢液温度控制

LF 精炼过程钢液温度变化与钢包热状态、渣层厚度、钢包容量和供电制度等有关。

3.7.1 钢包热状态对钢液温度的影响

3.7.1.1 包壁传热方程的建立

钢包内钢液传热分析如图 3-51 所示，包壁传热控制体的划分如图 3-52 所示。

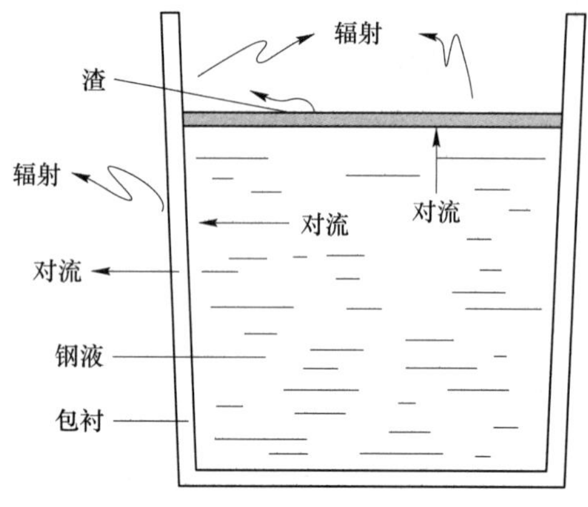

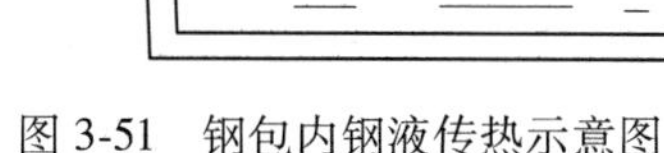
图 3-51　钢包内钢液传热示意图

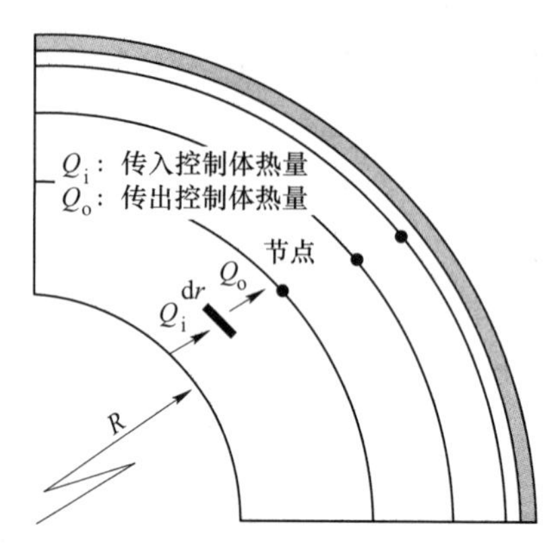

图 3-52　包壁控制体划分示意图

对包衬内传热采用柱坐标计算：

$$\rho C \frac{\partial T}{\partial \tau} = \lambda\left(\frac{\partial^2 T}{\partial R^2} + \frac{1}{R}\frac{\partial T}{\partial R}\right) \tag{3-51}$$

用差商代替微商，并整理可得：

$$T_i^{k+1} = \beta(1 - R')T_{i-1}^k + (1 - 2\beta)T_i^k + \beta(1 + R')T_{i+1}^k \tag{3-52}$$

其中：

$$\beta = \frac{\lambda \Delta\tau}{\rho C \Delta r^2} \tag{3-53}$$

$$R' = \frac{\Delta r}{2(R + \Delta r)} \tag{3-54}$$

式中　λ——耐火材料的导热系数，J/(m · s · ℃)；

ρ——耐火材料密度，kg/m^3；

C——耐火材料热容，J/(kg · ℃)；

Δr——空间步长，m；

$\Delta\tau$——时间步长，s；

R——钢包内径，m。

计算不同耐火材料之间的传热时，为保证计算精度，要把控制体边界设在不同耐火材料交界面处。

根据热平衡原理：

进入控制体的热量-离开控制体的热量=控制体内热量的增加

进入控制体热量：

$$\lambda_a \frac{T_{i-1}^k - T_i^k}{\Delta r} 2\pi\left(R_i - \frac{\Delta r}{2}\right)\Delta\tau \tag{3-55}$$

离开控制体热量：

$$\lambda_a \frac{T_i^k - T_{i+1}^k}{\Delta r} 2\pi\left(R_i + \frac{\Delta r}{2}\right)\Delta\tau \tag{3-56}$$

控制体内热量的增加：

$$\frac{T_i^{k+1}-T_i^k}{\Delta r}\left\{\pi\rho_a C_a\left[R_i^2-\left(R_i-\frac{\Delta r}{2}\right)^2\right]+\pi\rho_b C_b\left[\left(R_i+\frac{\Delta r}{2}\right)^2-R_i^2\right]\right\} \tag{3-57}$$

代入平衡式可得：

$$T_i^{k+1}=T_i^k+\frac{2\Delta\tau\left[\lambda_a(T_{i-1}^k-T_i^k)\left(R_i-\frac{\Delta r}{2}\right)-\lambda_b(T_i^k-T_{i+1}^k)\left(R_i+\frac{\Delta r}{2}\right)\right]}{\Delta r^2\left[\rho_a C_a\left(R_i-\frac{\Delta r}{4}\right)+\rho_b C_b\left(R_i+\frac{\Delta r}{4}\right)\right]} \tag{3-58}$$

式中　$R_i=R+i\Delta r$；

ρ_a，ρ_b，C_a，C_b，λ_a，λ_b——分别为两种不同耐火材料的密度、热容及导热系数。

边界条件：

$$R_i=R \qquad \lambda\frac{\partial T}{\partial R}=\frac{V_s\rho_s C_s}{A_r}\frac{\partial T}{\partial\tau} \tag{3-59}$$

$$R_i=R+S \qquad \lambda\frac{\partial T}{\partial R}=-\alpha(T-T_a) \tag{3-60}$$

式中　V_s——钢液体积，m^3；

A_r——与钢液接触面积，m^2；

S——包壁厚度，m；

α——对流系数，$J/(m^2\cdot s\cdot ℃)$。

3.7.1.2　包底传热方程的建立

由于钢包内径远大于钢包底耐火材料厚度，可认为包底仅径向传热。

同种耐火材料内部节点用下式差分计算：

$$\frac{\partial T}{\partial\tau}=\frac{\lambda}{\rho C}\frac{\partial^2 T}{\partial y^2} \qquad 0\leqslant x\leqslant l \tag{3-61}$$

其差分式为：

$$T_i^{k+1}=FT_{i-1}^k+(1-2F)T_i^k+FT_{i+1}^k \tag{3-62}$$

式中

$$F=\frac{\lambda\Delta\tau}{\rho C(\Delta y)^2} \tag{3-63}$$

在计算包底不同耐火材料之间的传热时，采用与包壁计算同样的方法。其差分方程为：

$$T_i^{k+1}=\frac{\lambda_a T_{i-1}^k+(\Phi-\lambda_a-\lambda_b)T_i^k+\lambda_b T_{i+1}^k}{\Phi} \tag{3-64}$$

式中

$$\Phi=\frac{\Delta y^2}{2\Delta\tau}(\rho_a C_a+\rho_b C_b) \tag{3-65}$$

边界条件：

$$y=0 \qquad \lambda\frac{\partial T}{\partial y}=\frac{V_s\rho_s C_s}{A_d}\frac{\partial T}{\partial\tau} \tag{3-66}$$

$$y = l \qquad \lambda \frac{\partial T}{\partial y} = -\alpha(T - T_a) \tag{3-67}$$

式中 l——钢包底厚度，m。

3.7.1.3 包衬蓄热及包壳散热计算

在已知包衬及包底的温度条件下，用式（3-68）计算包衬的蓄热，用式（3-69）计算钢壳的散热。

$$Q_{LR} = m_i c_i (T_b - T_e) \tag{3-68}$$

式中 Q_{LR}——单位时间内钢包炉内 i 部分耐火材料的蓄热，J/min；

m_i——钢包炉内 i 部分耐火材料的质量，kg；

c_i——钢包炉内 i 部分耐火材料的单位热容量，J/(kg·℃)；

T_b——钢包炉内 i 部分耐火材料前一时刻的温度，℃；

T_e——钢包炉内 i 部分耐火材料后一时刻的温度，℃。

$$Q_{LT} = \frac{1}{60} \sum A_i q_i \tag{3-69}$$

式中 Q_{LT}——单位时间内炉体表面的热量损失，J/min；

A_i——炉体表面的面积，m^2；

q_i——炉体表面的热流，$J/(m^2 \cdot h)$。

表面热流（包括对流和辐射）q_i 可用下式计算：

$$q_i = 4186.8\left\{4.88\varepsilon\left[\left(\frac{T_S}{100}\right)^4 - \left(\frac{T_0}{100}\right)^4\right] + \alpha_d(T_S - T_0)\right\} \tag{3-70}$$

式中 ε——炉体表面黑度；

T_S——炉体外表面温度，K；

T_0——环境温度，K；

α_d——炉体表面对大气的对流给热系数，$J/(m^2 \cdot h \cdot ℃)$。

α_d 可由下式计算：

$$\alpha_d = 4180k\,(T_s - T_0)^{0.25} \tag{3-71}$$

式中 k——系数，散热面垂直时，$k=2.2$；向下时，$k=1.5$。

钢包热状况不同，包衬的蓄热和钢壳的散热也不同，造成对钢液温降的影响不同。在应用以上各式建立方程计算时，有以下假设条件：

（1）钢液进入钢包后，钢液温度均匀，即为出钢温度减去钢流散热和合金加入引起的钢液温降；

（2）忽略包衬中不同耐火材料之间的接触热阻；

（3）由于吹氩搅拌，认为钢液内温度均匀。

3.7.1.4 不同钢包预热温度对钢液温度的影响

以60t钢包为例，研究不同预热温度对钢液温度的影响。60t钢包各部分尺寸如图3-53所示。

包衬有关参数的选取如表3-15和表3-16所示。如果包衬材质与实际不符，可根据包衬材质单选取有关参数。

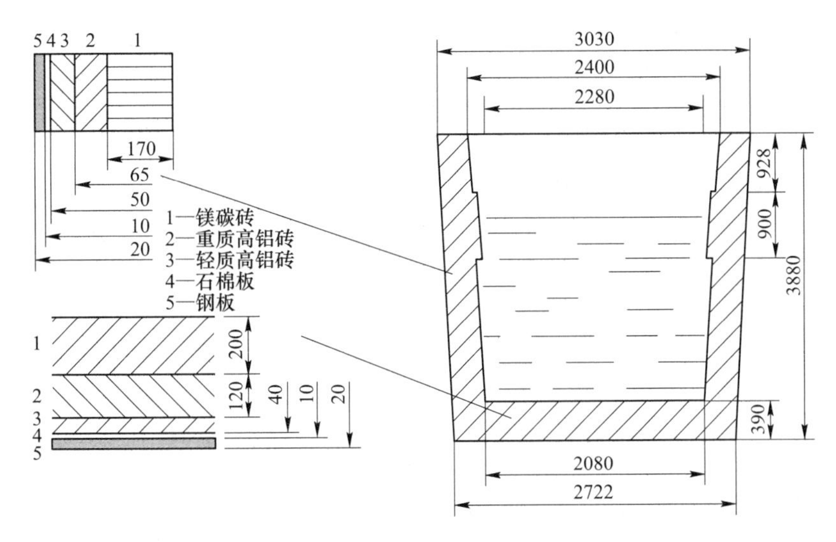

图 3-53 60t 钢包各部分尺寸及使用的耐火材料

表 3-15 镁碳砖的物性参数

项目		热传导系数/J·(m·s·℃)$^{-1}$				
温度/℃	400	13.7	14.4	15.5	13.7	15.5
	600	11.9	12.5	13.7	11.9	13.7
	800	11.0	11.6	11.9	11.0	12.5
	1000	10.6	11	11.8	10.6	11.8
MgO/%		85	81	75	79	73
密度/kg·m^{-3}		2.95	2.9	2.85	2.95	2.9

表 3-16 包衬及包底耐火材料的物性参数

耐火材料种类	密度/kg·m^{-3}	热传导系数/J·(m·s·℃)$^{-1}$	热容/J·(kg·℃)$^{-1}$
重质高铝砖	2500	$1.52-0.186\times10^{-3}t$	$836+0.234\times10^{-3}t$
轻质高铝砖	2190	$1.52-0.186\times10^{-3}t$	$836+0.234\times10^{-3}t$
石棉板	1150	0.157	815
钢板	7700	43.2	470

计算了出钢温度为 1640℃，钢包内壁不同温度对钢液温降的影响，其结果如图 3-54 所示。

由图可见：

(1) 包壁预热温度越高，钢液的温降越小。预热温度为 500℃与预热温度为 900℃的钢包，钢液温降相差约 50℃，所以相对“热包”而言，“冷包”要提高出钢温度。

(2) 前 20min 内钢液温度几乎呈直线下降。这是因为钢液刚入包时，包壁的蓄热量极大，损失于包衬的热量较多，钢液温度下降较快；随着时间的推移，钢包衬内蓄热量加大，温降变缓，35min 后包壁蓄热基本达饱和，而通过包壁散热量又较少，钢液温度下降较小。与文献报道的基本相同。

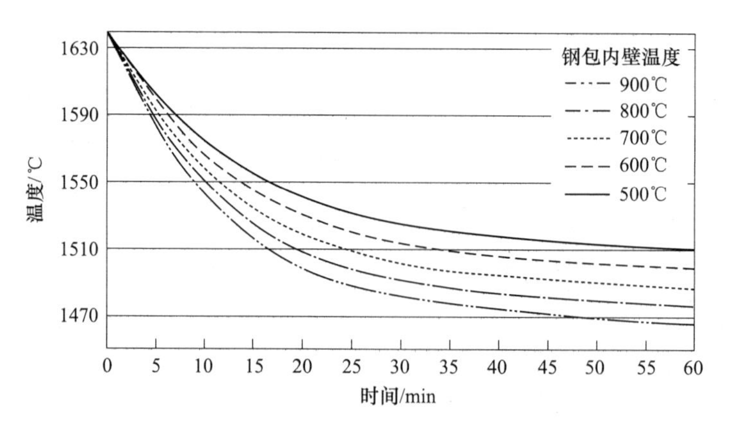

图 3-54 钢包预热温度对钢液温降的影响

加热过程中，钢液的升温速度不是恒定的，开始时由于钢包炉衬蓄热量没有达到平衡，损失于包衬的热量多，钢液升温速度比较低，甚至有降温的现象。为提高加热前期的升温速度，应该加强钢包炉的烘烤，提高烘烤温度。

3.7.2 渣层厚度对钢液温度的影响

3.7.2.1 渣散热数学模型

渣内部温度的变化可认为是传导传热的结果，且钢包内径远大于渣层厚度，可完全忽略径向传热，所以渣内部传热可看作是一维非稳态传热。渣表面热损失由对流和辐射组成，其模型示意图如图 3-55 所示，传热方程为：

$$k_s\left(\frac{\partial^2 T_s}{\partial y^2}\right)=\rho_s C_{ps}\frac{\partial T_s}{\partial t} \qquad 0\leqslant y\leqslant L_1 \tag{3-72}$$

式中 k_s——渣的热传导系数，J/(s·m·℃)；

y——渣层的厚度，m；

ρ_s——渣的密度，kg/m³；

C_{ps}——渣的热容，J/(kg·℃)；

T_s——渣温，℃；

t——时间，s。

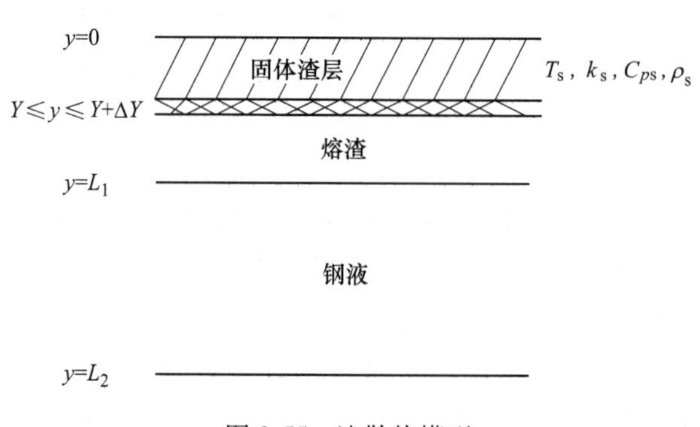

图 3-55 渣散热模型

初始条件：

$$\begin{cases} T_s = T_i, & t = 0 \\ T_m = T_i, & t = 0 \end{cases} \tag{3-73}$$

边界条件：

$$y = L_1 \qquad T_s = T_m \tag{3-74}$$

$$y = 0 \qquad \frac{\partial T_s}{\partial y} = h_s(T_i - T_a) + \sigma\varepsilon[(T_i + 273)^4 - (T_a + 273)^4] \tag{3-75}$$

式中 T_m——钢液温度,℃；

h_s——渣表面对流系数，J/(m^2·s·℃)，取15.57J/(m^2·s·℃)[2]；

T_i——i时刻渣表面温度,℃；

T_a——大气温度,℃，取25℃；

σ——斯蒂芬-玻耳兹曼常数，J/(m^2·s·K^4)，取5.67×10^{-8}J/(m^2·s·K^4)；

ε——渣表面黑度，取0.6。

渣表面散热计算式：

$$Q_{LW} = F\{h_s(T_i - T_a) + \sigma\varepsilon[(T_i + 273)^4 - (T_a + 273)^4]\} \tag{3-76}$$

式中 Q_{LW}——单位时间渣表面的散热量，J/min；

F——有效辐射面积，m^2。

（1）渣密度的变化。渣温度和成分不同，渣密度也不同，其计算式为[2]：

$$\rho_s = 1000\left(\rho_{1400} + 0.07 \times \frac{1400 - T_i}{1400}\right) \tag{3-77}$$

式中 ρ_s——某时刻渣的密度，kg/m^3；

ρ_{1400}——在1400℃时渣的密度，kg/m^3；

T_i——某时刻的渣温度,℃。

$$\rho_{1400}^{-1} = 0.45(SiO_2) + 0.286(CaO) + 0.204(FeO) + 0.35(Fe_2O_3) + 0.237(MnO) + 0.367(MgO) + 0.48(Al_2O_3) + 0.48(P_2O_5) \tag{3-78}$$

式中,(CaO)，(SiO_2)，(FeO)，(Fe_2O_3)，(MnO)，(MgO)，(Al_2O_3)，(P_2O_5)分别为渣中该种氧化物的含量,%。

（2）渣热容的变化。渣凝固时有潜热放出，热容要发生变化，与固态或熔态渣的热容不同。其热容计算式为：

当$T_s \leqslant T_{m_1}$或$T_s \geqslant T_{m_2}$时：

$$C_{ps} = 837.4\text{J/(kg·℃)} \tag{3-79}$$

当$T_{m_1} \leqslant T_s \leqslant T_{m_2}$时：

$$C_{ps} = \frac{\Delta H_s}{T_{m_2} - T_{m_1}}\left\{\cos\left[\frac{2\pi}{T_{m_2} - T_{m_1}}(T_s - T_m) - \pi\right] + 1\right\} + 837.4 \tag{3-80}$$

式中 ΔH_s——渣的焓，J/kg，取453570J/kg；

T_{m_1}——渣熔化区的下限温度,℃，取1400℃；

T_{m_2}——渣熔化区的上限温度,℃，取1500℃。

3.7.2.2　渣表面散热对钢液温度的影响

计算了在不同渣厚条件下的渣表面散热及钢液温降情况，结果如图 3-56 及图 3-57 所示。图中由上至下曲线分别是渣厚 30mm、40mm、50mm、100mm、150mm、200mm 的情况。

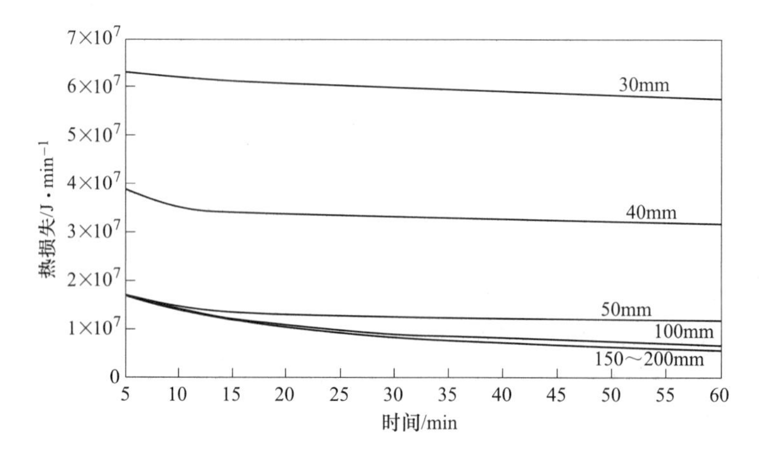

图 3-56　不同渣厚条件下渣表面热损失随时间的变化

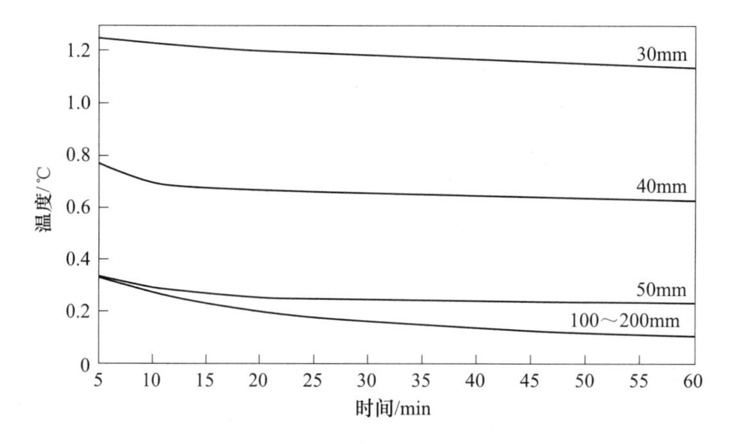

图 3-57　不同渣厚条件下钢液温降随时间的变化

由计算结果可以看出：

（1）渣层越厚，从渣表面损失的热量就越少。

（2）前 20min 内，渣表面单位时间内散热较快，温降较大，20min 后，散热量逐渐减少，最终达一较稳定值，温降值基本保持不变。

（3）渣越薄，表面散热量越大。渣厚小于 50mm 时，渣厚对渣表面散热量影响较大，渣厚大于 50mm，不同渣层厚度对渣表面的热损失基本相同，如图中渣厚为 100mm、150mm、200mm 情况下渣表面散热曲线，其引起的钢液温降也最小，20min 后仅为 0.1℃。所以从减少钢液热损失方面来说，有必要保证大于 50mm 的渣层厚度。若发现渣层较薄时，应加碳化稻壳进行保温。

3.7.3　影响 LF 精炼过程钢液温度的其他因素

影响 LF 精炼过程钢液温度的其他因素包括：钢包底吹氩、加合金及渣料、喂线（铝、钙）、成渣热及渣钢反应热。

钢包底吹氩气，氩气升温造成的钢液温降极小，不是引起钢液温降的真正原因。但是，氩气搅拌消除了钢液温度分层，使高温钢液与包壁接触，钢液与包壁有较大的温差，增加了钢液向包壁的热传导能力，损失于包衬的热量增大，钢液温降明显。另外，吹氩造成的钢液裸露面对钢液温降有较大的影响。

合金及造渣辅料加入到钢液中，对钢液温度影响较小，在合金补加量和加渣料量不大的情况下，可忽略其对钢液温度的影响。

成渣热及渣钢反应热，虽然对钢液温度有影响，与其他因素相比，造成的钢液温降极小，完全可以忽略。

在脱氧良好的情况下，喂铝线产生的热量极低，对钢液温度几乎没有影响。

3.8 LF 精炼的全自动化控制

3.8.1 LF 精炼全自动化控制目的及构成

3.8.1.1 LF 精炼全自动化控制的目的

以满足钢液成分、温度及产品洁净度窄窗口控制的工艺模型为指导，以完善的基础自动化系统及在线监测系统、计算机过程控制系统为基础，以先进的网络通信为纽带，建立 LF 精炼全自动化系统，形成生产高效、低成本、产品质量稳定等协同优化的 LF 精炼全自动化生产模式。LF 精炼全自动化主要体现在以下几方面：

（1）全自动化。依托计算机过程控制系统、基础自动化系统、在线分析与监测系统和生产信息管理系统，形成多位一体化综合控制系统，实现无人干预的全自动化精炼操作。

（2）精准控制。将工艺模型与大数据分析结合，保证工艺模型运行的精准可靠，通过先进的网络通信，促使二级基础自动化系统准确执行工艺模型运行计算的相关结果，避免和减少人对生产过程的干预，实现钢液成分、温度、洁净度的稳定化精准控制。

（3）高效低耗。通过远程监控，依托工艺模型、自动化技术、智能装备、生产信息数据管理，实现高效决策、高效生产、高效操作、高效管理等全局生产效率的提高，提升产品质量，降低合金、电极等材料成本，降低供电等能量消耗。

（4）安全生产。应用钢包包号自动识别、氩气自动对接、测温取样机器人等自动化系统装备，通过现场和远程监控、自动化操作，使工人远离高温危险区域，提升安全水平。

3.8.1.2 LF 精炼全自动化控制系统构成

LF 精炼全自动化控制系统包括基础装备自动化模块、计算机过程控制系统模块、在线分析和监测系统模块以及具有接口的数据传输模块。

A 基础装备自动化模块

基础自动化系统包括钢包车定位系统、底吹氩控制系统、加料（包括渣料和合金）控制系统、喂线控制系统、智能电极调节控制系统。系统协同作用，并通过数据通信，结合二级工艺模型模块、能源消耗与成本模块以及在线分析和监测系统模块，为顺序和闭环控制提供平台，满足自动化精准控制要求。

B 计算机过程控制系统模块

计算机过程控制系统集成物理参数、事件驱动及生产工艺，实现对生产过程的协调、组织、优化。它主要由能量平衡模型和冶金工艺模型系统构成，并经由与生产信息管理系统具有接口的数据传输模块提供信息数据支持。

能量平衡模型包括智能温度预报模型、功率优化设定模型和电极智能调节模型。

冶金工艺模型系统包括出钢脱氧预报模型、渣成分预报模型、吹氩搅拌模型、造渣模型、喂线模型、成分微调模型等。

系统根据生产计划及实时冶炼数据调用不同控制模型，计算出最优化的冶炼过程数据，经与生产信息管理系统具有接口的数据传输模块传递给基础自动化系统进行冶炼，并经由监测系统实时跟踪，实现冶炼过程的动态调节，达到质量成本最优、时间最短的全自动化冶炼的目的。

C 在线分析和监测系统模块

在线分析及监测系统包括钢包液面在线监测系统、冷却水温度和滴漏监测报警系统、氩气流量监测系统、供电曲线监控系统、生产调度远程操作与监控系统等，这些系统实时监测 LF 精炼过程，在远程中央控制室即可实现现场设备运行状态的实时动态显示和动作控制，一旦出现异常即可直接报警。

D 具有接口的数据传输模块

数据传输模块与生产信息管理系统具有数据接口，以实现生产信息的传输。主要包括网络配置系统与网络数据通信系统。

网络配置系统包括外部系统网络、LF 精炼炉二级系统网络、自动控制系统网络。

网络数据通信系统包括与上级计算机系统通信，完成作业计划、工艺参数及生产规程数据的接收和实绩数据的反馈；与同级计算机系统通信，接收化验室分析数据和收发 EAF/BOF、VD/RH/CCM 冶炼数据；时钟同步及网络连接状态在线监视；与智能电极调节器数据通信，接收计算数据和发送设定数据至智能调节器；与基础自动化系统通信，收发本体 PLC 和加料 PLC 数据。

3.8.1.3 LF 精炼全自动化控制系统实现的主要功能

（1）温度在线预报与智能供电。考虑有效的输入能量（包括钢液自身热量、合金化学热、喂线化学热、成渣热、渣钢反应热、电极供热等）和损耗能量（包括加料能耗、废气能耗、冷却水能耗、吹氩搅拌能耗、钢包蓄热能耗等），建立机理模型，或利用机器学习技术建立反映钢液温度与各种非线性、时变因素间对应关系，或利用大数据挖掘的方法，建立钢液温度预报（控制）模型，实现温度实时更新预报。

根据冶炼工艺和生产节奏对钢液温度的要求，进行电极智能调节和合理决策（弧压和弧流），在供电功率满足钢液温度控制要求的情况下，实现电能输入的优化。

（2）考虑成本的钢液成分微调。确定加入合金种类及数量时，应考虑加入的所有合金对钢液量的影响，因为增加的那部分钢液也同样需要达到成分的要求，还应注意磷不超标且追求成本最优。

（3）最佳吹氩搅拌功率的选择。针对均匀钢液成分、温度和有利于脱氧、脱硫、去除非金属夹杂物的不同目的，采用不同的搅拌强度，提高钢液内部的传质、传热能力，促进渣/金之间的反应，加速钢/渣间物质的传递。

（4）精炼渣成分的调整。调整精炼渣成分，改变渣物化性能，满足脱硫、夹杂物去除及塑性化控制的要求。

（5）喂铝（钙）线操作。确定最佳喂速及喂入量。准确控制钢液中铝含量和钙含量，降低夹杂物含量、控制夹杂物的性态。

（6）全自动集成控制。基于不同冶炼目的吹氩搅拌控制，集冶炼过程钢液温度及成分、钢液洁净度、渣成分的预报与控制模型于一体，考虑不同精炼工艺环节的时序性，从转炉出钢开始，在相应时刻调用相应模型执行相应预设操作，无需人工干预。模型的输入参数包括两部分，一部分是分析监测结果，一部分是前序模型的预报结果。一旦模型完成计算预报，计算结果将通过生产信息管理系统自动存储，并通过数据通信传递给基础自动化系统，基础自动化系统执行相应计算结果，执行完毕，进入下一精炼环节。

3.8.2 LF 二级计算机过程控制系统模型

二级计算机控制系统包括精炼模型子系统、钢种和物料等冶金资料库子系统、物料消耗及关键工艺参数查询等报表管理子系统、生产过程实时监控等生产过程管理子系统、数据采集点监控等接口管理子系统。精炼模型子系统主要包括钢液温度预报（控制）模型、喂线工艺模型、钢液成分微调模型、吹氩搅拌模型等。

3.8.2.1 钢液温度预报（控制）模型

S. B. Ahn[32]提出的热平衡式为：

$$Q_{arr} + \Sigma Q_{heat} = Q_{Dep} + \sum Q_{loss} \tag{3-81}$$

式中 Q_{arr}——初始潜热，J；

Q_{heat}——为提高温度供给的热量，J；

Q_{Dep}——末期潜热，J；

Q_{loss}——热损失量，J。

而潜热 Q 由下式计算得出：

$$Q = W_{melt} C_{p.melt} T \tag{3-82}$$

式中 W_{melt}——钢液重量，kg；

$C_{p.melt}$——钢液比热容，J/(kg · ℃)；

T——钢液温度,℃。

热损失包括两部分：

（1）加合金、吹氩等造成的损失；

（2）通过钢包的热损失，包括与包底、包壁的热传导损失和渣表面的辐射损失。

传导和对流热损失 $q(t)$，由包括钢液温度、钢包循环时间及钢包寿命的经验式求出，再转化为温降值。

$$T_{loss}(t) = \frac{q(t)}{C_{p.melt} W_{melt}} \tag{3-83}$$

渣表面辐射热损失 $q_{rd.loss}(t)$：

$$q_{rd.loss}(t) = \sigma FA[T^4(t) - T^4] \tag{3-84}$$

式中　σ——斯蒂芬-玻耳兹曼常数；

F——有效辐射系数；

A——有效辐射面积，m^2；

T——周围环境温度，℃；

$T(t)$——时刻 t 时的辐射温度。

气体带走热量 $q_{loss.gas}(t)$：

$$q_{loss.gas}(t) = Q_{gas}(t) C_{p,gas} \Delta T(t) R_{Rea} \tag{3-85}$$

$$\Delta T = T_{out} - T_{in} \tag{3-86}$$

式中　$Q_{gas}(t)$——单位时间内气体流量，L/s；

$c_{p,gas}$——气体比热容，J/(L·℃)；

T_{out}——废气温度，℃；

T_{in}——进入钢液气体温度，℃；

R_{Rea}——校正系数。

计算时须测废气流量及温度。由此计算的温度命中率为92%。

由 Albert[33] 等开发的钢包炉温度控制模型，以入钢包炉第一次测温开始，从这一温度起，计算处理过程中由于加料、电能输入及能量损失造成的钢液温度变化，并且参考前次所测温度，校正下次计算温度。计算的钢包炉生产过程的温度变化曲线如图 3-58 所示。

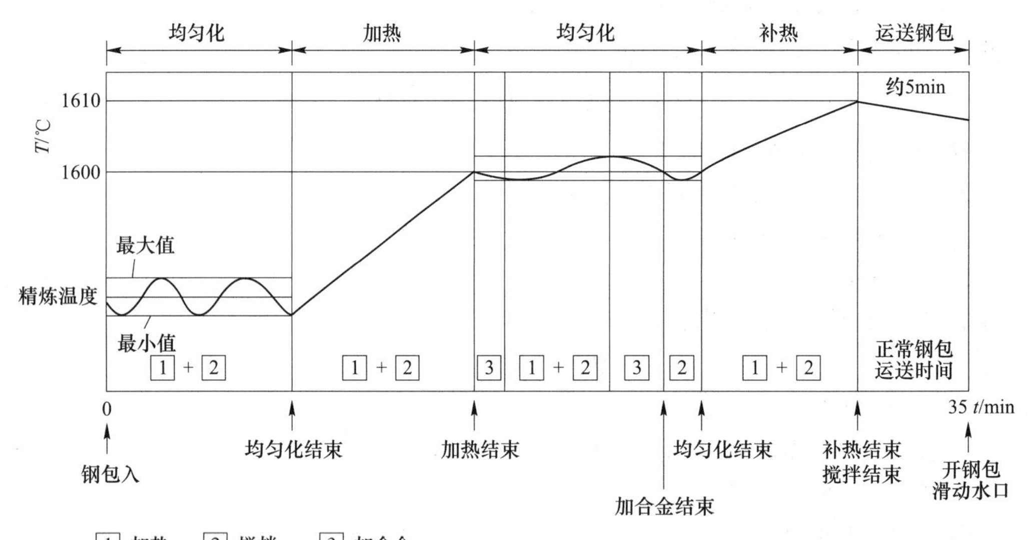

图 3-58　LF 炉工艺过程温度变化图

考虑以下方面建立钢包炉热平衡模型，确定 LFV 炉精炼轴承钢的温度制度[34]：

（1）渣层的散热（按单层平壁传导传热计算）；

（2）钢壳表面散热量（按自然对流计算）；

（3）包衬蓄热（按表面恒定的半无限大平板加热计算）；

（4）氩气造成的热损失；

（5）电极供热。

由此计算的钢包炉钢液温度不稳定，实测值与计算值比较在 2.5~26.6℃范围波动。

三种钢包炉温度控制比较如表 3-17 所示[35]，LF 是三种钢包炉中温度控制精度最低的。我国目前 LF 温度波动范围为±7℃，好的可达±5℃。

表 3-17　三种钢包炉温度控制精度比较

钢包炉	ASEA-SKF	Finkl-Mohr	LF
温度控制精度/℃	±4	±5	±8.5

3.8.2.2　喂线工艺模型

喂铝线工艺模型包括最佳喂线速度及喂入量。

A　最佳喂线速度的确定

喂线速度是喂线工艺中最关键的工艺参数。喂线速度过快，损坏包底或尚未熔化便浮出钢液面；喂线速度过慢，铝线克服不了钢液静压力，会发生线的弯曲，造成喂入深度过浅，线与钢液接触的机会减少或进入渣中，降低铝的收得率。

为求得最佳的喂线速度，必须明确喂入线熔化所要的时间 τ_t，其计算见文献［2］。铝线在钢液中的熔化溶解时间为以下两过程时间之和，即铝线在钢壳内的熔化时间和包围铝线的钢壳熔化时间。钙线熔化时间主要是外包铁皮或无缝管的熔化时间，一般为 1.5~2.0s。

最佳喂入深度是在距包底上方 100~200mm 的位置[36]，铝线在此熔化和反应。为求最佳的喂线速度，必须已知喂入线熔化所要的时间 τ_m。

最佳喂线速度由下式决定：

$$v = \frac{H - 0.15}{\tau_m} \tag{3-87}$$

式中　v——最佳喂线速度，m/s；

H——熔池深度，m，根据钢液量及钢包尺寸计算；

τ_m——铝线的熔化时间。

B　喂入量的确定

对于喂铝线，合理地确定喂铝量对节约用铝、提高钢液质量意义重大。流动性良好的白渣情况下，铝收得率主要与渣中不稳定氧化物含量、钢液中溶解氧含量和钢液温度有关。要通过试验，确定铝收得率（η）与钢液中溶解氧含量及钢液温度的关系。

钢液喂铝量可根据下式确定：

$$L = \left(\frac{Al_{aim} - Al_{as}}{\eta} G \times 10^3 + k\right) / W \tag{3-88}$$

式中　L——喂入钢液中的铝线长度，m；

Al_{aim}——控制的目标残铝量，%；

Al_{as}——分析的钢中残铝量，%；

k——冶炼过程中铝的损失量，kg；

η——铝的收得率，%；

W——铝线的每米重量，kg/m；

G——钢液重量，t。

钙线的喂入量根据钢液重量及温度、钢液中的总氧含量及硫含量确定。

3.8.2.3 钢液成分控制模型

根据式（3-40）~式（3-42）进行计算，程序框图如图3-59所示。

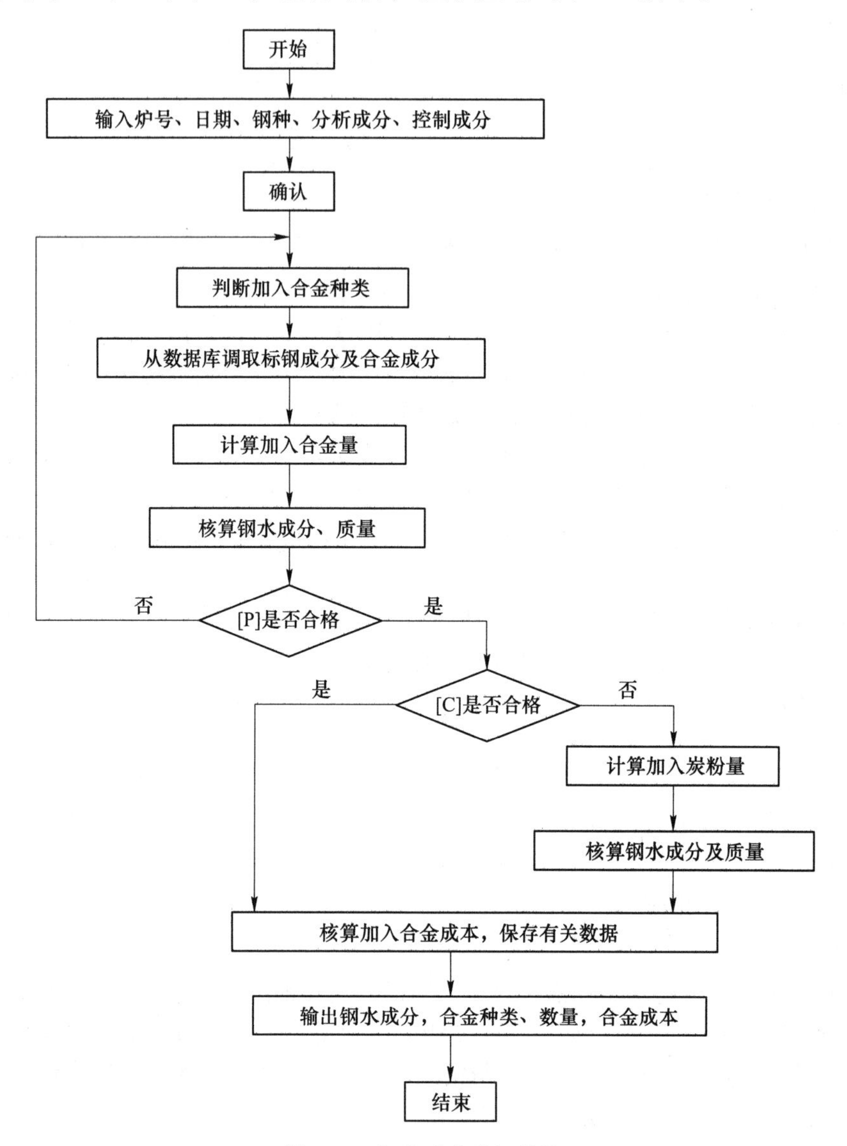

图3-59 钢液成分微调模块

3.8.2.4 渣成分调整与脱硫模型

针对特定钢种，调整精炼渣成分，改变渣物化性能，以满足脱硫、夹杂物去除及塑性化控制的要求。

3.8.2.5 吹氩搅拌模型

吹氩搅拌钢液是LF/VD炉的重要功能。它可促进渣、金之间的反应，加速钢、渣间物质的传递；有利于脱氧、脱硫、去除非金属夹杂物，均匀钢液成分及温度。针对不同的操作目的，应采用不同的搅拌强度。

根据不同的冶金目的，可采用不同的氩气搅拌功率。钢液吹氩搅拌功计算公式：

$$\varepsilon = \frac{6.18Q}{M_l}\left\{\frac{1}{2}T_g\left[3 - 5\left(\frac{p_b}{p_g}\right)^{2/5}\right] + T_l\left(1 + \ln\frac{p_b}{p_t}\right)\right\} \tag{3-89}$$

式中 ε——搅拌功率，W/t；

Q——氩气流量，m^3/min；

T_g，T_l——氩气及钢液温度，K；

M_l——钢液量，t；

p_b，p_g——包底压力及氩气压力，Pa；

p_t——真空度，Pa。

采用人工智能的方法对 LF 过程钢液温度进行预报和控制，也取得了很好的结果。

3.8.3 LF 精炼完全自动化的实现

3.8.3.1 LF 精炼全自动化的实现

LF 精炼全自动化是指钢包到达精炼工位后，自动完成精炼的各种操作（定时、定量）。以提高钢液质量为宗旨，热平衡模型计算钢液温度为基础，影响温度变化的因素为中心连接钢液成分微调模型、喂铝线模型、吹氩搅拌模型、总氧的预报模型、脱硫模型。从工艺模型的角度，在标准化生产操作的基础上，对 LF 生产过程进行优化，建立系统工艺优化模型，实现模型间的最佳配合，达到对 LF 生产的优化控制。图 3-60 为各模型与基础自动化的连接示意图。不同阶段各模型运行的结果通过数据库与基础自动化交换数据

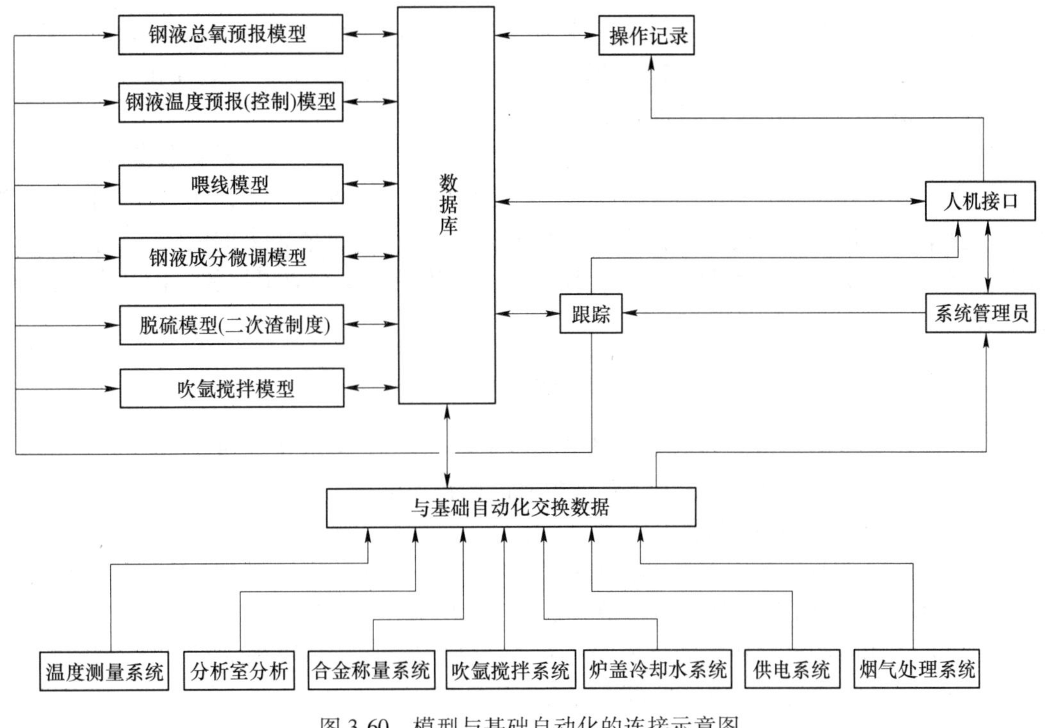

图 3-60 模型与基础自动化的连接示意图

后，执行相应的操作。基础自动化操作结果也通过数据库反馈到各相关模型。模型计算结果与基础自动化的操作结果以及相应的操作都自动保存到操作记录中。在基础自动化出现故障时，也可应用模型对LF生产进行跟踪计算。

3.8.3.2 LF精炼全自动化建设基本要求

（1）工艺模型化。所有操作实现模型化控制，由工艺模型根据采集的数据精确计算相应结果，触发基础自动化系统执行相关的操作。

（2）装备自动化。LF精炼现场宜采用钢包车自动定位装置、钢包包号自动识别装置、氩气自动对接装置、智能测温取样机器人、自动送样装置等自动执行装备，满足适应LF精炼过程的钢包车定位、钢包包号识别、氩气对接、测温取样、送样自动执行。自动执行设备接口支持多种互联协议，利用工业互联网平台实现远程诊断及运维。现场宜通过可视化和远程监控系统对设备运行状态和运行参数进行实时监控、智能诊断和预警，保证设备的稳定顺行。

（3）操作自动化。LF精炼操作，包括氩气流量（压力）调节、电极加热功率调节、喂线（铝、钙）、合金及造渣料加入等，均可实现自动化，从而提高效率，降低工人劳动强度。

（4）控制精准化。LF精炼全自动化采用精准的工艺模型，通过装备自动化和操作自动化水平的提升，提高吹氩、加渣料及合金料、喂线、电极升降、升降温速度等控制精度和稳定化程度，提高产品质量，减少人为粗放操作的差异，保证产品性能一致性。

（5）生产高效化。采用工业互联网、5G通信等创新通信技术将基础自动化系统、过程控制系统、在线分析和监测系统以及转炉或电炉、连铸系统、分析化验系统、制造执行系统互联互通，实现数据高效传输，决策高效发布和执行。

（6）过程可视化。建设一体化远程管控平台，对LF精炼炉生产情况进行远程监控，在三维平台上实时动态显示、控制和预警现场各设备、仪表的运行状态。同时还可以查看历史画面，追溯已完成的生产过程数据。

（7）自动控制安全化。采用氩气自动对接、测温取样机器人等自动化装备取代人工操作，提高工人人身安全水平；建设和采用自动控制系统安全评估模型，实时评估自动控制系统的安全运行状况，预报有可能发生的非正常性信号变化可能带来的故障，保障生产和自动控制系统的安全。LF精炼全自动化控制系统的软硬件安全应根据相关标准进行识别、评估和维护。

本章小结

（1）电炉无渣出钢和转炉少渣出钢技术的发展，为LF精炼技术的发展与完善起到了巨大的推动作用。实现初炼炉无渣出钢或少渣出钢较为困难，普遍采用初炼炉出钢后变渣处理工艺，为LF精炼创造条件。

（2）影响钢中总氧的因素包括溶解氧含量、顶渣成分、吹氩搅拌、残铝量、精炼时间。控制精炼过程的吹氩搅拌，防止钢液卷渣和二次氧化。

（3）不同铝量脱氧与非铝脱氧形成的夹杂物成分及类型不同，通过渣控夹杂物技术实现对夹杂物成分的控制，获得低熔点、变形性能良好的夹杂物。

（4）LF精炼为低硫钢提供了良好的热力学与动力学条件，影响精炼过程硫含量的因素包括入精炼时的硫含量、精炼渣成分、渣量、精炼时间、精炼温度等。

（5）LF 白渣精炼，通过稳定的残铝量实现良好的钢液脱氧，可以实现钢液成分窄范围控制。

（6）钢包热状态是影响钢液温度的主要因素，大于 50mm 顶渣厚度对钢液有良好的保温作用，LF 精炼过程钢液温度控制模型，可以实现钢液温度±7℃的控制。

（7）以满足钢液成分、温度及产品洁净度窄窗口控制的工艺模型为指导，以完善的基础自动化系统及在线监测系统、计算机过程控制系统为基础，以先进的网络通信为纽带，建立 LF 精炼全自动化系统，形成生产高效、低成本、产品质量稳定等协同优化的 LF 精炼全自动化生产模式。

（8）二级计算机控制系统包括精炼模型子系统、钢种和物料等冶金资料库子系统、物料消耗及关键工艺参数查询等报表管理子系统、生产过程实时监控等生产过程管理子系统、数据采集点监控等接口管理子系统。精炼模型子系统主要包括钢液温度预报（控制）模型、喂线工艺模型、钢液成分微调模型、吹氩搅拌模型。

思 考 题

（1）初炼炉下渣对 LF 精炼及产品质量的影响是什么？
（2）LF 主要设备、精炼工艺及主要操作有什么？
（3）简述铝脱氧与非铝脱氧钢液氧含量及夹杂物控制。
（4）说明 LF 精炼卷渣及二次氧化控制技术。
（5）强化 LF 精炼过程脱硫的措施有什么？
（6）影响 LF 精炼过程回磷的因素与回磷控制技术是什么？
（7）简述实现 LF 精炼窄范围成分控制的措施。
（8）简述防止 LF 精炼过程增氮的措施。
（9）说明影响 LF 精炼过程钢液温度的因素与过程温度控制模型。
（10）简述 LF 精炼全自动化控制目的及构成和 LF 二级计算机过程控制系统。
（11）实现 LF 精炼全自动化的条件有什么？

参 考 文 献

[1] 张鉴. 炉外精炼的理论与实践 [M]. 北京：冶金工业出版社，1999.
[2] 李晶. LF 精炼技术 [M]. 北京：冶金工业出版社，2009.
[3] 蒋国昌. 纯净钢及二次精炼 [M]. 上海：上海科学技术出版社，1996.
[4] 胡世平，龚海涛. 短流程炼钢用耐火材料 [M]. 北京：冶金工业出版社，2000.
[5] 陈家祥. 连续铸钢手册 [M]. 北京：冶金工业出版社，1991.
[6] 李晶，傅杰，王平，等. 轴承钢生产过程中的增氧 [J]. 特殊钢，1998 (4)：39-40.
[7] Tiekink W K, Pieters A, Hekkema J. Al_2O_3 in steel: Morphology dependent on treatment [J]. Iron & Steelmaker, 1994, 21 (7): 39-41.
[8] 二村直至，山田忠政. LF、RHにおける脱酸挙动 [J]. 鉄と鋼，1984，70：972.
[9] 何平，胡现槐，梁泽基. 钢包底吹氩一些问题的分析 [J]. 炼钢，1992 (4)：35-41.
[10] 唐萍，周海，李敬想，等. 钢包底吹氩钢液流动行为与夹杂去除率的关系 [J]. 过程工程学报，2015，15 (5)：744-750.

[11] Deters F. The Metallurgy of Steelmaking [M]. Dusseldorf: Verlag Stahleissen GmbH, 1994: 101-102.

[12] 金利玲，王海涛，许中波，等. CaO-SiO_2-Al_2O_3-MnO 系低熔点区域控制 [J]. 北京科技大学学报，2007 (6): 574-577.

[13] 张博，王福明，李长荣. SiO_2-Al_2O_3-CaO-MgO 系夹杂物低熔点区域优化及控制的热力学计算 [J]. 钢铁，2011，46 (1): 39-44.

[14] 张博，王福明，李长荣，等. 不同温度下 60Si2MnA 弹簧钢中低熔点夹杂物生成热力学 [J]. 北京科技大学学报，2011，33 (3): 281-288.

[15] 薛正良，李正邦，张家雯，等. 改善弹簧钢中氧化物夹杂形态的热力学条件 [J]. 钢铁研究学报，2000 (6): 20-24.

[16] Hideaki Suito, Ryo L. Themodynamics on control of inclusion composition in ultra clean steels [J]. ISIJ International, 1996, 36 (5): 528.

[17] 罗锋. 92Si 桥梁缆索用钢中非金属夹杂物全流程演变研究 [D]. 沈阳：东北大学，2020.

[18] 王立峰，张炯明，王新华，等. 低碱度顶渣控制帘线钢中 MnO-Al_2O_3-SiO_2 类夹杂物成分的实验研究 [J]. 北京科技大学学报，2003 (6): 528-531.

[19] 王立峰，张炯明，王新华，等. 低碱度顶渣控制帘线钢中 CaO-SiO_2-Al_2O_3-MgO 类夹杂物成分的实验研究 [J]. 北京科技大学学报，2004 (1): 26-29.

[20] Turkdogan E T. Reaction of liquid steel with slag during furnace tapping [C]. 3rd International Conference on Molten Slags and Fluxes, 1988: 1-9.

[21] Higuch Y, Hanao M. Top and bottom blown converter with wide rang gas flow rate for stirring [J]. ISIJ International, 2007 (7): 125-127.

[22] 杨克枝. 影响精炼过程回磷因素的分析研究 [D]. 北京：北京科技大学，2012.

[23] 郭上型，董元篪，张友平. 钢液氧势对钢液脱磷及回磷转变的影响 [J]. 炼钢，2002 (5): 12-14.

[24] 董元篪，郭上型，王世俊，等. 低磷钢冶炼的理论和工艺问题 [J]. 中国冶金，2004 (9): 23-26.

[25] 李桂荣，王宏明. 添加剂对 CaO 基钢包渣系性能影响的脱磷研究 [J]. 江苏大学学报（自然科学版），2002 (2): 74-77.

[26] 杨义. 炼钢工序钢中磷含量的控制研究 [D]. 北京：北京科技大学，2010.

[27] Argyropoulos A S. The effect of microexothermicity and macroexothermicity on the dissolution of ferroalloys in liquid steel [C]. 42nd Electric Furnace Conference Proceedings, 1984: 133-148.

[28] 草川隆次，塩原融，大堀学. 脱酸剤の静止溶鉄中への溶解と移動現象 [J]. 鉄と鋼，1978，64 (14): 2119-2128.

[29] 松原茂雄. 材料とブロヤヌ [J]. 鉄と鋼，1988 (14): 1126.

[30] Majumder D, Gutlmie R I L. Proceedings of Conference Process Tech. 6, 1986: 1147-1158.

[31] 傅杰. 钢冶金过程动力学 [M]. 北京：冶金工业出版社，2001.

[32] Ahn S B, Park J M, Shin G, et al. The mathematical model for secondary refining process control at Kwangyang Works, POSCO [C]. Steelmaking Conference Proceedings, 1995, 78: 579-587.

[33] Albert F. Systematic ladle furnace automation [J]. Metallurgical Plant and Technology International (Germany), 1994, 17 (3): 74-76.

[34] 万真雅. LFV 炉精炼 GCr15 轴承钢的温度制度 [J]. 华东冶金学院学报，1992 (1): 7-13.

[35] Widdowson R. Ladle composition and temperature control [J]. Ironmaking and Steelmaking, 1981, 8 (5): 194-200.

[36] 李晶，傅杰，王平，等. LF 精炼过程中喂 Al 线速度的计算 [J]. 特殊钢，2001 (2): 17-18.

4 VD 精炼工艺

内容提要

本章介绍了 VD 精炼工艺、设备及精炼效果，基于 VD 脱硫机理和影响 VD 脱硫的因素，提出了 VD 脱硫模型。阐述了 VD 精炼过程气体含量控制技术和锰烧损的原因，在分析影响 VD 精炼过程钢液温度影响因素和控制模型研究现状的基础上，建立了 VD 精炼过程钢液温度控制模型。

4.1 VD 精炼技术概况

4.1.1 VD 精炼工艺

钢包真空脱气法（Vacuum Degassing，简称 VD）是将钢包放置在真空室中并向钢包内钢液吹氩精炼的一种方法。日本又称其为 LVD（Ladle Vacuum Degassing Process）。

VD 精炼工艺流程为：

吊包入罐→启动吹氩→测温取样→盖真空罐盖→开启真空泵→调节真空度和吹氩强度→保持真空→氮气破真空→移走罐盖→测温取样→停吹氩→吊包出站。

VD 真空精炼的主要工艺参数包括真空室真空度、真空泵抽气能力、氩气流量、处理时间等。

通过 VD 精炼，达到以下冶金效果：

（1）脱除钢中的气体。利用真空，降低钢中氮含量及氢含量，如果溶解氧较高，还可以降低钢液中溶解氧。

（2）钢液深脱硫。利用真空过程渣-金的充分混合，大幅度地降低钢液中的硫含量。

（3）降低总氧含量和去除夹杂物。VD 精炼过程中，向钢液内部吹入氩气，在钢包内产生氩气流，在对钢液进行强烈搅拌的同时，钢液表面炉渣也经受强烈搅拌，渣-钢间反应增强，渣-金接触几率极大地增加，钢液中夹杂物易被渣吸收去除。但大量渣滴、渣粒也会由此进入钢液，有时会成为钢中大型夹杂物的来源。所以真空后一般要进行弱吹氩搅拌，为卷入钢液中的渣及随流场带入钢液中的夹杂物提供上浮的动力及时间。

VD 精炼过程要注意两点：

（1）钢液中的锰因真空挥发会有所降低，降低程度取决于真空度和真空精炼时间。

（2）有可能会引起钢液回磷。特别是带氧化渣精炼，钢液增磷较为严重，增加的量取决于渣中 P_2O_5 含量、吹氩量和真空时间。如果 LF 精炼后，在还原渣条件下 VD 精炼，钢液磷含量不增加或增加得很少。

一般 VD 精炼很少单独使用，往往与具有加热功能的 LF 等双联使用，VD 与其他炉外精炼方法组合生产，钢的质量比单独 VD 精炼要好得多。VD 精炼能有效地去除气体和夹杂物，且建设投入和生产成本均远远低于 RH 法及 DH 法，因此，VD 精炼炉具有较明显的优势，广泛应用于钢铁企业进行高品质钢生产。

4.1.2　VD 精炼设备

VD 精炼要求保持良好的真空度且能够在较短的时间内达到要求的真空度，还要实现真空状态下的良好搅拌、测温取样、加入合金料。因此，VD 精炼设备主要包括 VD 本体系统、水冷系统、吹氩搅拌系统、真空系统，如图 4-1 所示。

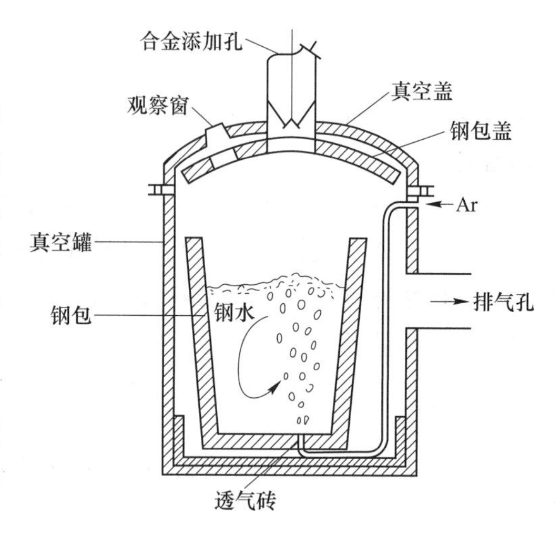

图 4-1　VD 精炼炉设备示意图

4.1.2.1　VD 精炼设备本体系统

VD 本体系统包括真空室、测温取样装置、合金加入装置、真空盖的提升与移动装置。

（1）真空室。真空室用于放置盛有钢液的钢包，并对钢液进行真空处理。真空室由真空盖、钢包盖和真空罐组成。

真空盖是一个用钢板焊接而成的壳形结构，安装的设施有：带有环形室的水冷主法兰、密封保护环、三个供吊车吊运的吊耳、一个或两个窥视孔。窥视孔带有手动中间隔板，以防渣钢喷溅到窥视孔的玻璃上。根据钢包大小设置窥视孔数量。通过窥视孔，可以观察真空室钢包内钢液的翻滚情况。

钢包盖是指将耐火材料砌筑在钢制拱形上，并用三个吊杆吊在真空盖上的装置。

真空罐一般安放在车间地平面。由耐火材料砌筑，即使钢液或炉渣溢出钢包，甚至钢液穿漏，也不会损坏。配有与炉盖匹配的水冷法兰盘以及与密封圈匹配的凹槽、两个支撑钢包用的对中支撑座、一个与抽气管连接的接口、一个氩气快速接头、一个用于漏钢预报的热电偶、一支用于真空室盖与真空罐的真空密封圈。

（2）测温取样装置。真空室盖上安装了真空密封室和取样枪，用于测定钢液温度和取钢样。

（3）合金加入装置。利用合金加入装置可以把合金从大气下加入到真空室中。合金加入装置分上下两个小真空室，加料前先关闭两小真空室的分隔板，然后，下真空室抽真空，直到真空度与真空室相同。将所加合金加入上真空室后，上真空室再抽真空，当两小真空室的真空度相同时，上真空室的合金依靠重力进入下真空室。最后开启下真空室的滑板，将合金料加入钢包中。

（4）真空盖提升与移动机构。真空盖提升与移动机构是一个型钢焊接的框架结构，包括一台提升电机、两条轨道，相关参数根据 VD 设备大小确定。

4.1.2.2　水冷系统

水冷系统包括冷凝器的冷却、水环泵的冷却与下口法兰等的冷却。

（1）冷凝器的冷却。进水温度不超过 32℃，出水温度不超过 42℃，压力 0.2MPa，耗水量 300m³/h。

（2）水环泵的冷却。进水温度不超过 35℃，出水温度不超过 42℃。

（3）真空室的下口法兰、观察孔、合金加料斗、取样器的冷却水压力为 0.35MPa，进水温度不超过 35℃，出水温度不超过 42℃。

4.1.2.3　吹氩搅拌系统

钢包底部有数量不等的透气砖，大于 120t 的钢包，通常使用两个透气砖。真空罐内氩气快速接头与底部透气砖连接。

4.1.2.4　真空系统

真空系统包括蒸汽供应系统、真空度测量装置及真空泵。

（1）蒸汽供应系统。蒸汽压力为 1.4MPa，每小时用量 11.8t，饱和蒸汽过热温度 20℃。

（2）真空度测量。真空度测量由 U 形管真空计和压缩式真空计承担。

（3）真空泵。不同 VD 采用的蒸汽喷射泵有所不同，例如 4 级 Messo 蒸汽喷射泵，三个水环泵作为第 5 级。蒸汽喷射泵工作压力 1MPa，工作蒸汽最高温度为 250℃，过热度 20℃。冷却水进水最高温度 32℃，出水最高温度 42℃。压力波动不超过 10%。

真空处理结束后，为了保证安全，需将真空室破真空。

4.1.3　VD 精炼工艺及其效果

4.1.3.1　真空设备对 VD 精炼效果的影响

真空系统采用高效多重变量真空泵技术和高效冷却除尘等先进技术，有效地提高真空泵的使用寿命，缩短了 VD 精炼周期，取得了良好的冶金效果，提高铸机生产率 17%~33%[1]。

干式机械泵真空系统替代蒸汽喷射真空系统，能够满足 VD 工艺的要求，采用干式机械泵真空系统，不受蒸汽温度、压力影响，设备维护简便，生产组织灵活，冶金效果可接近或优于蒸汽喷射泵真空系统的工艺指标，脱氢率达 90%、[H]$\leqslant 2\times10^{-6}$，工序能耗下降 94.0%以上，节能降本优势明显[2-4]。

4.1.3.2　精炼工艺对 VD 精炼效果的影响

VD 真空精炼，精炼渣量小于 10kg/t，67Pa 高真空保持时间大于 18min，0.16MPa 以上的吹氩压力，脱气后钢中氢含量最低达到 0.5×10^{-6}。GCr15、45、42MnMo7、20 钢的平均脱氮率分别为 24.6%、14.95%、12.15%、9.5%。GCr15 的真空脱硫率平均达 29%，中碳钢的平均真空脱硫率为 38%左右，钢中硫含量可降到 0.010%以下。低碳钢的平均真空脱硫率为 45%左右。

武钢一炼钢 100t 的 VD 精炼，精炼时吹氩强度 225~325L/min，真空度≤67Pa 保持 10~15min 为最佳。VD 精炼完毕时，钢中氮含量由精炼前的 $(4.6\sim7.2)\times10^{-6}$ 降低到 $(0.9\sim2)\times10^{-6}$，脱氮率 63%~82%；钢中氢含量由精炼前的 $(26\sim45)\times10^{-6}$ 降低到 $(18\sim32)\times10^{-6}$，脱氢率 22%~45%；T[O]由处理前的 $(35\sim47)\times10^{-6}$ 降低到 $(12\sim25)\times10^{-6}$；钢中夹杂物数量和大小均显著减小，达到了较好的纯净度[5]。

4.2 VD精炼过程钢液深脱硫

4.2.1 VD脱硫机理

4.2.1.1 挥发脱硫的可能性

钢液中硫气化反应式为：

$$[S] = 1/2S_2(g) \tag{4-1}$$

$$\Delta G^{\ominus} = 135060 - 23.45T \quad \text{J/mol} \tag{4-2}$$

$$\lg K = \lg \frac{p_{S_2}^{1/2}}{a_S} = -\frac{7056}{T} + 1.22 \tag{4-3}$$

式中 p_{S_2}——气相中 S_2 的分压，atm(10^5Pa)；

a_S——金属液中硫的活度。

从热力学上分析，炼钢温度下 $\Delta G^{\ominus}>0$，所以硫不可能在大气压下直接从金属液中挥发。1630K时，与0.05%[S]相平衡的 $p_{S_2}=1.25\times10^{-3}$Pa。当气相中硫的分压力大于平衡分压时，硫就溶解在金属液中。VD真空度最低为13.3Pa，与气相脱硫（硫含量为0.05%）所需的真空度 1.25×10^{-3}Pa相差甚远。一般情况下入VD的硫含量远低于0.05%，与之平衡的 p_{S_2} 更低，所以不能够进行挥发脱硫。

4.2.1.2 VD脱硫机理

真空对促进脱硫有重要作用。渣钢界面脱硫的动力学方程为：

$$-\frac{d[\%S]}{dt} = \frac{\rho_s}{\rho_m}\frac{FD_S^S}{V_m\delta_S}L_S[\%S] = k_m[\%S] \tag{4-4}$$

式中 ρ_s，ρ_m——分别表示渣、钢密度，kg/m^3；

F，V_m——分别表示参加反应的界面积（m^2）和钢液的体积（m^3）；

D_S^S——硫在渣中的扩散系数；

δ_S——扩散边界层厚度，m；

L_S——硫在渣、钢的分配比。

由式（4-4）可得出以下结论：

（1）真空下强搅拌，加速了渣-钢界面反应和硫在钢、渣中的传质速度，使脱硫反应更易达到平衡；

（2）真空下强搅拌，增加渣钢界面的接触面积（F），提高界面反应速度；

（3）真空下强搅拌，降低了边界层厚度（δ_S），大大加快了脱硫反应；

（4）出LF时良好的脱氧，也为真空脱硫创造了条件。钢中氧、硫均为表面活性物质，这种表面活性物质产生的吸附现象对反应速率及传质速率有显著影响。L_S 与渣中氧活度[%O]f_O 成反比，降低[%O]，可增大 L_S，即增强硫从钢向渣的传递效率。因此，要达到深脱硫，首先必须深脱氧。

VD过程的脱硫是以熔渣脱硫为主要手段，真空极大地改善了脱硫所需的动力学条件，对脱硫具有很强的促进作用，加速了脱硫反应进程。

真空不是引起低碳钢中硫降低的原因。但是，对于高碳钢，随着熔炼过程真空度的不同（10~0.04Pa），钢液中硫含量降低 20%~35%。与低碳钢相比，硫在高碳钢中降低较快，其原因是碳增加了硫在钢液中的活度。与此相似，硅对硫的活度增加很大，所以真空下熔炼硅钢时，脱硫效果较显著[6]。

基于以上分析可知，即使出 LF 时，钢液中硫含量很低（<0.002%），VD 仍具有很强的脱硫能力，可进一步降低钢液中硫含量。VD 真空度小于 133Pa，处理时间 15~20min 左右，入 VD 时硫含量平均为 0.00169%，出 VD 时硫含量平均为 0.0009%，脱硫率平均达 46.9%。

如果有 VD，转炉出钢的硫含量可相对高一些。由图 4-2 可知，铁水硫含量为 0.01%，转炉出钢硫含量稍高于 0.01%，VD 后钢液中的硫含量小于 0.001%。

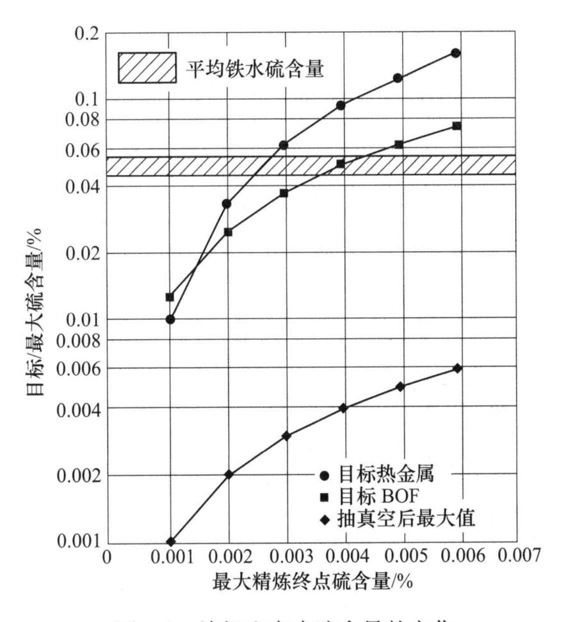

图 4-2　炼钢生产中硫含量的变化

4.2.2　影响 VD 精炼过程脱硫的因素

除合适的精炼渣成分、理化性质和良好的脱氧外，VD 工艺也会对脱硫产生影响。

4.2.2.1　VD 精炼前钢液硫含量的影响

入 VD 钢液硫含量不同，会影响钢液的脱硫率。图 4-3 所示为入 VD 不同钢液硫含量对脱硫率的影响。由图 4-3 可知，入 VD 时钢液中硫含量越高，脱硫率越大。

根据硫的质量平衡可得：

$$[S]_f = [S]_0/(1 + W_s L_S \times 10^{-3}) \tag{4-5}$$

式中　W_s——渣量；

L_S——硫的分配比；

$[S]_f$，$[S]_0$——分别为 VD 结束和入 VD 时钢液硫含量。

由上式可知，如果 W_s、L_S 一定，$[S]_f$ 与 $[S]_0$ 具有线性关系，即：入 VD 钢液硫含

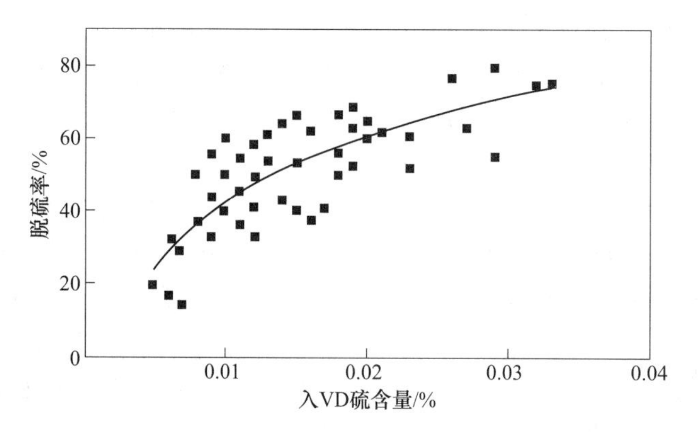

图 4-3　入 VD 的钢液硫含量对脱硫率的影响

量 $[S]_0$ 越低，$[S]_f$ 越低，脱硫效果越好。

4.2.2.2　炉渣成分与渣量对脱硫的影响

VD 破空后炉渣成分会对硫分配比产生一定的影响。1600℃ 时，硫分配比随 $w(CaO)/[w(Al_2O_3)+w(SiO_2)]$ 的变化如图 4-4 所示。

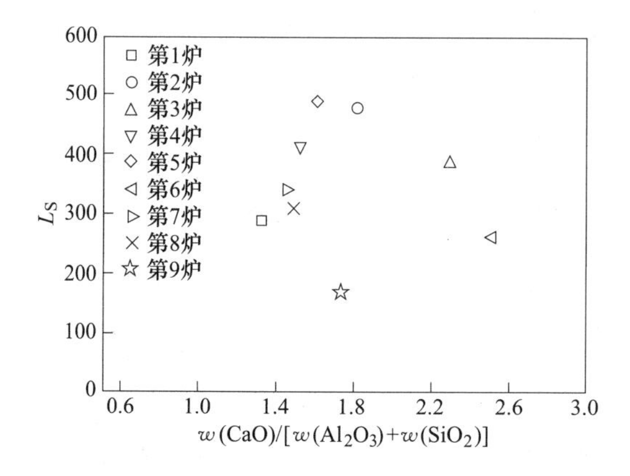

图 4-4　炉渣成分对硫分配比的影响

由图 4-4 可见，硫分配比先随着 $w(CaO)/[w(Al_2O_3)+w(SiO_2)]$ 的升高而升高，在 $w(CaO)/[w(Al_2O_3)+w(SiO_2)]$ 为 1.62 时达到最大值，接近 500；当 $w(CaO)/[w(Al_2O_3)+w(SiO_2)]$ 超过 1.62 时，硫分配比随其升高而降低。

根据式（4-5）可知，如果 $[S]_0$、L_S 一定，则渣量越大，即 W_s 越大，$[S]_f$ 越低，脱硫效果越好。

4.2.2.3　真空与吹氩搅拌对脱硫的影响

真空促进了搅拌功能的发挥，增加渣钢界面的接触面积，提高界面反应速度，加快硫在渣钢中的传质。一般质量传递方程可表示如下：

$$J = A\frac{D}{\delta}\frac{\mathrm{d}c}{\mathrm{d}x} \tag{4-6}$$

式中　J——扩散通量；

A——相接触面积；

D——扩散系数；

δ——边界层厚度；

$\mathrm{d}c/\mathrm{d}x$——浓度梯度。

真空下有气体搅拌时，相接触面积（A）大大增加，边界层厚度（δ）大大减小，加速了扩散过程（D），提高了渣-钢界面反应和硫在钢、渣中的传质速度，加快了脱硫反应，使其更易达到平衡。相同氩气流量时，67Pa 下的单位搅拌功率约为 10^5Pa 下的 5 倍。可见，真空可大幅度提高钢渣的搅拌效果，缩短混匀时间。同时，由于真空屏蔽了大气的干扰，避免了 LF 大气下强搅拌带来的钢液吸气及二次氧化等问题。

4.2.2.4 入 VD 钢液温度对脱硫的影响

入 VD 时钢液温度对脱硫率的影响如图 4-5 所示[7]。从图 4-5 中可以看出，入 VD 时钢液温越高，脱硫率也越高。从热力学角度分析，对 CaO 渣系，随着温度的升高，$\Delta G^{\ominus}$的负值增大，对脱硫有利，而且高温能使熔点较高的 CaO 加速成渣，加速脱硫反应。

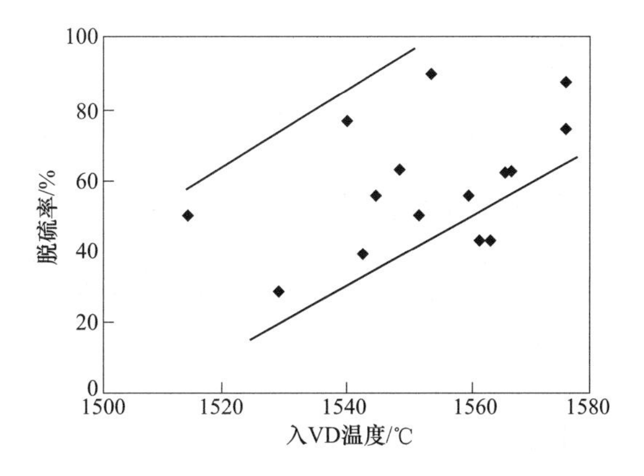

图 4-5 入 VD 温度对脱硫率的影响

从动力学观点来看，钢液温度高能加速传质过程，大幅度提高 D_S^S，由式（4-4）可知，有利于促进脱硫。虽然高温使扩散边界层厚度 δ_S 增加，但 D_S^S 增加带来的好处远远超过 δ_S 带来的不利影响；而且升温可减少钢渣黏度，并加速脱硫剂的熔化。因此，从动力学角度来看，高温对脱硫是有利的。

4.2.2.5 VD 精炼时间对脱硫的影响

由于脱硫反应的控制环节是硫的扩散传质，因此处理时间对脱硫的影响很大[8]。VD 吹氩时间对脱硫效率的影响如图 4-6 所示。从图 4-6 中可见，在 VD 内处理 20min 时，脱硫率可达 40%以上，随时间的延长脱硫率提高，30min 时基本上达到平衡，脱硫率最高达 80%左右；超过 30min 后延长时间对增加脱硫效果的意义不大。

4.2.2.6 真空能促进高碳钢脱硫

真空下不可能产生硫挥发脱硫、气相与金属液反应的脱硫、熔渣气化脱硫[9]，但是真空下能促进高碳钢的熔渣脱硫。钢液中碳含量较高时可能发生下面的反应：

$$\mathrm{CaO(s)} + [\mathrm{C}] + [\mathrm{S}] = \mathrm{CaS(s)} + \mathrm{CO(g)} \tag{4-7}$$

$$\Delta G^{\ominus} = 155889 - 114.71T \quad \mathrm{J/mol}$$

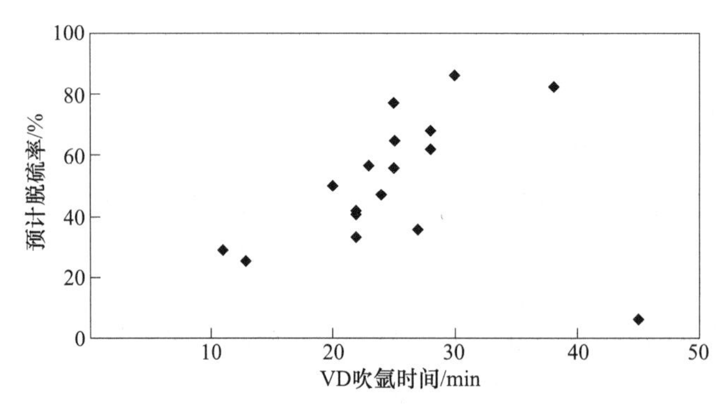

图 4-6 VD 精炼时间对脱硫率的影响

由于有气相产物 CO 的生成，通过提高真空度、降低 CO 的分压，能够促进上述反应的进行。

4.2.3 VD 精炼脱硫模型

4.2.3.1 VD 精炼脱硫模型开发的理论基础

根据渣、钢液-液反应的双膜理论[10]，熔渣与钢液间的反应发生在两液相的界面上，渣、钢两相中参与反应的物质必须通过传质向反应界面迁移，形成的产物也必须通过传质离开反应界面，进入相应的相。即反应过程由两液相内的传质和界面反应环节组成，因此钢液的脱硫可分为以下五个环节：

（1）钢中 [S] 向渣钢界面传质；

（2）渣中 (O^{2-}) 向渣钢界面传质；

（3）在渣钢界面进行化学反应，$[S] + (O^{2-}) = (S^{2-}) + [O]$；

（4）(S^{2-}) 离开界面向渣内部传质；

（5）[O] 离开界面进入钢液。

在炼钢高温下界面化学反应的速度很快，不会成为限制环节；而氧的原子半径比硫小，氧在两相中的传递速度比硫要快得多，氧的传质也不是总过程的限制环节；与硫在渣中的传质相比，钢液炉外精炼过程，由于钢液含硫量较低、传递距离最长，其传递的速度最慢，即精炼过程中（2）~（5）步骤的影响较小，可认为渣钢间脱硫反应的限制性环节是硫在钢液内的传质[11,12]。总过程的脱硫速度可由步骤（1）的速度式表示，脱硫速度可表达为：

$$\frac{d[\%S]}{dt} = -k\frac{F}{V}\left([\%S] - \frac{(\%S)}{L_S}\right) \tag{4-8}$$

式中 [%S]，(%S)——t 时刻钢液、渣中的硫含量，均随时间而变化；

F——渣钢界面面积，m^2；

V——钢液体积，m^3；

k——表观脱硫速度常数；

L_S——t 时刻硫在渣-钢间的分配系数。

由于硫分配比 L_S 是受炉渣性质及钢液脱氧程度而定，在反应过程中变化较小，可认

为 L_S 不随时间而变。而由4.2.1.1节的分析，可忽略进入气相的硫量，则由物料平衡可得出：

$$(\%S) = (\%S)_0 + ([\%S]_0 - [\%S])W/W_s \tag{4-9}$$

式中 W，W_s——分别为钢液量和渣量，kg。

联立式（4-8）、式（4-9），得：

$$\frac{d[\%S]}{dt} = -k\frac{F}{V}\left\{[\%S]\left(1 + \frac{W}{L_S W_s}\right) - \frac{(\%S)_0}{L_S} - [\%S]_0\frac{W}{L_S W_s}\right\} \tag{4-10}$$

对式（4-10）在 t：→t、$[\%S]$：$[\%S]_0$→$[\%S]$ 内积分，整理得：

$$[\%S] = \frac{1}{L_S W_s + W}\{([\%S]_0 L_S - (\%S)_0)W_s e^{-k\frac{F}{V}\left(1+\frac{W}{L_S W_s}\right)t} + W_s(\%S)_0 + W[\%S]_0\} \tag{4-11}$$

式中，L_S 由式（4-12）计算：

$$\lg L_S = -2.78 + 0.86 \times \frac{(\%CaO) + 0.5(\%MgO)}{(\%SiO_2) + 0.6(\%Al_2O_3)} - \lg a_O + \lg f_S \tag{4-12}$$

钢渣重量及初始硫含量属已知条件，因此钢液的最终硫含量由 $\left(k\frac{F}{V}\right)t$ 所决定，定义 $J = k\frac{F}{V}$ 为与钢渣搅拌有关的表观传质系数。

4.2.3.2 表观传质系数 J 的确定

由于表观传质系数 J 是随钢渣的搅拌程度而变化，搅拌越强烈，渣-钢反应的比表面积越大，硫在钢液中的传质也越快。钢液的搅拌强度是由真空度和吹氩量确定，实际生产中为了防止钢液和炉渣溅出钢包，避免钢液卷渣，一般将搅拌功控制在一个相对稳定的范围。但搅拌功的控制除了受制于脱硫等冶金任务外，还受钢液温度和工序允许时间的影响，因此表观传质系数 J 实际上是一个变量，随搅拌功而变。J 的变化很大程度上决定了脱硫速度和最终的脱硫率。

表观传质系数 J 的影响因素较多，要通过理论计算出 J 值比较困难，也不够准确，主要是因为硫在钢液的传质系数也多为经验及半经验式所确定。因此，用试验方法建立表观传质系数 J 与搅拌功的关系。

对式（4-11）变形，可得：

$$J = -\frac{1}{t}\frac{L_S W_s}{L_S W_s + W}\ln\frac{W([\%S] - [\%S]_0) + W_s(L_S[\%S] - (\%S)_0)}{W_s(L_S[\%S]_0 - (\%S)_0)} \tag{4-13}$$

只要测得一定渣系下钢中硫含量随时间的变化值，即可确定该过程的实际表观传质系数，而该过程的搅拌功则可以由真空度和吹氩量按文献［13］计算求得。钢液氧活度用浓差定氧仪测得，其他参数试验过程可全部测定。

处理过程 t 时刻的硫含量［%S］为[7]：

$$[\%S] = \frac{1}{L_S W_s + W}\{([\%S]_0 L_S - (\%S)_0)W_s e^{-(5.333+0.435\varepsilon)\left(1+\frac{W}{L_S W_s}\right)\times 10^{-3}t} + W_s(\%S)_0 + W[\%S]_0\} \tag{4-14}$$

4.2.3.3　VD 过程脱硫时间的预测

实际生产时，硫含量的控制目标值是固定的，因而有必要知道达到该目标值所需的处理时间。

由式（4-11）、式（4-14）整理可得：

$$t=-\frac{1000}{5.333+0.435\varepsilon}\frac{L_S W_s}{L_S W_s+W}\ln\frac{W([\%S]-[\%S]_0)+W_s(L_S[\%S]-(\%S)_0)}{W_s(L_S[\%S]_0-(\%S)_0)} \tag{4-15}$$

如选定普通渣系 $L_S=400$（理论值），渣量 $W_s=1.8t$，渣中初始硫（%S）= 1.0，对初始［%S］= 0.015 的 60t 钢液，VD 过程分别采用 40W/t、80W/t、120W/t、160W/t 的功率搅拌，可求得达到不同目标硫含量所需的时间，结果如图 4-7 所示。

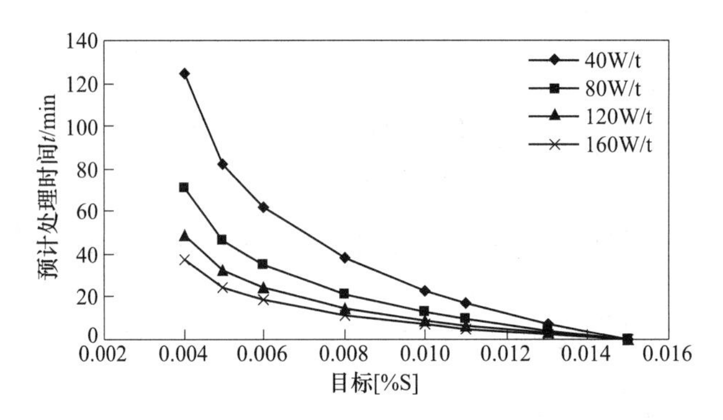

图 4-7　目标硫含量与预计处理时间的关系（$L_S=400$）

从图 4-7 中可看出，VD 过程前期，脱硫速度较快，硫含量与时间几乎呈直线关系，脱硫 40%～50%后，因渣中硫含量升高而未加新渣，脱硫速度明显减缓；在一定的炉渣条件下，随搅拌功率的加大，达到目标硫含量所需的时间缩短：在 40W/t 的搅拌功率下，硫含量达到 0.008%需要 35min，而使用 80W/t 以上的功率搅拌时，时间只需 20min 以下；渣的硫容量决定了硫所能达到的最低值（平衡值）。在 VD 后期，脱硫速度缓慢，延长时间对脱硫效果影响较小，且 VD 过程的处理时间要受钢液温度的制约。要生产硫含量小于 0.003%的低硫钢，则需配加硫容量相对较高的炉渣，降低钢液氧活度，提高硫分配比，并采用较大的搅拌功使脱硫反应尽快达到平衡。

4.3　VD 精炼气体含量控制技术

对于铝脱氧钢液，VD 处理前钢液脱氧良好，溶解氧含量低于 0.0003%，硫含量一般小于 0.015%，甚至 0.0050%以下，为真空脱氮创造了良好的动力学条件，有利于脱氮反应的进行。

4.3.1　VD 真空脱氮热力学与动力学

4.3.1.1　真空脱氮热力学

钢中自由氮的溶解度遵循西华特定律：

$$\frac{1}{2}N_2 = [N] \tag{4-16}$$

$$K_N = \frac{a_N}{(p_{N_2}/p^{\ominus})^{1/2}} = \frac{f_{[N]}[\%N]}{\sqrt{p_{N_2}/p^{\ominus}}} \tag{4-17}$$

$$\lg K_N = -\frac{564}{T} - 1.095 \tag{4-18}$$

式中　K_N——氮在钢液中溶解的平衡常数；
　　$f_{[N]}$——钢液中氮的活度系数；
　　$a_{[N]}$——钢液中氮的活度；
　　$[\%N]$——钢液平衡时氮的质量百分浓度,%；
　　p_{N_2}——气相中氮的分压，kPa；
　　$p^{\ominus}$——标准大气压，kPa。

$$\lg f_{[N]} = \sum_j e_N^j[\%j] \tag{4-19}$$

式中　e_N^j——钢液中 j 元素对氮元素的相互作用系数，见表 4-1；
　　$[\%j]$——j 元素的质量百分浓度,%。

表 4-1　钢液中不同元素对氮元素的相互作用系数（1873K）

元素	C	Si	Mn	P	S
e_N^j	0.103	0.047	-0.036	0.045	0.007

钢液成分一定条件下，根据式（4-16）~式（4-19）计算 1873K 时不同氮分压条件下钢液氮的平衡浓度。由式（4-20）可知，要降低 [%N]，就必须提高氮的活度系数 $f_{[N]}$。

$$[\%N] = \frac{K_N}{f_{[N]}}\sqrt{p_{N_2}/p^{\ominus}} \tag{4-20}$$

分析式（4-20），影响真空脱氮的因素，包括以下方面：

（1）气相氮分压。气相氮分压或真空度是影响真空脱氮的主要环节，真空度低于 100Pa 时脱氮效果比较明显。

（2）钢液温度。钢液温度越高，氮的溶解度越大，不利于脱氮；但是钢液温度高，氮的扩散比较容易，总体上表现出钢液温度对脱氮的影响不明显。

（3）生产的钢种。钢的化学成分中，部分元素如 C、Si 等能够增加氮的活度系数 $f_{[N]}$，有利于脱氮；V、Nb、Ti 等元素能够减少氮的活度系数 $f_{[N]}$，不利于氮的去除。

（4）氧、硫含量。氧、硫是表面活性物质，阻碍氮向气-金界面的扩散，降低氮的扩散速度。

4.3.1.2　真空脱氮动力学

脱氮过程由液相传质、界面化学反应和气体离开相界面等三个环节组成。

（1）内部传质：氮从钢液中向界面的传质是一级反应。

$$\frac{d[\%N]}{dt} = -k_1\frac{A}{V}([\%N] - [\%N]_i) \tag{4-21}$$

（2）界面化学反应：氮气在钢液面上的分解、吸附、脱附是二级反应。

$$\frac{\mathrm{d}[\%\mathrm{N}]}{\mathrm{d}t}=-k_{\mathrm{c}}\frac{A}{V}([\%\mathrm{N}]_{\mathrm{i}}^{2}-[\%\mathrm{N}]_{\mathrm{e}}^{2}) \tag{4-22}$$

（3）外部传质：氮从钢液面向气相的传质是一级反应。

$$\frac{\mathrm{d}n_{\mathrm{N_2}}}{\mathrm{d}t}=-kg\frac{A}{RT}(p_{\mathrm{N_2,i}}-p_{\mathrm{N_2}}) \tag{4-23}$$

脱氮是上述三个环节共同作用的结果，某个单一的环节不能描述脱氮或吸氮全过程，因此吸氮或脱氮没有绝对的反应级数。假设反应接近于一级（以$[\%\mathrm{N}]$、$[\%\mathrm{N}]_{\mathrm{i}}$为基础），或者接近于二级（以$[\%\mathrm{N}]^2$、$[\%\mathrm{N}]_{\mathrm{i}}^2$为基础），就可以用表观速度常数 k_1' 或者 k_{c}' 来表示整个过程的传质：

$$\frac{\mathrm{d}[\%\mathrm{N}]}{\mathrm{d}t}=-k_1'\frac{A}{V}([\%\mathrm{N}]-[\%\mathrm{N}]_{\mathrm{e}}) \tag{4-24}$$

$$\frac{\mathrm{d}[\%\mathrm{N}]}{\mathrm{d}t}=-k_{\mathrm{c}}'\frac{A}{V}([\%\mathrm{N}]^{2}-[\%\mathrm{N}]_{\mathrm{e}}^{2}) \tag{4-25}$$

将上两式积分分别可得：

$$\ln\frac{[\%\mathrm{N}]-[\%\mathrm{N}]_{\mathrm{e}}}{[\%\mathrm{N}]_0-[\%\mathrm{N}]_{\mathrm{e}}}=-k_1'\frac{A}{V}t \tag{4-26}$$

$$\frac{1}{2[\%\mathrm{N}]_{\mathrm{e}}}\left(\ln\frac{[\%\mathrm{N}]_{\mathrm{e}}+[\%\mathrm{N}]}{[\%\mathrm{N}]_{\mathrm{e}}-[\%\mathrm{N}]}+\ln\frac{[\%\mathrm{N}]_{\mathrm{e}}-[\%\mathrm{N}]_0}{[\%\mathrm{N}]_{\mathrm{e}}+[\%\mathrm{N}]_0}\right)=-k_{\mathrm{c}}'\frac{A}{V}t \tag{4-27}$$

如果式（4-26）的左边与$(A/V)t$作图是直线，那么反应是一级反应，钢液中的传质是限制性环节。

如果式（4-27）的左边与$(A/V)t$作图是直线，那么反应是二级反应，表面的化学反应是限制性环节。

当$[\mathrm{O}]<0.005\%$、$[\mathrm{S}]<0.002\%$时，吸氮和脱氮为一级反应，即钢液中的传质是整个过程的限制性环节；$[\mathrm{O}]<0.002\%$时，硫含量低时是一级反应，硫含量高时是二级反应。从一级反应转化为二级反应的硫的转变含量在0.0082%~0.029%之间。氧、硫含量高时，吸氮和脱氮遵循二级反应，化学反应速度常数 k_{c}' 随着氧、硫含量的增加而迅速降低。讨论限制性环节时，很少考虑氮在气相扩散，这是由于氮在气相中的扩散比在熔池中的扩散要快得多[14]。

脱氮过程是混合控制时，各表观脱氮速度表达式中的 k_1'、k_{c}'、k_{g}' 不是常数，此时将无法描述整个脱氮过程，必须采用混合控制模型。钢中合金元素 Ni、C、P、Cu、Si 等元素减小平衡氮含量，V、Nb、Ta、Ce、Cr、Ti、Al、Mn 等元素增加平衡氮含量。影响 VD 脱氮的因素包括：初始氮含量、初始硫含量、初始氧含量、吹氩强度、真空保持时间、真空度、气泡/电磁搅拌、顶渣性质（黏度）、渣量、底吹方式。

4.3.2 VD 真空脱氮模型

4.3.2.1 真空脱氮模型的建立

脱氮达到热力学平衡的时间是由钢液、真空之间反应的动力学决定的。将氮的梯度设定成从远离平衡（$[N] > K_N\sqrt{p_{N_2}}/f_N$）到平衡（$[N] = K_N\sqrt{p_{N_2}}/f_N$）任一位置。真空总的脱氮方程可用下式表示。

$$\frac{d[\%N]}{dt} = -k_{ov}\frac{A}{V}([\%N] - K_N\sqrt{p_{N_2}}) \tag{4-28}$$

式中 k_{ov}——总的表观传质系数。

由此可见，要想得到良好的脱氮效果，k_{ov} 要高，A 和 A/V 要大，驱动力（$[N] - K_N\sqrt{p_{N_2}}/f_N$）要大。提高驱动力由降低氮的分压来实现。提高 k_{ov} 由物理化学条件来决定。

采用表观脱氮速度，可以简化脱氮计算，但在 VD 过程由于钢中硫含量等的影响，脱氮实际上是受液相传质、界面化学反应和气体离开相界面三个过程的混合控制。将式（4-21）~式（4-23）三式联合组成方程组：

$$\frac{d[\%N]}{dt} = -k_1\frac{A}{V}\left\{[\%N] + \frac{\alpha}{2} - \left[\alpha[\%N] + \left(\frac{\alpha}{2}\right)^2 + K_N^2 p_{N_2}\right]^{1/2}\right\} \tag{4-29}$$

其中：

$$\alpha = k_1\left(\frac{1}{k_c} + \frac{1}{k_g}\frac{\rho_{Fe}RTK_N^2}{100M_{N_2}}\right) = \frac{k_1}{k_2} \tag{4-30}$$

在 1600℃时，α 值为：

$$\alpha = k_1\left(\frac{1}{k_c} + \frac{0.77}{k_g}\right) = \frac{k_1}{k_2} \qquad k_2 = \left(\frac{1}{k_c} + \frac{0.77}{k_g}\right)^{-1} \tag{4-31}$$

将式（4-29）积分得（以 X 代替式中［%N］）：

（1）当 $p_{N_2}=0$ 时（脱氮）

$$2\left\{\ln\left[\sqrt{\alpha X + (\alpha/2)^2} - \alpha\right] - \frac{\alpha}{\sqrt{\alpha X + (\alpha/2)^2} - \alpha}\right\}_{[N]_0}^{[N]} = -k_1\frac{A}{V}(t - t_0) \tag{4-32}$$

（2）当 $p_{N_2}\neq 0$ 时

$$\Big[(1 - \alpha/2n)\ln[(n - \alpha/2) + \sqrt{\alpha X + (\alpha/2)^2 + n^2}] + (1 + \alpha/2n)\ln[q(n + \alpha/2) - q\sqrt{\alpha X + (\alpha/2)^2 + n^2}]\Big]_{[N]_0}^{[N]} = -k_1\frac{A}{V}(t - t_0) \tag{4-33}$$

当 $q = +1$ 时，钢液吸氮（$n>x$）；当 $q=-1$ 时，钢液脱氮（$n<x$）；其中：$n^2 = K^2 p_{N_2}$。

求得脱氮总过程的传质系数 k_{ov} 如下：

$$\frac{1}{k_{ov}} = \frac{1}{k_1} + \frac{1}{[\%N]_e + [\%N]_i}\frac{1}{k_c} \tag{4-34}$$

若将 $1/k_1$ 定义为钢液内部传质阻力 R_1；$1/\{([\%N]_e + [\%N]_i)k_c\}$ 定义为表面化学反应阻力 R_c，则总的阻力 R_{ov} 为：

$$R_{ov} = R_1 + R_c \tag{4-35}$$

界面浓度 $[\%N]_i$ 由下面的式子求出：

$$[\%N]_i = -\frac{k_1}{2k_c} + \left[\frac{k_1}{k_c}[\%N] + \left(\frac{k_1}{2k_c}\right)^2 + [\%N]_e^2\right]^{1/2} \tag{4-36}$$

Toshiya Harada 和 Dirter Janke 等[15]测得在不同的氧、硫含量下 $k_1 = 0.05 \sim 1.00$cm/s，

$k_2 = 0.36 \sim 14\text{cm}/(\% \cdot \text{s})$。

4.3.2.2　液相传质系数的确定

根据 Higbie 理论，液相传质系数可由下式求得：

$$k_1 = 0.59\sqrt{\frac{D_N u_b}{d_b}} \tag{4-37}$$

式中　D_N——氮在钢液中扩散系数；

d_b——气泡的当量直径；

u_b——平均上浮速度。

d_b，u_b值随着在熔池中深度的变化而变化：

（1）在钢包的底部，气泡可以独立地自由上浮；

（2）当气泡上升到一定高度，在气泡长大到 0.25cm 左右，即达到一个稳定的范围，气泡在此破碎、聚合，平均当量直径（cm）可以表示为：

$$d_b = 0.9v_s^{0.44} \tag{4-38}$$

式中，v_s 为表观速度，cm/s（某一截面上气体的体积流速与该截面的面积之比）。由 Mori 等人所做的工作，可以推导出在某一时刻下的平均上浮速度（cm/s）：

$$u_b = 22.15\sqrt{d_b}\,v_s^{0.1126+0.043\lg v_s} \tag{4-39}$$

$$v_s = \frac{Q_h}{A_h} \tag{4-40}$$

式中　Q_h——在高度 h 处气体的流量，包括氩气和进入气泡的氮气两部分；

A_h——钢包在高度 h 处的横截面面积。

$$Q_h = \frac{RT(n_{Ar} + n_{N_2h})}{p} \tag{4-41}$$

式中　p——气泡在钢液高度为 h 时所承受的总压力，Pa；

n_{Ar}——吹入的氩气摩尔数，mol；

n_{N_2}——进入气泡氮的摩尔数，mol。

$$p = p_{钢液} + p_{真空度} + p_{气泡} = 6.776 \times 10^{-4}h + 0.75/760 + 4\sigma/(db) \tag{4-42}$$

其中：

$$p_{钢液} = 6.776 \times 10^{-4}h \tag{4-43}$$

$$p_{气泡} = 4\sigma/(db) \tag{4-44}$$

式中　h——钢液高度，mm；

σ——表面张力，1800dyn/cm(1.8Pa)。

气泡中氮的分压力为：

$$p_{N_2} = px_{N_2} \tag{4-45}$$

$$x_{N_2} = \frac{1}{n_{Ar} + n_{N_2h}} \tag{4-46}$$

式中　x_{N_2}——氮在气泡中的摩尔分数。

$$n_{Ar} = \frac{Q_{Ar}^0}{1000 \times 22.4} \tag{4-47}$$

式中 Q_{Ar}^0——吹入钢包中的氩气量，Ncm^3/s。

4.3.2.3 界面化学反应传质系数的确定

界面化学反应传质系数由下式确定：

$$k_c = k_c^0 \frac{1}{1 + K_O a_O + K_S a_S} \tag{4-48}$$

式中 k_c^0——未受氧、硫影响的传质系数，1600℃时为15.0cm/(%·s)；

K_O，K_S——分别为氧、硫的吸收系数，1600℃时分别为300、120；

a_O，a_S——分别为氧、硫的活度（1%稀溶液）。

4.3.2.4 气相传质系数的确定

在压力不变的条件下气相传质系数可取1.5cm/s[16]。当气相的压力变化时，可用分子扩散理论基础推导出气相传质常数 k_g 与气相总压力 p 的关系。

组分A在停滞介质B中的稳态一维分子传质可采用下式来描述[17]：

$$J_A = -D_{AB}\frac{dC_A}{dz} + \frac{C_A}{C}(J_A + J_B) \tag{4-49}$$

因为 $J_B = 0$，上式可改写为：

$$J_A(1 - x_A) = -D_{AB}\frac{dC_A}{dz} \tag{4-50}$$

对于一个氩气泡来说，为了简化计算，假设：在气泡中心，氮的浓度为气相最高浓度；从界面到中心，氮的浓度变化为直线关系。由此，可得到氮摩尔浓度在氩气泡中的分布为：

$$C_{N_2} = C_{N_2中心} + \frac{C_{N_2i} - C_{N_2中心}}{r}z \tag{4-51}$$

代入上式得：

$$J_{N_2} = -\frac{D_{N_2}}{R(1 - x_{N_2})}(C_{N_2i} - C_{N_2中心}) \tag{4-52}$$

$$C_{N_2i} = -\frac{p_{N_2i}}{RT} \tag{4-53}$$

则：

$$\frac{dn_{N_2}}{dt} = -\frac{D_{N_2}}{r(1 - x_{N_2})}\frac{A}{RT}(p_{N_2i} - p_{N_2}) \tag{4-54}$$

从上式可以看出：

$$k_g = -\frac{D_{N_2}}{r(1 - x_{N_2})} \tag{4-55}$$

式中，D_{N_2} 为氮分子在氩气中的扩散系数，由Fuller等人的半经验公式求得：

$$D_{N_2\text{-}Ar} = \frac{1.00 \times 10^{-7} T^{1.75}\left(\frac{1}{M_{N_2}} + \frac{1}{M_{Ar}}\right)^{1/2}}{p\left[\left(\sum \nu_{N_2}\right)^{1/3} + \left(\sum \nu_{Ar}\right)^{1/3}\right]^2} \tag{4-56}$$

式中　$D_{N_2\text{-}Ar}$——N_2 在 Ar 中的扩散系数，cm^2/s；

M_{N_2}，M_{Ar}——分别为 N_2 和 Ar 的摩尔质量，g/mol；

p——总压力，Pa；

T——温度，K；

$\sum\nu_{N_2}$，$\sum\nu_{Ar}$——分别为 N_2 和 Ar 的分子扩散系数，cm^3/mol。

由此可推导出气相传质系数如下：

$$k_g = \frac{1.00 \times 10^{-7} T^{1.75} \left(\frac{1}{M_A} + \frac{1}{M_B}\right)^{1/2}}{r(1 - x_{N_2})p\left[\left(\sum \nu_A\right)^{1/3} + \left(\sum \nu_B\right)^{1/3}\right]^2} \tag{4-57}$$

将以上各系数表达式代入式（4-29）即得真空脱氮的速度模型，该模型直接积分求解非常困难。用数值解析法，以每秒间隔做时间变量和以每毫米做气泡上升的高度变量进行迭代，计算程序可以较方便地求出氮含量随各因素的变化值。

4.3.3　VD 精炼工艺对脱氮的影响

保证钢液硫含量和初始氮含量低、真空下足够的搅拌强度、足够的真空时间，VD 精炼后，能将钢液中氮含量控制到较低的水平。

4.3.3.1　氧、硫含量对真空脱氮的影响

钢液脱氮程度与氧、硫含量有关。良好的脱氧和脱硫是钢液脱氮的前提条件。钢液中氧、硫都是很强的表面活性元素，如果其含量高，将会富集在钢液表面，阻止氮通过钢液与气相间的边界层，使氮在钢液中传质速度急剧下降，钢液中的氮不易去除。

表 4-2 列出了众多学者在氧、硫对表面化学反应脱氮传质系数的影响方面的研究结果。从表 4-2 可看出，考虑表面活性物质的影响时，由于 O、S 占据了界面上的吸附和脱附位置，使二级反应速率降低。界面化学反应脱氮速率常数 k_c 随 a_O、a_S 的增大而降低。低氧、低硫钢液中脱氮为一级反应，氮在钢液中的传质为限制环节。真空过程脱氮速率强烈依赖于钢中的氧、硫含量。当钢中氧含量和硫含量降到足够低的时候，氧、硫就不会影响真空钢液脱氮，并为脱氮创造条件。

表 4-2　氧、硫含量对脱氮界面化学反应表观速度常数 k_c 的影响

序号	作者	$k_c/cm \cdot (\% \cdot s)^{-1}$	试验方法
1	Byrne，Belton[18]	$k_c = \frac{3.25}{1 + 220a_O + 130a_S}$	离子交换法（100kPa）
2	Ban-ya et al.[19]	$k_c = \frac{3.15f_N^2}{1 + 300a_O + 130a_S}$	Ar 顶吹法（100kPa）
3	Takahashi Mori et al.[20]	$k_c = \frac{3.16}{1 + 268a_O + 134a_S}$	Ar 气泡法（100kPa）
4	Choh et al.[21,22]	$k_c = \frac{10f_N}{1 + 953a_O}$	真空脱气法（0.027~13Pa）

续表 4-2

序号	作者	k_c/cm·(%·s)$^{-1}$	试验方法
5	Harashima et al.[23]	$k_c = \dfrac{15.0}{(1+160a_O+63.4a_S)^2}$	真空脱气法（0.027~1600Pa）
6	W. P. Wu, K. W. Lange, D. Janke[24]	$k_c = \dfrac{3.05f_N^2}{1+220a_O+130a_S}$	西华特法（70~10kPa 感应加热）

VD 真空处理过程钢液的溶解氧可以保持在小于 5×10^{-6}的水平，其影响完全可以忽略。

图 4-8 显示出 VD 脱氮率与 VD 处理时初始硫含量的关系。由图 4-8 可见，当初始硫含量小于 0.008%时，可以获得较高的脱氮率，随硫含量增加，脱氮率持续降低，硫含量达 0.012%时，脱氮率降到很低，VD 脱氮效果差。入 VD 硫含量小于 0.005%，可保证 40%以上的脱氮率。

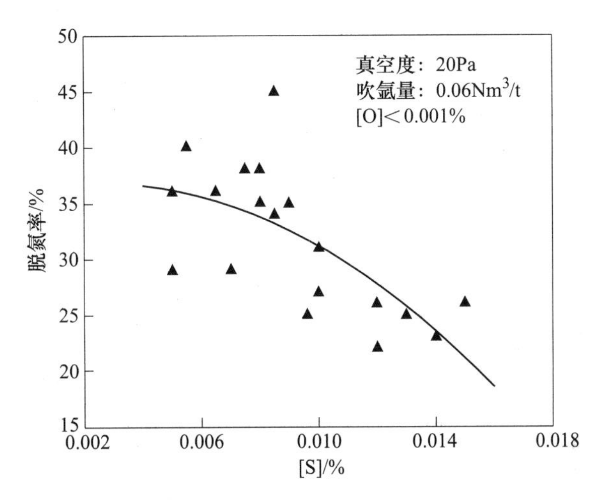

图 4-8　硫含量对真空脱氮的影响

国外研究真空下硫对脱氮的影响时，也得出了相同的结果，如图 4-9 所示。由图 4-9 可见，当［S］>0.006%时脱氮效果很差。当［S］≤0.006%时，［S］降得越低，［N］呈对数下降。

4.3.3.2　吹氩量对真空脱氮的影响

真空过程吹入氩气吹开渣面，使钢液与真空接触，同时搅拌钢液，加快氮在液相中的传质，使氮扩散进入氩气泡一同排出，最后氩气泡成为氮的形核核心，促进氮气析出。

硫含量为 0.001%的低硫钢液，真空吹氩脱氮时氮含量变化如图 4-10 所示。由图 4-10 可以看出，在吹氩量一定时，初始氮含量高，最终氮也相应较高。吹氩量越大，脱氮量也越大。吹入的氩气量越多，氩气泡的个数越多，带走的氮越多，脱氮的效果就越好。如果吹氩量过大，钢渣喷溅严重，对生产不利。适当延长真空保持时间，提供更多的氩气泡数量，有利于进一步增大 VD 脱氮量[25]。

不同硫含量条件下，吹氩量对脱氮的影响如图 4-11 所示。由图 4-11 可见，随着硫含量增加，脱氮条件恶化。脱氮所需氩气量增加，当硫含量为 0.001%时，将氮从 0.005%脱到 0.003%只需氩气 $22m^3$；而硫含量为 0.01%时需氩气 $40m^3$。

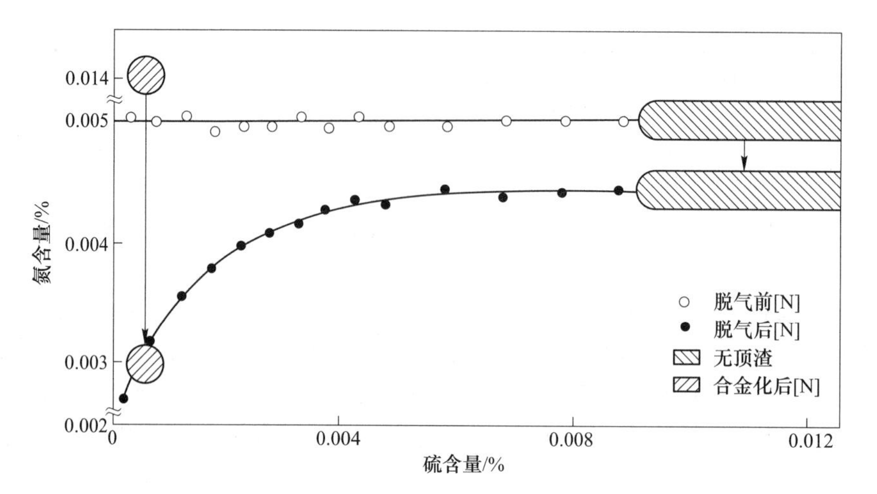

图 4-9　真空下硫含量对脱氮的影响

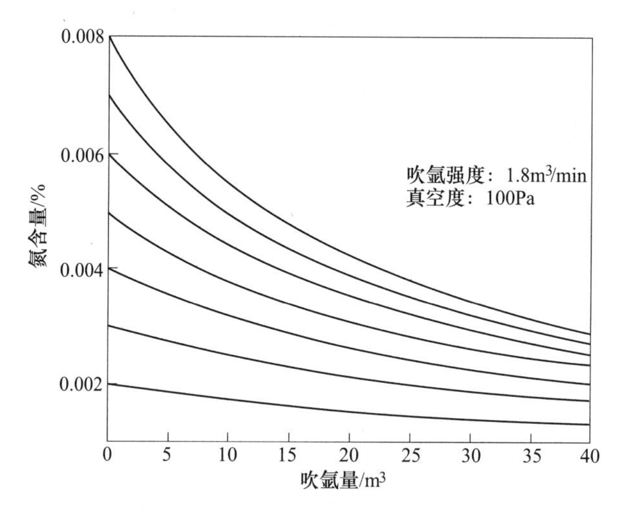

图 4-10　真空下吹氩量与脱氮的关系

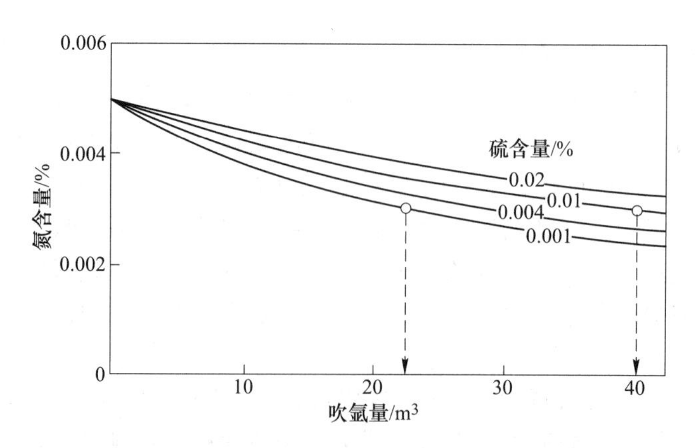

图 4-11　不同硫含量下吹氩量对脱氮的影响

美国北极星钢铁公司总结了硫含量与脱氮的关系[26]，如表4-3所示。由表4-3可见，硫含量小于0.01%钢液的VD脱氮率是0.015%~0.04%钢液的2倍。

表4-3 氮在133Pa压力下的去除速度

[%S]	VD过程脱氮量（$\times10^{-6}$）	氮的脱除率（$\times10^{-6}$/min）
0.015 ~ 0.04	−12 ~ −10	0.7 ~ 0.8
<0.01	−25	1.3 ~ 1.7

吹氩促进脱氮的作用可归纳为三方面：

（1）氩气泡本身形成的小真空室脱氮。

（2）吹氩能吹开覆盖钢液的渣层，增加钢-气直接反应的界面积。

（3）真空下吹氩的良好搅拌作用，加速了氮在钢液中的传质。

4.3.3.3 熔渣对VD真空脱氮的影响

对于VD精炼来说，熔渣相当于一个绝缘层，将钢液与真空隔开，不利于脱氮的进行。目前的精炼渣系本身不能脱氮。当吹氩量小到一定程度（弱搅拌）时，其强度如不足以吹开钢液面时，钢液与气相间的界面反应不存在，这时熔渣的存在会阻碍脱氮。钢液中的氮必须先由钢液进入渣相，然后由渣相向气相扩散。这时的脱氮必须具备炉渣氮容量高、气相氮分压低的条件。渣中有足够的氩气泡促进氮在渣中的传质，在弱搅拌时渣中氩气泡很少，脱氮几乎可以忽略。

即使在吹氩较大、能够吹开渣面时，熔渣的存在对真空钢液脱氮也有一定的影响。只有在高真空，吹氩量足够大时，钢液与气相能充分接触时，渣层的阻碍可以忽略。因此，精炼渣的存在对VD精炼过程脱氮是不利的。

4.3.3.4 真空度对脱氮的影响

真空脱氮包括两部分：一是裸露在真空中的钢液由于氮分压降低，使得氮由钢液向真空扩散；二是依靠氩气泡携带脱氮。

钢液中氩气泡所受的总压力（p）与钢液高度呈线性关系。总压力（p）包括三部分：由钢液引起的静压力、由真空度造成的顶压力、由于钢液表面张力引起的附加压力。由于钢液表面张力形成的附加压力很小，可以忽略。因此，氩气泡所受的压力仅剩下两部分：由钢液引起的静压力（$p_{钢液}$）和由真空度造成的顶压力（$p_{真空度}$）。当真空度很高（比如101.3Pa）时，$p_{真空度}$可以忽略。此时氩气泡所受的压力仅为钢液静压力$p_{钢液}$。而当真空度低时，氩气泡所受的压力为钢液静压力、外加$p_{真空度}$。氩气泡中的氮分子N_2的分压p_{N_2}与总压力p的关系为：

$$p_{N_2} = p x_{N_2} \tag{4-58}$$

$$x_{N_2} = \frac{1}{n_{Ar} + n_{N_2}} \tag{4-59}$$

$$n_{Ar} = \frac{Q_{Ar}^0}{1000 \times 22.4} \tag{4-60}$$

式中　Q_{Ar}^0——吹入钢包中的氩气量，Ncm^3/s。

可以看出，对于同样的x_{N_2}，总压力p不同，p_{N_2}也不同。p越高，p_{N_2}越高。

当氩气吹入钢包后，氩气泡内的氮可以视为零。随着氩气泡的上升，钢液中的氮进入氩气泡。但是由于钢液的静压力很高，即使很少的 N_2 进入氩气泡内，氩气泡内的氮即可达到平衡。当钢液中氮含量一定时，与之平衡的氩气泡中氮的平衡分压 $p_{N_{2e}}$ 也是一定。在钢包底部，无论真空度高或低，氩气泡所受的总压力 p 都很高，脱氮很快达到平衡。在钢包中部，随着氩气泡的上升，氩气泡所受的压力 p 不断减少，对于钢液中氮含量 40×10^{-6}，其平衡氮分压仅为1620Pa。由于钢液静压力的作用氩气泡中氮的实际分压 p_{N_2} 与 $p_{N_{2e}}$ 之间的差距还没有拉开，脱氮的动力学条件还不充分，因而脱氮没有很大进展。在距钢液面0.5m之内的高度内，情况发生了变化。高真空度时，比如101.3Pa，在钢液顶部，氩气泡所受的总压力 p 为101.3Pa，此时，不论氩气泡内的 p_{N_2} 是多少，其值必然小于101.3Pa，且差值很大，脱氮反应速度有很大驱动力。在低真空度时，例如其极限 1.013×10^5Pa，即使氩气泡到达钢液表面，其所受的总压力依然很高（1.013×10^5Pa），氩气泡中的氮分压 p_{N_2} 与其平衡值 $p_{N_{2e}}$ 相差不大，脱氮反应的驱动力很小，反应速度慢，脱去的氮量少。

4.3.3.5 初始氮含量的影响

如果高真空下的保持时间不够，吹氩强度较小，会造成脱氮效果不佳。假如真空保持时间足够长时，可将钢液中的氮脱到平衡值。实际生产中VD脱氮过程仅仅几十分钟，VD真空吹氩脱氮难以达到平衡，初始氮含量对最终氮含量有影响。要想实现最终钢液中的氮含量低，必须控制VD前的 $[N]_0$ 不能太高，否则，VD处理无法将氮脱到理想的水平。

4.3.4 VD过程脱氢

4.3.4.1 脱氢热力学

决定钢中含氢量的是空气中水蒸气的分压和炼钢原材料的干燥程度。空气中水蒸气分压随气温和季节而变化，在干燥的冬季可低达304Pa，而在潮湿的梅雨季节可高达6080Pa，相差20倍。至于实际炉气中水蒸气分压，除取决于大气的湿度外，还受到燃料燃烧的产物、加入炉内的各种原材料、炉衬材料（特别是新炉体）中所含水分的影响，其中主要是原材料的干燥程度的影响。废钢表面的铁锈，铁合金中的氢，增碳剂、脱氧剂、覆盖剂、保温剂、造渣剂中的水分，未烤干的钢包、中间包以及大气中的水分，通过与钢液和炉渣的作用均可进入钢中。

进入炉内的 H_2O 可发生如下反应：

$$H_2O(g) = 2[H] + [O] \tag{4-61}$$

$$K_{H_2O} = \frac{a_H^2 a_O}{p_{H_2O}/p^\ominus} \tag{4-62}$$

$$\lg K_{H_2O} = -\frac{10850}{T} - 0.013 \tag{4-63}$$

设氢及氧的活度系数 $f_H \approx 1$，$f_O \approx 1$，则：

$$K_{H_2O} = \frac{a_H^2 a_O}{p_{H_2O}/p^\ominus} \approx \frac{(w[H]_\%)^2(w[O]_\%)}{p_{H_2O}/p^\ominus} \tag{4-64}$$

$$w[\mathrm{H}]_{\%} = K_{\mathrm{H_2O}} \sqrt{\frac{p_{\mathrm{H_2O}}/p^{\ominus}}{w[\mathrm{O}]_{\%}}} \tag{4-65}$$

式中 $K_{\mathrm{H_2O}}$——水分解的平衡常数；

a——钢液中组分的活度；

$w[\mathrm{H}]_{\%}$，$w[\mathrm{O}]_{\%}$——分别为钢液氢与氧的质量百分浓度；

$p_{\mathrm{H_2O}}$——气相中水蒸气的分压，kPa；

$p^{\ominus}$——标准大气压，kPa。

由此可见，钢液中氢含量主要取决于炉气中水蒸气的分压，并且已脱氧钢液比未脱氧钢液更容易吸收氢。

钢液中氢的溶解度服从平方根定律：

$$\frac{1}{2}\mathrm{H_2} = [\mathrm{H}] \tag{4-66}$$

$$K_{\mathrm{H}} = \frac{a_{[\mathrm{H}]}}{\sqrt{p_{\mathrm{H_2}}/p^{\ominus}}} = \frac{f_{[\mathrm{H}]}[\%\mathrm{H}]}{\sqrt{p_{\mathrm{H_2}}/p^{\ominus}}} \tag{4-67}$$

$$\lg K_{\mathrm{H}} = -\frac{1670}{T} - 1.68 \tag{4-68}$$

式中 K_{H}——氢在钢液中溶解的平衡常数；

$f_{[\mathrm{H}]}$——钢液中氢的活度系数；

$a_{[\mathrm{H}]}$——钢液中氢的活度；

$[\%\mathrm{H}]$——钢液平衡时氢的质量百分浓度,%；

$p_{\mathrm{H_2}}$——气相中氢的分压，kPa；

$p^{\ominus}$——标准大气压，kPa。

$$\lg f_{[\mathrm{H}]} = \sum_j e_{\mathrm{H}}^j [\%j] \tag{4-69}$$

式中 e_{H}^j——钢液中 j 元素对氢元素的相互作用系数，见表4-4；

$[\%j]$——j 元素的质量百分浓度,%。

表4-4 钢液中不同元素对氢元素的相互作用系数（1873K）

元素	C	Si	Mn	P	S
e_{H}^j	6.000	2.700	-0.140	1.100	0.800

在钢液化学成分一定的条件下，可以根据式（4-66）~式（4-69）计算1873K时，不同氢分压条件下钢液氢平衡浓度。由式（4-70）可知，要降低［%H］，就必须提高$f_{[\mathrm{H}]}$。

$$[\%\mathrm{H}] = \frac{K_{\mathrm{H}}}{f_{[\mathrm{H}]}} \sqrt{p_{\mathrm{H_2}}/p^{\ominus}} \tag{4-70}$$

4.3.4.2 脱氢的动力学模型

一般认为，真空下氢的脱除速度主要受液相传质速度控制，在钢液表面处脱氢反应速率为：

$$-\frac{\mathrm{d}[\%\mathrm{H}]}{\mathrm{d}t} = \frac{A}{V_{\mathrm{m}}} \frac{D_{\mathrm{H}}}{\delta_{\mathrm{H}}}([\%\mathrm{H}] - [\%\mathrm{H}]^{*}) \tag{4-71}$$

式中 $[\%H]$ ——钢液内部气体氢的浓度,%;

$[\%H]^*$ ——钢液表面与气相平衡的氢的浓度,%;

D_H ——氢在钢液中的扩散系数，cm^2/s;

δ_H ——钢液边界层厚度，cm;

V_m ——钢液的体积，cm^3;

A ——气液界面面积，cm^2;

t ——脱气时间，min。

对式（4-71）两端积分有:

$$\ln\frac{[\%H]_t-[\%H]^*}{[\%H]_0-[\%H]^*}=-\frac{A}{V_m}k_Ht \tag{4-72}$$

式中 $[\%H]_t$——真空处理 t 时刻钢液内部气体氢的浓度;

$[\%H]^*$——钢液表面与气相平衡时的氢浓度;

$[\%H]_0$——入 VD 时钢液中氢的质量分数,%;

k_H——氢在钢液中的传质系数，cm/min。

令 $K=\frac{A}{V_m}k_H$，代表脱氢综合速度常数，其数值与吹氩、真空条件等因素相关，通过统计模型可进行计算[27]:

$$K=0.000313V_{Ar}-4.24\times10^{-4}p_g+0.081366 \quad (R^2=0.98) \tag{4-73}$$

式中 p_g——最高真空度，Pa;

V_{Ar}——有效真空时间内的平均吹氩强度，L/min。

$$t=\frac{\ln\frac{[\%H]_t-[\%H]^*}{[\%H]_0-[\%H]^*}}{-(0.000313V_{Ar}-4.24\times10^{-4}p_g+0.081366)} \tag{4-74}$$

钢液成分影响氢的活度系数，C、Al、B、Si 元素减小平衡时的氢含量；Ti、Nb、V、Cr、Mn 元素增加平衡时的氢含量。脱氢的影响因素包括原始氢含量、真空度、真空保持时间、冶炼温度、吹氩量、吹氩强度、炉渣性质（氢在高碱度渣中溶解度大）、渣量、冷却水、钢种等。

4.4 VD 精炼过程的锰烧损

VD 精炼过程会造成 Mn 烧损，渣钢反应氧化造成 Mn 的烧损可能性不大，主要烧损是由于真空下气化造成，一般烧损量为 0.02%~0.10%。表 4-5 为一些企业生产含锰钢中锰含量及其烧损量。

表 4-5 部分含锰钢中锰含量及其烧损量

钢中锰含量/%	VD 前锰含量/%	VD 后锰含量/%	锰烧损率/%
4.58~5.55	5.17	4.83	0.066
0.80~1.5	—	—	0.020~0.100
>1.40	—	—	0~0.060（≤0.020）

4.4.1　钢液中锰的气化热力学

钢中溶解态锰转化为气态锰必须满足一定的热力学条件，

$$[\mathrm{Mn}] = \!=\!= \mathrm{Mn(g)} \tag{4-75}$$

$$\Delta G_{\mathrm{Mn}}^{\ominus} = -RT\ln\left(\frac{p_{\mathrm{Mn}}^{*}/p^{\ominus}}{a_{[\mathrm{Mn}]}}\right) = 231720 - 63.01T \ \mathrm{J/mol} \tag{4-76}$$

式中　p_{Mn}^{*}——气相中锰的分压；

$p^{\ominus}$——标准压力；

$a_{[\mathrm{Mn}]}$——以质量 1%浓度为标准态时钢中锰的活度。

锰在钢液中的活度 $a_{[\mathrm{Mn}]}$ 与钢液中其他元素的含量有关，根据 Wagner 等提出的计算方法进行计算：

$$\lg a_{\mathrm{Mn}} = \sum e_{\mathrm{Mn}}^{j}[j] + \lg[\mathrm{Mn}] \tag{4-77}$$

式中　e_{Mn}^{j}——钢液中元素 j 对锰的活度作用系数，见表 4-6；

$[j]$——元素 j 在钢液中的质量百分数；

$[\mathrm{Mn}]$——钢中锰的质量百分数。

表 4-6　钢液中不同元素对锰的相互作用系数

元素	C	Si	Mn	Cr	Ni	Al	O
e_{Mn}^{j}	-0.07	0	0	0.0039	—	—	-0.083

根据式（4-76）可得到锰饱和蒸气压与钢液中锰活度的关系[28]，如图 4-12 所示。由图 4-12 可知，随着钢液中锰活度和钢液温度的增加，锰的饱和蒸气压随之增加，钢液中的锰更容易气化。钢液温度（1517~2333K 范围）与锰平衡蒸气压的关系式为：

$$\lg\left(\frac{p_{\mathrm{Mn}}^{*}}{133.3}\right) = -\frac{14520}{T} - 3.0211\lg T + 19.24 \tag{4-78}$$

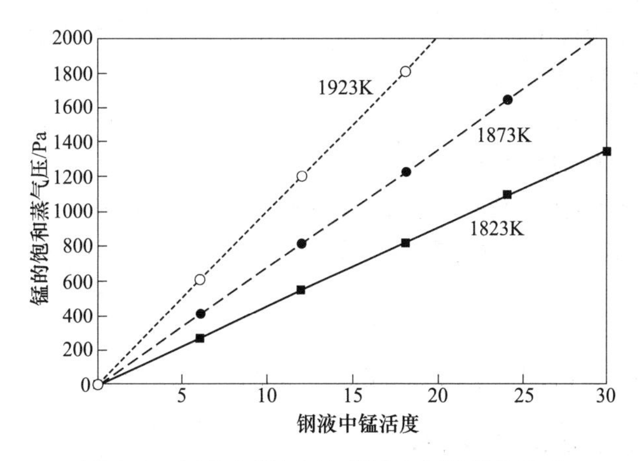

图 4-12　锰饱和蒸气压与钢液中锰活度的关系

4.4.2 钢液中锰的气化动力学

锰的气化分为三个步骤：

（1）钢液中的锰向气液相界面传质；

（2）在气液相界面发生相变，溶解态锰转变成气态锰；

（3）气态锰由气液界面向真空室气相主体传质。

VD真空处理因底吹搅拌，钢包内有着良好的动力学条件，锰的传质不应成为限制性环节。因此，决定锰气化挥发速率的就只有步骤（2）和（3），而这两个步骤都与真空度有关。真空室内的气体压强越低，步骤（2）和（3）就越容易发生。

锰的挥发动力学方程如下式所示：

$$\frac{\mathrm{d}C(t)}{\mathrm{d}t} = -\frac{A}{V}k_{\mathrm{Mn}}C(t)^{n} \tag{4-79}$$

式中 $C(t)$ ——在t时刻钢液中溶质的含量,%；

A——钢液的表面积，cm^2；

V——钢液的体积，cm^3；

k_{Mn}——锰挥发速率常数，cm/min；

n——反应级数。

当锰的挥发过程符合一阶动力学方程时，钢液中锰挥发动力学模型可以写成：

$$\ln\frac{C_{\mathrm{Mn}}^{t}}{C_{\mathrm{Mn}}^{0}} = -\frac{A}{V}k_{\mathrm{Mn}}(t - t_0) \tag{4-80}$$

$$V = \frac{m}{\rho} \tag{4-81}$$

$$\rho = \frac{1}{\dfrac{C_{\mathrm{Mn}}^{t}}{\rho_{\mathrm{Mn}}} + \dfrac{C_{\mathrm{Fe}}^{t}}{\rho_{\mathrm{Fe}}}} \tag{4-82}$$

式中 C_{Mn}^{t} ——在t时刻钢液中的锰含量,%；

C_{Mn}^{0} ——钢液中锰的初始含量,%；

$t-t_0$——时间间隔，min；

m——钢液的质量，g；

ρ——钢液的密度，g/cm^3；

C_{Fe}^{t} ——在t时刻的铁含量,%；

ρ_{Mn}，ρ_{Fe} ——分别为纯锰、纯铁的密度，g/cm^3。

钢液中锰的挥发速率$v(t)$可用下式表示：

$$v(t) = \frac{\Delta m(t)}{A\Delta t} \tag{4-83}$$

式中 $\Delta m(t)$ ——在Δt时间内锰的质量损失。

4.4.3 影响VD精炼锰烧损的主要因素

锰烧损的主要影响因素包括钢液中锰含量、VD真空度、真空保持时间以及钢液温度。

钢液的比表面积、熔渣厚度和钢液中其他元素等因素也会产生一定的影响[29]。

钢液中锰含量越高，锰活度就越高，就更容易气化。

4.4.3.1 真空度对锰烧损的影响

真空度对锰烧损的影响如图 4-13 所示。由图 4-13 可以看出，真空度越高，锰烧损量越多。当真空度为 50Pa 左右时，锰损失量高的可达到 0.06%~0.13%；当真空度大于 100Pa 时，钢液的锰损失量都小于 0.02%。

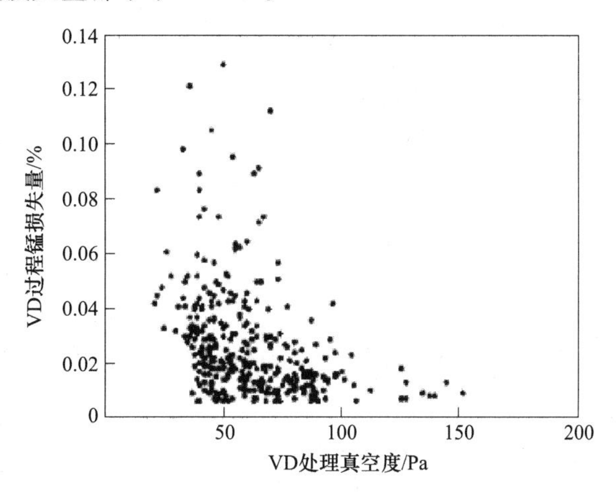

图 4-13 VD 处理过程中真空度与钢液锰损失关系

4.4.3.2 真空处理时间对锰烧损的影响

67Pa 左右的真空处理时间对锰烧损的影响如图 4-14 所示。由图 4-14 可知，随着真空时间的延长，钢液锰含量损失也相应增加。真空处理时间控制在 18min 左右，钢液锰损失量在 0.05%左右；控制在 15min 以内，锰损失量可控制在 0.03%左右。

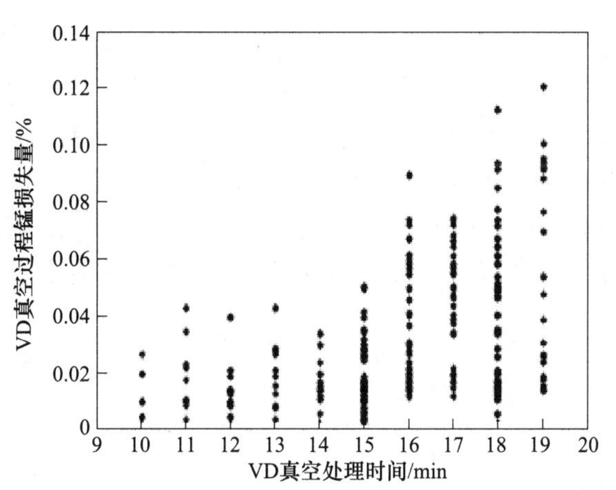

图 4-14 VD 真空处理时间与钢液锰损失关系

4.4.3.3 真空处理钢液温度对锰烧损的影响

真空处理前钢液温度对锰烧损的影响如图 4-15 所示。由图 4-15 可知，VD 进站钢液温度越高，锰损失量越多。

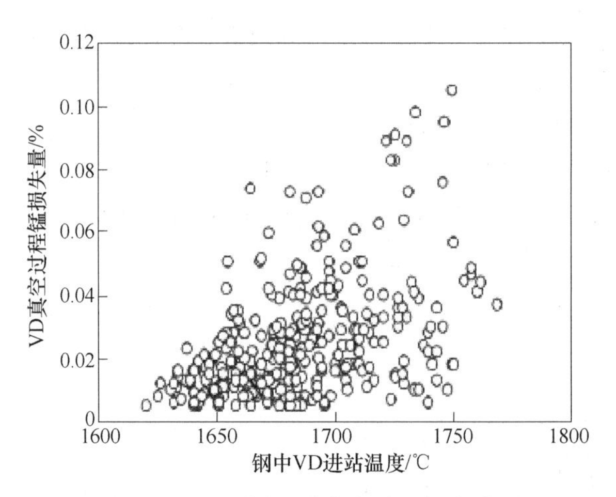

图 4-15　VD 到站温度与钢液锰损失关系

4.5　VD 精炼过程钢液温度控制工艺模型

4.5.1　VD 精炼过程钢液温度控制模型研究现状

VD 真空精炼条件下测温操作存在一定困难，且由于没有加热手段，精炼过程钢液温度逐渐降低，很难精准控制钢液的温度。因此，应通过掌握 VD 处理过程钢液温度变化规律，建立钢液温度预报模型，预报出 VD 钢液温度，然后反推至具有调温功能精炼炉，对精炼后钢液温度提出要求，实现 VD 终点钢液温度的精确控制，保证连铸浇铸温度处于最佳目标值范围，达到降低冶炼成本、缩短冶炼时间、提高冶炼效率、提高能源利用率目的。

VD 精炼过程钢液温度在线预报模型[30]可采用三层 BP 网络作为黑箱建模方法，神经网络的输入参数为：液相线温度、过热度（VD 炉初始钢液温度与液相线温度之差）、出钢量、上炉钢包的冷却时间（上炉钢包到达连铸工位至上炉出钢的时间）、上炉钢包的浸泡时间（上炉出钢至钢包到达连铸工位的时间）、钢包冷却时间（上炉钢包到达连铸工位至本炉出钢的时间）、出钢至 VD 炉开始测温的时间、VD 炉开始测温至开始高真空的时间、VD 炉保持高真空的时间以及 VD 炉开盖至测温的时间。预报结果如表 4-7 所示。

表 4-7　预报结果表

序号	误差范围/℃	炉数	检验精度/%
1	-4~4	51	67.1
2	-5~5	61	80.3
3	-6~6	68	89.5
4	-7~7	70	92.1

采用模式识别及人工神经网络相结合的方法，建立的 VD 过程钢液温度的预报模型，预报结果如图 4-16 所示[31]。

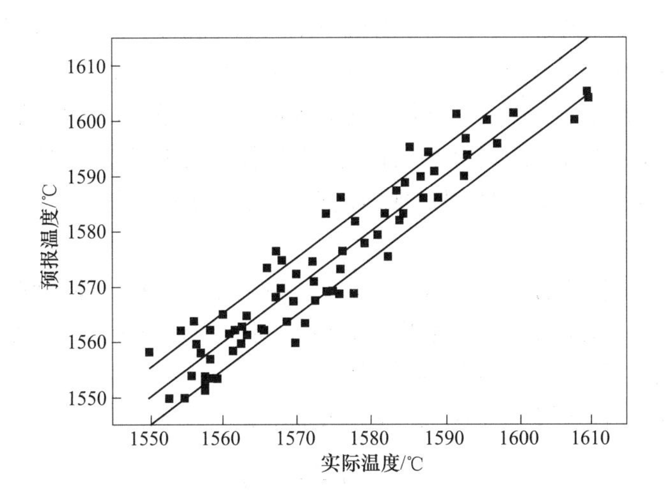

图 4-16 预报温度与实际温度比较

基于神经元网络技术开发的 VD 钢液温度的预报模型，从基础自动化系统和 L2 过程控制系统中获得所需的数据，并通过设计的输入数据对神经网络进行训练、检验和性能评价。通过二级过程计算机，以网络方式向操作人员预报并指示 VD 开盖温度[32]。

采用 MINITAB 软件确定影响 VD 过程温降的主要因素为抽真空时间、保压时间、吹氩时间、非真空时间、入 VD 钢液的过热度、LF 处理时间以及转炉出钢至 VD 初始测温之间的钢包运输时间。应用神经网络方法对 VD 处理终点的钢液温度进行在线预报，预报温度与实际测量温度之差在±5℃范围内的比例达到 93.7%[33,34]。

4.5.2 VD 精炼过程钢液温度控制模型的建立

4.5.2.1 神经网络模型的建立

VD 精炼过程相关数据具有变量多、数据复杂等特点。对数据进行预处理，可以剔除存在过失误差的数据，减少误差数据对 BP 神经网络预报的影响，提高预报精度。

离群值的检验：通常用 Nair、Grubbs、Dixon、偏度-峰度以及 t 等检验法检验离群值，一般在单个变量且样本容量较小时较为适用，而在多变量、样本容量较大时效果较差[35]。VD 精炼过程生产数据复杂，样本容量大且异常值个数不是很明确，采用常规的检验方法存在一定的局限性。

采用基于总体参数的稳健估计量（如样本分位数）的方法进行数据样本异常值的检验，即五数总括值法[36]。采用五数总括值法计算 VD 精炼过程中温降速度的异常值。

边远值的校验：采用五数总括值法计算边远值后，采用聚类分析法进行边远值的校验。

由于所研究的数据样本彼此间存在程度不同的相似性（或称亲疏关系），故将样本数据的集合看作投射在 n 维空间上点的集合，度量数据点之间的距离，以该距离作为划分类型的依据。将相似程度不同的数据点分别聚合，关系密切的聚合到一小的分类单位，关系疏远的聚合到一大的分类单位，直到所有的数据点聚合完毕，再把不同类型单位一一划分出来，形成一个由小到大的分类系统，这就是聚类分析的基本思想。

所聚合的异常值与五数总括法所判定的边远值重合，重合部分的数据为统计上高度异常数据，予以剔除，剩余数据作为 BP 神经网络建模训练和验证数据。并确定 BP 神经网络的输入变量为 5 个：抽真空时间、保压时间、吹氩时间、非真空时间和钢液进 VD 过热度。

模型构建了一个包括输入层、隐层和输出层的 3 层 BP 人工神经网络。采用 MINITAB 确定的影响 VD 过程温降的主要因素作为神经网络的输入参数，采用温降值作为输出参数，即输入层节点数为 7，输出层节点数为 1。

比较常用的确定隐含层节点数的经验公式如下：

$$m = \sqrt{l + n} + a \tag{4-84}$$

式中　l——输入层神经元数；

n——输出层神经元数；

a——1~10 之间的常数。

根据上述经验公式，通过对比分析训练样本的学习效果和检验样本的预测效果，确定隐含层节点数为 15。传递函数代表了单元输入与输出之间的关系。Sigmoid 函数具有导数容易计算，可反映输入与输出间非线性关系的特点，在实际中应用较多。这里输出层采用线性函数，隐含层采用 Sigmoid 函数[34]，即：

$$f(x) = \frac{1}{1 + e^{-x}} \tag{4-85}$$

针对原始 BP 算法收敛速度较慢，易产生局部极小值的问题，采用改进算法。该方法是在每个权值变化的基础上加一项正比于前次权值变化量的值，并根据反向传播法，产生新的权值变化。这里采用的权值调节公式为：

$$\Delta\omega_{jk}^{p} = \eta d_k^p b_j^p + \alpha\Delta\omega_{jk}^{p-1} \tag{4-86}$$

利用附加动量因子 α 可以起到平滑梯度方向剧烈变化的作用，增加算法的稳定性。同时，通过设置合理的动量因子 α 可使学习过程跳出局部极小值，得到全局极小值。α 一般取值为 0.90~0.95，经过试算后，确定动量因子 α 的取值为 0.90。学习速率 η 决定着权值改变的幅度，一般取值为 0.05~0.8，η 越大，权值改变越剧烈，可能会引起系统误差的振荡。通过反复试算，确定学习速率为 0.10。

根据实际生产数据，利用五数总括法和聚类分析法对数据进行预处理，剔除存在过失误差的数据，减少误差数据对神经网络预报精度的影响，进行数据的仿真处理。计算结果见图 4-17 和表 4-8。

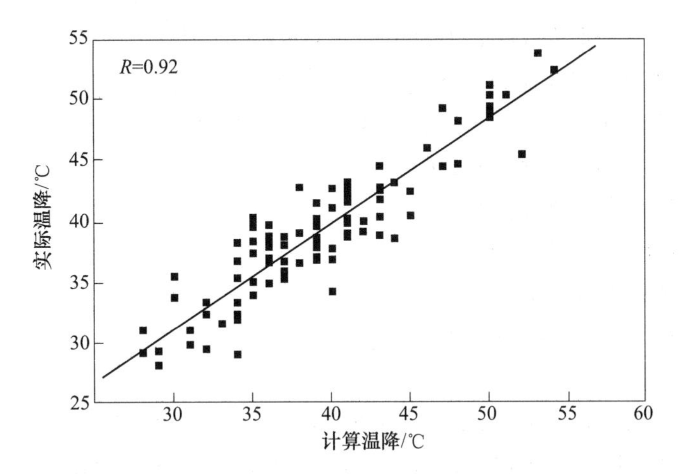

图 4-17 实时计算的温降值与实际温降值的关系

表 4-8 实时模型的预报偏差

序号	误差范围/℃	炉数	检验精度/%
1	-3~3	79	83.2
2	-4~4	84	88.4
3	-5~5	89	93.7
4	-6~6	96	98.95
5	-7~7	95	100

预报误差主要来源于以下几个方面：

（1）温度测量存在误差。目前现场测温使用一次性快速热电偶，1600℃时测温误差在±3℃；

（2）钢包状态不同产生误差。模型中不考虑钢液注入之前钢包状态的差异，只考虑钢液注入钢包后钢液的运输时间和 LF 处理时间对钢包蓄热能力的影响。实际上，钢液注入钢包之前钢包状态的差异对钢液温降也有一定的影响，主要包括上罐钢液浇铸结束至本罐钢液注入的间隔时间以及钢包烘烤情况，但由于钢包烘烤的效果不稳定，无法定量判断钢包的热状态，因此模型中并没有考虑这方面的影响。

4.5.2.2 机理模型的建立

机理模型表达式为[37]：

$$T = T_1 - \frac{Q}{MC_{gs}} \tag{4-87}$$

$$Q = h_{Tlc1}(T_{wlc1} - T)A_{lc}t_1 + h_{Tlc1}(T_{wlc2} - T)A_{lc}t_2 + h_{Tlc3}(T_{wlc3} - T)A_{lc}t_3 + C_{kq2}\rho_{kq2}V_{kq2}(T_{wgs} - T) + C_{kq3}\rho_{kq3}V_{kq3}(T_{wgs} - T) + h_{Tzm1}(T_{wzm3} - T)A_{zm}t_3 + h_{Tzm3}(T_{wzm3} - T)A_{zm}t_1 \tag{4-88}$$

式中 T，T_1——分别为钢液的终点温度、初始温度；

M，C_{gs}——分别为钢液的质量、比热容；

ρ_{kq}，V_{kq}——分别为气体的密度、体积；

T——VD 炉周期的环境温度，为恒定值；

h_{Tzmi}，h_{Tlci}——分别为各个时间段渣面和 VD 炉炉衬的联合传热系数；

T_{wlci}，T_{wzmi}，T_{wgs}——分别为 VD 炉炉衬、钢液渣面、抽真空、破真空时气体吸热后的温度；

A_{lc}，A_{zm} ——分别为 VD 炉炉衬、钢液渣面的表面积。

由于现场检测设备等客观条件制约，可将机理模型简化合并后形成如下形式[38]：

$$Q = h_{Tlc}(T_{wlc} - T)A_{lc}t + C_{kq}\rho_{kq}V_{kq}(T_{wgs} - T) + h_{Tzm}(T_{wzm} - T)A_{zm}t_4 \tag{4-89}$$

式中　h_{Tlc} ——VD 炉炉衬的联合散热系数；

h_{Tzm} ——钢液渣面的联合散热系数；

T_{wlc} ——VD 炉炉衬的表面温度；

T_{wzm} ——钢液渣面的温度；

t_4 —— t_1、t_3 时间段的总和。

4.5.2.3　混合模型

由于简化机理模型有很多前提条件和理想假设，计算 VD 炉钢液终点温度，会与实际结果产生一定误差。因此，考虑采用并行结构的混合建模方法，如图 4-18 所示。

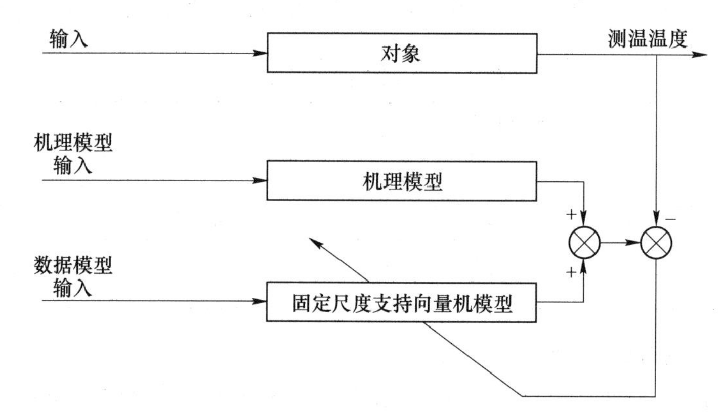

图 4-18　并行结构 VD 炉钢液湿度预报混合模型示意图

由图 4-18 可知，将简化的机理模型与数据建模相结合来实现钢液温度的预报。首先将复杂的，无法计算的机理模型简化，利用简化了的机理模型计算 VD 炉钢液终点温度，通过数据模型就机理模型的预报误差进行学习。并将数据模型与机理模型的结果进行叠加，将数据模型与机理模型的叠加结果作为混合模型的输出。这种混合建模的方法既可以解决机理模型无法准确计算以及难以被生产现场采用的不足，又可克服数据模型过分依赖数据，缺乏工艺指导以及预报精度很难提高的缺点。

混合模型的输入分为机理模型与数据模型的输入。每组机理模型样本的输入为 t_1，t_3，t，T_1，M，分别为 VD 炉第一次测温到开始抽真空时间，破真空到 VD 炉第二次测温的时间，VD 炉冶炼时间，第一次测温温度，钢液质量。其他参数均为冶炼经验值或由查相关资料得到。

数据模型采用的是基于固定尺度支持向量机的模型，数据模型的输入根据纯数据模型的输入得到。输入有 6 个，分别为：

（1）抽真空时间，即 VD 炉开始抽真空到开始保持真空时间段；

（2）保持真空时间，即保持高真空时间段；

（3）冶炼时间，即 VD 炉总的冶炼时间；

（4）钢液中 N、H、O 含量；

(5) 抽真空阶段氩气的流量;

(6) 保持真空阶段氩气的流量。

机理模型结合固定尺度支持向量机的VD钢液终点温度模型的过程如下:

(1) 整理现场实际数据，得到用于VD炉终点钢液温度预报所需要的输入参量和实际终点温度。输入参量即影响钢液终点温度的各个因素。

(2) 建立机理模型，利用机理模型计算终点钢液温度。

(3) 计算机理模型预报的终点钢液温度与现场实际终点钢液温度的差值。

(4) 利用这个差值与固定尺度支持向量机的输入参量训练神经网络。

(5) 将固定尺度支持向量机的输出加上机理模型预测的终点温度，这个结果即为混合模型预报的终点钢液温度。

4.5.3 影响VD精炼过程钢液温度的因素

4.5.3.1 钢液过热度对VD过程温度的影响

钢液过热度是指VD炉初始钢液温度与液相线温度之差。钢液过热度对精炼过程温度的影响如图4-19所示[32]。由图4-19可知，随着钢液过热度的提高，VD精炼过程钢液温降值增加。

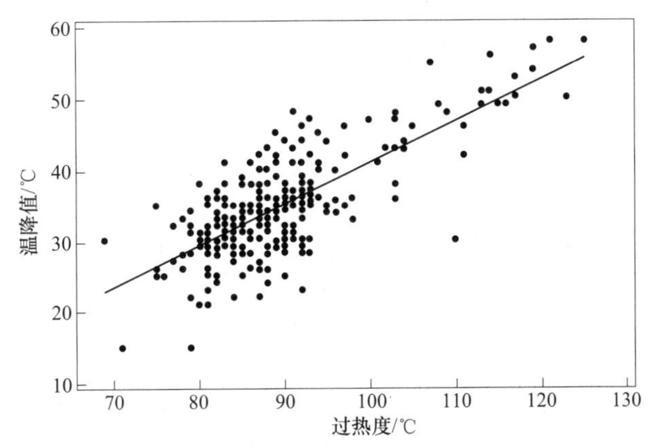

图4-19 VD精炼过程温降与钢液进VD过热度的关系

4.5.3.2 处理时间对VD过程钢液温度的影响

处理时间对VD精炼过程钢液温降的影响如图4-20所示[32]。从图4-20可以看出，随着进VD过程处理时间的延长，VD精炼过程钢液温降值增加。

4.5.3.3 吹氩时间对VD过程钢液温度的影响

吹氩时间对VD精炼过程温降的影响如图4-21所示[32]。从图4-21可以看出，随吹氩时间延长，VD精炼过程钢液温降值增加。

4.5.3.4 LF精炼时间对VD过程钢液温度影响

LF是向VD提供合格钢液的关键工序，因此LF炉的终点温度是影响VD炉钢液离站温度的主要因素之一。LF精炼周期过短时，用于提升、均匀钢液温度的时间不足，易造成钢液温度不均匀，钢包蓄热不充分，在VD炉抽真空过程中，钢包会进一步吸热，保温

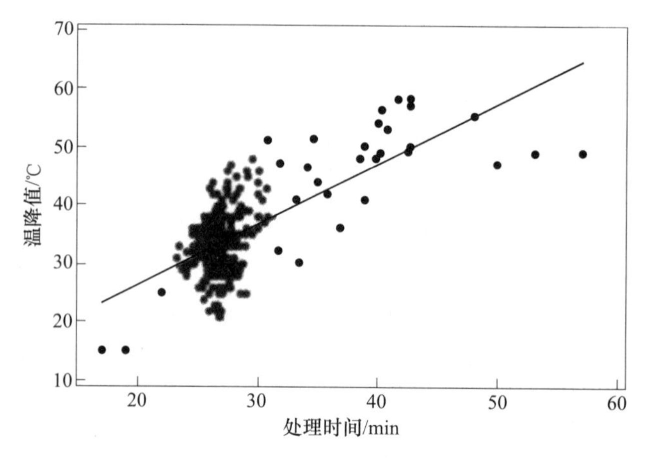

图 4-20 VD 精炼过程温降与处理时间的关系

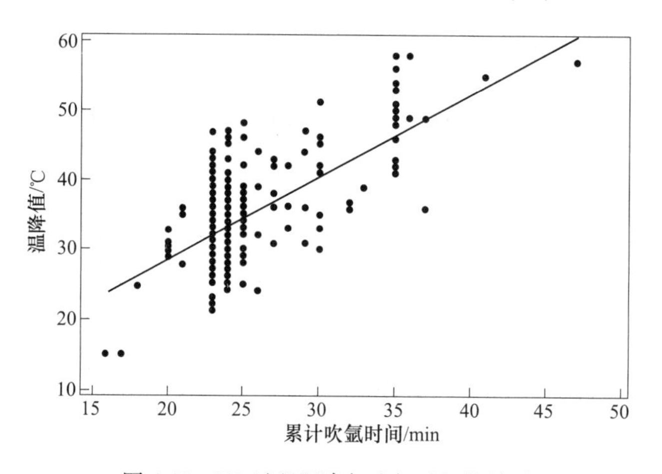

图 4-21 VD 过程温降与吹氩时间的关系

效果差，钢液离 VD 站温度低；或是因 LF 炉处理时间不足，难以命中目标温度，最终导致连铸浇次中断或关流处理。另外，如果某工序周期过长，必将导致其他工序或下一炉钢液在该工序时周期不足，不利于 VD 炉钢液温度的有效控制。

4.5.3.5 钢包周转对 VD 过程钢液温度的影响

准确掌握钢包信息，随时查询钢包停浇时间、钢包使用次数、烘烤起止时间、钢包冷修情况等信息，以便调整 VD 炉的操作，精确控制离 VD 站温度。

4.5.3.6 其他因素对 VD 过程钢液温度的影响

VD 炉处理时间进 VD 钢液温度不同，以及钢种本身的特性，抽真空时间相同情况下，过程钢液温降不同。

本章小结

（1）VD 真空精炼的主要工艺参数包括真空室真空度、真空泵抽气能力、氩气流量、处理时间等，可以实现钢液脱气、深脱硫、降低总氧和夹杂物含量，真空后一般要进行弱吹氩搅拌，为卷入钢液中的渣及随流场带入钢液中的夹杂物提供上浮的动力及时间。

（2）VD 精炼过程的脱硫以熔渣脱硫为主，真空极大地改善了脱硫所需的动力学条件，加速了脱硫反应的进行，促进了脱硫。VD 精炼前钢液硫含量、炉渣成分与渣量、真空与吹氩搅拌、钢液温度、精炼时间等因素会影响 VD 精炼的脱硫效果。

（3）VD 真空精炼可有效降低钢液中氮含量和氢含量。影响 VD 精炼脱氮效果的因素包括钢液中氧含量和硫含量、吹氩量、熔渣及渣量、真空度、初始氮含量等；影响 VD 精炼过程的脱氢效果的因素包括钢液中原始氢含量、真空度、真空保持时间、吹氩量、吹氩强度、炉渣性质、渣量等。

（4）VD 真空精炼过程，锰会因真空产生气化烧损。钢液中锰含量、真空度、真空处理时间、钢液温度等是影响锰烧损的原因。

（5）入 VD 初始钢液温度、VD 精炼时间、高真空保持时间、钢液量等是影响 VD 精炼过程钢液温度的主要因素，考虑影响 VD 精炼过程钢液温度的因素，建立模型，实现钢液温度的预报，有助于连铸钢液过热度的精准控制。

思考题

（1）简述 VD 精炼的工艺、功能、设备及精炼效果。

（2）VD 精炼脱硫的机理及影响因素是什么？

（3）VD 真空脱气热力学、动力学及影响脱氮脱氢的因素有什么？

（4）简述 VD 精炼过程锰气化烧损的热力学、动力学及降低锰烧损的措施。

（5）简述影响 VD 精炼过程钢液温度的因素及机理模型的建立。

参考文献

[1] 王天瑶，麻晓光，赵保国．新建 VD 的技术特点及冶金效果［J］．炼钢，2010，26（3）：18-21.

[2] 张辉．机械真空技术在宝钢特钢 VD 炉的应用实践［J］．宝钢技术，2016（3）：51-54.

[3] 罗辉，江成斌，曹云星．干式机械泵真空系统在 40t VD 炉的应用实践［J］．宝钢技术，2015（6）：65-69.

[4] 吉安昌．机械泵真空系统在 VOD 炉、VD 炉中的应用［J］．特钢技术，2018，24（4）：58-62.

[5] 陈迪庆，李小明，胡忠玉．100t VD 精炼对钢液脱气和除非金属夹杂的作用［J］．炼钢，2004（5）：18-21.

[6] 曲英．炼钢学原理［M］．北京：冶金工业出版社，1994：249.

[7] 易继松，王平，傅杰，等．VD 过程脱硫速度控制模型及应用［J］．钢铁，1999（12）：12-14.

[8] Carlsson G, Bramming M, Wheeler C. Top slag and gas pouring: A low-budget method for desulfurizing steel in the ladle [J]. Iron Steelmaking, 1987, 14: 31-34.

[9] Morrison W B. Nitrogen in the steel product [J]. Ironmaking Steelmaking, 1987, 16 (2): 123-128.

[10] 黄希祜．钢铁冶金原理［M］．北京：冶金工业出版社，1981.

[11] 张鉴．炉外精炼的理论与实践［M］．北京：冶金工业出版社，1993.

[12] Riboud P V, Gatellier C. New products: What should be done in secondary steelmaking? [J]. Ironmaking & Steelmaking, 1985, 12 (2): 79-86.

[13] 王平，马廷温，张鉴．钢包真空吹氩搅拌功率的估计［J］．钢铁，1991（5）：18-20.

[14] 傅杰，等．特种冶金［M］．北京：冶金工业出版社，1982：63.

[15] Harada T, Janke D. Nitrogen desorption from pure iron melts under reduced pressure [J]. Steel Research, 1989, 60 (8): 337-342.

[16] Takahashi M, Matsuda H, Sano M, et al. Rate of nitrogen desorption from molten iron by Ar gas injection [J]. Tetsu-to-Hagané, 1986, 72 (3): 419-425.
[17] 王绍亭, 陈涛. 动量、热量与质量传递 [M]. 天津: 天津科学技术出版社, 1986.
[18] Byrne M, Belton G R. Studies of the interfacial kinetics of the reaction of nitrogen with liquid iron by the 15 N-14 N isotope exchange reaction [J]. Metallurgical Transactions B, 1983, 14: 441-449.
[19] Ban-ya S, Ishii F, Iguchi Y, et al. Rate of nitrogen desorption from liquid iron-carbon and iron-chromium alloys with argon [J]. Metallurgical Transactions B, 1988, 19: 233-242.
[20] Takahashi M, Matsuda H, Sano M, et al. Rate of nitrogen desorption from molten iron by Ar gas injection [J]. Tetsu-to-Hagané, 1986, 72 (3): 419-425.
[21] Choh T, Moritani T, Inouye M. Kinetics of nitrogen desorption of liquid iron, liquid Fe-Mn and Fe-Cu alloys under reduced pressures [J]. Transactions of the Iron and Steel Institute of Japan, 1979, 19 (4): 221-230.
[22] Choh T, Takebe T, Inouye M. Kinetics of the nitrogen desorption of liquid Fe-Cr alloys under reduced pressure [J]. Tetsu-to-Hagané, 1981, 67 (16): 2665-2674.
[23] Harashima K, Mizoguchi S, Kajioka H, et al. Kinetics of nitrogen desorption from liquid iron with low nitrogen content under reduced pressures [J]. Tetsu-to-Hagané, 1987, 73 (11): 1559-1566.
[24] Wu W P, Lange K W, Janke D. Experimental investigation and model simulation of microkinetics of nitrogen transfer between iron melts and vacuum [J]. Ironmaking & Steelmaking, 1995, 22 (4): 295-302.
[25] Bannenberg N, Bergmann B, Gaye H. Combined decrease of sulphur, nitrogen, hydrogen and total oxygen in only one secondary steelmaking operation [J]. Steel Research, 1992, 63 (10): 431-437.
[26] Thomas J, Scheid C, Geiger G. Nitrogen control during EAF steelmaking [J]. Iron and Steelmaker (USA), 1993, 20 (9): 61-62.
[27] 张建平, 龚志翔, 刘国平, 等. 90t LF/VD (EMS) 真空脱氢工艺 [J]. 特殊钢, 1999 (6): 36-38.
[28] 孔令种, 邓志银, 朱苗勇. 中高锰钢在真空精炼过程中的气化行为 [J]. 特殊钢, 2018, 39 (4): 17-19.
[29] 杨丽梅, 印传磊, 马建超, 等. VD 炉真空处理过程中钢水锰损的分析研究 [J]. 现代冶金, 2017, 45 (6): 31-33.
[30] 李亮, 姜周华, 王文忠, 等. 应用神经网络技术预报 VD 炉终点钢水温度 [J]. 钢铁研究学报, 2003 (3): 56-59.
[31] 刘晓, 徐荣军, 顾文兵, 等. 基于模式识别和神经网络的 VD 温度预报模型 [C]. 中国金属学会 2003 中国钢铁年会论文集, 2003: 763-768.
[32] 赵成林, 张维维, 李德刚, 等. 基于 BP 神经网络的 VD 过程温降预报模型 [J]. 炼钢, 2010, 26 (3): 47-50.
[33] 赵国威, 樊海峰, 郭峻岭. 神经元网络在 VD 温度预报模型中的应用 [J]. 控制工程, 2006 (3): 227-229.
[34] 赵成林, 张维维, 李德刚, 等. VD 真空精炼温度预报模型 [J]. 钢铁研究学报, 2011, 23 (12): 9-12.
[35] 李云雁, 胡传荣. 实验设计与数据处理 [M]. 北京: 化学工业出版社, 2008.
[36] 冯明霞, 李强, 邹宗树. 转炉终点预测模型中异常数据检验的研究 [J]. 中国冶金, 2006 (9): 27-31.
[37] 胡晓达. 基于固定尺度支持向量机的 VD 炉钢水终点温度预报 [D]. 沈阳: 东北大学, 2013.
[38] 李木森. VD 炉终点参数预报模型及应用 [D]. 沈阳: 东北大学, 2008.

5 RH 精炼技术

内容提要

本章介绍了 RH 精炼工艺、设备、作用及发展，揭示了 RH 精炼过程脱碳理论、碳脱氧工艺现状和影响 RH 脱碳速率的因素。阐述了 RH 精炼过程氧含量、硫含量、脱磷及夹杂物控制技术和氢、氮含量控制技术，分析了真空室预热温度对钢液温度的影响。描述了 RH 精炼全自动控制基础及目的、RH 工艺模型的研究和如何实现 RH 精炼全自动化。

5.1 RH 精炼技术概况

5.1.1 RH 精炼技术简介

RH 精炼的全称为 RH 真空循环脱气精炼法，是由联邦德国鲁尔公司（Ruhrstahl）和海拉斯公司（Heraeus）于 1956 年前后共同开发的真空精炼设备，因此被称为 RH。如图 5-1 所示，钢液脱气在砌有耐火材料内衬的真空室内进行。

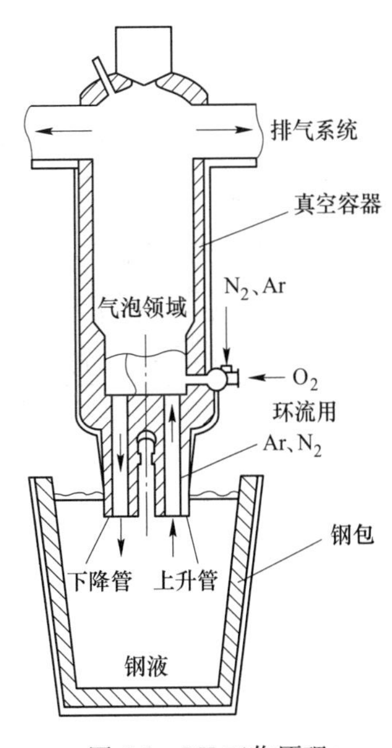

图 5-1 RH 工作原理

脱气时，将浸渍管（上升管、下降管）插入钢液中。当真空室抽真空后，钢液从两根管子内上升到压差高度。根据气力提升泵的原理，从上升管下部约 1/3 处向钢液吹入氩等驱动气体，使上升管的钢液内产生大量气泡核，钢液中的气体就会向氩气泡扩散，同时气泡在高温与低压的作用下，迅速膨胀，使其密度下降。于是钢液溅成极细微粒呈喷泉状以一定的速度喷入真空室，钢液得到脱气。脱气后，由于钢液密度相对较大，沿下降管流回钢包。即实现了钢液从钢包到上升管到真空室，再经下降管到钢包的连续循环处理过程。

如此反复循环，一段时间以后，整包钢液都会通过真空室并且得到真空处理。RH 操作过程如图 5-2 所示。

首钢京唐 300t RH 精炼工艺如图 5-3 所示。由于 RH 处理时间短、效率高、能够与转炉连铸匹配的优点而被大量采用。钢液从下降管流入钢包时的速度与真空室内钢液的高度

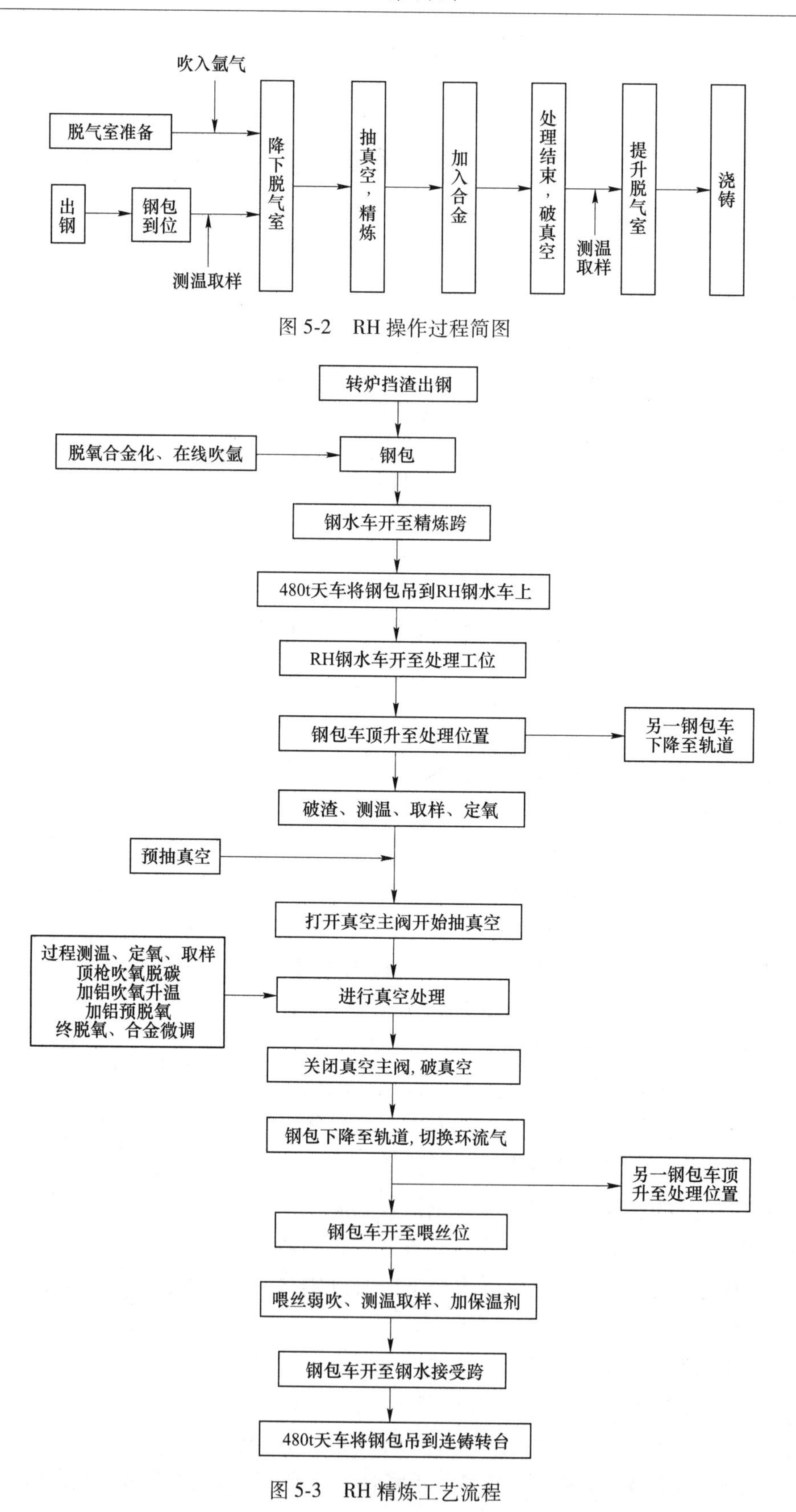

图 5-2 RH 操作过程简图

图 5-3 RH 精炼工艺流程

有关，其关系如式（5-1）所示[1]：

$$v = \sqrt{2g\Delta H} \tag{5-1}$$

式中　ΔH——真空室内钢液的高度，m。

通过式（5-1）可以得出钢液下降的速度与 ΔH 成正比，因此，可以增加 ΔH 来加大循环频率，增强搅拌，提高 RH 真空精炼的效率。

5.1.2　RH 精炼设备

RH 精炼设备系统主要由以下部分组成：

（1）钢包台车系统。钢包台车系统包括钢包车移动系统、液压装置、钢包吹氩装置、保温剂投入装置、喂丝机等装置。

在钢包接收位接收从 LF 炉/转炉（电炉）来的钢包，将钢包车（速度可调，由变频器控制）开到处理位，由液压升降系统将钢包车提升到真空处理高度，处理完成后，钢包车下降到处理位，然后到保温剂添加位置进行喂丝、添加保温剂，保温剂添加完成后，用吊车将钢包吊至连铸平台。

（2）真空室系统。真空处理过程中，真空室产生的高温烟气在真空系统抽力带动下进入气体冷却器，经气体冷却器冷却的同时除去烟气中的粗颗粒粉尘，然后经真空管道及真空阀进入真空泵系统，真空泵系统中蒸汽喷射泵为抽真空的动力源。冷却器用于冷凝废气中的水蒸气，以减轻后续真空泵的负荷，同时可对废气进行洗涤除尘。第三级、第四级各为两泵并联主要是为了提高真空泵系统的抽气能力及缩短抽气时间。为了避免废气中过量的 CO 排入大气，在排空管道出口设有废气烧嘴，当 CO 浓度高时，废气烧嘴自动点火燃烧，将废气中的 CO 燃烧后再排空。

（3）合金加料系统。合金加料系统包括高位料仓、称量料斗（或称量台车）、真空料斗、皮带机组、旋转溜槽等。高位料仓设料位检测 PLC 计算、管理、监视高位料仓的料位，在料仓供料量满足加料要求的情况下按照设定的合金料仓和重量进行称量，并将称量好的合金根据合金种类控制皮带机转运到相应的真空料斗或旁通管中，加入到真空槽里。

（4）顶枪系统。顶枪系统主要控制顶枪的升降、各种气体的流量、燃烧控制等。顶枪系统包括顶枪枪体、顶枪升降装置、顶枪密封装置和顶枪阀站。

顶枪的加热煤气阀和氧气阀直接由烧嘴控制单元控制，TOB 烧嘴加热控制系统包含两个独立的控制回路，一个是加热煤气流量控制回路，一个是氧气流量控制回路，都采用 PID 控制，由 PLC 的中央处理器完成 PID 控制任务[2-4]。O_2 与 CO 的流量配比系数存储在 PLC 中，操作员可以根据现场实际修改。

枪位指的是 TOB 枪枪头距离真空室底部的距离。在不同处理模式下，TOB 枪的枪位是不同的。其工作位置分为大气加热位、去瘤位、待机位、真空室交换位。运行方式分为高速上升、低速上升、高速下降、低速下降。

（5）测温取样系统。测温取样系统包括两支枪，一支枪用于在大气状态或真空处理状态测温定氧或取样，另一支枪用于破渣。一般在中控室外的就地操作箱操作测温定氧取样枪和破渣枪。现场信号灯指示测温定氧状态：准备好、正在测量中、测量结束和现场操作箱显示温度值，以便操作工确认测温定氧是否成功。取样后通过计算机送样系统传到综合化验室化验。在操作站显示钢液温度值、氧含量、氢含量等。测温取样枪的插入深度通过极限开关来控制调整。

（6）净空与渣厚。由于浸渍管高度等条件的限制，为避免安全事故的发生，RH 精炼设备在生产时对净空设定了一定要求，钢包净空小于 200mm 或大于 1200mm 时均不能进 RH 精炼站进行处理。

渣面过厚过硬对测温取样造成一定困难，抽真空、破空时存在吸渣及烧环流管的隐患，因此，要求进入 RH 生产的钢液其渣厚应小于 150mm。

（7）真空槽及钢包。真空槽达到使用要求，规定其内壁烘烤温度应不低于 1200℃，此外提升气体阀前压力为 1.2~1.5MPa，阀后压力为 1.0MPa，确认供氩气管路通气且分布均匀，方可进行 RH 处理。浸渍管内涨高度大于 200mm，侧面粘钢渣高度大于 150mm，必须进行清理。

钢包要求必须清洁，钢包包沿结渣钢宽度或高度大于 100mm，顶升时会对氩气管环流管造成伤害，因此不能进入 RH 处理；其他部位若结渣钢宽度或高度大于 150mm 则不能进入 RH 处理。

（8）蒸汽需求。蒸汽总管压力要求不低于 1.5MPa，且要求为过热蒸汽，蒸汽温度在 190~210℃之间；当蒸汽总管进气阀前工作压力低于 1.3MPa 时，RH 因动力不足不能进行处理钢液。

RH 的装备水平将直接影响 RH 的脱碳能力和处理效果，表 5-1 为国内外钢厂典型 RH 装置参数的比较。

表 5-1 国内外先进 RH 装备参数表

名称	首钢京唐	宝钢 4 号	武钢 2 号	君津 2 号
钢包容量/t	300	300	250	300
真空室内径/mm	2524	2500	—	—
浸渍管内径/mm	750	750	750	750
抽气能力/$kg \cdot h^{-1}$	1250	1500	1200	1000
吹气能力/$NL \cdot min^{-1}$	4000	4000	5800	4000

宝钢、武钢和新日铁君津 RH 的生产实践表明[5]：250~300t RH 真空抽气能力在 1100~1250kg/h，浸渍管内径不小于 750mm，最大提升气体流量不小于 4000NL/min，可满足生产超低碳 IF 钢高效精炼的需要。

从表 5-1 还可看出，国内 RH 设备已达国际先进水平。首钢京唐 RH 较大的抽气能力可以在短时间内将钢中碳含量脱除至 0.001%以下；新日铁君津 2 号 RH 将提升气体流量提高至 4000NL/min 后，真空处理 11min 后，钢液碳含量可降至 0.001%以下。

5.1.3 RH 精炼的作用

发明 RH 精炼的最初目的是去除大型、高级铸锻件和优质轧材用钢中的氢和非金属夹杂物。由于 RH 精炼技术的不断开发和设备的不断完善，其功能逐渐扩展，已成为多功能的炉外精炼装置，用于钢液脱碳、脱氧、成分控制、吹氧升温、超低碳冶炼、脱硫、脱磷和改变夹杂物形态等。如图 5-4 所示，RH 精炼的作用主要包括脱气、钢液精炼、调整钢液成分和温度。

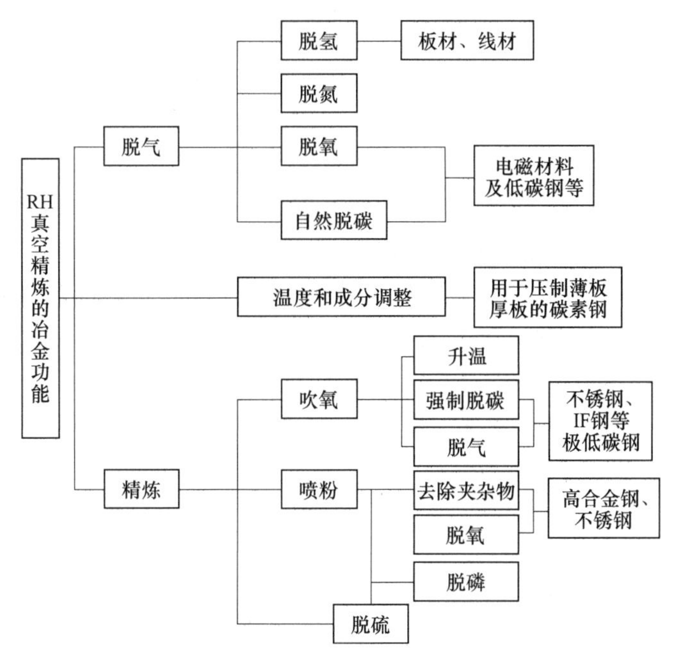

图 5-4 RH 精炼的作用

（1）脱除钢液中的气体。RH 处理过程中，通过真空室内氢、氮等气体分压降低，脱除钢中氢、氮，而且由于吹入的驱动气体在上升管内生成大量气泡，进入真空室的部分钢液呈细小的液滴，且处于沸腾状态，增大了钢液脱气表面积，有利于脱气的进行。一般脱氢率 50%~80%，脱氮率 15%~25%（如果经 LF 脱氧后，再进行 RH 处理，脱氮率会更高），可实现 [H]$\leqslant 2\times10^{-6}$、[N]$\leqslant 30\times10^{-6}$，特别是钢中氢含量可以降到 1×10^{-6}以下。如果不脱氧或弱脱氧钢液进入 RH 精炼，不仅能脱除钢液中的溶解氧，还能进行自然脱碳，降低钢液中碳含量。

（2）精炼钢液：

1）利用真空强制脱碳。为满足钢种和多炉连浇的要求，提高 RH 脱碳速度、缩短脱碳时间是超低碳钢冶炼的关键问题。一般在 25min 处理周期内可生产 [C]$\leqslant$0.002%的超低碳钢。脱碳初期，真空室压力快速下降，加速脱碳。在脱碳过程中，钢液中的碳和氧反应形成一氧化碳并通过真空泵排出。

如果钢中氧含量不够，可通过顶枪吹氧提供氧气。脱碳结束时，通过加铝进行钢液脱氧。RH 脱碳的最佳成分范围应控制在 [C]=0.03%~0.04%，[O]=0.05%~0.065%。此成分范围的钢液脱碳处理后 [C]、[O] 均较低，减少了脱氧用铝量，有利于提高钢液洁净度。

2）加铝粒脱氧并去除夹杂物。加铝粒脱除钢液中的溶解氧，其反应式为：

$$2[Al] + 3[O] = Al_2O_3 \quad (5\text{-}2)$$

进入 RH 后开始抽真空，钢液在真空环流气体驱动下，具备强烈的动力学条件，钢中的夹杂物在钢液循环过程中均匀弥散分布，通过与炉渣的接触去除。

3）喷粉脱硫、脱磷。向上升管下方或真空室内喷吹石灰，由于石灰的粒度较小，且与钢液的接触面积较大，熔化较快，因而可进行深脱硫或脱磷。其反应式为：

$$[S] + CaO = CaS + [O] \tag{5-3}$$

$$2[P] + 5[O] = (P_2O_5) \tag{5-4}$$

$$4(CaO) + (P_2O_5) = (4CaO \cdot P_2O_5) \tag{5-5}$$

（3）钢液温度和成分调整。RH 处理过程中钢包内钢液表面有保护渣覆盖，保温效果好，一般处理温降约为 20~30℃。采用吹氧加铝粒，依靠铝氧反应产热来提升钢液温度。RH 精炼过程也可以向真空室加入合金，调整钢液成分。

与其他方法相比，RH 精炼具有如下优点：

（1）适用于大批量钢液的处理，生产能力大。RH 适用于大批量的钢液脱气处理，操作灵活，运转可靠。

（2）处理周期短。RH 的处理速度快，完成一次完整的处理约需 15min，其中 10min 真空处理，5min 合金化和混匀。

（3）脱气效果好，处理过程温降小。

（4）适用范围较大。同一设备能处理不同容量的钢液，可形成批量生产特殊钢的工艺体系。

正是由于 RH 精炼具有上述优点，迅速获得了广泛应用和发展。形成了针对不同冶金目的和所达到的冶金指标，采用不同 RH 处理的生产模式，如图 5-5 所示。

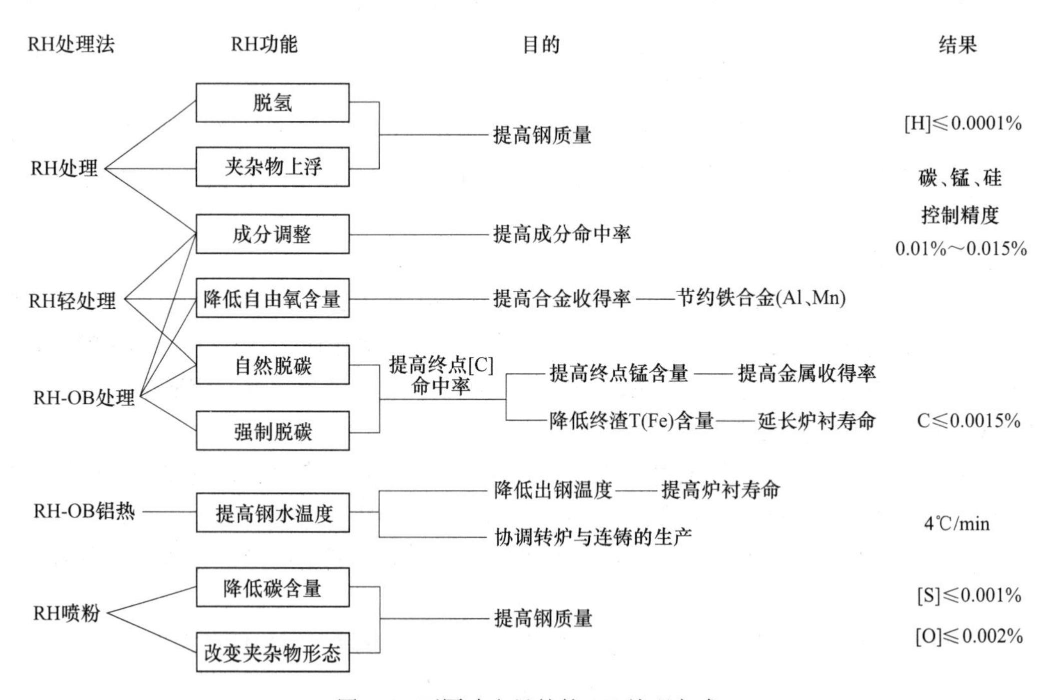

图 5-5　不同冶金目的的 RH 处理方式

5.1.4 RH 精炼工艺的发展

RH 精炼经过多年的发展变革，出现了不同的处理方式，包括 RH-O 法、RH-OB 法、RH-IJ 法、RH-PB 法、RH-KTB 法以及 RH-MFB 法等。

5.1.4.1 RH-O 法

1969 年德国蒂森钢铁公司恒尼西钢厂 Franz Josef Hann 博士等人开发了 RH-O 真空吹氧技术，如图 5-6 所示。第一次用铜制水冷氧枪从真空室顶部向真空室循环的钢液表面吹氧，强制脱碳、升温，用于冶炼低碳不锈钢。由于工业生产中氧枪结瘤和氧枪动密封问题难以解决，而当时 VOD 精炼技术能较好满足不锈钢生产的要求，故 RH-O 技术未能得到广泛应用。

5.1.4.2 RH-OB 法

1972 年，日本新日铁开发了 RH-OB（Oxygen Blowing）真空吹氧技术，这种技术与转炉一起使用，可以生产含铬不锈钢[6]。通过 RH-OB 真空氧气法强制脱碳，然后通过铝吹炼提高钢液温度，生产铝镇静钢，减轻了转炉的冶炼负担，提高了转炉的运行率，减少了脱氧剂的消耗。

RH-OB 是在 RH 真空室的侧壁上安装一支氧枪，向真空室内的钢液表面吹氧。氧枪采用双重管喷嘴，埋在真空室底部侧墙上，喷嘴通氩气保护，如图 5-7 所示。后来新日铁室兰厂和名古屋厂开发了将氩气或乳化油冷却的 OB 喷嘴埋入 RH 的真空室吹氧技术，通过增加吹入真空室的氩气和乳化油的用量，增大反应界面和搅拌力，称为 RH-OB-FD。与转炉一起使用，可以生产含铬不锈钢。中国宝钢从 1985 年 11 月采用 RH-OB 技术，可以处理 40 多种钢材，钢材合格率为 99.3%，钢材中的夹杂物明显减少。

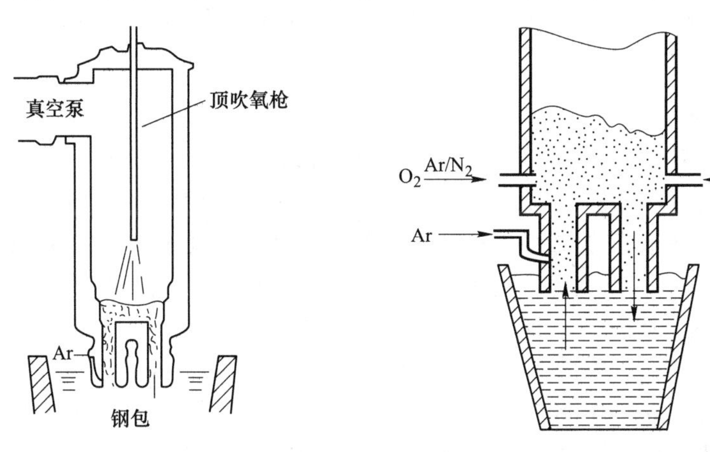

图 5-6 RH-O 技术示意图

图 5-7 RH-OB 技术示意图

RH-OB 技术由于快速脱碳而迅速推广，但是也存在一些缺点，如喷嘴寿命低、飞溅严重造成真空室内产生冷钢结瘤等，真空泵抽真空能力受到制约，一定程度上阻碍了 RH-OB 的快速发展[7]。

5.1.4.3 RH-IJ 法

1983 年，日本新日铁大分厂开发了 RH-IJ 法。此方法是在进行 RH 处理的同时，用插入 RH 真空室上升管下部的喷枪向钢液内喷吹氩气和合成渣粉料的方法。如图 5-8 所示，RH-IJ 主要强化脱硫，可同时完成脱硫、脱氢、脱碳、减少非金属夹杂物和调整成分的目的。

5.1.4.4 RH-PB 法

1987 年新日铁名古屋工厂开发了 RH-PB 工艺(Powder Blowing)，用于生产超低硫([S]≤0.001%)、超低碳和超低磷钢，并降低氢含量。它采用原装 RH-OB 真空室底部的氧气喷嘴，依靠载气将粉剂通过 OB 喷嘴吹入钢液。RH 真空室下部两个喷嘴，可以利用切换阀门改变成吹氧方式，如图 5-9 所示。通过加铝可使钢液升温，速度达 8~10℃/min，同时还具有良好的去氢效果，不会影响传统的 RH 真空脱气的能力，不吸氮[8]。这种方法在脱氢、脱硫、脱碳、脱氮方面效果显著。

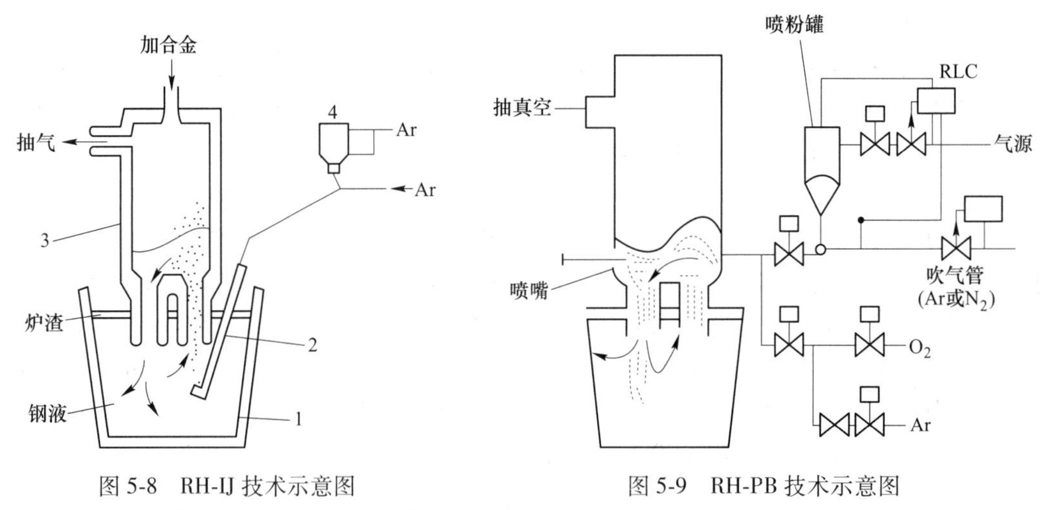

图 5-8 RH-IJ 技术示意图

1—钢包；2—喷枪；3—脱气室；4—喷粉罐

图 5-9 RH-PB 技术示意图

5.1.4.5 RH-KTB 法

RH 处理过程中钢液的温降相对较大，采用普通 RH 真空脱碳工艺，需要更高的转炉出钢温度。1986 年，日本川崎钢铁公司为满足汽车工业的快速发展，要求努力降低钢中碳含量以确保冷轧板具有良好的塑性、拉伸性、非时效性，开发了 RH-KTB（Kawasaki Top Blowing）真空吹氧技术，以满足冷轧超低碳钢的生产工艺要求[9]。KTB 法是利用氧枪向真空室内钢液供应氧气，如图 5-10 所示。

与常规 RH 工艺相比，RH-KTB 的应用效果是[10]：

(1) 降低热损失。在 RH-KTB 法中，30%氧用于 CO 气体二次燃烧，二次燃烧率为 60%，可以补偿 RH 处理期间的热损失，降低转炉出钢温度 26℃。

(2) 提高脱碳率。可以在更高的转炉出钢碳含量下，生产超低碳钢，不会延长 RH 真空处理时间，还可以减轻转炉的负担，转炉出钢碳含量可从 0.025%提高到 0.05%。

(3) RH-KTB 脱气结束时，炉渣中 TFe 含量和钢液中总氧含量稳定降低，减轻连铸期间由于钢液中 Al_2O_3 夹杂物引起的浸入式水口结瘤，提高了板坯表面质量。

(4) 减少 RH 真空室的冷钢。黏附在 RH 真空室的残余钢是精炼超低碳钢碳含量增加的原因。另外，由于在修理期间更换真空室的下部腔室和拆除真空室的上部砖，需要长时间清洁残留的钢，导致 RH 操作速率低。使用 RH-KTB 氧枪，不仅可以减少 KTB 处理期间形成的残留钢量，而且可以用于处理真空室内壁形成的残留钢，提高真空室寿命，降低耐火材料消耗。

（5）减少脱氧剂铝的消耗量。KTB 处理后钢中氧含量比传统 RH 低 0.01%，可节省用铝量 0.1125kg/t 钢。RH-OB 吹氧的氧利用率不如 RH-KTB，二次燃烧效果很弱，要补偿 RH 处理过程温降，需要配合真空室加氧加热，引起钢液 Al_2O_3 含量增加，影响钢液洁净度。此外，由于 OB 管吹氧直接与高温液态钢接触，加速了根管的浸渍管内衬侵蚀，所以 OB 管寿命很低，一般小于 200 次。相比之下，RH-KTB 工艺相对完美。

5.1.4.6 RH-MFB 法

随着日本川崎钢铁公司的 RH-KTB 真空精炼技术的发展，日本广烟工厂于 1992 年开发了“RH 多功能喷嘴（Multi-Fuctional Blower）”真空顶吹氧技术（简称 RH-MFB），1993 年 8 月，RH 多功能喷嘴真空装置投入应用[12]，如图 5-11 所示。RH-MFB 法的主要功能是使真空中的氧脱碳、化学加热钢液、吹入的氧气进行燃烧除去真空室中形成的冷钢，并防止真空室形成顶部结瘤。其冶金功能类似于 KTB 真空顶吹氧技术，主要是有助于转炉钢碳含量控制，在高氧和低碳的情况下降低碳含量，不会延长 RH 真空脱碳时间，可以将碳含量降低到 0.002%以下。对钢液温度的补偿主要通过天然气的燃烧实现。

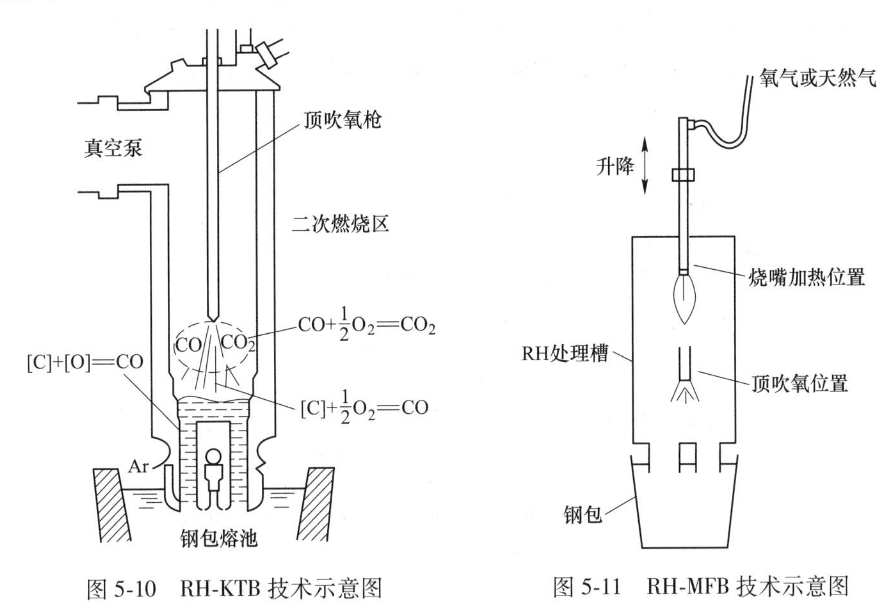

图 5-10 RH-KTB 技术示意图　　图 5-11 RH-MFB 技术示意图

5.2 RH 精炼过程钢液深脱碳

5.2.1 RH 精炼过程脱碳理论分析

5.2.1.1 RH 精炼过程脱碳的热力学分析

RH 钢液脱碳的热力学条件包括真空度、RH 处理前的碳含量、RH 处理前的钢液温度和溶解氧含量、脱碳终点的钢液温度和溶解氧含量等。RH 处理前的碳含量过高，在规定的时间内无法达到极低碳含量的要求。真空度主要取决于设备状态，要求极限真空度达到133Pa以下。合适的RH处理前温度和游离氧是极低碳钢精炼的关键指标之一，开始温度过高，RH处理过程要加入冷却剂，恶化局部脱碳反应条件，降低脱碳速率，并造成增碳。RH精炼开始，溶解氧过高，将无法使用MFB吹氧等设备加速脱碳，会造成脱碳终点溶解氧含量过高。

A RH精炼过程脱碳原理

真空精炼过程中，钢液内部发生碳氧反应生成CO，如式（5-6）所示。该反应的平衡常数受真空室内CO分压的影响很大，在抽真空情况下，当CO分压降低时，反应常数小于平衡常数K，反应向右进行，促进了碳氧反应[13]。

$$[C]+[O]═CO(g) \tag{5-6}$$

$$K=\frac{p_{CO}}{a_C a_O}=\frac{p_{CO}}{f_C[\%C]f_O[\%O]} \tag{5-7}$$

当钢液中的碳和氧浓度都很小时，活度系数f_C和f_O可以看作1，则有：

$$K=\frac{p_{CO}}{[\%C][\%O]} \tag{5-8}$$

由式（5-8）可以看出，反应平衡状态下，当真空室内钢液表面的CO分压降低时，碳氧积也相应减小。不同真空室压力下的碳氧平衡曲线如图5-12所示，当真空室压力不断降低时，钢液中［C］和［O］也不断减少，从而达到脱碳的目的[13]。

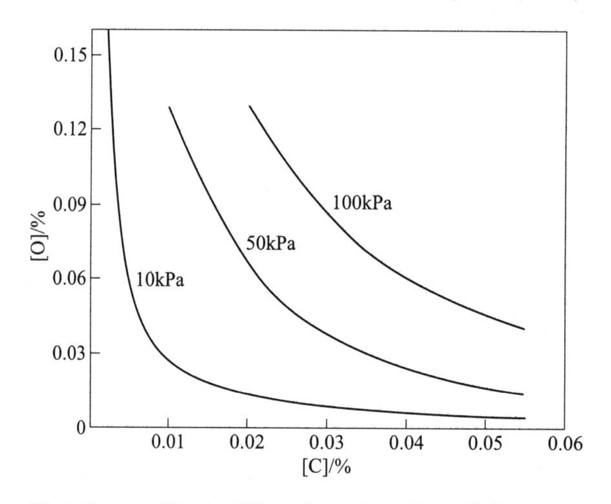

图5-12 1600℃时不同p_{CO}分压下的碳氧平衡等压曲线

超低碳钢液以无限稀溶液为标准态，1600℃时可整理出下式：

$$[C]\cdot[O]=0.0025p_{CO} \tag{5-9}$$

当p_{CO}降至110Pa时，能得到［C］≈0.01%的平衡浓度，但RH处理终点碳浓度高于此值，说明脱碳受动力学条件限制，增大脱碳反应速率成为脱碳的关键问题。

B 脱碳量和脱氧量的关系

RH真空精炼的特点就是通过抽真空的方式降低真空室内CO的分压，促进碳氧反应以达到脱碳和脱氧的目的。当钢液中氧含量降低时，由碳氧反应的化学计量关系可知，碳含量也相应降低，如式（5-10）所示：

$$\Delta[C]=\frac{12\Delta[O]}{16}=0.75\Delta[O] \tag{5-10}$$

真空脱碳前，大气条件下，钢液的碳氧积约为 2.5×10^{-3}，假设初始碳含量为 $[C]_0$，则其初始氧含量就为 $[O]_0=2.5\times10^{-3}/[C]_0$。

假设真空脱碳后，碳氧反应较完全，钢液中的过剩氧很少，则钢液中剩余的氧相对于初始氧含量可以忽略不计，即 $\Delta[O]=[O]_0$，则最大脱碳量可以表示为：

$$\Delta[C]=0.75[O]_0=\frac{0.75\times2.5\times10^{-3}}{[C]_0}=\frac{1.875\times10^{-3}}{[C]_0} \tag{5-11}$$

由式（5-11）可知，在这种情况下，当钢液中的初始碳含量较低时，其脱碳量较大。RH 真空精炼脱碳量与初始碳含量的关系如图 5-13 所示。

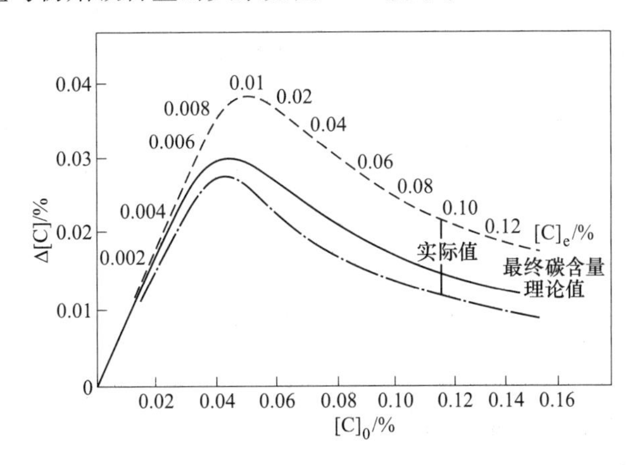

图 5-13 RH 脱碳量与初始碳含量的关系

由图 5-13 可以看出，随着初始碳含量的增加，脱碳量先增加后减少，在初始碳含量约为 0.04%时，达到最大脱碳量，几乎可以全部去除，而初始碳含量为 0.08%时，脱碳量只有 30%左右[14]。实际生产中因为受到脱碳速率及钢液温度等限制，钢液中的碳并不能完全脱除。

图 5-14 为真空脱碳量与氧含量的关系。同样初始氧含量下，真空度越高，即 p_{CO} 分压越小，脱除的碳量越大[14]。

5.2.1.2 RH 精炼过程脱碳的动力学分析

超低碳钢精炼过程中，脱碳后期碳含量较低，此时碳在钢液中的传质是脱碳反应的限制性环节。真空处理过程中，钢液中的碳含量可用式（5-12）表示：

$$[C]_t=[C]_0\exp(-Kt) \tag{5-12}$$

式中 $[C]_t$——时刻 t 钢液碳含量，%；

$[C]_0$——初始碳含量，%；

K——表观脱碳常数，min^{-1}。

$$K=\frac{Q\rho ak}{W(Q+\rho ak)} \tag{5-13}$$

式中 Q——钢液循环流量，t/min；

ρ——钢液密度，g/cm^3；

W——钢液质量，t；

k——传质系数，cm/min；

a——反应界面积，cm^2。

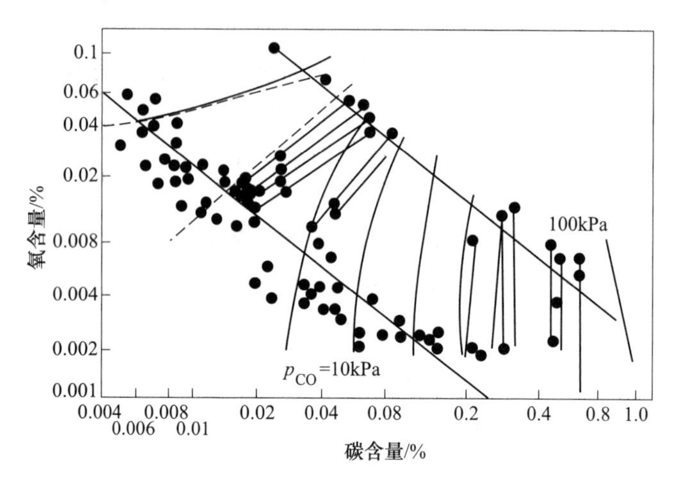

图 5-14　RH 真空脱碳时，碳和氧的关系

$$Q = KG^{1/3}d^{4/3}\left(\ln\frac{p_0}{p_V}\right)^{1/3} \tag{5-14}$$

$$ak = K_1A_V^{0.32}Q^{1.17}C_V^{1.48} \tag{5-15}$$

式中　ak——体积传质系数，cm^3/min；

G——提升气体流量，m^3/min；

d——浸渍管内径，m；

p_0——标准大气压，Pa；

p_V——真空室压力，Pa；

A_V——真空室液面的横截面积，mm^2；

C_V——真空室内的钢液碳含量,%。

由式（5-14）可以看出，RH 循环流量与提升气体流量、浸渍管内径、真空室压力都有关系。当提升气体流量和浸渍管内径较大，真空室压力较小时，循环流量较大。由式（5-15）可知，循环流量增大，体积传质系数也增大，碳元素在钢液中的传质增大，促进脱碳反应的进行。

钢液中平衡碳含量 $w[C]$ 可表示为：

$$w[C] = \frac{0.0021(p_V + 52.34/Q_g^{0.44}) \times 10^{-5} + 0.00147h}{w[O]} = \frac{2.10 \times 10^{-8}p_V + 1.10 \times 10^{-5}Q_g^{-0.44} + 1.47 \times 10^{-3}h}{w[O]} \tag{5-16}$$

式中　Q_g——提升气体流量，m^3/min；

p_V——真空室压力，Pa；

h——真空室液面高度，m；

w[C]，w[O]——分别为钢液中平衡碳含量、氧含量。

从式（5-16）可以看出，RH 结束碳含量的高低由真空室压力、吹入气体量和真空室液面高度决定。真空室压力越低，吹入气体量越大，熔池深度越低，RH 结束碳含量越低。图 5-15 所示为 RH 脱碳过程[C]-[O]的变化[15]。中上部虚线区域是真空室压力对碳氧积的影响，下部虚线区域是反应深度对碳氧积的影响，下部虚线区域中的实线是吹入的气体量对碳氧积的影响。

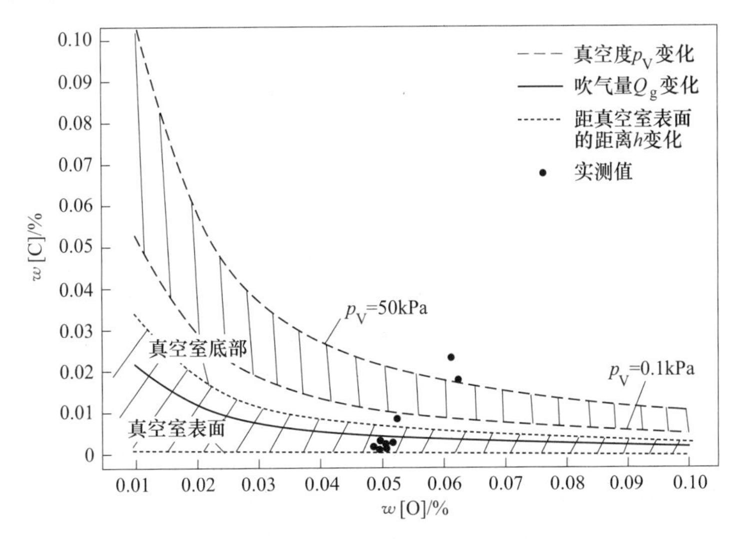

图 5-15 RH 脱碳过程中 w[C]-w[O] 关系

从图 5-15 可知，对平衡碳含量的影响大小依次为：真空度>反应深度>吹气量。吹气量对降低碳含量影响较小，但吹入的气体可以将碳含量控制在较低范围内而不受真空室压力影响产生较大变化。反应从真空室压力 50kPa 开始，随着真空室压力的降低，碳含量逐渐降低，在 6min 之前，真空室压力为脱碳速率的主要影响因素；6min 后逐渐转变为反应深度为主要影响因素，8min 之后反应深度和气量共同影响了 RH 结束碳含量，反应深度的影响更大，但气量可增大自由表面，间接降低反应深度。

因此，要想提高脱碳反应速率，脱碳前 6min 应加快真空度降低的速度，脱碳后 6min 应通过增加吹气量或增大真空室横截面积的方法降低 RH 结束碳含量，6min 后也可通过减小浸渍管插入深度并配合增加吹气量，在保证循环流量的前提下降低反应深度。

5.2.2 RH 精炼碳脱氧工艺

5.2.2.1 碳脱氧

真空条件下碳是一种良好的脱氧元素，实际生产中，RH 进站钢液温度达到 1600℃以上，碳脱氧反应能够顺利进行，尽可能地脱除钢液中氧，降低铝终脱氧前钢液中的氧含量，减少夹杂物的产生量。

炭粉溶解（吸热反应）：

$$\mathrm{C(s)} = [\mathrm{C}] \qquad \Delta G^{\ominus} = 237 - 39.87T \tag{5-17}$$

碳氧反应：

$$[C] + [O] \longequal CO(g) \qquad \Delta G^{\ominus} = -20482 - 38.94T \tag{5-18}$$

炭粉脱氧：

$$C(s) + [O] \longequal CO(g) \qquad \Delta G^{\ominus} = -20245 - 94.70T \tag{5-19}$$

热力学分析表明，1600℃、真空度 10kPa 的条件下，碳与氧的反应能力已经很强。

动力学方面，RH 真空处理时加入的炭粉，一部分存在于钢液-真空的界面上，增加了碳氧反应界面；一部分随钢液循环进入钢包内部，被提升氩气捕获，在氩气泡处增加了反应界面。

5.2.2.2　RH 碳脱氧工艺

为避免 RH 碳脱氧后由于钢液温度低进行吹氧升温，对进 RH 时的钢液温度有一定要求。进 RH 钢液温度根据不同设备和工艺条件确定，一般应大于 1600℃。利用碳元素脱氧工艺大致可分为三种形式：

（1）采用高碳低氧出钢，RH 处理过程中利用钢液的碳元素脱氧。

转炉终点高拉碳出钢，同时满足 RH 进站氧要求[16]，利用 RH 轻处理，实现“降碳降氧”目的。由于转炉出钢过程不加铝脱氧，有助于降低出钢过程氧化物夹杂的生成量和冶炼成本。由于出钢过程碳氧可以继续反应，RH 进站氧含量通常比转炉终点氧含量低约 0.01%~0.02%。如转炉终点氧含量 0.0338%~0.0456%，RH 进站氧含量在 0.0134%~0.0329%；炉后碳含量为 0.06%~0.08%，进站碳含量在 0.05%~0.07%之间。

该工艺转炉终点碳高氧低，终渣氧化性弱，有可能会造成转炉终点钢液磷含量高。另外，RH 进站碳含量不能过高（不应超 0.08%），氧含量不应低于 0.02%，否则易造成 RH 处理时间长，影响浇铸周期和生产节奏。

（2）RH 脱碳结束后，终脱氧前利用炭粉进行脱氧。

采用转炉出钢不脱氧和 RH 自然脱碳工艺，RH 脱碳后钢液中溶解氧含量约 0.03%，加入炭粉脱氧，炭粉加入量根据钢液中氧含量确定。加入炭粉循环 5min 后，将钢液中溶解氧含量控制在 100×10^{-6}以下，然后再加入铝粒进行终脱氧。这样可以避免铝加入量较大，产生较多的氧化物夹杂。

脱碳结束后配加炭粉，延长了 RH 真空处理时间。若钢液中氧活度较高，容易发生喷溅，会导致真空系统内冷钢黏附严重，影响真空系统的正常使用。

（3）RH 真空前期加炭粉脱氧

RH 真空前期加炭粉脱氧，使炭粉与钢液中氧反应，降低加铝前氧活度。该工艺加炭粉后，碳氧反应剧烈、钢液喷溅、钢液面翻动较大，有可能出现钢包溢渣、热顶盖粘渣等安全隐患，还有可能存在钢液增碳问题，只适用于碳含量控制范围宽泛的钢种。

5.2.2.3　RH 真空碳脱氧对洁净度的影响

RH 炭粉脱氧工艺如图 5-16 所示[17]。

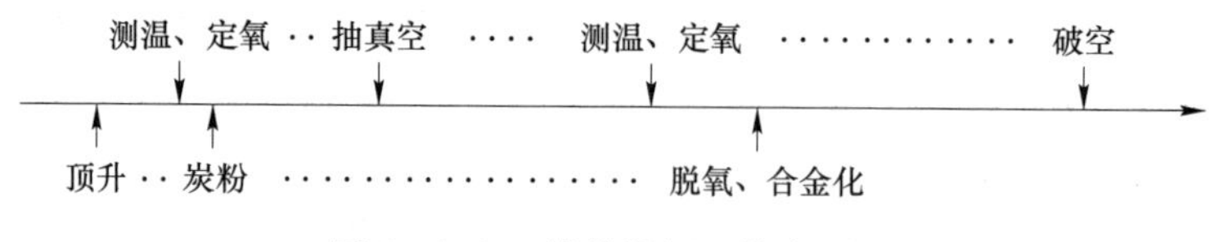

图 5-16　RH 炭粉脱氧工艺流程图

300t RH 使用炭粉预脱氧，可降低 RH 轻处理结束时钢中氧含量 0.01%，每炉平均可降低铝粒消耗 40kg。根据 ASPEX 夹杂物分析结果，使用炭粉脱氧，大大降低了夹杂物的生成。如图 5-17 所示，5~10μm、10~15μm、>15μm 的夹杂物数量密度均值分别为 85.4 个/100mm^2、6.7 个/100mm^2、2.4 个/100mm^2，远低于未进行炭粉预脱氧的夹杂物数量密度[18]。

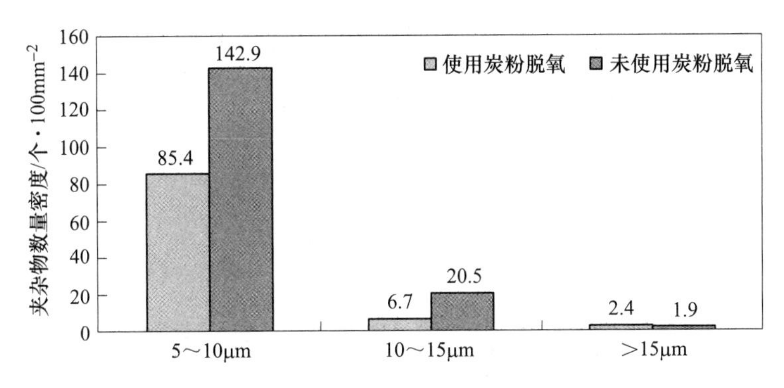

图 5-17　使用、未使用炭粉脱氧炉次的夹杂物数量密度对比

5.2.3　影响 RH 精炼脱碳速率的因素

几乎所有超低碳钢生产都要经过 RH 真空脱碳，将钢液中的碳含量降低到所要求的非常低的水平。影响脱碳率和脱碳效果的因素很多，如初始碳含量、初始氧含量、真空室压降制度、循环流量、顶渣成分等。

5.2.3.1　初始碳氧含量对脱碳速率的影响

不同初始碳含量下，钢液碳含量随 RH 处理时间的变化如图 5-18 所示。由图 5-18 可知，前 8min 的脱碳速率较快，脱碳 12min 后，碳含量已降低至 0.0015%左右，再延长脱碳时间，碳含量变化不明显[19]。

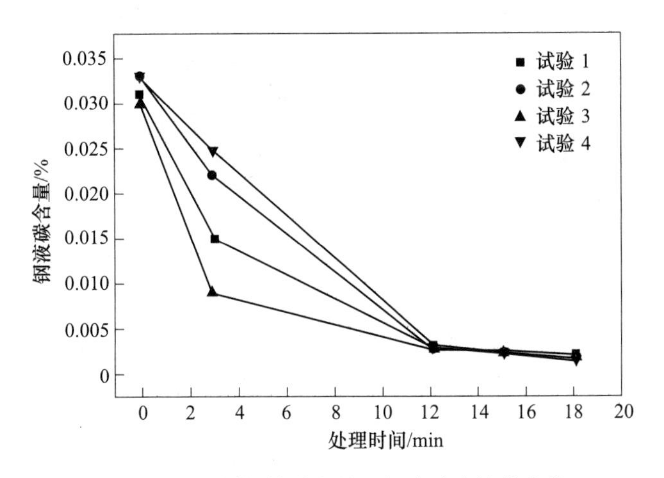

图 5-18　不同初始碳含量下钢液碳含量的变化

碳含量和氧含量对脱碳反应速率常数 K_C 的影响如图 5-19 所示。以 $K_C = 0.39\text{min}^{-1}$ 区分

碳氧传输的限制环节，此时[C]/[O]=0.66。[C]/[O]<0.66 的区域，碳的传输是限制性环节；[C]/[O]>0.66 的区域，氧的传输是限制性环节，此时，脱碳反应速率常数 K_C 与[C]/[O]成正比[20]。

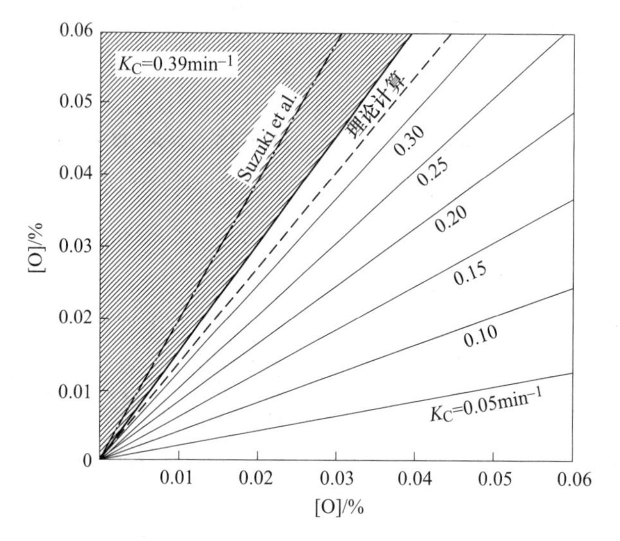

图 5-19 $p_{CO}\approx 0$ 时碳、氧含量对脱碳反应速率常数（K_C）的影响

设定 p_{CO}=6665Pa，得到不同碳含量所对应的脱碳反应速率（-d[C]/dt）与氧含量之间的关系，如图 5-20 所示。由图 5-20 可以发现，当碳含量［C］>0.04%的区域，因为碳的扩散不是速率限制性环节，脱碳速率和钢中氧含量基本呈线性关系；碳含量［C］≤0.04%的区域，这种线性关系不再存在，原因是钢中较低的碳含量影响了脱碳速率[19]。

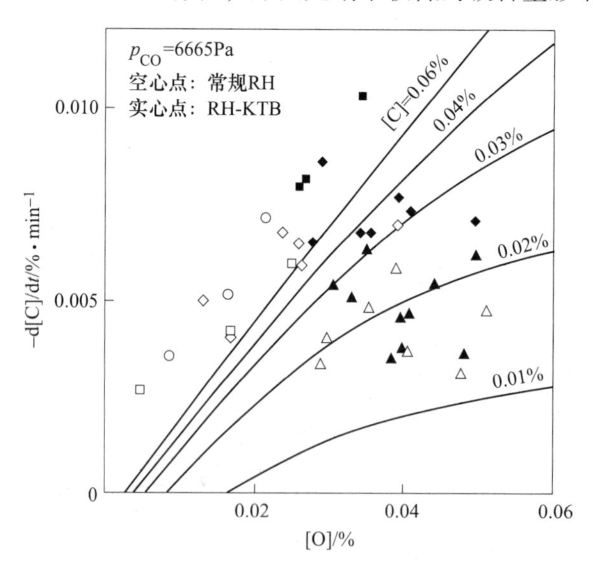

图 5-20 不同碳含量脱碳反应速率（-d[C]/dt）与氧含量的关系

同理，设定 p_{CO}=6665Pa，可以得到不同的氧含量所对应的脱碳反应速率（-d[C]/dt）与碳含量之间的关系，如图 5-21 所示。由图 5-21 可以看出，碳含量［C］≤0.02%的

区域，脱碳速率和钢中碳含量成正比，与氧含量的关系相对较小；碳含量［C］>0.02%的区域，脱碳速率随着氧含量的增加而显著增加[20]。

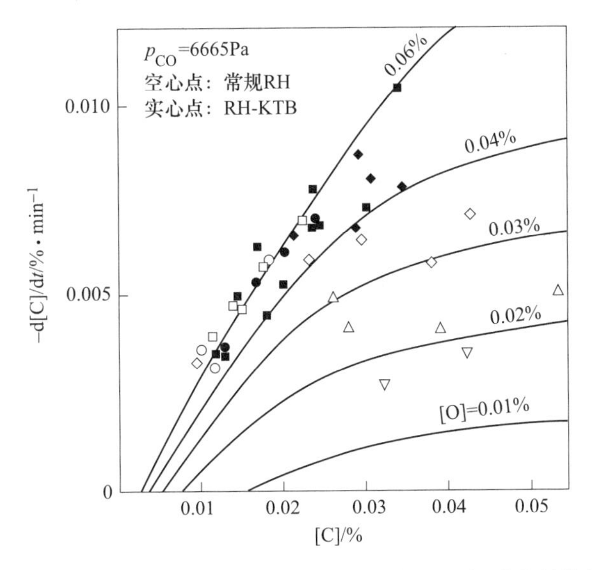

图 5-21　不同氧含量脱碳反应速率（$-d[C]/dt$）与碳含量的关系

脱碳过程的限制性环节主要为碳和氧元素的传质，其体积传质系数 ak 可由脱碳速率常数 K 获得：

$$ak = KV/\left(1 - \frac{V}{Q}K\right) \tag{5-20}$$

式中　K——脱碳速率常数，min^{-1}；

V——钢包体积，m^3；

Q——RH 循环流量，m^3/min。

脱碳过程中体积传质系数的变化与碳含量的关系如图 5-22 所示。由图 5-22 可知，体积传质系数随着钢液中碳含量的降低，基本都先增大后降低。当钢液中碳含量大于 0.015%时，此时真空室压力较高，脱碳条件较差，脱碳初期限制性环节为碳氧反应；当钢液中碳含量为 0.0045%~0.0055%时，大致为脱碳开始后的 6min，真空室压力基本到达深真空，钢液中碳氧元素的传质系数较高，此时钢液内的脱碳热力学和动力学条件均较好。当钢液中碳含量小于 0.004%时，钢液内元素的传质成为脱碳过程的限制性环节[15]。

根据分析，初始碳含量为 0.032%~0.035%时，RH 脱碳速率较快，初始氧含量低于 0.05%时，氧的传质是脱碳过程的限制性环节，建议 RH 进站氧含量为 0.05%~0.065%。

RH 真空脱碳过程，当钢液中碳含量高（［C］/［O］>0.66）时，氧的传质决定脱碳速度。如果是 RH-MFB 设备，这时经 MFB 氧枪吹氧，可以有效提高表观脱碳常数，加快脱碳速度，缩短处理时间。另外，MFB 吹氧期间，还可以增大环流气体流量，通过高速氧气流冲击钢液表面，钢液飞散成为大量小液滴，增大了脱气表面积，加快了脱碳速率。

采取上述措施，取得了良好的脱碳效果，既加快了内部脱碳，又强化了表面脱碳。处理结束时，碳含量最低为 0.0016%，最高为 0.0050%，平均为 0.0026%。

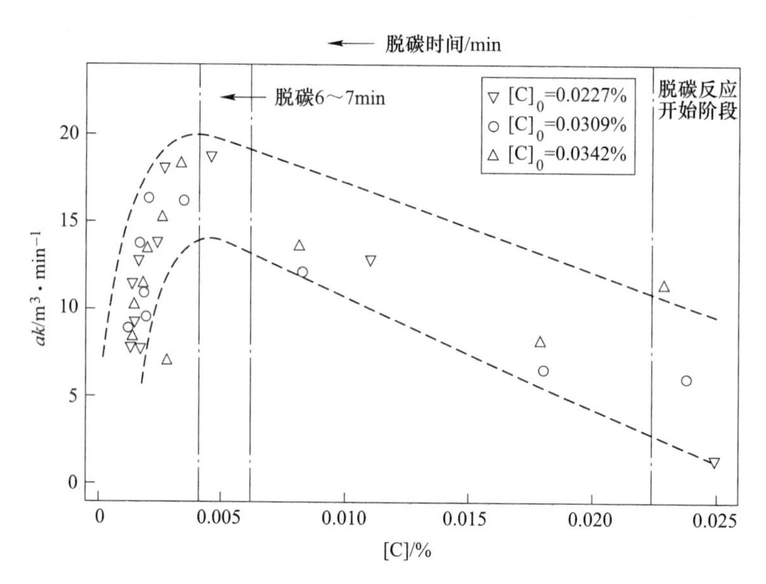

图 5-22　体积传质系数与碳含量的关系

5.2.3.2　压降制度对脱碳速率的影响

缩短大气压至高真空的时间能够提高脱碳速率。采用手动和自动控制相结合的方法，快速提高真空度，使真空度达到 200Pa 以下的时间缩短到 4～8min，可加快脱碳初期的反应速率，强化 RH 初期脱碳效果。另外，当碳氧积小于 CO 气泡形成的临界值时，反应区没有脱碳反应发生；高速排气可以保持真空室超低碳区域内化学反应的驱动力，降低气泡形成压力，促进脱碳速率的提高，因此，快速减压是改善脱碳反应速率的关键环节之一。实际生产中，采用预真空的方法，即 RH 处理前先将真空系统压力降至 10kPa 左右，然后进行 RH 处理。

RH 压降制度对脱碳速率有明显影响，如图 5-23 所示。由图 5-23（a）（b）可知，脱碳阶段最快速度达到高真空，能够提高前期脱碳速率，加快前期脱碳速度以及增大脱碳量。图 5-23（c）显示，3 种压降方式的总体脱碳速率都出现两个峰值，在两个峰值之间，脱碳速率明显降低，直接原因是存在真空压降平台。因此，真空室压力对脱碳速率影响较大，为提高脱碳速率，应避免在较高的真空室压力下出现压降平台[21]。

根据碳氧反应的热力学，当真空度为 1.5kPa 和 0.1kPa 脱碳反应达到平衡时，碳含量分别可达到 0.0012%和 0.0001%，真空度值越低，对脱碳反应越有利，脱碳结束时的碳含量也较低。因此，保持 RH 处理低真空度值对超低碳钢的冶炼有利。

5.2.3.3　顶渣对脱碳速率的影响

渣中不稳定氧化物可能是从外部引入熔池的氧源。如图 5-24 所示，当钢包渣中 10%<T.Fe<16%时，熔池中的氧含量随碳含量的增加而增加，表明熔炼过程可能发生了真空室外的氧进入熔池的现象[22,23]。

渣量过大、渣面过厚或过硬，不仅会造成测温取样困难，还存在抽真空、破空时吸渣及烧环流管的隐患。因此，对进入 RH 精炼处理的钢液，渣厚有一定要求，例如应小于 150mm。

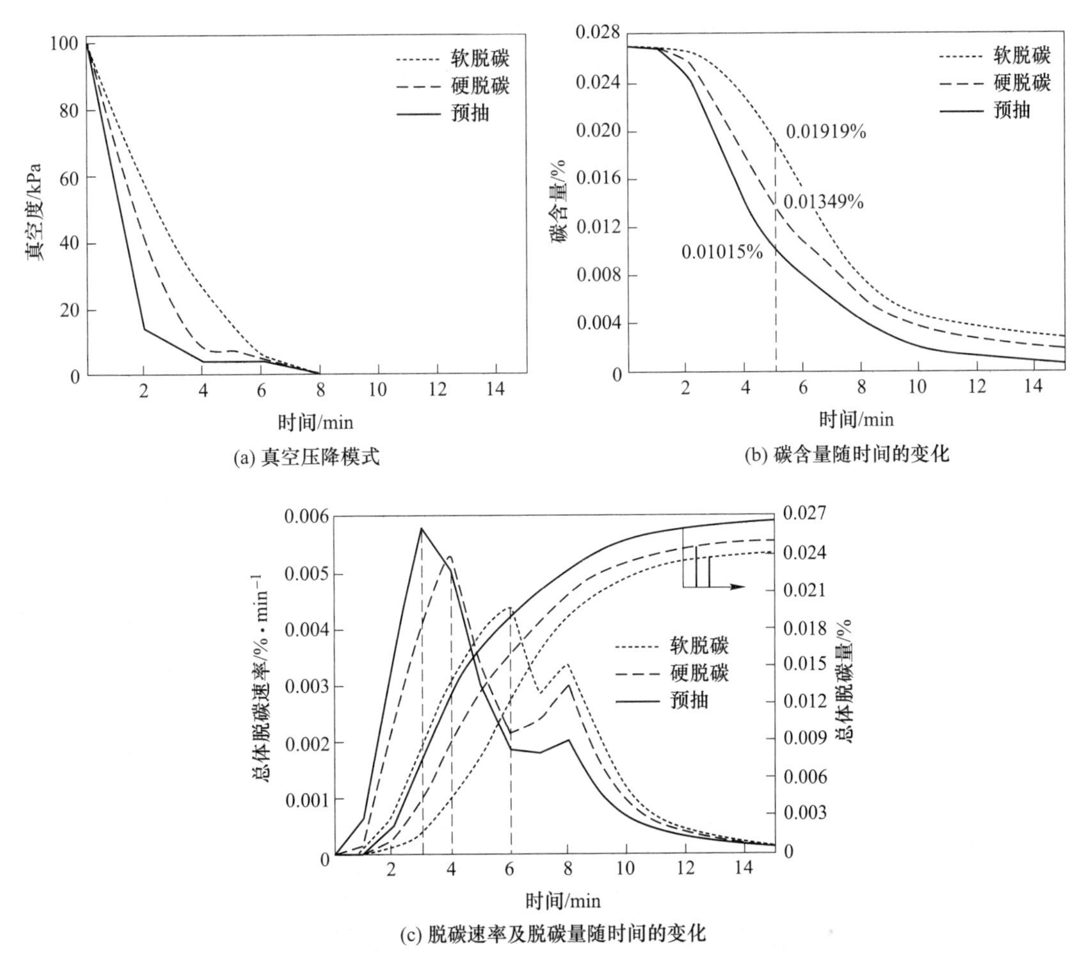

图 5-23　压降制度与脱碳速率之间的关系

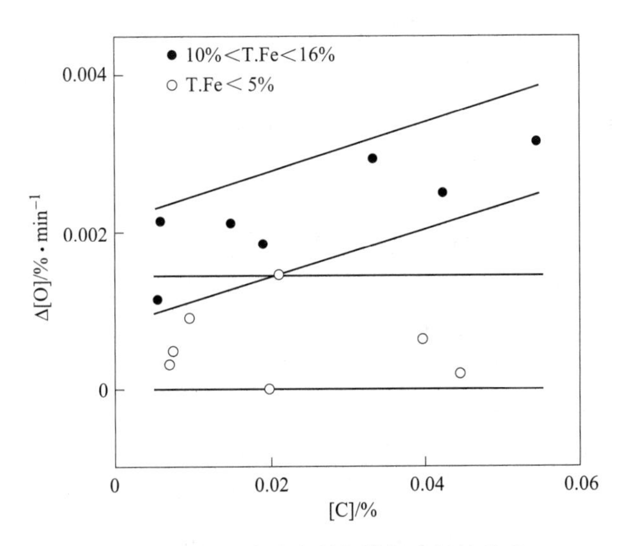

图 5-24　钢包中碳含量与增氧之间的关系

5.2.3.4　循环流量对脱碳速率的影响

RH 钢液的循环流量是单位时间内通过真空室的钢液量，即钢液循环流速与上升管截面积的乘积。循环流量直接影响着精炼效率，循环流量越大，RH 处理时间越短。表 5-2 给出了一些文献中的关于循环流量的计算公式。其中，Kuwabara 所提出的钢液循环流量方程获得了较为普遍的应用[23-33]。

表 5-2　文献中循环流量计算公式

序号	关联公式	测定方法	研究者
1	$Q = kD_u^{1.5}Q_g^{0.33}$	水模测定	渡边秀夫
2	$Q = 0.020D_u^{1.5}Q_g^{0.33}$	工厂测定	渡边秀夫
3	$Q = 0.65D_u^{1.4}Q_g^{0.31}$	水模测定	斋藤忠
4	$Q = kD_u^{1.8}Q_g^{0.1}$	工厂测定	三轮守
5	$Q = 0.0038D_u^{0.3}D_d^{1.13}Q_g^{0.31}H^{0.5}$	水模测定	小野清雄
6	$Q = k(HD_u^2Q_g^{5/6})^{1/2}$	水模测定	田中英雄
7	$Q = 5.89Q_g^{0.33}$	工厂测定	Seshadriv
8	$Q = 11.4D_u^{4/3}Q_g^{1/3}\left(\ln\frac{p_1}{p_2}\right)^{1/3}$	工厂测定	Kuwabara
9	$Q = 0.0033D_u^{0.69}D_d^{0.8}Q_g^{0.26}$	水模测定	魏季和

通过 RH 循环流量物理模拟研究总结出的循环流量公式很多，采用不同循环流量公式，计算得到的结果差别也较大，说明循环流量公式都有其适用范围，每个公式都只适用一定的 RH 设备参数和工艺条件。

以下分别讨论了提升气体流量、真空室压力、浸渍管内径、浸渍管浸入深度、吹气孔个数、吹气方式以及吹气孔深度等对循环流量的影响。

A　提升气体流量

提升气体是 RH 钢液循环的动力源，气体量的大小直接影响钢液循环状态和脱碳等冶金反应。在较大的环流氩气流量下，由于湍流作用，上升管内瞬间产生大量气泡核，钢液中的气体逐渐向氩气泡内扩散，气泡在高温、低压作用下，体积成百倍增加，以至钢液像喷泉似的向真空室上空喷去，将钢液喷成雨滴状，使脱气表面积大大增加，加快了脱碳速率。另外，增大环流速度，把高浓度［C］、［O］快速输送到反应区，同时大量微小氩气泡增大了［C］与［O］的反应界面，提高了反应速率。精炼中期，应充分利用脱碳速度快的特点，达到 RH 深脱碳的目的。RH 精炼后期加大环流气体量，加强钢液搅拌，增加传质系数，抑制后期脱碳速率的降低。

提升气体流量对循环流量的影响关系如图 5-25 所示。由图 5-25 可知，循环流量随提升气体流量增大而增大，提升气体流量的增大，改变了钢液中的平均含气率和气液两相区的体积，从而使循环流量的驱动力增大，产生较大循环流量。当提升气体流量在较小的范围内增大时，循环流量的增大速率较快；当提升气体流量在较大范围内增大时，循环流量的增大速率会减小，直至达到饱和[27]。一般很难达到饱和循环流量，饱和循环流量的90%就可满足精炼要求，这时的提升气体流量比达到饱和循环流量时所需的提升气体流量要小得多。造成循环流量饱和是因为随着吹气流量的增大，上升管内的气泡体积比例增加，增加到一定程度后，液体循环流量变化率越来越小。增大上升管内径 D_s，可以使循环流量的饱和值明显提高。

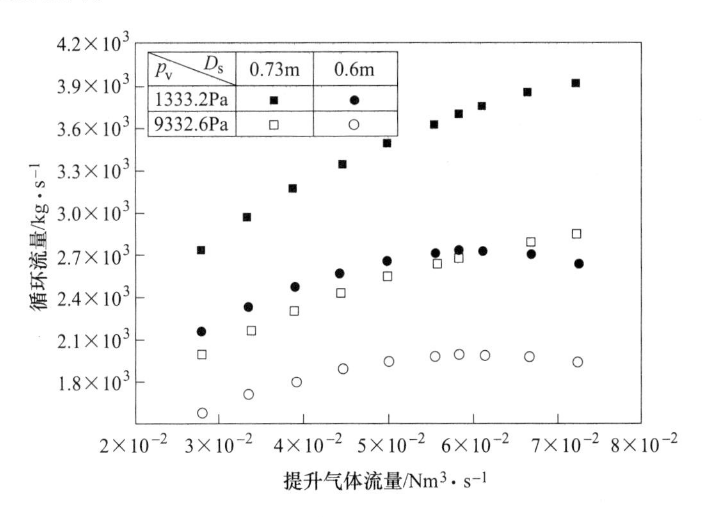

图 5-25 提升气体流量对循环流量的影响

B 真空室压力的影响

低真空对循环流量具有显著影响，RH 真空室压力对循环流量的影响如图 5-26 所示。由图 5-26 可知，随真空室压力的降低，循环流量明显增加[27]。真空室压力的减小，会使气泡的膨胀倍数加大，增大自身浮力，同样增大了对钢液的驱动力；同时减小真空室压力还会使进入真空室的钢液量增多，也会使循环流量增大，进而促进碳氧反应的进行。

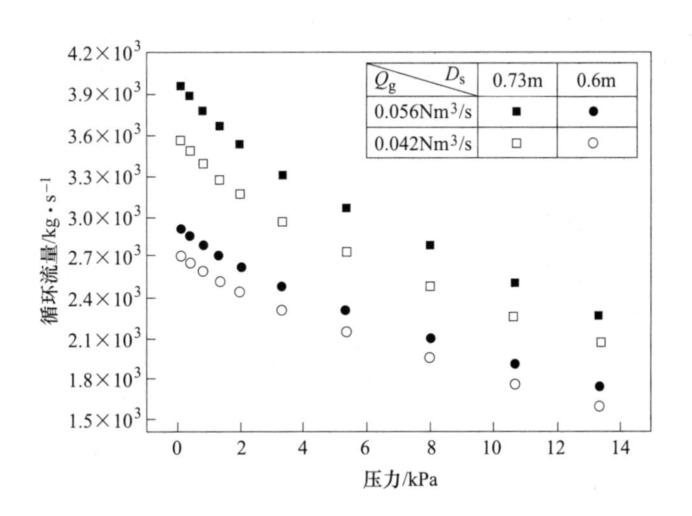

图 5-26 RH 真空室压力对循环流量的影响

C　浸渍管内径

循环流量随浸渍管内径的增大而增大，对于上升管内径与下降管内径对循环流量影响大小的问题还存在着较大争议，但多数人倾向于下降管内径对循环流量的影响要较上升管内径大一些。

D　浸渍管浸入深度

浸渍管浸入深度对循环流量的影响如图 5-27 所示。随着浸渍管浸入深度的增大，循环流量增大；当浸渍管浸入深度增加到一定程度时，循环流量达到饱和[27]。增大浸渍管的内径，能够增大循环流量达到饱和值的上限。应注意过大的浸渍管浸入深度，会增大对 RH 炉衬的侵蚀，降低 RH 的使用寿命。

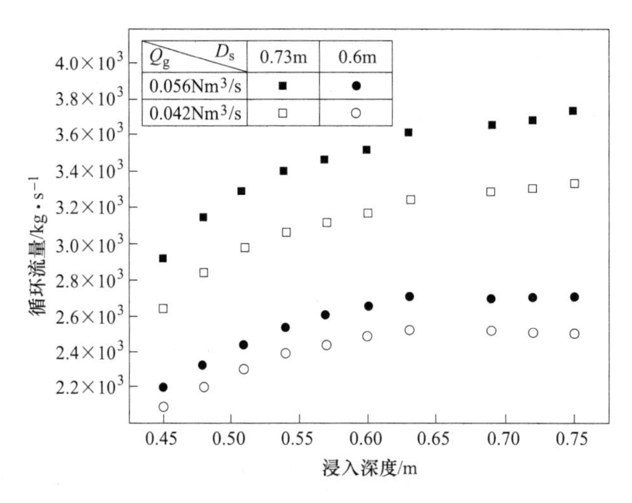

图 5-27　浸渍管浸入深度对循环流量的影响

E　吹气孔个数与吹气方式

吹气孔个数对循环流量的影响如图 5-28 所示。由图 5-28 可以看出，随着吹气孔个数的增加，循环流量也增加[27]。在吹气孔个数较少时，循环流量随吹气孔个数增加而增加；当吹气孔个数达到一定数量时，循环流量增加变慢，逐渐达到饱和。

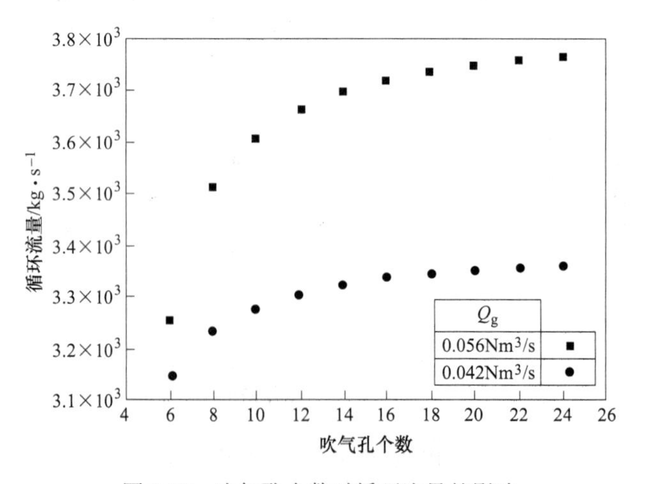

图 5-28　吹气孔个数对循环流量的影响

多孔吹气时的循环流量要比单孔吹气时的循环流量大很多。单孔吹气时，吹入的气体会偏向上升管的一侧，达不到均匀分布；多孔吹气时，气体从各个方向同时吹入，由于吹气孔径减小生成大量细化的气泡，从而使气泡在上升管内的分布较均匀。

吹气孔深度与循环流量的比例关系如下：

$$Q \propto H_b^{1/2} \tag{5-21}$$

由式（5-21）可知，增大吹气孔深度会增大循环流量，但是由于RH设备上升管高度的限制，不能提供极大的吹气深度。采用在钢包底部安装喷嘴或用透气砖进行吹气的方法，能使吹气深度极大化。

5.2.3.5 清除真空槽内的冷钢和残渣

真空条件下碳氧反应剧烈，剧烈的碳氧反应会引起钢液喷溅，黏附在槽壁上形成冷钢，而喷溅常发生于钢液强烈脱碳阶段，此时提升气体流量通常较大，进一步加剧了钢液喷溅。图5-29为槽壁上的冷钢示意图[34]。

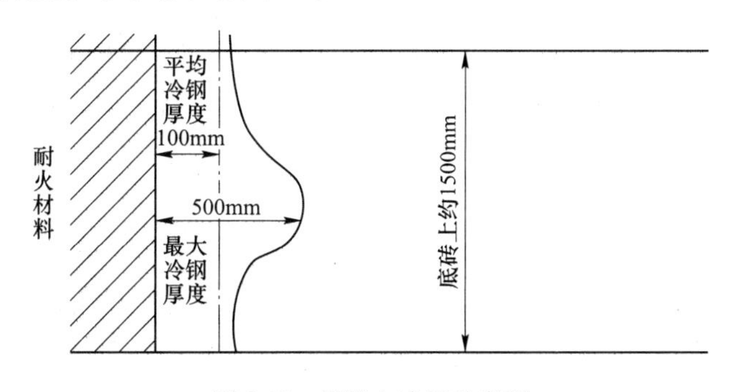

图5-29 槽壁上冷钢示意图

一般认为槽内冷钢与受处理的钢种、提升气体、真空度、顶枪升温比例、真空槽的烘烤温度和连续处理钢液量等多重因素有关。RH真空槽内温度较低时，冷钢会在真空室内壁上不断聚集，连续处理7~10炉钢液后，真空槽内会形成200~300mm厚的冷钢，如果顶枪升温比例达到40%以上，冷钢厚度可达300~500mm。处理沸腾钢比处理镇静钢更容易形成冷钢，处理沸腾钢时环流和真空度对冷钢厚度影响如图5-30所示。可以发现，高的真空度和循环流量更容易形成冷钢[35]。而且，真空处理前加入炭粉可以有效减少钢液喷溅[17]。

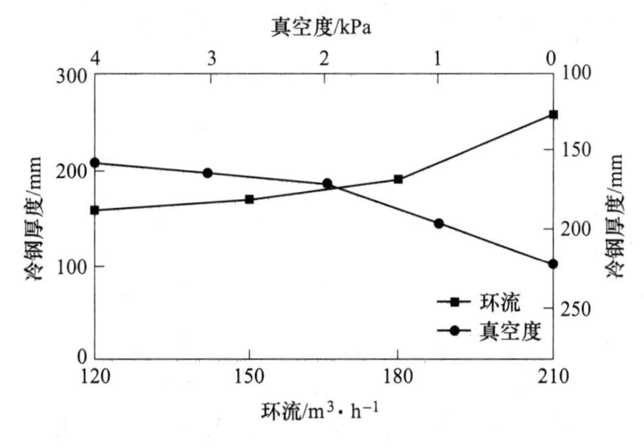

图5-30 冷钢厚度影响因素

为进一步降低冷钢的产生，RH 处理超低碳钢（如 IF 钢）之前，可先处理一炉低碳钢，熔化掉真空槽内的冷钢和残渣，同时测试真空度及真空槽内耐火材料温度。

5.3 RH 精炼过程洁净度控制

5.3.1 RH 精炼过程氧含量及夹杂物控制技术

RH 精炼过程钢液的氧含量由夹杂物去除速度和钢液被空气、顶渣或耐火材料二次氧化速度综合决定。

RH 精炼低碳铝镇静钢（LCAK），钢中非金属夹杂物数量密度变化如图 5-31 所示。由图 5-31 可知，RH 精炼过程中，钢中夹杂物尺寸 1~5μm 范围占 88.6%，并有少量的 15~25μm 及 25μm 以上的夹杂物。RH 纯循环过程中不同尺寸范围的夹杂物数量降低。尤其是尺寸大于 25μm 的非金属夹杂物，RH 真空循环处理去除效果明显；尺寸小于 15μm，特别是小于 5μm 的夹杂物去除能力不足，精炼后仍大量存在。钢液纯循环 7min 后，夹杂物尺寸主要集中在 15μm 以下。5~10μm、10~15μm、>15μm 的夹杂物数量密度均值分别为 142.9 个/100mm^2、20.5 个/100mm^2、1.9 个/100mm^2。

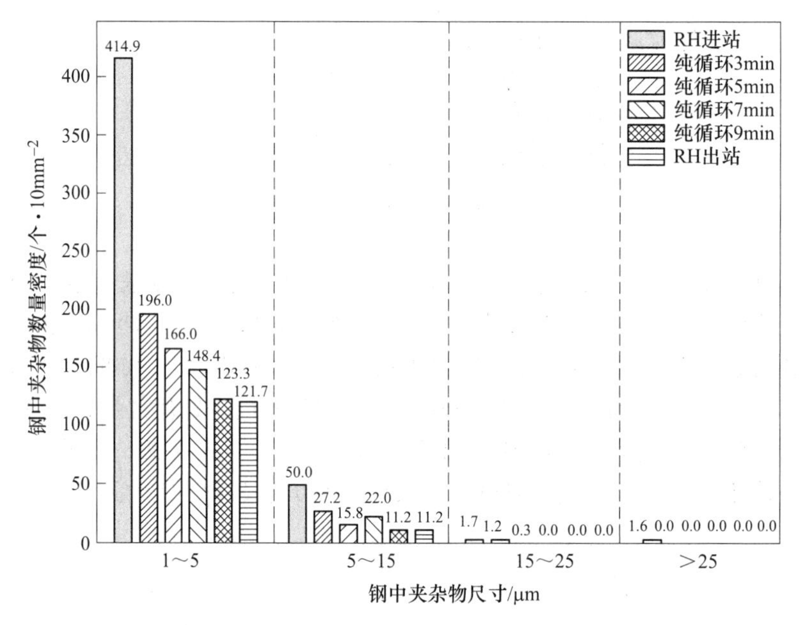

图 5-31 RH 精炼钢中不同尺寸范围夹杂物数量密度分布

为进一步分析 5~15μm 夹杂物数量密度的变化趋势，将 1~5μm、5~15μm、15~25μm 范围的夹杂物细分为 1~2μm、2~3μm、3~5μm、5~10μm、10~15μm、15~20μm、20~25μm，对其数量密度进行统计分析，统计结果如图 5-32 所示。

由图 5-32 可知，随着 RH 真空循环的进行，1~2μm、2~3μm 与 3~5μm 范围的小尺寸夹杂物数量密度总体上逐渐降低。但是钢液纯循环 3min 后，这些微小夹杂物数量变化不大，说明短时间的循环处理后这些微小夹杂物很难去除，是构成铸坯中大型簇群状夹杂物的主体。因此，应提高循环处理时间，提高钢中已有微小夹杂物的去除效率[28]。

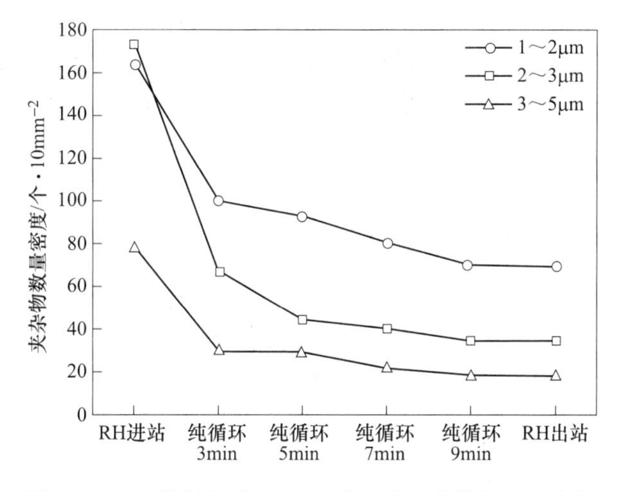

图 5-32 RH 精炼钢中 1~5μm 范围夹杂物数量密度变化

5.3.2 RH 精炼过程硫含量的控制

5.3.2.1 脱硫剂的选择

RH 脱硫处理要求脱硫剂具有低熔点、高碱度的特性，因此通常采用 $CaO-Al_2O_3$ 渣系脱硫剂。表 5-3[36] 所示为 RH 脱硫剂的化学成分。二元碱度高达 11 以上，而且还添加了萤石以降低熔点。

表 5-3 RH 脱硫剂化学成分 （%）

SiO_2	Al_2O_3	CaO	MgO	CaF_2	BaO
3~5	25~30	50~55	3~5	3~5	7~12

5.3.2.2 钢包顶渣对脱硫率的影响

顶渣（FeO+MnO）含量对脱硫的影响如图 5-33 所示。由图 5-33 中可以看出，顶渣（FeO+MnO）在 10%以内时，脱硫率可达到 35%，随着顶渣 w(FeO+MnO) 的提高，脱硫率显著降低。因而，顶渣氧化性不宜过高。如果 RH 进站的钢液（FeO+MnO)>10%，可以向钢液中加入铝球，降低（FeO+MnO）含量，提高脱硫率[37]。

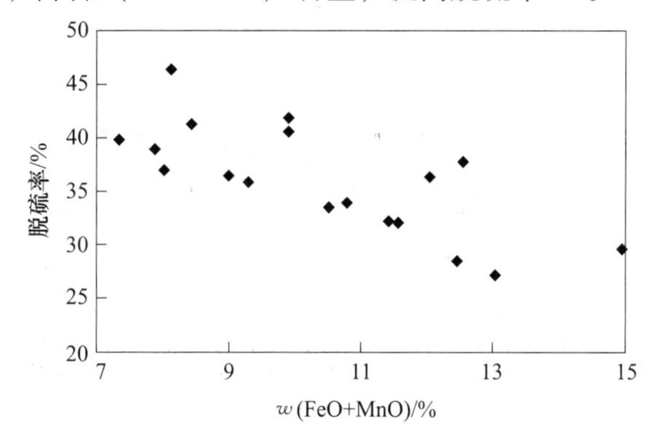

图 5-33 w(FeO+MnO) 对脱硫率的影响

顶渣碱度对脱硫率的影响如图 5-34 所示。图 5-34 表明，顶渣碱度越高脱硫效率越好，如要得到 35%以上的脱硫率，顶渣碱度要在 6 以上。因此，为保证 RH 良好的脱硫效果，可在顶渣中加入一定量的 CaO 提高顶渣碱度，顶渣碱度提高后还可防止后续工序发生回硫[38]。

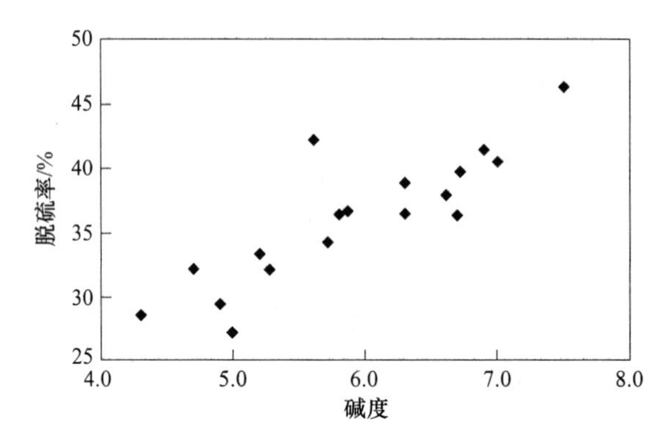

图 5-34　顶渣碱度对脱硫率的影响[38]

5.3.2.3　RH 喷粉脱硫方法

基于钢液真空循环精炼法 RH，自 20 世纪 80 年代以来主要发展了 RH-PB(IJ)、RH-PB(OB)、RH-PTB 等喷粉脱硫方法。它们的主要区别在于脱硫粉剂在 RH 中吹入的部位不同，获得精炼脱硫效果也不同。国内外采用的喷粉脱硫剂主要有石灰(CaO)、石灰(CaO)/萤石(CaF_2)、石灰(CaO)/萤石(CaF_2) + CaSi、Mg、Ca、CaC_2 等。经过 RH 喷粉脱硫处理钢液硫含量可以达到 5×10^{-6}以下。

5.3.3　RH 精炼过程钢液脱磷

RH 精炼过程利用钢液和顶渣氧化性、碱度，辅助增加脱磷剂可达到脱磷目的。顶渣碱度和 FeO 含量对钢液脱磷的影响分别如图 5-35、图 5-36 所示。从顶渣碱度和渣中 FeO 含量来看，高碱度和高的 FeO 含量有利于脱磷。但从处理钢液后洁净度的角度来讲，碱度控制在 4~6 之间，渣中 FeO 含量控制在 20%~26%之间脱磷后更有利于钢液的洁净化[39]。

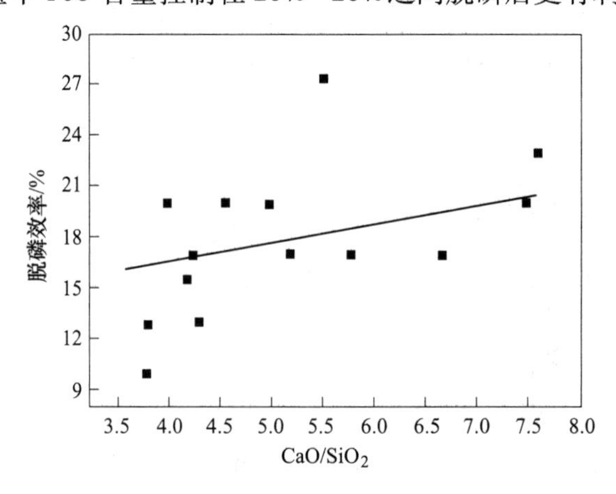

图 5-35　RH 处理后脱磷效率与 CaO/SiO_2 之间的关系

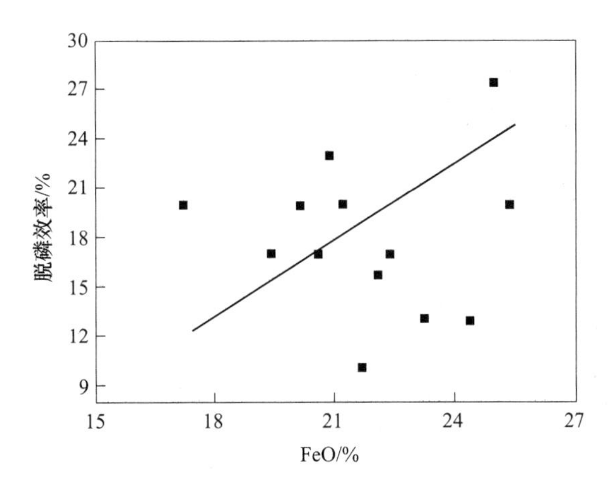

图 5-36 RH处理后脱磷效率与顶渣中FeO含量的关系

从钢液进站的温度对脱磷效率的影响看，较高的温度有利于脱磷，如图5-37所示。分析原因是前期加入的脱磷剂快速熔化需要钢液的热量支持，钢液吸热后温度降低，同时也满足了脱磷反应所需的热力学条件[39]。

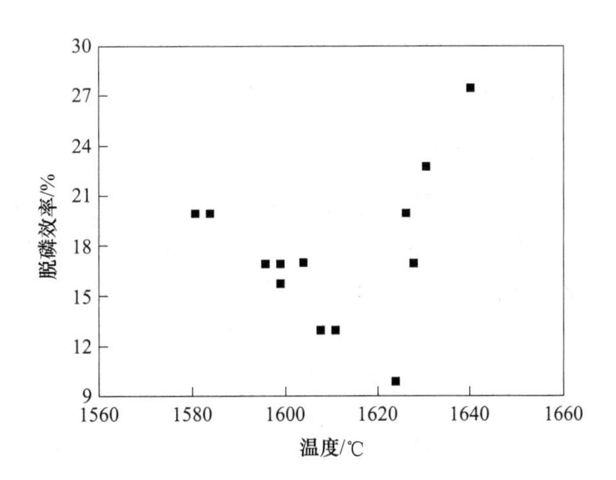

图 5-37 RH处理后脱磷效率与进站温度之间的关系

将RH吹氧工艺与喷粉工艺相结合可以实现RH脱磷。RH吹氧脱碳期同时喷吹石灰粉，可以达到理想的脱磷效果。如日本新日铁名古屋厂230t RH采用OB/PB工艺，可生产［P］≤0.002%的超低磷钢。

粉剂配比和真空度对炉渣脱磷的影响如图5-38所示。由图5-38可知，粉剂中（CaO）≈20%时，炉渣脱磷能力最强。提高真空度使炉渣脱磷能力略有提高。

RH-PB处理过程中，取出粉剂颗粒，经X射线衍射分析，结果如图5-39所示[40]。由图5-39可知，RH-PB脱磷效果好。由于RH喷粉避免了顶渣的影响，延长了粉剂与钢液直接反应的时间，使脱磷效率提高。上浮粉剂颗粒中P_2O_5含量接近$3CaO \cdot P_2O_5$或$4CaO \cdot P_2O_5$的理论极限，远高于铁水预处理或转炉脱磷效率，说明所喷粉剂发挥了良好的脱磷效果。

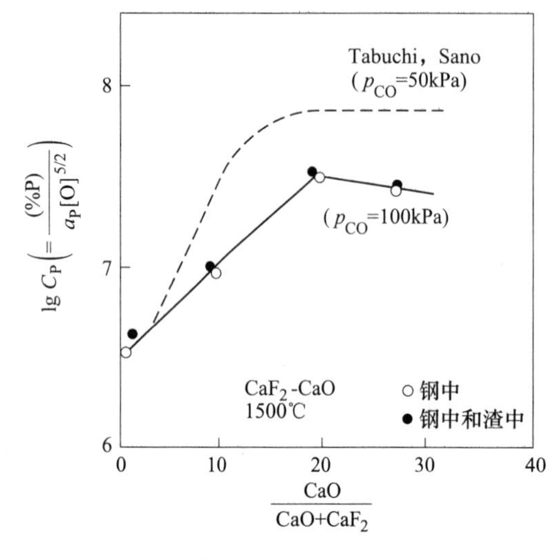

图 5-38　粉剂配比和真空度对炉渣脱磷的影响

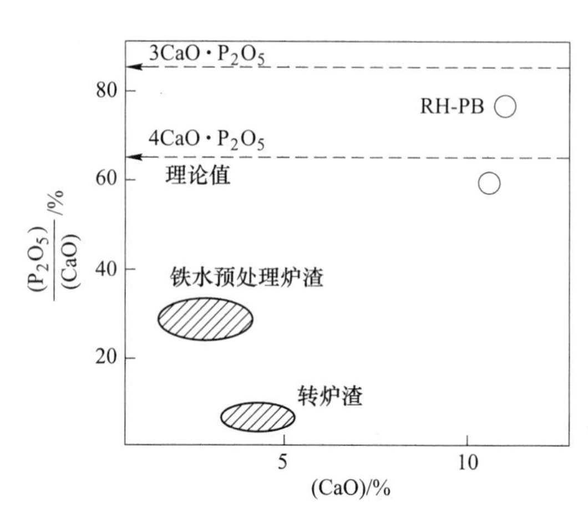

图 5-39　RH-PB 工艺中粉剂颗粒的脱磷效果比较

5.4　RH 精炼过程气体含量控制

5.4.1　RH 精炼过程去除钢中气体的热力学与动力学

5.4.1.1　RH 脱氢的热力学与动力学

钢中的氢是导致白点和发裂缺陷的主要原因，从而降低钢材的塑性、韧性和使用寿命。氢的去除主要是通过 CO 气泡沸腾脱氢、真空脱氢和吹氩搅拌等方法来实现，一般氢含量均可达到低于 0.00015%的水平。RH 真空精炼过程脱氢遵循西华特定律[41]（$\times10^{-6}$）：

$$1/2H_2(g) = [H] \tag{5-22}$$

$$[\%H] = K_H\, p_{H_2}^{1/2}/f_H \tag{5-23}$$

$$\lg K_H = -\frac{167.0}{T} - 1.68 \tag{5-24}$$

合金成分对钢液中氢活度系数的影响如图 5-40 所示。

脱氢包括四个环节：

（1）气体原子由钢液向气液界面扩散；

（2）气体原子通过气液界面层；

（3）在气液界面进行化学反应，气体原子变成分子；

（4）气体分子向气相扩散。

氢气通过气液界面的传质是限制性环节。

脱氢速率方程：

$$-\frac{d[\%H]}{dt} = k_d \frac{F}{V}\{[\%H] - [\%H]_p\} \tag{5-25}$$

式中　$[\%H]_p$——界面平衡氢含量；

　　$[\%H]$——时间 t 的氢含量；

k_d——氢的传质系数，cm/s；

F——反应界面积，cm^2；

V——钢液体积，cm^3。

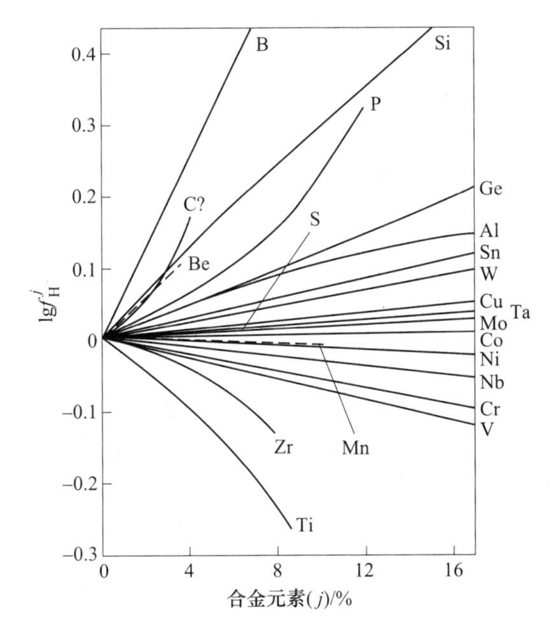

图5-40 合金成分对铁水中氢的活度的影响

对上式积分，可得：

$$-\frac{[\%H]-[\%H]_p}{[\%H]-[\%H]_0}=\exp\left(-k_d\frac{F}{V}\right) \tag{5-26}$$

式中 $[\%H]_0$——初始氢含量。

脱氢速率与单位面积及传质系数成正比，与平衡氢浓度成反比。

5.4.1.2 RH脱氮热力学与动力学

在炼钢温度下，氮在钢中溶解[42]：

$$1/2N_2 \Longrightarrow [N] \tag{5-27}$$

根据西华特定律和活度等：

$$K_N=[\%N]/p_{N_2}^{1/2} \tag{5-28}$$

$$[\%N]=[\%N]f_N^j \tag{5-29}$$

$$\lg K_N=-\frac{188}{T}-1.17 \tag{5-30}$$

因此，氮在钢中的溶解度与温度、氮气分压和合金元素的关系式为：

$$\lg[\%N]=-\lg K_N+\lg\sqrt{p_{N_2}}-\lg f_N \tag{5-31}$$

$$\lg f_N=\sum_n^j e_N^j[\%w_j]+\sum_n^j \gamma_N^j[\%w_j]^2+\sum_n^{i,j}\gamma_N^{i,j}[\%w_i][\%w_j] \tag{5-32}$$

在炼钢温度下，钢液中氮含量远未达到平衡值，如有条件还会吸入更多的氮，所以大气下炼钢，钢液吸氮是自发的。

钢液脱氮速度不取决于钢中氮的传质系数，主要取决于界面化学反应速度。随着钢中氧含量和硫含量的增加，钢液吸氮（或脱氮）速度降低（或增高）[43]。因此，通常采用二级反应式近似计算真空脱氮速度[40]：

$$-\frac{d[\%N]}{dt}=\frac{A}{V}k_N[\%N]^2 \tag{5-33}$$

其中：$$k_N=15.9f_N^2/(1+173a_O+52a_S+17a_N)^2$$

5.4.2 影响 RH 精炼过程脱氢的因素

用于脱氢的炉外精炼方法所占的比例如图 5-41 所示。由图 5-41 可见，VD 与 RH 脱氢的比例较大，为 25%。

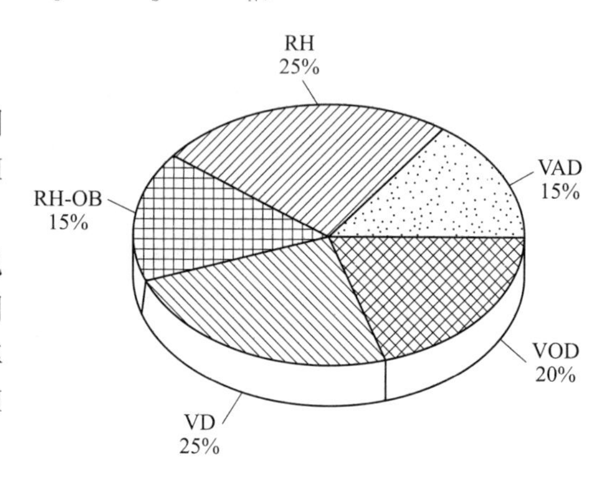

图 5-41　不同脱气方法所占比例

RH 脱氢效率很高，处理脱氧钢液，脱氢率大于 65%；处理弱脱氧钢液，由于剧烈的碳氧反应，脱氢率大于 70%。脱氢率决定于循环次数 N。RH 处理后钢液含 H 量为[40]：

$$[\%H]_f=[\%H]_i\left(1-\frac{Q}{W}\right)^N \tag{5-34}$$

式中　N——钢液循环次数。

为保证良好的脱氢效果，要求：

$$\left(\frac{Q}{W}\right)N>2\sim3 \tag{5-35}$$

由于 RH 的真空度很高，脱氢速度可表示为：

$$-\frac{d[\%H]}{dt}=k_H[\%H] \tag{5-36}$$

对 200t RH，吹氩量为 2000～2500NL/min 时，k_H为 0.16min^{-1}。增大吹氩量使 k_H值提高。如对 340t RH，吹氩量从 0 增加到 2500NL/min 时，k_H可提高 1 倍。

5.4.2.1　真空度对脱氢的影响

RH 精炼真空度的高低决定着氢分压，氢分压影响着氢在钢液中的饱和溶解度。真空度小于 0.2kPa 时，脱氢速度才会很明显。表 5-4 为钢液温度在 1873K 时不同氢分压下氢的饱和溶解度[44]。实际精炼过程，为了快速达到极限真空度，通常采用预抽真空方式。

表 5-4　不同氢分压下氢的饱和溶解度

氢分压/kPa	氢的饱和溶解度/10^{-6}
10	7.80
5	5.50
1	2.50
0.5	1.70
0.1	0.78

5.4.2.2 RH 真空处理前氢含量对脱氢的影响

RH 真空处理前钢液中氢含量对处理后氢含量的影响，如图 5-42 所示[45]。由图 5-42 可知，精炼前钢液氢含量越高，精炼后钢液氢含量也越高。

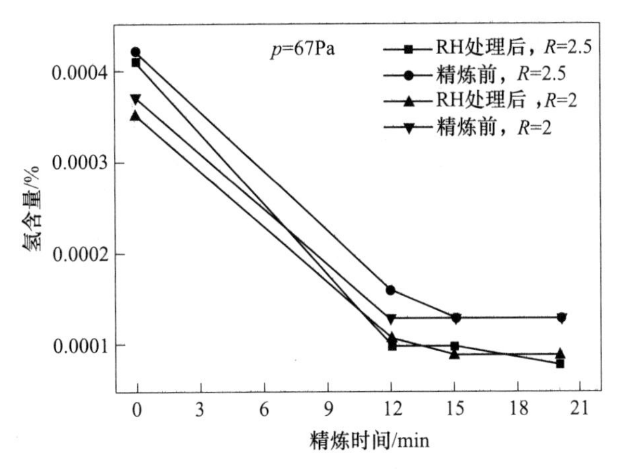

图 5-42 精炼前钢中氢含量对 RH 处理后氢含量的影响

钢液中其他元素含量对处理后氢含量有影响，如图 5-43 所示。由图 5-43 可知，钢中氢含量相同的情况下，硅含量越大，所需精炼时间越长。

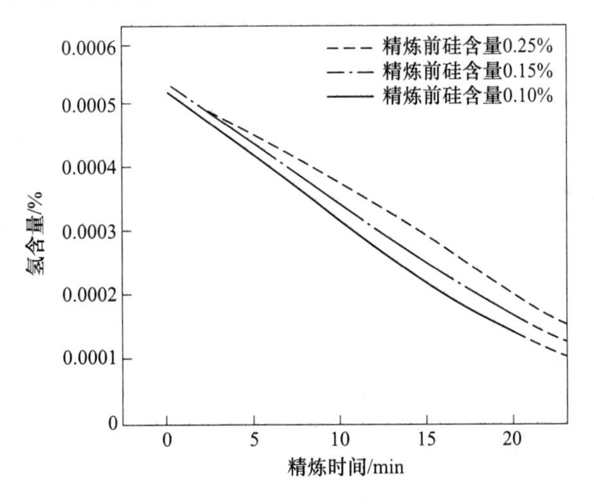

图 5-43 RH 精炼时间对氢含量的影响

5.4.2.3 RH 真空处理时间对脱氢的影响

RH 精炼时间对氢含量的影响如图 5-44 所示。由图 5-44 可知，相同精炼工艺下，即使钢液中初始氢含量不同，RH 真空处理 8~10min 后，氢含量基本达到同一水平值；RH 精炼初期，钢液脱氢速率快；真空处理时间相同的情况下，钢液中初始氢含量高，RH 精炼结束时氢含量也高。

5.4.2.4 吹氩量对脱氢的影响

增大吹氩量能增大真空室钢液面的脱氢反应速度。真空室钢液面脱氢反应发生部位是

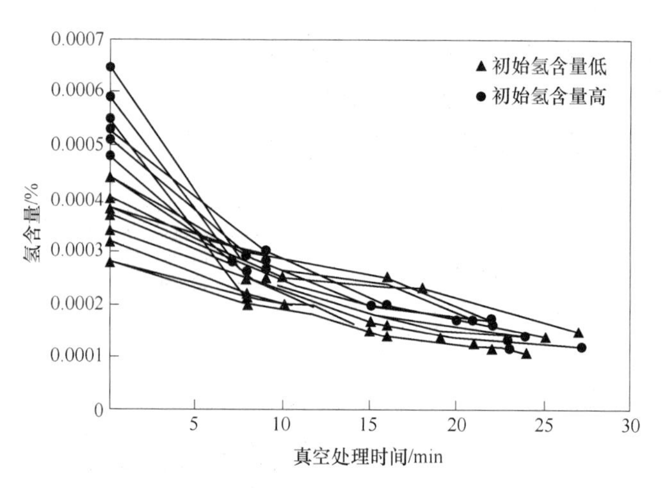

图 5-44 钢液氢含量与真空处理时间的关系[44]

由湍动能耗散率的分布所决定的。增大吹氩量能增大钢液面的湍动能耗散率，使脱氢效率明显加强。反应开始阶段，真空室钢液面的脱氢反应大部分发生在上升管一侧。钢液在真空环流气体驱动下，具备强烈的动力学条件，钢中气体得以去除，下降管一侧的钢液氢含量逐渐减小[30]。

5.4.2.5 加料时间和真空处理时间对脱氢的影响

为了降低钢液氢含量，要求所加合金料必须干燥。可在真空处理前期，加入合金料将钢液成分调整到位，保证在较快脱氢速率的真空度下，保持纯脱气时间 12min 以上，就可以满足大多数钢种对氢含量的要求[44]。

5.4.2.6 钢液温度对脱氢的影响

从脱氢动力学分析，钢液温度高，有利于氢的传质扩散；从热力学分析，在压力恒定的条件下，钢液氢含量随温度降低而降低。真空处理前期保持合适的钢液温度，快速脱氢；真空处理后期，随着钢液氢含量的降低，脱氢速率降低，可适当增大提升气体流量以降低钢液温度，有利于提高脱氢效果[46]。

5.4.2.7 空气湿度和喷粉对脱氢的影响

空气湿度和喷粉对脱氢的影响分别如图 5-45、图 5-46 所示。由图 5-45 和图 5-46 可知，空气湿度越大，氢含量越高。采用 RH 喷粉工艺后，由于钢液中存在大量细小弥散的固体粉剂，明显增强了钢液中气泡异相形核的能力，有利于脱氢反应。

5.4.3 RH 精炼过程氮含量控制

RH 精炼过程氮含量的变化如图 5-47 所示。由图 5-47 可知，RH 精炼前 20min 钢液氮含量基本没有变化或略有升高；加入合金后，由于合金的氮含量较高，钢液氮含量升高；合金化结束至 RH 结束钢液氮含量有所增加。

RH 不脱氮且有所增氮的主要原因是：

（1）钢中氮的溶解度高，约是氢的 15 倍。

（2）钢中硫、氧等表面活性元素含量高，使钢液脱氮速度降低。

（3）RH 浸渍管漏气造成钢液吸氮。

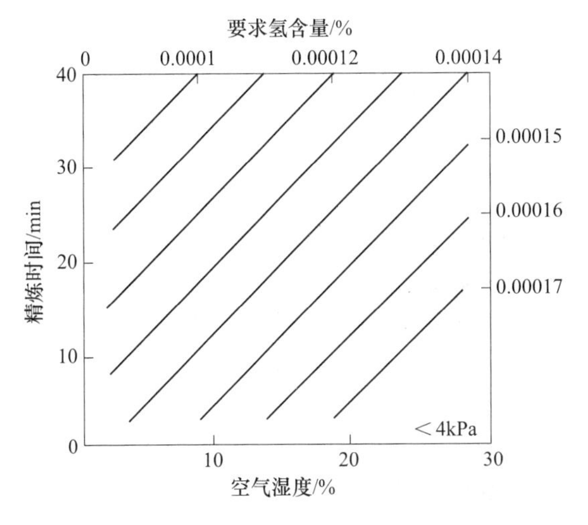

图5-45 空气湿度对脱氢的影响

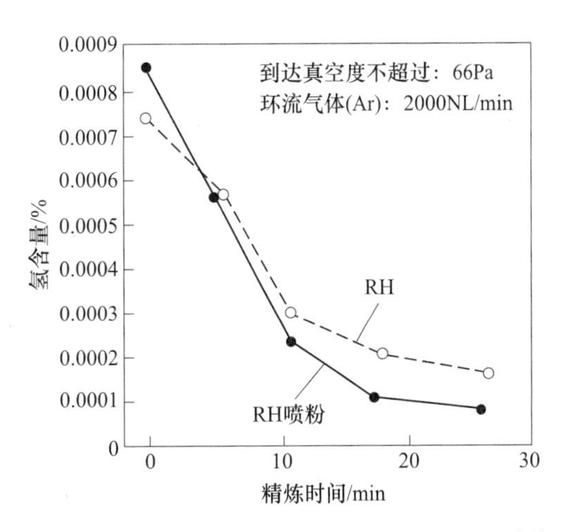

图5-46 RH喷粉和RH处理钢液氢含量对比[40]

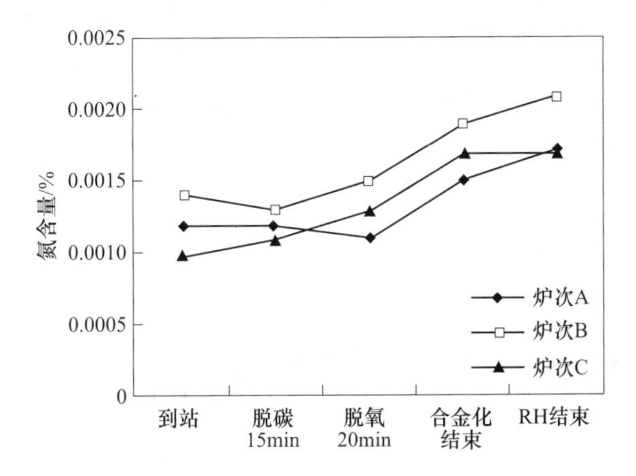

图5-47 RH精炼过程氮含量的变化

强化RH脱氮的工艺措施包括：

(1) 提高真空度和抽气速度；

(2) 尽量降低钢中氧、硫含量；

(3) 采用浸渍管吹氩密封技术；

(4) 采用喷粉工艺。

5.4.3.1 初始氮含量对RH精炼脱氮的影响

RH的脱氮率（η_N）比较低，与初始氮含量有关：当初始［N］=0.01%时，$\eta_N \approx$ 20%；对于较低的初始氮含量，RH处理基本不脱氮。

低氧、硫条件下，真空度对RH精炼脱氮的影响如图5-48所示[40]。由图5-48可知，当氧含量为0.0009%～0.0035%、硫含量为0.0010%～0.009%时，随RH精炼的进行，钢液中氮含量降低。真空度越高，钢液氮含量越低，如RH真空度为133Pa，处理40min后，就可以将钢液中氮含量降低至0.003%以下。

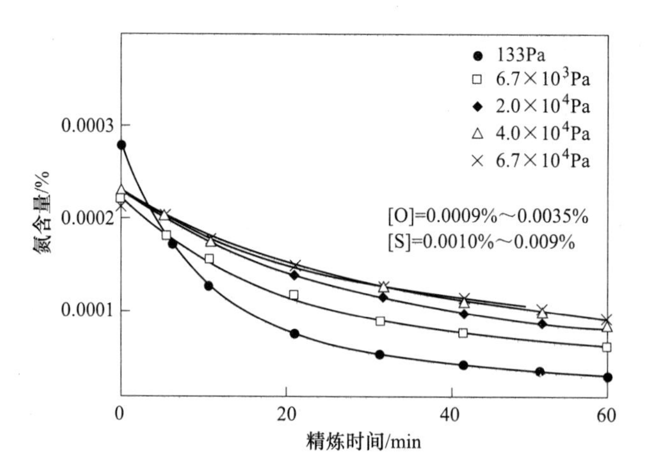

图 5-48　RH 真空处理过程中的钢液脱氮

5.4.3.2　利用碳氧反应脱氮

对于 RH 强制脱碳的钢种，[C]-[O] 反应产生大量 CO 气泡使钢液沸腾，进一步加强了钢液搅拌，增大了脱氮反应表面积。另外，CO 气泡对脱氮来说相当于真空，脱氮很容易进行[47]。RH 精炼前期钢液传质系数较大，所以脱氮常数较大，脱氮速率较快，脱氮反应主要是在前中期完成的，如图 5-49 所示。因此，必须在较短时间内使真空度下降到极限真空度，并保持一段时间，加强前期脱氮效果。

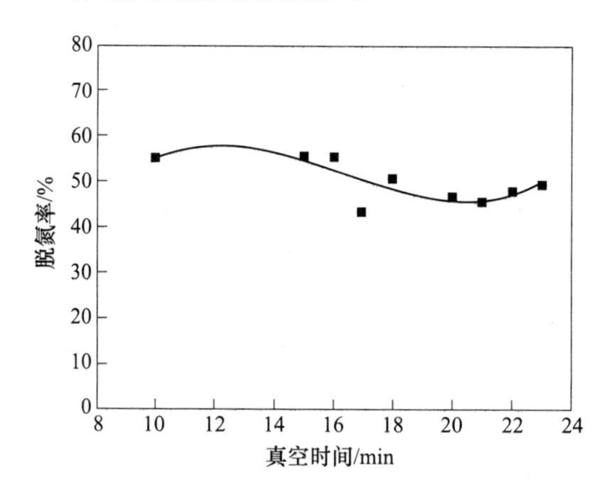

图 5-49　真空保持时间对脱氮率的影响

5.4.3.3　循环次数对脱氮的影响

循环次数是指通过真空室钢液量与处理容量之比，其表达式为：

$$u = \frac{Qt}{V} \tag{5-37}$$

式中　u——循环次数，次；

t——循环时间，min；

Q——循环流量，t/min；

V——钢液总量，t。

循环次数集中体现了氩气流量、吹氩时间对脱氮的综合作用效果，是反映 RH 综合脱氮能力的重要参数。

循环次数对脱氮率的影响如图 5-50 所示。由图 5-50 可看出，随着循环次数的增大，虽然有个别点的脱氮率降低，但总体上脱氮率基本保持不变。当钢液循环 10~12 次以后，钢液氮含量已经基本接近钢液该真空度下的平衡含量，随着循环次数的继续增加，钢液氮含量不再下降；循环次数过大时，钢液的混匀时间减少，导致脱气后的钢液与未脱气的钢液不能够充分均匀混合，存在循环死区，使循环脱气过程中的有效循环比例降低，钢液氮含量不再下降；随着钢液氮含量的不断降低，脱氮反应主要为二级反应，脱氮动力学条件变差，脱氮率不再增加[48]。因此，实际生产过程中，不能单方面通过调节氩气流量、真空时间等参数来控制脱氮量，而应使循环次数稳定控制在 10~12 次，保证较高的脱氮率。

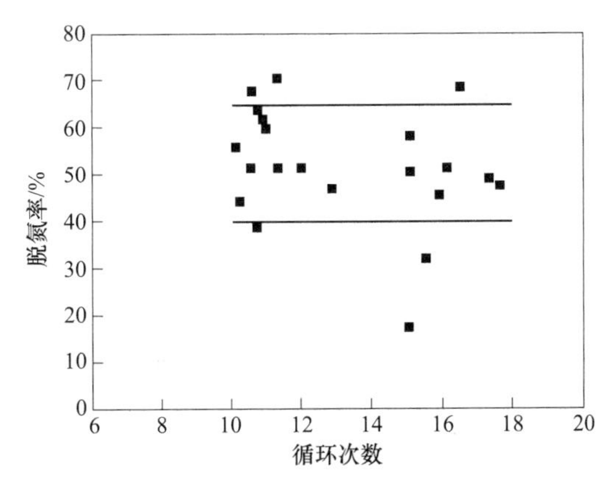

图 5-50 循环次数对脱氮率的影响

5.4.3.4 渣层厚度对脱氮的影响

在 LF+RH 双联的脱氮模式下，为使真空精炼时钢液不增氮，对渣层厚度有一定要求。渣层厚度对脱氮的影响具体如图 5-51 所示[49]。由图 5-51 可知，随着渣层厚度的增加，脱氮率总体呈先降低后增加的趋势，存在着一个临界渣层厚度。$CaO-Al_2O_3-SiO_2$ 渣系可作为绝缘层有效地防止氮在钢液和气相间传质[50]。渣层较薄时，可相对增加浸渍管进入钢液的深度，防止钢液接触空气而增氮；渣层较厚时，钢液不易裸露，可采用较大循环流量操作，促进钢液循环，提高脱氮效果。实际生产中渣层不能过厚，否则容易导致精炼渣被吸入真空室，污染钢液，损坏设备。因此，必须合理地控制渣层的厚度，控制转炉下渣量；如果经 LF 精炼，还要注意 LF 过程加入的渣料量，保证 RH 精炼时合适的渣层厚度。

5.4.3.5 喷粉对钢液氮含量的影响

喷粉对钢液氮含量的影响如图 5-52 所示。由图 5-52 可知，与一般脱氮工艺相比，采用 RH-PB 喷粉工艺脱氮能力强。采用 RH-PB 喷粉工艺，提高了钢中气体异相形核的能力，表观脱氮速度常数从 $12.3min^{-1}$ 提高到 $14.7min^{-1}$；提高 RH 脱氮效率。脱氮速率提高约 3.5 倍[40]。

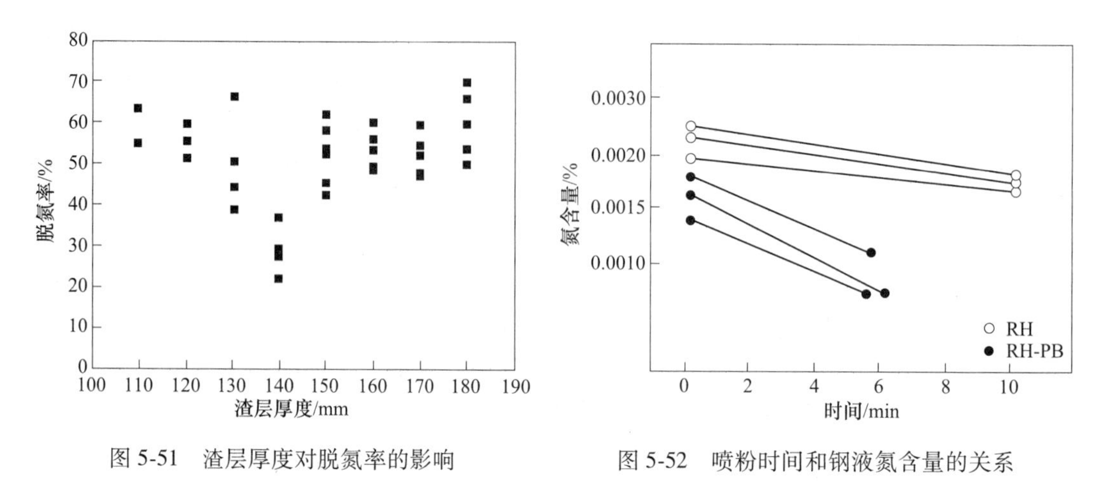

图 5-51　渣层厚度对脱氮率的影响　　图 5-52　喷粉时间和钢液氮含量的关系

5.4.3.6　RH 精炼前氮含量对最终氮含量的影响

RH 真空处理前钢液氮含量对处理后氮含量的影响如图 5-53 所示[48]。由图 5-53 可知，无论是低碳钢还是中碳钢，精炼前钢液氮含量越高，精炼后钢液氮含量也越高。

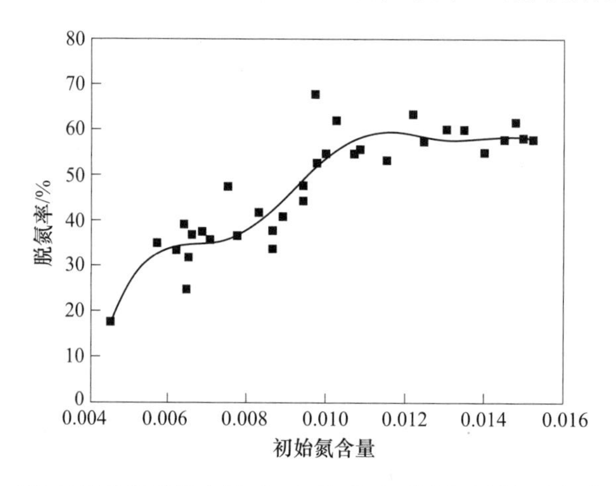

图 5-53　RH 处理前钢液氮含量对 RH 处理后不同碳含量钢液氮含量的影响

5.5　RH 精炼全自动化控制

5.5.1　RH 精炼全自动控制基础及目的

随着炼钢品种不断发展和对炉外精炼运行自动化控制水平要求的不断提高，控制装置产品和自动化水平也相应得到发展和提高。从简单的、以手动操作方式为主的控制装置，逐步发展成为自动化水平越来越高、大量运用数字技术、计算机技术和网络通信技术的具有综合控制功能的控制装置。根据对被控对象的调节程度，计算机控制系统主要有采样控制系统、离散控制系统、集中式监控系统与分布式控制系统几种类型[51]。

由于工业炼钢控制技术的不断发展，在精炼控制理论方面，相继出现了许多控制理论，最为典型的是 PID 控制，即比例、积分和微分控制。后来，模糊控制理论的引入使精炼炉的控制水平进一步提高，目前已经很好地应用在精炼炉控制系统上。利用 PLC 控制系统对精炼炉进行过程控制已经成为使精炼炉能长期、稳定、经济运行的主要控制手段[52]。

RH 设备从一个单纯的脱氢脱碳装置发展成为一个集深度脱碳、脱硫、脱气、脱磷、脱氧、去夹杂与温度补偿于一体的多功能炉外精炼设备。先进的 RH 精炼自动控制系统对降低工作强度、减少人为失误、稳定保证钢液质量、实现高效低耗生产具有重要意义。现在通过 RH 精炼已经可以生产出超低碳（[C]<0.001%）、超低硫（[S]<0.001%）、超低磷（[P]<0.002%）、超低氧、氢、氮的超纯净钢液。RH 精炼炉全部工艺都要在真空状态下实现，其配套设施必须先进、可靠、自动化程度高，以确保 RH 精炼炉生产的安全稳定。因而，RH 精炼技术的进一步发展完善与计算机自动控制技术的应用是分不开的。

随着工业自动化技术的不断发展，企业内部信息网、客户/服务器模式、现场总线技术的出现，对 RH 真空处理自动化和计算机的结构也产生影响。RH 真空处理自动控制系统采用 PLC 系统，在现场控制级采用现场总线技术，在基础自动化级和过程控制管理级采用计算机网络技术。在传动系统方面，全数字化的可控硅整流装置和全数字化的交流逆变装置已经彻底替代了原来的模拟控制的交/直流供电装置。在现场检测仪表方面，具有现场总线通信能力的智能仪表已经彻底替代了原来的模拟检测仪表。

规范化、标准化、稳定化操作和管理是实现计算机自动控制的前提，不准确、不稳定的数据为计算机自动控制带来了巨大的偏差。随着技术的发展，专家系统、神经网络和人工智能等的应用使 RH 自动控制技术日臻完善，RH 一键精炼成为现实，其在优质洁净钢生产中的作用将得到充分发挥。

5.5.2 RH 精炼工艺模型的研究

RH 精炼装置的基础自动化系统包括传感器、调节器等执行器和设备控制用的 PLC、DCS 等，并为过程控制计算机提供基本的数据。而整个过程控制的核心是具备高精度并可预报最终结果的工艺数学模型。它由方程、算法和操作逻辑所构造的软件组成。RH 真空精炼计算机控制系统如图 5-54 所示[53]。

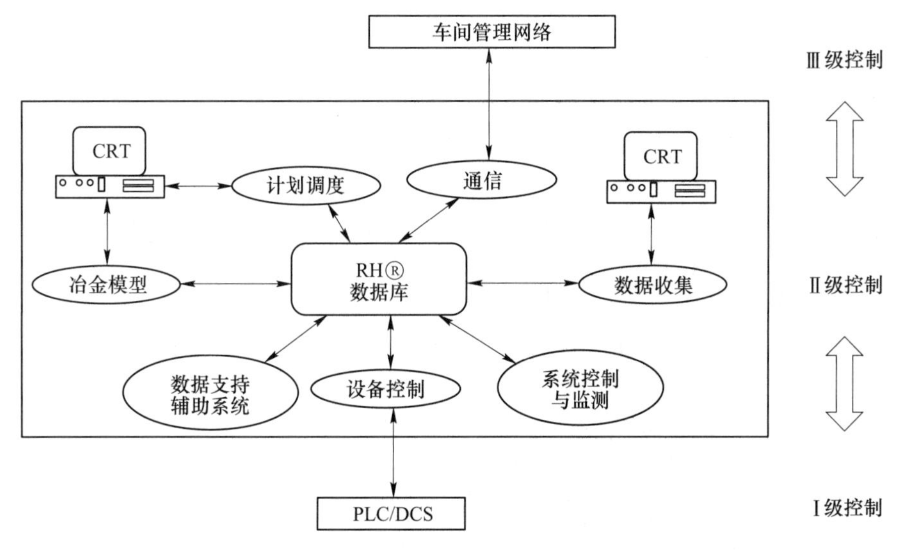

图 5-54 RH 真空精炼计算机控制系统

RH 过程模型自动化控制系统冶金模型包括脱碳模型、钢液温度控制模型、钢液成分预报模型。

5.5.2.1 脱碳模型

A 自然脱碳模型

在真空度和温度一定的条件下，碳氧积为一常数。自然脱碳情况下，假定与碳发生反应的氧来自钢液中游离氧和部分熔渣中不稳定氧化物提供的氧。RH 真空脱碳过程中，近似认为碳和游离氧含量按指数规律逼近平衡碳和平衡氧含量，方程式为[54]：

$$[C]_t = [C]_e + ([C]_s - [C]_e)e^{-\frac{t}{\tau}} \tag{5-38}$$

式中 t——真空处理时间，min；

τ——脱碳处理时间常数；

$[C]_s$，$[C]_e$，$[C]_t$——分别为初始碳含量、平衡碳含量和 t 时刻钢包内钢液的碳含量，%。

B 强制脱碳模型

脱碳过程所需的吹氧量取决于处理开始时钢液的 [C]、[O] 值和脱碳终点目标 [C]、[O] 值，具体公式如下[55]：

$$F_{odc} = \frac{([C]_{ini} - [C]_{aim}) \cdot \frac{16}{12} + [O]_{aim} - [O]_{ini}}{\beta \cdot \frac{1000}{22.4}\frac{32}{W_m}} \tag{5-39}$$

式中 F_{odc}——脱碳吹氧量；

β——氧气利用率，即被钢液吸收的氧气量与吹氧总量之比；

$[C]_{ini}$，$[C]_{aim}$，$[O]_{ini}$，$[O]_{aim}$——分别为处理初始、脱碳终点的目标碳、初始氧含量和目标氧含量，%。

自然脱碳模型和强制脱碳模型相互结合，根据初始碳含量、氧含量、钢液温度等，推定钢液基本信息（终点碳含量、氧含量等）和操作量信息（吹氧量、真空持续时间等），达到优化 RH 操作工艺的目的。

C 基于废气分析的脱碳模型

以 RH 废气模块为例，建立的模型方程为[51]：

$$C_R(t) = \int_0^t \left[X_C(t)Q_{off}(t)\frac{12}{22.4}\right]dt \tag{5-40}$$

$$X_C(t) = X_{CO}(t) + X_{CO_2}(t) \tag{5-41}$$

$$Q_R(t) = \int_0^t \left[X_O(t)Q_{off}(t)\frac{1}{22.4}\right]dt \tag{5-42}$$

$$X_O(t) = X_{CO}(t) \times 16 + X_{CO_2}(t) \times 32 \tag{5-43}$$

式中 $C_R(t)$——通过废气去除的碳量；

$Q_R(t)$——通过废气去除的氧量；

$Q_{off}(t)$——废气流量，Nm^3/h；

$X_{CO}(t)$，$X_{CO_2}(t)$——分别为废气中 CO、CO_2 的体积分数。

RH 精炼装置的废气成分和流量经分析后，将结果输送给过程控制计算机，计算机根据方程（5-40）~式（5-43）计算出从真空处理开始起至 t 时间的脱碳、脱氧量，并实时地将结果显示在显示器上[51]，更直观的表示方法如图 5-55 所示。

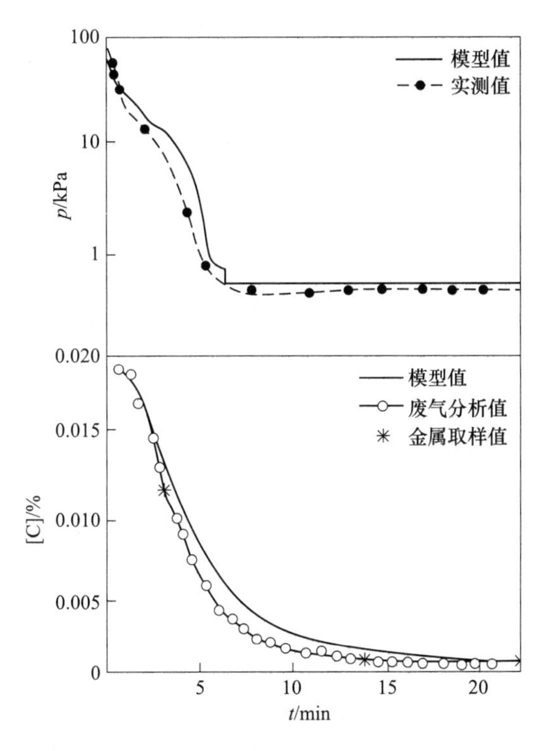

图 5-55 模型值与实测值的比较

5.5.2.2 钢液温度控制模型

RH 精炼过程开始后，钢液由上升管进入真空室内进行真空处理。真空室内钢液中的碳和氧发生脱碳反应产生热量和废气，同时真空室钢液的热量以热辐射和对流的形式向真空室炉壁传热，提升气体与化学反应产生的废气由真空泵抽真空从烟道排走并带走部分钢液热量；脱氧合金等升温剂以及其他合金的加入也会对钢液温度造成影响。各种因素综合作用下，钢液在钢包中的温度和在真空室内的温度有很大差异。经真空处理后的钢液因气泡泵原理经下降管返回钢包，并在钢包内混匀后重新流入真空室，这种周而复始的钢液循环，使得钢液温度不断变化。RH 处理过程钢液传热物理示意图如图 5-56 所示。由于氩气的吹入和钢液热循环，可以认为钢液温度在钢包内和真空室内分布均匀。

总结以上影响因素，得出钢液热平衡方程为[56]：

$$W_{\text{steel}} C_{p\text{steel}} \frac{\mathrm{d}T}{\mathrm{d}t} = Q_{\text{C}} + Q_{\text{O}} + Q_{\text{Ar}} + Q_{\text{gas}} + Q_{\text{alloy}} + Q_{\text{W}} \tag{5-44}$$

式中 W_{steel}——钢液重量，t；

$C_{p\text{steel}}$——钢液热容，kJ/(t·℃)；

T——钢液温度，℃；

Q_{C}，Q_{O}——分别为单位时间内脱碳反应、脱氧反应产生的热量，kJ/min；

Q_{Ar}——单位时间内吹入氩气泡带走的热量，kJ/min；

Q_{gas} ——单位时间内炉气带走的热量，kJ/min；

Q_{alloy} ——单位时间内合金加入引起的热量变化，kJ/min；

Q_W ——真空室内钢液的其他热损失，kJ/min。

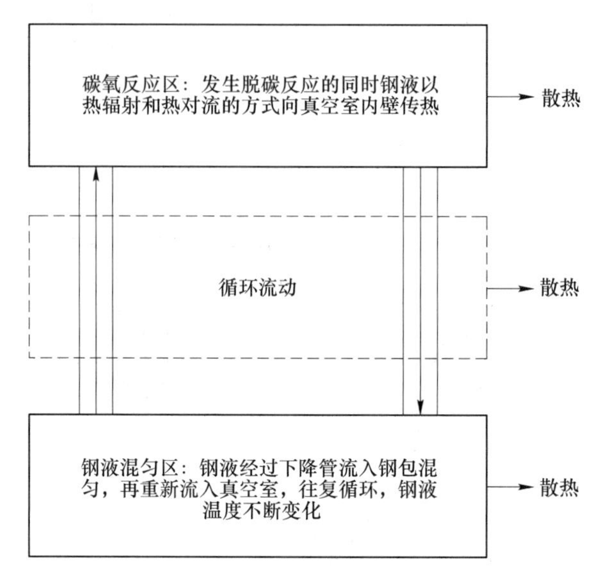

图 5-56 钢液传热物理示意图

Q_W 主要是由于真空室和钢包内衬的蓄热与传热、真空室和钢包内钢液或炉渣由于辐射散热引起的热量损失，因此其对钢液温度的影响主要与钢包和真空室的耐火材料情况、真空室烘烤温度、钢包周转情况以及钢液温度有关。

温度模型功能是根据 RH 处理中测温信息、实际合金加入量、吹氧量及操作工设定信息，实时确定钢液温度变化，提高温度命中率。

A 真空室预热温度对钢液温度的影响

真空室内壁初始温度对 RH 精炼过程中钢液温降速度影响较大[57]。统计发现，真空槽初始温度在 1092~1253℃之间时，钢液前 10min 温降最多相差 3.22℃，真空槽的初始温度在 1124~1221℃之间时，钢液前 10min 温降最多相差 1.94℃。假如自然温降曲线是建立在真空槽初始温度出现频率最高的（1173±16）℃基础上，则钢液前 10min 的温降相差最多分别为 1.61℃和 0.82℃[58]。

RH 精炼第一炉，真空室预热温度对钢液温度有明显影响。随着精炼炉次的增加，各炉间的间隔时间缩短，真空室预热温度的影响变弱。

B 钢包容量对钢液温度的影响

以平均处理时间 20min 计算，钢包容量对钢液温降的影响如图 5-57 所示。由图 5-57 可知，随钢包容量的增加，钢液温降速度降低，钢包容量大于 120t 后，温降速度基本相同。70t 钢包平均温降速度为 2~3℃/min。

C RH 精炼时间对钢液温度的影响

RH 处理时间对钢液温降的影响如图 5-58 所示。由图 5-58 可知，随着精炼时间的延长，钢液温降速率先增加后变缓。对于 150t RH，精炼时间分别为 10min、20min 和 30min

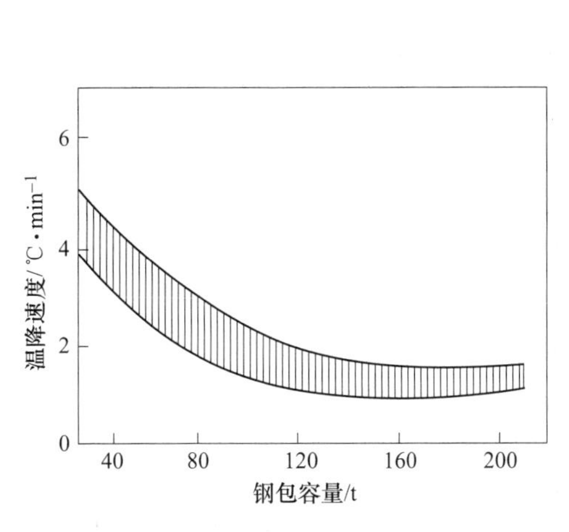

图 5-57 钢包容量对钢液温降的影响

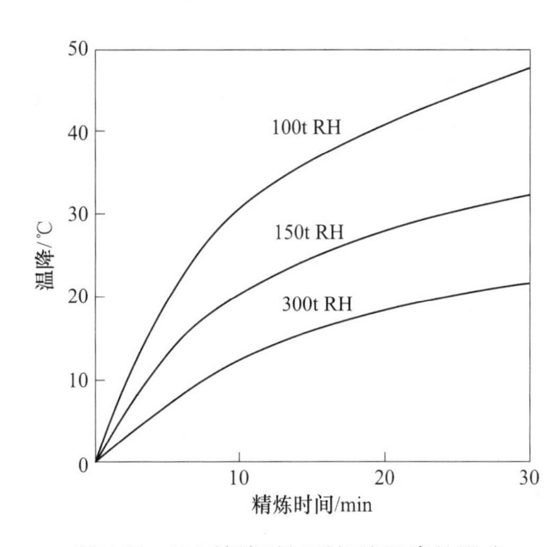

图 5-58 RH 精炼时间对钢液温降的影响

时温降分别为 21℃、28℃、32℃左右。在相同精炼时间，钢包容量越大，温降越小。精炼 20min，对于 300t RH、150t RH、120t RH，钢液温降分别为 15℃、25℃、40℃左右。

5.5.2.3 合金最小成本模型与成分预报模型

合金最小成本模型根据钢液初始成分和目标成分的要求，确定使合金投入总成本最小的合金投入组合、投入量[59]。

在计算合金加入量的时候需要着重考虑各种合金的收得率和易氧化合金的烧损情况。合金加入工艺十分重要，要控制以下方面：

（1）合金添加的速度，最大速度取决于 RH 的钢液循环流量，一般为钢液循环流量的 2%~4%。

（2）合金落点。合金在真空室内的最佳落点应在上升管附近，这是因为该处钢液运动剧烈，有利于合金在钢液中的混合。

（3）合金粒度。合金粒度为 3~15mm 为宜，粒度太大合金不易熔化，不利于混匀，影响钢液纯净度；太小易被气流带走，导致浪费且影响成分命中率。

（4）合金本身的理化性质。合金的熔化性能、氧化性能、合金熔化时的吸热和放热、挥发特性、扩散与传质特性及其密度，对合金的均匀化都有影响。要获得合金最小成本需要综合考虑各种因素的影响。成分预报模型是根据各合金元素、设定收得率，预报添加合金后各元素成分、钢液增重等[60]。因此，确定合适的收得率极为重要。另外还要考虑调整成分时加入的合金量对钢液重量的影响。

工艺过程控制数学模型不同于机理模型，在保持事物真实性的前提下，建立的数学模型应尽可能地简单，不宜出现过分复杂的数学解析问题，以便能够实施在线控制，否则只能离线操作。钢液的生产计划通过车间生产管理的通信系统输送给过程控制计算机，计算机利用工艺数学模型根据钢液量、钢液成分、氧含量、钢包温度等基础数据准确地预测出各种合金和冷却剂的加入量，并确定吹氧量、合金化、脱碳、脱氧与脱气的操作模式。所有操作过程的信息都实时地通过显示器显示出来，并相应地储存处理过程中的有关数据。

显示器的人机界面友好，以此指导操作者控制整个精炼过程。表 5-5 给出了计算机自动控制系统部分模型的基本组成[61]。

表 5-5 计算机自动控制系统部分模型的基本组成

模型	模块	输入	输出
成分控制模型	合金模块	操作过程模式 熔体数量 目标成分 熔体的化学成分 合金种类	应加合金的类型和数量
	溶解铝预测模型	熔体温度 氧探头的电动势	溶解铝含量
	RH 废气模块	废气流量 废气成分分析	熔体中的［C］、［O］
脱氧控制模型	脱氧模块	操作过程模式 熔体数量 熔体温度 $[O]_f$ 值	应加的 Si-Fe、Al 数量
温度控制模型	温度预测模块	钢的种类 熔体数量 钢包条件 合金加入量 冷却剂加入量	熔体温度
	冷却剂模块	钢的种类 操作过程模式 熔体数量 浇铸温度 连铸开浇时间	应加的冷却剂数量

过程控制模型的功能分为两部分：

（1）建立当前钢液状态，该部分的计算基于处理过程中准确的取样、各种材料的加入量和已经处理的时间。

（2）通过模型预测为操作过程确定各种操作的设定值，该部分的计算基于现时钢液状态、操作输入值和修正值来控制处理过程[61]。整个执行过程如图 5-59 所示。

5.5.3 RH 精炼完全自动化

5.5.3.1 自动化系统架构设计

根据 RH 精炼炉工艺的特点和实施自动控制的需要，自动化系统架构采用两级控制系统和三级网络系统。两级控制系统即过程控制计算机（L2）系统和基础自动化（L1）系

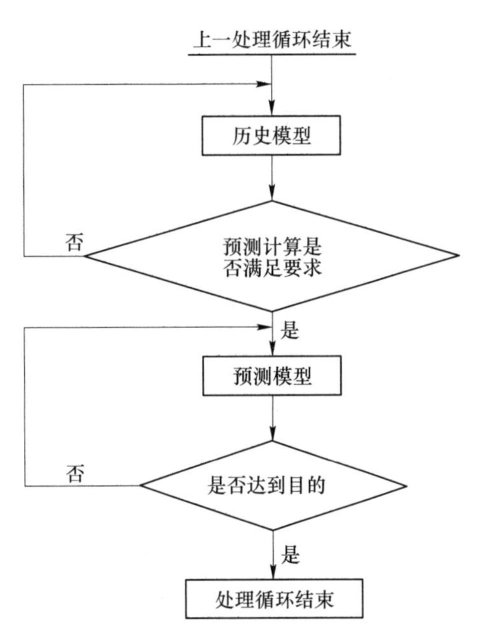

图5-59 过程控制模型的执行框图

统组成；三级网络由过程控制级以太网、基础自动化（L1）级以太网及设备级现场总线组成，各分布式I/O站与控制器间以ControNet网络连接。

按最优性价比的标准，选择罗克韦尔ControLogix系列PLC系统为基础自动化系统，控制系统设计为两套PLC，1号PLC控制RH真空处理系统，2号PLC控制顶枪加热和合金加料系统[62]。系统包括主控制系统、5个分布式I/O站（钢包车、真空台车、顶枪、真空料斗就地操作台和操作室主操作台组成）、现场总线和监控显示系统，并通过高速以太网方式设置一台开发站。L2系统包括一台服务器和一个操作员站、一个维护站。主要实现历史数据存储，实施真空处理的控制管理和炼钢L3系统的连接。

RH真空处理自动控制系统主要包括顶枪加热及升降系统（简称顶枪系统）、钢包移动系统、钢包液压顶升系统、测温取样系统、真空泵系统、合金添加系统、喂丝系统和保温剂添加系统等。其中顶枪系统是整个控制系统的重点和难点，控制系统功能结构图如图5-60所示。

A 顶枪系统自动控制开发

顶枪是真空处理系统中的一个非常重要的设备，它的功能比较单一，就是在非处理期间对真空室进行大气加热、对真空室内壁附着的残留渣进行化渣除瘤。顶枪系统包括加热系统、冷却水系统及顶枪升降和枪位控制系统[63]。其工艺画面如图5-61所示。

RH钢液真空处理系统增设顶枪之后称为RH-TB。顶枪为钢液真空处理增加了许多功能，顶枪通入煤气和氧气后，可进行真空室大气加热或真空加热，吹入大量的氧可以强制钢液脱碳，吹氧的同时加铝可使钢液升温。PLC控制顶枪实现大气加热或真空加热时，根据工艺要求，首先降顶枪到预定位置，自动通入高压煤气和氧气。由于真空室温度很高，煤气自动点燃。系统控制方式有单回路自动控制和氧气与煤气配比控制两种。顶枪吹入大量氧气时，根据上位计算机设定的供氧强度和供氧累计总流量对氧气进行串级控制。当氧

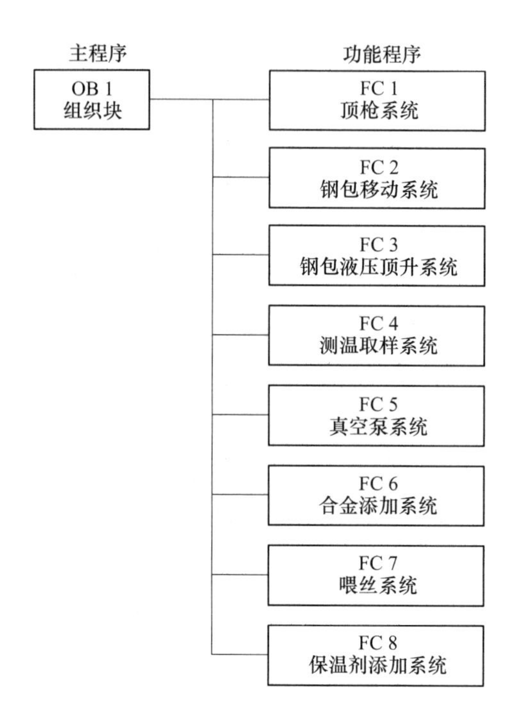

图 5-60 控制系统功能结构

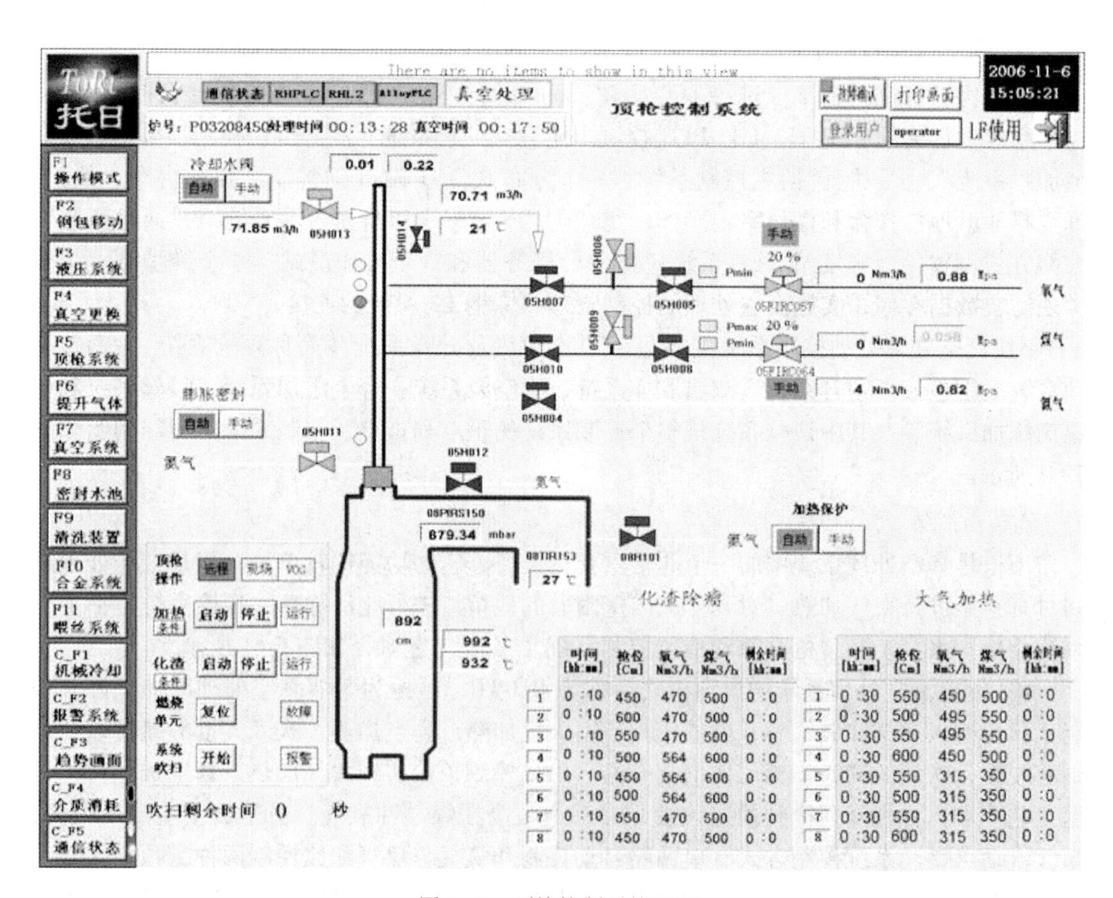

图 5-61 顶枪控制系统画面

气流量累计值达到预设定总量时自动停吹，并提升顶枪到待机位。顶枪在完成预定功能后，关闭氧气和煤气阀门，此时自动输入顶枪保护气体，吹扫顶枪中的残存煤气。保护气体可以是氮气或氩气[53]。

顶枪吹氧全自动实现：接收二级发送的吹氧模式，根据脱碳和铝加热两种不同模式选择不同的枪高和吹氧量设定值，并自动进行下枪，达到目标枪高则通过自动调节氧气阀按设定值通过 PID 调节进行吹氧，当达到二级发送总吹氧量，自动提枪并关掉氧气阀，同时打开保护气体阀门，以确保系统安全。整个系统在运行过程中均可进行一二级无扰动切换，且可随时人为停止，以确保系统运行安全。

顶枪去冷钢全自动实现：接收二级发送的去冷钢开始信号，以及去冷钢的各时刻的煤气量和枪高，程序自动开始计时，并在相应时刻按照设定煤气量同时调节煤气阀和助燃氧气阀并运行到设定的枪高，进行去冷钢作业。在接收到去冷钢结束或接收到设定信号为零时，则自动恢复到初始位置。

B 钢包移动系统

从转炉出来的钢液首先到 LF 进行加热升温和添加合金，然后用吊车吊至 RH 接收位，到达接收位的钢包通过钢包移动系统运输到处理位，进行真空处理。以某厂为例，钢包车由 4 台 15kW 的电动机驱动，电动机采用 VVVF 变频器控制。PLC 接收变频器返回的信号到 HMI 作状态显示，PLC 输出高速、低速和方向信号到变频器，控制电动机的速度和运转方向。

C 钢包液压顶升系统

钢包液压顶升系统由 2 台控制泵、2 台循环泵、3 台主泵及电磁阀等组成。它的主要功能是将位于处理位的钢包连同钢包车一起顶升至处理高度，处理结束后将钢包和钢包车下降回到地面轨道上。

控制泵和循环泵采用 1 用 1 备方式工作，主泵正常情况下是 3 台同时工作，特殊条件下 2 台或 1 台泵可以短时工作。在 HMI 上选择控制泵、循环泵和主泵。实施过程中，由于单台主泵的功率高达 120kW，启动电流很大，当选择 3 台主泵同时工作时，系统总电源总是跳闸。为了解决这一问题，可采用顺序启动方式，即当第 1 台主泵启动并延时 5s 后启动第 2 台主泵，第 2 台主泵启动并延时 5s 后再启动第 3 台主泵，这样启动电流过大的问题得到了解决[63]。

D 测温取样系统

测温取样系统的主要功能是测量钢液温度、取样和定氧，将测量的钢液温度和氧含量传入 PLC 系统供真空处理使用。该系统包含两套装置，一套用来破渣，另一套用来取样定氧。两套装置均装在一个公共的旋转装置上。当钢包上升到处理位时，首先启动破渣枪破除钢液表面的保护渣结壳，然后才降下测温取样枪进行测温、取样。

E 真空泵级自动控制

真空泵系统是 RH 真空处理的核心部分，它的作用是脱去钢液中的气体杂质，提高钢液的品质。它包括 4 级真空泵（4a4b、3a3b、B2 和 B1）、真空阀、破空阀、CCW（冷凝器冷却水）阀、密封水池、废气分析和废气燃烧装置等。

真空处理过程主要是控制真空室内的真空度，不同的钢种对真空度的要求不一样。针对不同的钢种，应开发设计不同的真空压力曲线。真空压力曲线由工艺专家在 HMI 上输入，并存储在 PLC 相应的数据块中。真空压力控制方式有计算机方式（L2）、自动方式和手动方式。计算机方式下，真空度的设定值来自二级计算机数学模型的计算值。自动方式下，操作员在 HMI 上输入真空压力曲线号即可，处理过程按预先存储的真空压力曲线进行真空度的控制，或者直接输入要达到的真空度数值，程序自动执行真空度的调节。真空泵级系统泵级与真空度关系如表 5-6 所示[63]。

真空泵级自动控制流程：RH 炉钢液处理所需条件均具备时，手动点击 HMI 画面真空处理开始按钮，则真空主阀自动打开，使真空槽内与真空泵级系统贯通。真空泵级控制系统接受二级系统下发来的真空泵级设定级数，以真空泵级与真空度关系表中的真空度为泵级连锁条件，依次启动真空泵以达到设定的真空泵级数。当真空处理结束时，二级下发真空结束信号，一级控制系统自动关闭真空主阀，各级真空泵按照真空度要求由低到高依次关闭。

表 5-6 真空泵级系统泵级与真空度关系表

模式代号	真空度/kPa	S1	S2	S3	S4B	S4A	S5B	S5A
A	101→35	×	×	×	×	×	○	○
B	35→8	×	×	×	○	○	×	○
C	8→2. 5	×	×	○	×	○	×	○
D	2. 5→0. 5	×	○	○	×	○	×	○
E	0. 5→0. 067	○	○	○	×	○	×	○

注：×—蒸汽关；○—蒸汽通。

F 真空环流自动控制

系统中，非真空脱气处理时环流系统吹入氮气以保护环流设备，真空脱气处理时环流系统吹入氩气以驱动钢液在真空槽内的环流。在自动环流控制时，当真空处理开始，系统自动将环流气体切换到氩气，初始氩气流量等于切换时氮气的流量，切换后的真空处理过程中氩气流量控制由接收到的二级氩气实际设定流量决定。当自动真空处理结束，钢液包下降到低位时，环流系统自动切换到吹入氮气，流量等于切换时氩气当前流量。

G 合金投料系统自动控制

a 合金投入系统概述

合金投入系统包括合金投料系统和真空料斗系统两部分。合金投料系统设置在真空料斗之前，用于储存和称量 RH 真空脱气装置在生产过程中所需的合金物料，并将称量好的合金物料输送至真空料斗或返回料溜槽内。真空料斗系统主要用于将梭式皮带机送来的各种铁合金及铝在炼钢真空状态下加入真空槽中。

合金投入系统有计算机方式（L2）、自动方式和手动方式。手动方式下，操作员可以任意操作合金系统的各个设备，只是必须遵循必要的安全连锁。在计算机和自动方式下，所有设备全部自动运行，不需要操作员干预。操作时首先要选择操作方式：计算机、自动还是手动，再在“下料目的地”中选择“RH 合金”“铝料仓”还是“碳料仓”。在计算机和自动方式下，RH 的旋转溜槽自动转到相应位置[64]。

b 自动控制系统的主要构成

PLC 组成：电源模块 1 块、CPU 模块 1 块、以太网通信模块 1 块、control net 通信模块 3 块、数字量输入模块 11 块、数字量输出模块 7 块、模拟量输入模块 1 块等。现场称量仪表及执行机构主要有：称量变送器 5 台、称量装置 5 套、振动给料器 5 台、闸板阀 5 个（闸板驱动方式，每个闸板阀由 2 台并联的电液推杆推动）、行程开关 10 个、接近开关 26 个、梭式皮带机 1 套等。

c 合金投料自动控制过程

在自动炼钢模式下，二级过程计算机根据产品目标成分，通过合金计算模型计算出所需合金的品种、重量，向 PLC 发出信息，PLC 控制着现场的称量仪表和执行机构完成投料、称量、下放等一系列的动作。投料系统基本控制流程如图 5-62 所示[65]。

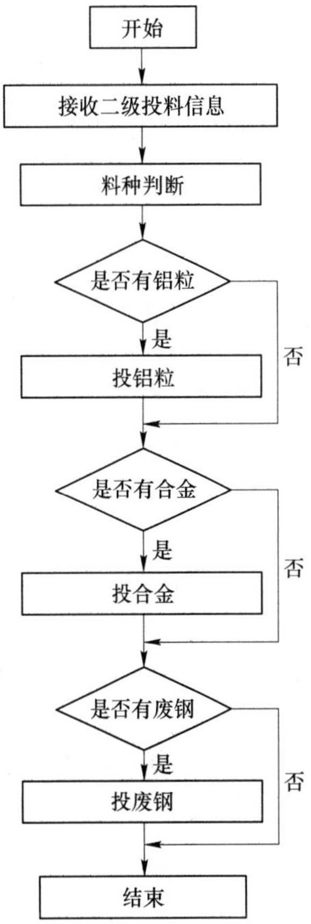

铝粒采用动态减法下料，即二级下发铝粒投料信息后，将在炉口直接打开铝粒投料仓下电振给料机，按设定铝粒投入重量直接将铝粒投入炉内。

开始
接收二级投料信息
料种判断
是否有铝粒
是
否
投铝粒
是否有合金
是
否
投合金
是否有废钢
是
否
投废钢
结束

图 5-62 合金投料系统基本控制流程

H 喂丝系统

RH 真空处理完毕，钢包从处理位运至喂丝位，用喂丝机向钢液中喂铝丝，对钢液成分再次进行微调。喂丝机有 A 流和 B 流共两流喂丝管，可以在现场操作喂丝机，也可以在 HMI 上远程操作。现场操作时直接在喂丝机的操作面板上操作，先选择用 A 流还是 B 流喂丝，再设定喂丝速度、丝线密度和喂丝重量，然后按“开始”按钮，喂丝机即自动完成喂丝操作。在喂丝机操作面板上选择“远程”，则可以在 HMI 上进行远程操作。

I 保温剂添加系统

保温剂添加系统用于向钢液中添加保温材料，以防止钢液温降过快。因为在处理完后，原钢液表面的保护渣层已经破坏，因此真空处理后的钢液必须在表面添加一定的保温材料来防止钢液温降过快。保温材料的加入量可在操作画面上设定，然后启动插板阀下料。保温料仓内的保温剂利用吊车完成补料。

5.5.3.2 功能设计

RH 功能设计包括钢液运输功能、真空系统的真空度调节功能、提升气体控制功能、顶枪系统控制以及合金加料的控制等，具体包括：

（1）钢液输送系统的定位功能及其连锁控制。

（2）各蒸汽阀、逆止阀以及其他阀门的自动开闭功能及其连锁控制。

（3）真空度的 PID 自动调节功能的控制。

（4）提升气体的自动调节控制。

（5）顶枪燃气、氧气自动配比及其连锁控制。

（6）火焰检测及其连锁控制。

（7）合金加料功能及其连锁控制。

（8）状态模型设计。根据收集的实际数据，准确连续地计算实际钢液的重量、化学成分和温度。

（9）过程预测模型设计。根据收集的实际数据，及时地提供加料的设定值、预期处理后的目标成分和目标温度。

（10）顶枪加热模型设计。根据收集的实际数据，提供顶枪加热的参考数据。

本章小结

（1）RH 精炼出现了不同的处理方式，包括 RH-O 法、RH-OB 法、RH-IJ 法、RH-PB 法、RH-KTB 法以及 RH-MFB 法等，已发展成为多功能的炉外精炼装置，用于钢液脱碳、脱氧、成分控制、吹氧升温、超低碳冶炼、脱硫、脱磷和改变夹杂物形态等。

（2）真空条件下采用碳脱氧的方式，能将钢液中氧尽可能脱除，降低铝终脱氧前钢液氧含量，且不产生夹杂物。

（3）几乎所有超低碳钢生产都要经过 RH 真空脱碳，将钢液碳含量降低到所要求的水平。影响脱碳率和脱碳效果的因素包括初始碳含量、初始氧含量、真空室压降制度、循环流量、顶渣成分等。

（4）RH 精炼过程钢液的氧含量由夹杂物去除速度和钢液被空气、顶渣或耐火材料二次氧化速度综合决定。RH 喷粉脱硫可使钢液硫含量降低至 5×10^{-6} 以下。将 RH 吹氧工艺与喷粉工艺相结合，可以达到理想的脱磷效果。

（5）RH 脱氢效率很高，处理脱氧钢液，脱氢率大于 65%；处理弱脱氧钢液，脱氢率大于 70%。真空处理前钢液的氢含量、真空度、处理时间、吹氩量、钢液温度、空气湿度和喷粉都决定 RH 精炼的脱气率。提高真空度和抽气速度、尽量降低钢中氧硫含量、采用浸渍管吹氩密封技术和喷粉工艺，可以强化 RH 精炼过程的脱氮。

（6）真空室预热温度、钢包容量、精炼时间等因素会影响 RH 精炼过程的钢液温度。

（7）RH 可实现一键精炼，工艺模型包括脱碳模型、温度控制模型、合金最小成本模型与成分预报模型。

思考题

（1）说明 RH 精炼的原理、设备、功能及工艺。

（2）RH 精炼技术发展出现的各种处理方法有什么？

（3）RH 深脱碳、碳脱氧的原理及影响 RH 脱碳速率的因素。

（4）简述 RH 精炼过程洁净度控制技术。

（5）降低 RH 精炼过程氢含量和氮含量的措施有什么？

（6）简述 RH 一键精炼及工艺模型。

参考文献

[1] 王潮．单嘴精炼炉的水模型研究［D］．北京：北京科技大学，1984.

[2] 张玉红，赵长春．PLC 自动化控制在首秦 RH 精炼系统的应用［C］．中国金属学会．第七届（2009）中国钢铁年会论文集（下），2009：10.

[3] 吴唐勇．攀钢炼钢厂 RH 真空处理自动控制系统 [D]. 重庆：重庆大学，2002.

[4] 魏敏，谢磊，许海峰．RH 自动控制系统 [C].《冶金自动化》杂志社．冶金企业自动化、信息化与创新——全国冶金自动化信息网建网 30 周年论文集，2007：5.

[5] 王新华．不同钢类的 RH 精炼装置和工艺特点分析 [C]. 2007 年全国 RH 精炼技术研讨会文集，2007：7-12.

[6] Murayama N, Mizukami Y, Azuma K, et al. Secondary refining technology for interstitial free steel at NSC [C]. IISC. The Sixth International Iron and Steel Congress, 1990: 151-158.

[7] 刘良田．RH 真空顶吹氧技术的发展 [J]. 武钢技术，1996，34 (7)：7.

[8] 远腾公一．多功能二次精炼技术 RH 喷粉法的开发 [J]. 製鉄研究，1989，335：20-25.

[9] 任彤，董伟光．RH 钢水真空循环脱气装置的发展及现状 [J]. 重型机械，2006 (S1)：9-14.

[10] Kawasaki Steel Corporation Engineering and Construction Division. KTB System for Vacuum Degassers [R]. 1992, 5: 1-4.

[11] Ishizuka H, Nishikawa H, Asaho R, et al. Improvement of steelmaking technology for production of ultra low carbon steel at No. 3 Steelmaking Shop in Chiba Works [J]. Metallurgical Research & Technology, 1991, 88 (3): 249-254.

[12] 星岛洋介，岛宏．RH 多机能设备实际化 [J]. CAMP-ISIJ, 1992 (7)：241-252.

[13] 陆曼，王立青，徐雷，等．QD08 生产 RH 真空精炼脱碳影响因素分析 [J]. 冶金设备，2018，243 (3)：31-34.

[14] 刘良田．RH 真空脱碳的实践 [J]. 炼钢，1989 (4)：14-19.

[15] 李怡宏．RH 快速脱碳技术及环流反应器内流体行为研究 [D]. 北京：北京科技大学，2015.

[16] 王子铮．本钢 RH 真空碳脱氧工艺研究 [J]. 本钢技术，2012 (4)：3.

[17] 单伟，王崇，王雷川．RH 炭粉脱氧工艺技术研究 [J]. 山西冶金，2020，43 (2)：32-34.

[18] 黄财德．首钢京唐 300t RH 工艺过程优化研究．北京：北京科技大学，1984.

[19] 成国光，芮其宣，秦哲，等．单嘴精炼炉技术的开发与应用 [J]. 中国冶金，2013，23 (3)：1-10.

[20] Yamaguchi K, Kishimoto Y, Sakuraya T, et al. Effect of refining conditions for ultra low carbon steel on decarburization reaction in RH degasser [J]. ISIJ International, 1992, 32 (1): 126-135.

[21] 李崇巍，成国光，王新华，等．RH 真空压降模式对超低碳钢脱碳速率的影响 [J]. 钢铁，2011，46 (11)：37-41.

[22] 金永刚，许海虹，朱苗勇．RH 真空脱气动力学过程的物理模拟研究 [J]. 炼钢，2000，16 (5)：39-42.

[23] 赵沛，成国光．炉外精炼及铁水预处理实用技术手册 [M]．北京：冶金工业出版社，2004.

[24] 贺庆．RH 真空反应动力学基础研究及工艺优化 [D]. 北京：钢铁研究总院，2015.

[25] 李崇巍，成国光，王新华，等．RH 吹氧操作对超低碳钢脱碳速率的影响 [J]. 钢铁，2012，47 (3)：25-29.

[26] 李崇巍，成国光，王新华，等．RH 自然脱碳数学模型的建立以及脱碳机理研究 [J]. 中国稀土学报，2010，28 (S)：112-116.

[27] Park Y G, Yi K W, Ahn S B. The effect of operating parameters and dimensions of the RH system on melt circulation using numerical calculations [J]. ISIJ International, 2001, 41 (5): 403-409.

[28] 马焕珣，黄福祥，王新华，等．RH 循环过程中高熔点钙铝酸盐夹杂物的行为分析 [C]. 中国金属学会，宝钢集团有限公司．第十届中国钢铁年会暨第六届宝钢学术年会论文集Ⅱ. 北京：冶金工业出版社，2015：7.

[29] 张立峰，靖雪晶，许中波，等．RH 真空处理生产超低碳钢时钢水脱碳的数学模型 [J]. 钢铁，1997，32 (S)：633-637.

［30］朱博洪．RH 真空精炼过程的气液两相流动及脱氢行为研究［D］．重庆：重庆大学，2017.
［31］小野清雄，柳田禾念，加滕时夫．水モルによゐRH 脱デス装置の循环流量特性［J］．电气制钢，1981，52（3）：149.
［32］渡边秀夫，浅野钢一，佐伯毅．金属合金の延性にぉょほす温度静水压力の影响［J］．鉄と鋼，1968，54（3）：1372.
［33］萧泽强，彭一川．喷吹钢包中渣金卷混现象的数学模化及其应用［J］．钢铁，1989，24（10）：17-22.
［34］王崇，钟凯．RH 无铬真空槽长寿技术研究与应用［J］．连铸，2021（3）：18-23.
［35］单庆林，王雷川，彭国仲．RH 真空槽结冷钢和结渣形成的原因及解决措施［J］．首钢科技，2016（1）：17-29.
［36］邱钰杰，虞澜，曾建华，等．攀钢 RH 脱硫工艺分析［J］．钢铁研究，2011，39（3）：39-42.
［37］张彦恒．RH 脱硫工业实践［J］．四川冶金，2011，33（5）：11-14.
［38］姜桂连，唐海燕，程爱民，等．RH 精炼渣系和脱硫剂对管线钢脱硫影响的实验研究［J］．特殊钢，2012，33（5）：12-14.
［39］费鹏，王晓峰，李镇，等．炉外精炼生产超低磷钢工艺研究［C］．中国金属学会炼钢分会．第十七届（2013 年）全国炼钢学术会议论文集（A 卷），2013：6.
［40］刘浏．RH 真空精炼工艺与装备技术的发展［J］．钢铁，2006（8）：1-11.
［41］杨治争．基于 BOF-RH-CC 流程的中合金钢洁净度控制技术研究［D］．武汉：武汉科技大学，2020.
［42］李花兵，姜周华．不锈钢熔体中氮溶解度的热力学计算模型［J］．东北大学学报（自然科学版），2007，28（5）：672-675.
［43］Yano M，Kitamura S，葛永宏．RH 精炼技术在超低碳钢和低氮钢生产中的改进［J］．山东冶金，1996（1）：19-22.
［44］程迪，武海红，白亚卿，等．邯钢 250 吨 RH 脱氢工艺分析与实践［C］．河北省冶金学会，唐山钢铁集团有限责任公司．2012 河北省炼钢连铸生产技术与学术交流会论文集，2012：257-260.
［45］齐江华，吴杰，薛正良，等．高速重轨钢精炼理论与工艺［J］．北京科技大学学报，2011，33（S1）：12-15.
［46］陆斌，王宏盛，王建林．210t RH 精炼炉脱氢工艺研究与应用［J］．包钢科技，2012，38（1）：11-13.
［47］赵元，李具中，邹继新，等．汽车面板钢中氮控制技术的研究与实践［J］．炼钢，2010，26（2）：22-25.
［48］何云龙，孙维，金友林，等．RH 精炼工艺脱氮的影响因素［J］．中国冶金，2015，25（2）：47-50.
［49］安子超，张文凯，武晓晶．包钢 210t RH 脱氮能力研究［J］．包钢科技，2017，43（5）：17-20.
［50］项长祥，Gammal T El．钙基中性渣及氧化性渣覆盖时氮在钢液和气相间的传质［J］．钢铁研究，1997（5）：11-14.
［51］李长荣，吴扣根，洪新．RH 真空精炼过程的计算机自动控制技术［J］．冶金设备，2001（6）：42-45.
［52］周平，周芳．PLC 在 RH 炉真空处理工艺控制系统中的应用［J］．信息技术，2011，35（2）：106-107.
［53］牟柳春．鞍钢第三炼钢连轧厂 RH 炉自动控制系统的设计与应用［J］．鞍钢技术，2007，344（2）：19-22.
［54］黄可为．RH 精炼控制模型［C］．全国冶金自动化信息网，中国计量协会冶金分会．全国冶金企业计控网络化研讨会论文集，2003：71-74.

[55] 赵成林，王丽娟，李德刚，等．RH 真空精炼控制模型的开发与应用［C］. 中国金属学会．2010 年全国炼钢—连铸生产技术会议文集［C］. 2010：8.

[56] 张铁东，曾建潮，张苗，等．基于机理模型的影响钢水温度因素研究［J］. 太原科技大学学报，2018，39（1）：42-48.

[57] 冯旭刚，费业泰，章家岩．真空精炼过程的钢水温度预测模型分析［J］. 中国机械工程，2011，22（12）：1450-1453.

[58] 孙晓，徐安军，贺东风，等．RH 真空室烘烤温度场的数值模拟仿真与优化［C］. 中国金属学会．第十一届中国钢铁年会论文集——S02. 炼钢与连铸［C］. 2017：6.

[59] 刘玉玲．济钢第三炼钢厂 RH 网络自动化控制系统［J］. 流体传动与控制，2009（2）：46-48.

[60] 孙利顺．RH 真空精炼原理及工艺简介［C］. 河北省冶金学会，河北钢铁集团邯钢公司，河北钢铁集团承钢公司．河北省冶金学会 2008 年炼钢连铸技术与学术交流会论文集［C］. 2008：6.

[61] 张春霞，刘浏，刘昆华，等．RH 精炼过程计算机控制系统的发展［J］. 冶金自动化，2000（4）：1-5.

[62] 赵晶．攀钢 1#RH 精炼自动控制系统应用分析［J］. 化学工程与装备，2010（11）：36-37.

[63] 陈祥．攀钢 3#RH 真空处理装置自动控制系统［J］. 冶金自动化，2010，34（3）：34-38.

[64] 朱佳，杨友良．RH 精炼炉上料投料自动控制系统改造［J］. 数字技术与应用，2014（8）：6.

[65] 王彦锋．PLC 在 RH 合金投入系统中的自动控制应用［J］. 数字技术与应用，2015（6）：10.

6 AOD 精炼技术

内容提要

本章介绍了 AOD 精炼技术的工艺、发展及其在不锈钢冶炼中的应用，阐述了 AOD 精炼过程氧含量、硫含量、磷含量及夹杂物控制技术，分析了 AOD 精炼过程脱碳和氮含量控制，提出了 AOD 精炼钢液与炉渣成分预报模型、钢液温度预报模型和脱硫模型。

6.1 AOD 精炼技术概况

6.1.1 AOD 精炼技术简介

6.1.1.1 AOD 精炼的必要性

AOD（Argon Oxygen Decarburization）精炼设备主要用于生产不锈钢。不锈钢工业化生产始于 1920 年。

冶炼 18%Cr 不锈钢过程中钢液中的碳含量与温度的关系如图 6-1 所示。由图 6-1 可知，常压下冶炼 18%Cr 不锈钢，如果钢中碳含量要达到 0.03%，平衡温度要在 2000℃以上。这么高的冶炼温度，炉衬采用常规耐火材料冶炼是不可能实现的。

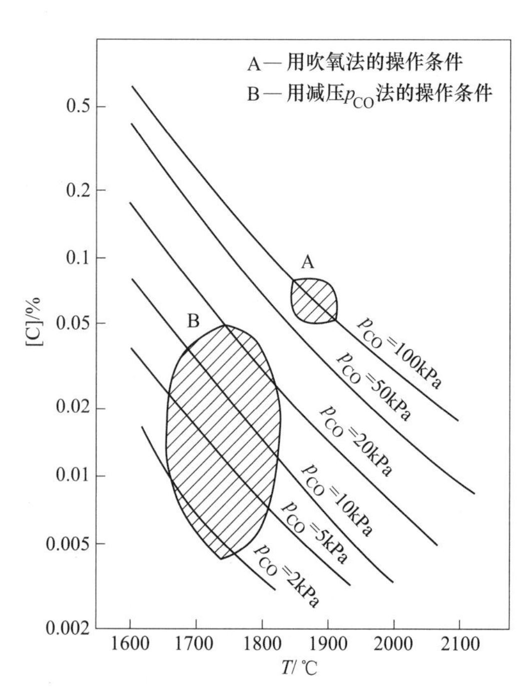

图 6-1 冶炼 18%Cr 不锈钢［C］-T-p_{CO}的关系

钢液温度与［C］-［Cr］的平衡关系如图 6-2 所示。由图 6-2 可知，如果在钢液温度为 1760℃、碳含量为 0.03%的条件下冶炼，平衡铬含量不到 3%。因此，采用电炉或转炉工艺冶炼超低碳不锈钢极为困难。

国民经济的发展对不锈钢产量、品种以及质量都提出了更高的要求。为了满足这些要求，20 世纪 60 年代以后，世界上不锈钢的生产从以电炉单炼为主逐渐发展为以炉外精炼为主，特别是 AOD 精炼工艺的诞生，为生产高质量不锈钢提供了方向。

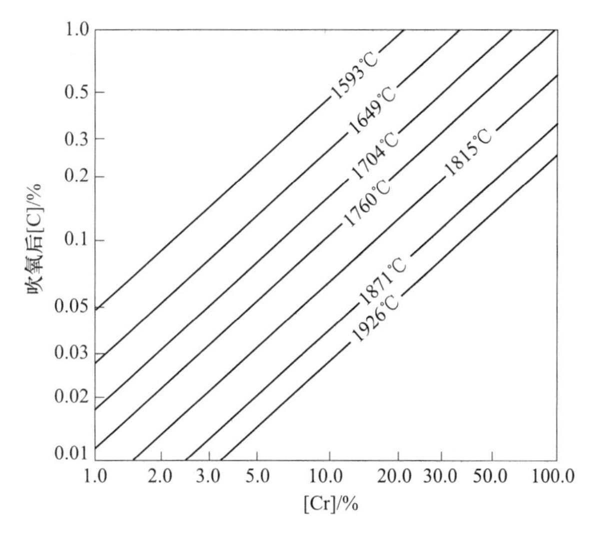

图 6-2 温度与［C］-［Cr］的平衡关系

用稀释的办法降低 CO 分压的典型例子是 AOD 法的脱碳。当氩和氧的混合气体吹进高铬钢液时，将发生下列反应：

$$[C] + \frac{1}{2}\{O_2\} = \{CO\} \tag{6-1}$$

$$m[Cr] + \frac{n}{2}\{O_2\} = Cr_mO_n \tag{6-2}$$

$$x[Fe] + \frac{y}{2}\{O_2\} = Fe_xO_y \tag{6-3}$$

$$n[C] + Cr_mO_n = m[Cr] + n\{CO\} \tag{6-4}$$

$$y[C] + Fe_xO_y = x[Fe] + y\{CO\} \tag{6-5}$$

$$Cr_mO_n = m[Cr] + n[O] \tag{6-6}$$

$$Fe_xO_y = x[Fe] + y[O] \tag{6-7}$$

$$[C] + [O] = \{CO\} \tag{6-8}$$

当供氧量少时，钢中碳向反应界面的传递速率足以保证氧气以间接反应或直接反应被消耗。随着碳含量降低或供氧速率加大，钢中碳来不及供给，吹入的氧气将以氧化物（Cr_mO_n 和 Fe_xO_y）的形式被熔池所吸收。

AOD 炉熔池的深度会对铬的氧化产生重要影响。当熔池浅时，铬的氧化多，反之铬的氧化少。这种现象表明，AOD 法的脱碳反应不仅在吹进氧的风口部位进行，而且气泡在钢液熔池内上浮的过程中反应继续进行。一般认为，AOD 炉的脱碳按如下方式进行：

（1）吹入熔池的氩氧混合气体中的氧，大部分是先和铁、铬发生氧化反应，生成的氧化物随气泡上浮；

（2）生成的氧化物在上浮过程中分解，使气泡周围溶解氧增加；

（3）钢中的碳向气液界面扩散，在界面进行 $[C]+[O] \rightarrow \{CO\}$ 反应，反应产生的 CO 进入氩气泡中；

（4）气泡内 CO 的分压逐渐增大，随着气泡从熔池表面脱离，该气泡的脱碳过程结束。

AOD、VOD 装置能有效降低碳氧反应的 p_{CO}，是不锈钢精炼的首选设备；RH 由于缺少精炼渣的配合，相对应用较少。

6.1.1.2 AOD 精炼设备

AOD 炉体由炉帽、炉座、托圈、轴承支撑系统、电机减速机驱动系统、炉体气体管路组成，如图 6-3 所示。

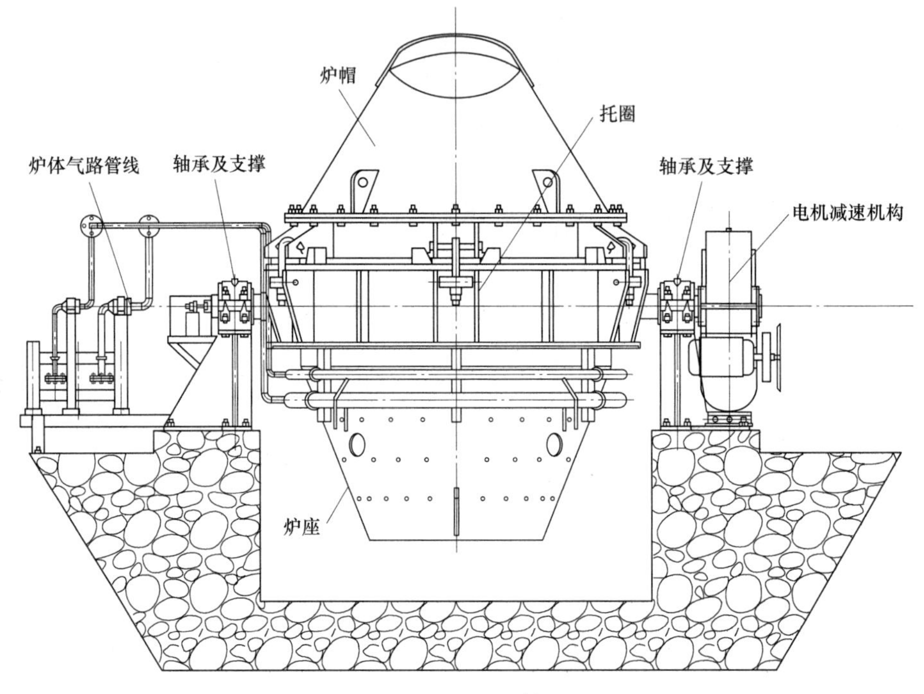

图 6-3 AOD 炉体图

A 炉帽

炉帽的作用在于防止吹炼过程的喷溅，以及装入初炼钢液时防止钢液进入风口。其形状有圆顶形（颚式），后改为斜锥形（非对称式），最后发展为正锥形（对称式），如图 6-4 所示。对称式炉帽的出现，为顶吹氧奠定了基础。

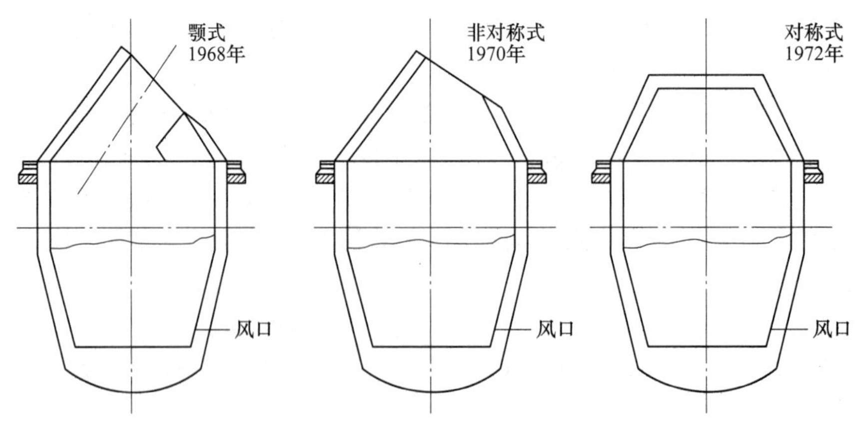

图 6-4 炉帽形状的变化

B 炉体

炉壳下部一侧安装有侧吹风口，风口采用双层套管形式，内管通氧气或氧气与氮气/氩气的混合气体，外层套管通入冷却气体氮气或氩气；炉衬耐火材料分为永久层、工作层，综合考虑炉衬寿命、经济性等各方面因素，大多采用白云石砖，风口区域采用富镁的白云石砖，两步法操作的AOD炉壁工作层用低碳白云石砖砌衬；AOD采用活炉座形式，炉壳上带有吊耳，以便炉壳的吊运和更换。

C 供气系统

AOD是氧气、氩气、氮气使用大户。为了向AOD炉输送气体，需要铺设相应的管道和配备必要的阀门。近年来，由于顶枪的引入和底吹供配气系统和制度的不断完善，使AOD氩气消耗明显降低，进一步奠定其在不锈钢生产领域的主导地位。AOD炉使用两种气体：一种为按一定比例混合的气体，称为工艺气体；另一种为冷却喷枪气体。为了按一定的压力和比例配备混合气体，需要装设相应的混气包和配气包。在氧气、氩气、氮气总管上均设有快速切断阀、流量调节阀和止回阀，根据钢种对氮含量的要求、精炼过程中钢液温度和碳含量情况，控制顶枪供氧量及供氧时间；同时，控制风口供氧量和供氧时间、氮气与氩气的比例，从而节省昂贵的氩气、准确控制熔池温度、降低一氧化碳分压避免铬的氧化。在每个风口的支路上均设有流量控制和调节以及压力检测，保证每个风口具有足够的冷却气体量，提高风口寿命，降低耐火材料消耗、操作成本和冷却气体。

D 供料系统

为了实现包括石灰、萤石等造渣材料和铁合金装入AOD炉的自动化，需要设置足够数量的高位料仓储存这些散装材料。每个料仓下面均应装设电磁振动给料器，对进入AOD炉内的物料进行准确称量。为了运送这些材料，还需要装设抓斗和皮带运输机等运输工具。

E 除尘系统

汽化冷却系统是AOD烟气净化系统的重要组成部分。AOD在吹炼过程中产生大量的高温烟气，但由于不锈钢冶炼的特殊性，其入炉钢液中碳含量一般仅为1.7%~2.0%，产生的煤气量少，回收价值不高，因而一般均是采用燃烧法，即烟气中所含一氧化碳要求在汽化冷却烟道内完全燃烧，不回收煤气。AOD汽化冷却装置主要作用是降低烟气温度，回收高温烟气中余热，为AOD烟气除尘创造条件。

由于在AOD炉中进行吹氧脱碳，排放的一氧化碳、二氧化碳等气体量极大，由此携带出的粉尘量也极为可观，一般采用干式滤袋除尘法，避免了湿法除尘水中带有Cr^{6+}污染环境。为了有效控制AOD生产过程中产生的大量烟尘，设一次除尘、门形罩、屋顶罩、加料系统除尘相结合的排烟方式，实现AOD冶炼全过程的烟尘控制。一次除尘捕集AOD冶炼过程中从炉内排出的烟尘；门形罩捕集加料、冶炼和出钢过程中从AOD炉口外逸的二次烟尘；屋顶罩捕集在兑铁初期和结束时瞬间产生的大量烟气。AOD炉内排烟的高温含尘烟气经强力风冷器降温后，与门形罩、屋顶罩和加料除尘系统排出的烟气混合、并经混风冷却至100℃左右进入袋式除尘器过滤收尘，通过风机、消声器、烟囱排入大气。如果进入滤袋前烟气温度超过120℃，则通过管道上的切断阀控制，烟气将进旁通管，再经抽风机进入烟囱而排入空气中，保证袋式除尘器的安全。

除尘系统结构如图 6-5 所示。炉气经炉口混合燃烧冷却到 300℃左右，再经混风管二次混风冷却到 100℃左右，进入袋式除尘器净化后，由风机抽出，进入烟囱，放入空气中。

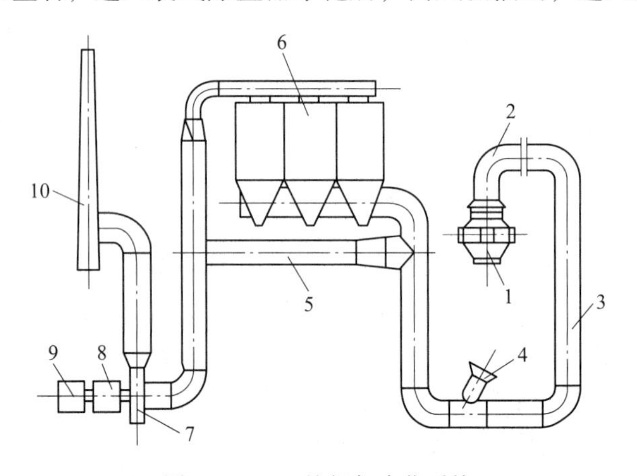

图 6-5　AOD 炉烟气净化系统

1—AOD 炉；2—烟罩；3—烟道；4—二次混风口；5—旁通管；6—袋式除尘器；7—风机；8—液力耦合器；9—电动机；10—烟囱

6.1.1.3　AOD 精炼工艺

将初炼炉炼好的钢液倒入 AOD 炉内，在标准大气压下，用一定比例的氧气和 Ar/N_2 混合吹入炉内，在 O_2-Ar/N_2 气泡表面进行脱碳反应。由于 Ar 或 N_2 对生成的 CO 起稀释作用，降低了气泡内的 CO 分压，促进了脱碳反应，可使碳含量降到很低水平，并且抑制钢中铬的氧化。

吹入 AOD 炉内的氧气进入钢液后，与钢液中的碳反应，即：

$$[C]+[O]=(CO)\uparrow \tag{6-9}$$

与钢液中的铬反应生成氧化铬进入渣层，即：

$$2[Cr]+3[O]=(Cr_2O_3) \tag{6-10}$$

另外，钢液中碳与渣中氧化铬反应，将渣中 Cr_2O_3 还原为铬，重新回到钢液中，即：

$$3[C]+(Cr_2O_3)=2[Cr]+3(CO)\uparrow \tag{6-11}$$

反应平衡常数：

$$K=\frac{a_{Cr}^2 p_{CO}^3}{a_C^3 a_{Cr_2O_3}} \tag{6-12}$$

式中　a_{Cr}——钢液中铬的活度；

a_C——钢液中碳的活度；

p_{CO}——CO 的分压；

$a_{Cr_2O_3}$——渣中 Cr_2O_3 的活度。

由式（6-9）~式（6-12）可见，碳-铬反应平衡常数是活度和一氧化碳分压的函数。要达到降碳保铬，就必须通过向钢液中连续不断地吹入氮气或氩气来降低一氧化碳分压，使式（6-11）反应向生成一氧化碳的方向进行，将渣中 Cr_2O_3 还原为铬进入钢液中，达到降碳保铬的目的。降碳保铬的主要影响因素是碳氧反应的 p_{CO}，熔池温度、钢液中碳含量和铬含量等。

AOD 精炼工艺主要分为氧化期和还原期两个阶段，氧化期主要根据钢液中的碳含量来不断调整吹入的氧气和氩气（氮气）比例进行脱碳，当碳含量满足要求后，根据冶炼钢种确定是否进行扒渣处理。随后进入还原期，通过加入硅铁、硅铬或铝等还原剂和石灰造渣材料调整成分，温度合适即可出钢。

以冶炼某不锈钢种为例，初炼炉钢液由钢包倒入 AOD 炉后，先进行脱碳，一般分 3~4 个阶段调整脱碳期吹入氧、氩混合气体的比例。第一阶段，采用 O_2 ∶ Ar(N_2) = 3 ∶ 1，将碳氧化到 0.25%左右；第二阶段，采用 O_2 ∶ Ar = 2 ∶ 1 或 1 ∶ 1 将碳氧化到 0.1%左右；第三阶段，采用 O_2 ∶ Ar = 1 ∶ 3，将碳氧化到 0.03%左右；第四阶段，纯吹氩 3~5min，使溶解在钢液中的氧继续脱碳，减少还原 Fe-Si 的用量；最后调整钢液成分，温度合适即可出钢。脱碳结束，如果不是冶炼含钛不锈钢和不需要进行脱硫，一般不扒渣直接进入还原期。还原前脱碳终点温度在 1710~1750℃，为了控制出钢温度并有利于炉衬寿命，脱碳后期需添加清洁的本钢种废钢冷却钢液。随后加入 Fe-Si、Si-Cr、Al 等还原剂和石灰造渣材料。

AOD 精炼的作用主要包括以下方面：

（1）脱碳保铬。AOD 精炼阶段碳氧反应很大程度受到［C］扩散动力学条件限制，冶炼周期较长。因此，采用电炉初炼的不锈钢液时，要提高钢液温度，最大限度脱碳，减轻精炼工序的负担。

（2）脱磷。由于熔池高温条件下，有利于进行不锈钢脱碳保铬冶炼，而熔池高温不利于脱磷，所以不锈钢的脱磷主要是在铁水预处理和初炼炉阶段进行，对于 AOD、VOD 冶炼，要控制入炉渣料及合金带入的磷，必要时采用扒渣工艺，避免精炼过程回磷。

（3）脱硫。AOD 精炼完成脱碳保铬后，为提高铬回收率、降低生产成本，加入还原剂对渣中铬进行还原。由于此时钢液温度高，造高碱度渣可以达到很好的脱硫效果。

（4）控制气体和其他元素含量。在 AOD、VOD 冶炼的还原阶段还可以控制钢中的气体含量。

（5）温度调整。AOD 精炼过程，钢液温度的调整主要通过加入废钢控制，与连铸炉机配合，温度调整也可以通过 LF 或 LATS（钢包合金化处理站）精炼设备完成。

6.1.2 AOD 精炼技术的发展

1968 年 4 月，由美国联合碳化物公司与 Josly 公司合作建成了第一座 17t AOD 精炼炉并投入不锈钢生产。

6.1.2.1 底吹氧气/惰性气体的 AOD 精炼工艺

最初的 AOD 炉体结构如图 6-6 所示，包括炉身和炉帽。炉身下部侧墙与炉体中心线成一般为 20°的倾斜角度，其目的是有助于吹入气体沿侧墙上升到炉口，防止气流对炉衬的冲刷，减少气体对风枪上部区域的严重侵蚀。在其底侧部安有两支或多支带有冷却气的双层风枪，内管常为铜质，吹入不同比例的氧-氩（氮）混合气进行脱碳；外管常为不锈钢，从缝隙间吹入氩气或碳氢化物的冷却气。炉体装在可前旋转的托圈上。炉子前倾时，风枪离开钢液面而处于上方，可以进行取样、扒渣、出钢测温等操作。炉子垂直时，风枪埋入钢液，吹入气体进行脱碳和精炼操作。炉体尺寸通常是按照熔池深度 ∶ 内径 ∶ 高度 = 1 ∶ 2 ∶ 3 设计，为了促进脱碳，熔池深度可进一步增加。

6.1.2.2 顶底复吹的 AOD 精炼工艺

1978 年日本星崎厂移植了顶吹氧气转炉的经验，针对 20t AOD 炉开发了顶底复吹法。

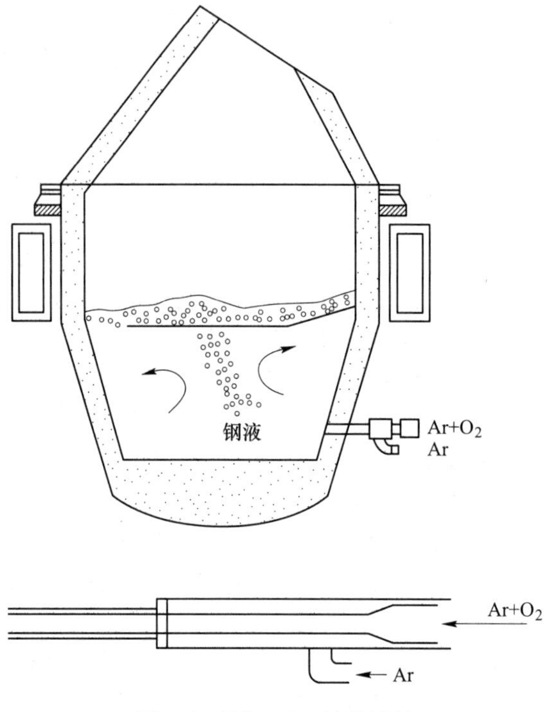

图 6-6　最初 AOD 炉体形状

提高了脱碳初期的升温速度和钢液温度，特别是提高了脱碳期的单位送氧量与脱碳量之比的氧效率（CRE）。早期 AOD 法 CRE 只有 70%左右，大约有 30%的氧被铬等金属的氧化所消耗。

不锈钢脱碳反应，一般在［C］≥0.5%时由氧的供给速率决定，在［C］≤0.30%时由［C］的传质速率决定。高碳区不锈钢的脱碳反应是钢液循环量、钢液温度、送氧速度和顶吹氧比等综合作用的结果。在［C］≥0.5%的脱碳一期，底部风枪送一定比例的氧、氩混合气体，顶部氧枪进行软吹或硬吹，吹入一定的氧气，熔池生成的 CO 经二次燃烧，75%～90%的释放热量传输到熔池，使钢液升温。

AOD 法复吹脱碳工艺中，顶吹氧强度对升温和脱碳的影响如图 6-7 所示。由图 6-7 可知，

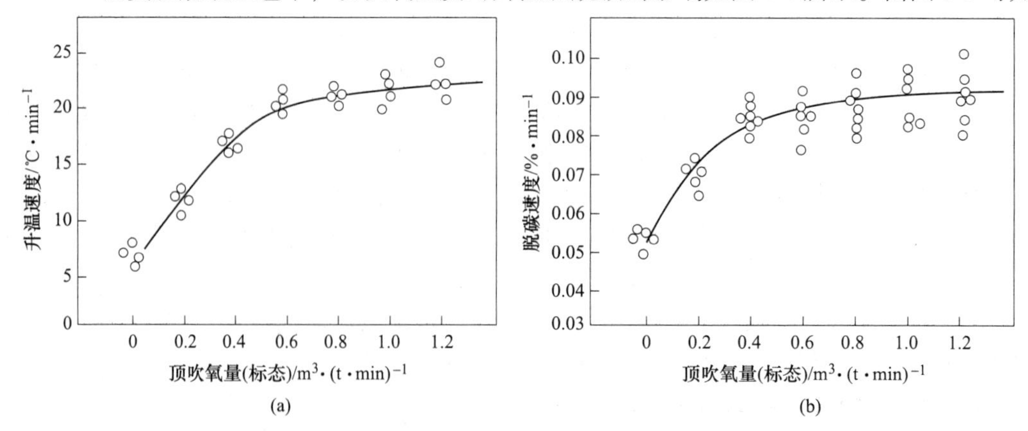

图 6-7　顶吹氧强度对升温（a）和脱碳（b）的影响

随顶吹氧量的增加，升温速度和脱碳速度增加，每增加 $1Nm^3/(t \cdot min)$ 的顶吹流量，升温速度和脱碳速度分别平均增加 25℃/min 和 0.075%/min。当顶吹氧量超过 $0.6Nm^3/(t \cdot min)$，升温速度和脱碳速度变化不大。

AOD 复吹系统，顶吹氧采取“硬吹”工艺，由于 $(Cr_2O_3)+3C = 2Cr+3CO(g)$ 的反应，进一步提高了脱碳速度，缩短了冶炼时间，脱碳效率可达到 80%～90%。这种“硬吹”操作也能与顶吹混合气体结合起来操作，进一步减少操作时间。

没有顶枪的 AOD 与“硬吹”顶枪的 AOD(KOB 工艺) 脱碳比较如图 6-8 所示。由图 6-8 可见，“硬吹”顶枪的 AOD 脱碳速度远高于没有顶枪的 AOD，精炼时间明显较短。

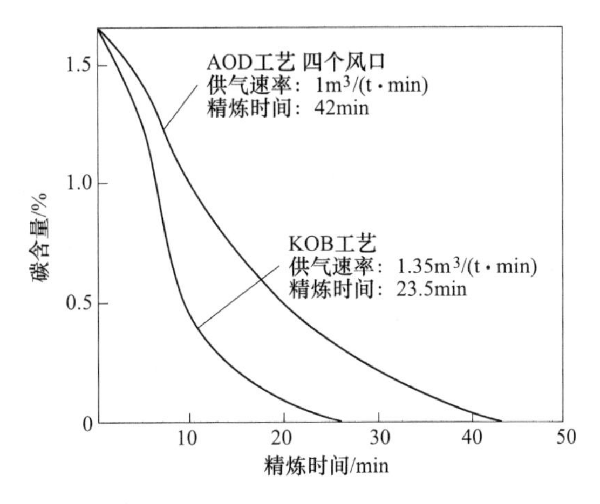

图 6-8 无顶枪 AOD 与“硬吹”顶枪 AOD 脱碳

冶炼后期和搅拌阶段利用顶吹氩气可防止空气中的氮渗入，也可提高超低碳不锈钢的脱硫效率。AOD 炉采用复吹工艺，硅消耗可降低 2～3kg/t，冶炼时间可缩短 5～10min，同时还可以降低电炉的出钢温度，增加 AOD 炉冷料的使用量。

6.1.2.3 顶底复吹的 O-AOD 精炼工艺

1984 年日本新日铁公司光制铁所针对 60t AOD 开发了 O-AOD 脱碳工艺，与传统工艺的比较如表 6-1 和图 6-9、图 6-10 所示。

表 6-1 新日铁公司光制铁所 60t 改进的 AOD 脱碳工艺

项目	碳含量	原工艺（AOD）	改进工艺（O-AOD）	
气体模式 $O_2/Ar(Nm^3/min)$	[%C]≥0.7	2880/700	OOB	3600/0
	0.5≤[%C]≤0.7	2880/700	ORC	2880/720
	0.2≤[%C]≤0.5	2400/1200		↓
	0.11≤[%C]≤0.25	1200/2400		1200/2400
	0.00≤[%C]≤0.11	800/2400	OAB	0/2400

O-AOD 脱碳工艺特点如下：

（1）钢液［C］≥0.7%时脱碳Ⅰ期（OOB 期），采用纯氧吹炼，不会发生铬的氧化。AOD 炉在此区域的脱碳速度由供氧速度所决定；供氧速度由原工艺的 $2880Nm^3/min$ 增大到 $3600Nm^3/min$。脱碳速度提高了 0.02%/min，稀释气体消耗减少了 $2.8Nm^3/t$，缩短冶炼时间 3min，其脱碳效率没有明显改变，如图 6-9 所示。

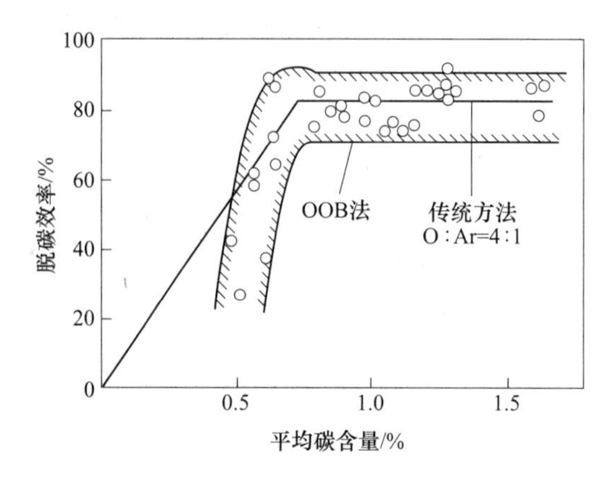

图 6-9 纯氧吹炼期的脱碳效率

（2）钢液碳含量 0.11%～0.7%时（ORC 期），分阶段降低 O_2/Ar 改为连续降低 O_2/Ar，这个区域碳氧平衡的碳含量是由 p_{CO}所决定的，吹入的氧气使钢中的碳不断降低，p_{CO}也随之降低，脱碳效率提高，还原硅铁使用量降低。如图 6-10 所示，ORC 工艺的脱碳速度与原工艺没有变化，但是铬的氧化量降低。钢液温度由原工艺上升 1～4℃/min 变为下降 3～6℃/min。

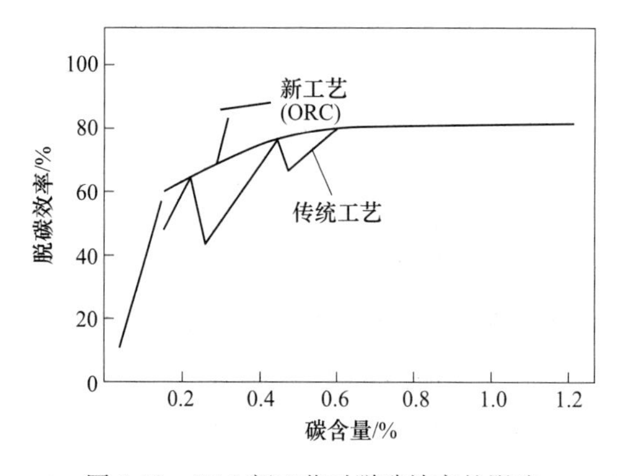

图 6-10 ORC 新工艺对脱碳效率的影响

（3）钢液［C］≤0.11%时（OAB 期），采用纯底吹氩，提高脱碳速度，减少铬氧化。此阶段利用钢液中溶解氧和渣中铬的氧化物还原出的氧进行脱碳。

6.1.2.4 AOD-VCR 精炼工艺

由于 AOD 法在大气下冶炼，很难满足超低碳不锈钢的生产要求。为此，1990 年日本大同制钢公司在涩川厂针对 20t AOD 开发了具有真空精炼功能的 AOD-VCR 技术，1992 年在知多厂投产了 70t AOD-VCR。这是一种改良的 AOD，具有真空精炼功能[1,2]，如图 6-11 所示。

由图 6-11 可知，AOD-VCR 是在 AOD 上增设了真空装置，一方面采用 AOD 强搅拌特征，另一方面在减压条件下不吹氧，而是利用钢中溶解氧和渣中氧化物，在低碳范围加强脱碳能力。

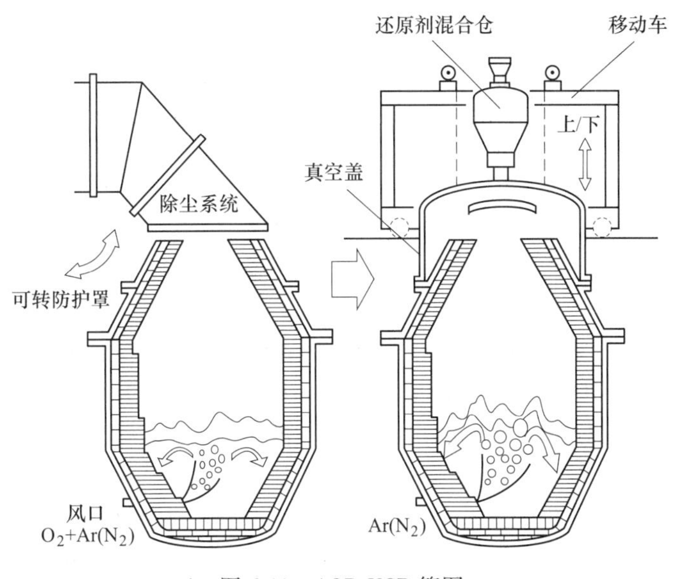

图 6-11 AOD-VCR 简图

1996 年新日铁公司引入了 V-AOD 不锈钢精炼工艺。V-AOD 工艺在减压（[C]≤0.6%）下吹氧（不稀释气体）改善了脱碳条件，缩短了精炼时间，降低了还原渣中铬需要的含硅合金消耗量。

6.1.3 AOD 在不锈钢冶炼中的应用

目前，生产不锈钢的冶炼方法大体上可分为三大类，即直接冶炼法（一步法）、双联法（也称炉外精炼法或二步法）和三步法。

6.1.3.1 直接冶炼法生产不锈钢

早期直接冶炼法（一步法）工艺是指在一座电炉内完成废钢熔化、脱碳、还原和精炼等任务，将炉料一步冶炼成不锈钢[3]。随着炉外精炼工艺的发展以及 AOD 在不锈钢生产领域的广泛应用，这种仅用电炉冶炼不锈钢的一步法冶炼生产工艺，由于冶炼周期长，作业率低，生产成本高，被逐步淘汰。

目前很多不锈钢生产企业，采用部分低磷或脱磷铁水代替废钢，将铁水和合金作为原料进入 AOD 进行不锈钢冶炼，形成了新型一步法冶炼工艺。新型一步法冶炼工艺与早期一步法相比，在生产流程上取消了电炉冶炼环节，不仅降低了投资，而且提高了金属收得率、降低了电耗和耐火材料消耗，极大地降低了吨钢成本[4]。利用高炉铁水冶炼不锈钢与采用进口不锈钢废钢和国产低磷碳素废钢作原料相比，具有原料来源广、总配料成本低、能耗及能源成本低以及钢液纯净度高等优点。采用一步法生产 400 系列不锈钢的冶炼周期与二步法工艺基本相当，吨钢成本可降低 400 元以上。但是，新型一步法对原料条件和产品方案具有一定要求：

（1）铁水磷含量要低。要求入 AOD 铁水磷含量低于 0.03%，因此，冶炼流程需增加铁水脱磷处理环节或控制冶炼铁水的原料条件。利用 AOD 炉一步法生产 0Cr12Mn15NiCuN 不锈钢的工艺路线如图 6-12 所示。

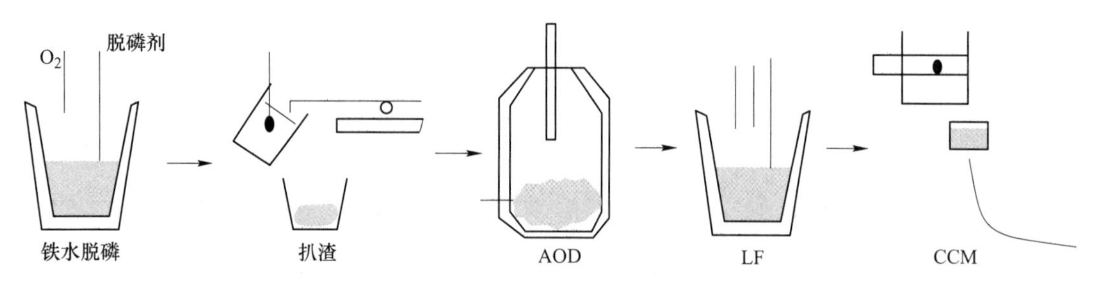

图 6-12　一步法冶炼不锈钢工艺流程

由图 6-12 可知，高炉铁水经过脱磷站进行脱磷、扒渣后兑入 AOD，AOD 按照钢种的成分要求加入铬铁、电解锰以及其他合金元素；同时针对氮含量的要求进行氮氩切换，完成氮元素的合金化；成分符合要求后出钢，将钢液吊至 LF 进行升温、成分微调等，最后浇铸成坯。

（2）不适用于成分复杂、合金含量高的不锈钢品种。合金作为原料加入 AOD 炉，如果 AOD 炉中加入的高碳合金量过大，会影响整个冶炼过程的热平衡，因此不适用于成分复杂、合金含量高的不锈钢品种。

目前，新型一步法不锈钢生产工艺被广泛应用于生产 400 系列不锈钢。作为发展中国家，我国不锈钢废钢资源缺乏，又极度贫镍，新型一步法冶炼能很好适应废钢用量低、高铁水比冶炼状况，对于冶炼 400 系列不锈钢尤为经济。冶炼 400 系列不锈钢如 409、420、430 钢种需配入的高碳铬铁量为 210~310kg/t 钢液，由于入炉铁水碳含量高，AOD 吹炼全铁水产生的热量能基本满足熔化这些合金所需的热量。如果采取合适的预热措施，在生产奥氏体不锈钢时可不额外补加热量。随着低磷铁水被广泛应用于不锈钢生产，新型一步法不锈钢冶炼工艺被越来越多的不锈钢生产企业采用。

6.1.3.2　AOD 双联法生产不锈钢

AOD 双联法生产不锈钢是 20 世纪 60 年代末 70 年代初产生和发展起来的，以适应不锈钢需求量的急剧增长和不锈钢返回料供应不足，降低不锈钢冶炼成本，满足航天航空、化工、原子能工业对不锈钢品种质量的严格要求。双联炼钢法（即炉外精炼法）是指初炼炉→炉外精炼炉冶炼工艺。根据原料及其他条件，初炼炉既可选电炉也可以选转炉。炉外精炼法的发展，使电炉和转炉日益变成了一个熔化器，主要用于熔化废钢和合金原料，生产不锈钢预熔体，不锈钢预熔体再进入 AOD 炉中冶炼成合格的不锈钢钢液[5]。炉外精炼炉中有代表性的是 AOD、VOD、RH-OB、CLU、ASEA-SKF 等。目前双联法主要有 EAF-AOD、EAF-VOD、EAF-CLU、EAF-ASEA-SKF、BOF（LD 或复吹 LD）-RH-OB、BOF-VOD、BOF-AOD 等。采用炉外精炼技术生产不锈钢，有显著的技术经济效果，表现在：

（1）简化了不锈钢生产工艺，生产率大大提高。采用 EAF-AOD 或 EAF-VOD 双联法，电炉生产率可提高 50%~100%。生产周期相对于一步法工艺稍短，灵活性好，可生产除了超低碳、氮不锈钢外 95%的不锈钢品种，使不锈钢生产的品种和质量进入了更高阶段。

（2）降低了原材料成本和操作成本。二步法冶炼工艺，使脱碳保铬过程更加合理化。在真空或稀释气体条件下更有利于碳的优先氧化去除，与电炉返回吹氧法相比，可以采用更高的配铬、配碳量，并可在较低温度下脱碳保铬，不必使用昂贵的低碳和微碳铬铁。

由于国内不锈废钢量较少，普通废钢的品质较差，如果采用磷含量高的铁水作为不锈钢冶炼主原料，采用二步法工艺，需要在初炼炉和AOD炉间加入不锈钢预熔体脱磷环节。目前较常采用的预熔体脱磷工艺包括转炉脱磷和铁水罐顶喷脱磷。

近年来随着冶炼工艺的进步和操作水平的提高，二步法冶炼工艺的氩气等介质消耗量明显减少，但是相比一步法和三步法，氩气等介质消耗仍稍大。另外，AOD炉脱碳到终点时，钢液中氧含量较高，须加入硅铁还原钢液中的氧，硅铁耗量高。二步法还不能用于生产超低碳和超低氮不锈钢[6]。

6.1.3.3 AOD三步法生产不锈钢

三步法对原料的要求不高，且选择灵活，可采用铁水冶炼。基本工艺流程为：初炼炉→复吹转炉/AOD炉→真空精炼装置。具体冶炼工艺为：

第一步：初炼炉用于熔化废钢和合金，为转炉/AOD炉冶炼提供液态金属，根据原料及其他条件，初炼炉既可以选电炉也可以选转炉；

第二步：初炼炉中的钢液进入转炉/AOD炉快速脱碳并防止铬的氧化，脱碳转炉有LD复吹转炉、MRP-L炉和K-OBM转炉；

第三步：利用VOD或RH-OB对钢液真空处理，进一步脱碳和调整成分[7]，目的是将钢液在真空下进一步精炼并调整成分。

三步法是在二步法的基础上增加了深脱碳的环节，综合了EAF-AOD和EAF-VOD的优点，增加了工艺环节，各环节分工明确，生产节奏快，操作优化，分步实现冶金功能，是冶炼不锈钢的先进方法。

不锈钢三步法冶炼在原料选择的灵活性、节能和工艺优化等方面具有优越性，生产的产品质量好，氮、氢、氧和夹杂物含量低，品种范围广。三步法各步的碳含量为1.8%~2.0%、0.2%~0.3%、0.01%~0.08%，AOD法的入炉碳量在1.5%左右才具有优越性。

目前世界上生产不锈钢的冶炼工艺主要还是采用二步法和三步法，二步法工艺应用最为广泛，约占70%，其中主要是AOD法与VOD法。AOD法设备比较简单，投资比VOD法少，能处理高碳钢液，铬的总收得率高，生产成本最低，过程比较容易实现计算机控制。VOD法的特点是向处在真空脱气罐内钢包中的不锈钢液进行顶吹氧和底吹氩搅拌精炼，可以冶炼超低碳、氮含量的超纯铁素体不锈钢，虽然设备比较复杂，投资也比AOD法大，但日益受到重视。三步法冶炼工艺中主要采用VOD法，VOD法冶炼不锈钢约占20%。

三步法适用于生产规模较大的专业性不锈钢厂或联合企业型的转炉特殊钢厂，对产量较少的非专业性电炉特殊钢厂可选用二步法。随着低磷铁水被广泛应用于不锈钢生产，新型一步法不锈钢冶炼工艺也被越来越多的不锈钢生产企业采用。为适应不锈钢市场的激烈竞争，提高产品质量的同时也降低生产成本，各企业应根据自身的实际情况选择合适的不锈钢冶炼工艺。

6.2 AOD 精炼过程洁净度控制

6.2.1 AOD 精炼过程氧含量及夹杂物控制技术

6.2.1.1 AOD 精炼不锈钢氧含量控制与夹杂物来源

在 AOD 冶炼不锈钢过程中，实现对夹杂物的有效控制，需要优化 AOD 吹氧工艺，脱碳处理时有效调控铬的氧化，减少脱氧剂用量，降低脱氧产物产生量。AOD 还原过程发生的化学反应：

$$(Cr_2O_3) + 2[Al] = 2[Cr] + (Al_2O_3) \tag{6-13}$$

$$2(Cr_2O_3) + 3[Si] = 4[Cr] + 3(SiO_2) \tag{6-14}$$

由以上反应可知，AOD 吹氧过程形成的 Cr_2O_3 量越多，消耗的脱氧剂量及形成的脱氧产物量也越多。

AOD 吹氧操作过程中，最先发生氧化反应的元素为硅和锰，硅和锰氧化之后，才会逐渐进入脱碳高峰阶段。脱碳过程前期以及中期会维持相对长时间，此阶段最为关键的是有效调控供氧强度，确保熔池反应温度能够在短时间内升高，且前期反应过程中铬不发生氧化反应。

AOD 精炼过程包含氧化期和还原期，氧化期使用氧枪向钢液吹氧降碳脱硅。AOD 冶炼不锈钢脱碳阶段钢液氧含量与碳含量的关系如图 6-13 所示[8]。由图 6-13 可知，钢中碳含量越低，溶解氧含量增加的幅度越显著。当钢中碳含量降低至 0.2%以下时，钢液溶解氧含量线性增加。

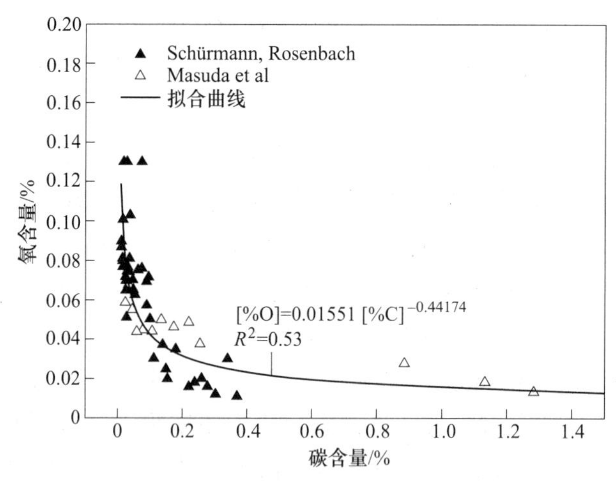

图 6-13 AOD 冶炼不锈钢脱碳阶段钢液氧含量与碳含量的关系

为降低钢液中氧含量，通常在 AOD 还原期向钢液中加入硅铁，也可根据工艺要求向钢液中加入铝脱氧剂或硅钙进行脱氧。太钢在使用 AOD 炉冶炼 253MA 耐热不锈钢时，首先采用顶枪与侧枪相互配合吹氧，待吹氧结束后进入还原期，将还原期温度控制在 1680~1700℃并采用 45~55kg/t 硅铁进行还原，扒渣并加入 500kg 石灰和 300kg 萤石调渣后，向钢液中加入 0.5kg/t 铝粉及 0.5kg/t 硅钙粉进行深脱氧，可以使钢中的总氧含量降低到 0.0015%~0.0020%范围内[9,10]。此外，炉渣碱度对钢液的氧含量也有一定影响。太钢冶炼 310S 不锈钢时，将 AOD 冶炼终点炉渣碱度由 1.7 提高至 2.0，AOD 出钢总氧含量由 0.0073%降低至 0.0067%[6]。

不锈钢中夹杂物相关元素的氧势图如图 6-14 所示，用其可以解释不锈钢中夹杂物的成分组成。由图 6-14 可知，在氧浓度较高且没有铝、硅、锰等脱氧剂加入的条件下，不锈钢中的氧与铬结合，形成大量的 Cr_2O_3 夹杂物；加入硅和锰脱氧后，硅和锰与钢中的氧的结合能力更强，生成 SiO_2 和 MnO 夹杂物；铝与氧的结合能力比硅和锰都强，只需要少量的铝就可以使夹杂物含有一定的 Al_2O_3；钙与氧的结合能力最强，钙可以把钢中夹杂物的铝、镁等元素还原，从而改性夹杂物。

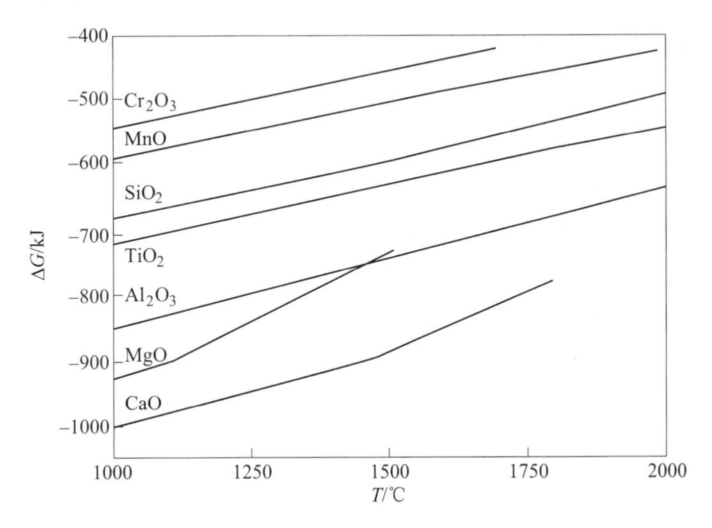

图 6-14 不锈钢中夹杂物相关元素的氧势图

不锈钢的氧含量直接影响夹杂物数量。冶炼 304 不锈钢时，由 AOD 还原期结束至 LF 精炼钢包进站过程，钢中总氧含量由 0.0088%降低至 0.0063%，$MgO-Al_2O_3-SiO_2-CaO$ 夹杂物的成分变化不大，但夹杂物的数量减少[11]。精炼渣的流动性也影响夹杂物的去除程度，采用组成为 $55\%CaO-25\%SiO_2-8\%MgO$ 的渣时，渣熔点超过 1600℃，黏稠，不利于脱氧及吸附夹杂物。向渣中加入萤石，可以降低炉渣熔点且不影响渣成分，改善炉渣流动性，但萤石加入量过大会加剧钢包侵蚀，增加外来夹杂物[12]。

AOD 精炼结束，铝脱氧和硅锰脱氧不锈钢中典型夹杂物类型通常为 $Al_2O_3-SiO_2-(CaO)-(MnO)$、$MgO-Al_2O_3-SiO_2-(CaO)-(MnO)$ 和 $MgO \cdot Al_2O_3$ 尖晶石。$Al_2O_3-SiO_2-(CaO)-(MnO)$ 和 $MgO-Al_2O_3-SiO_2-(CaO)-(MnO)$ 夹杂物中的 CaO 是出钢过程钢渣混冲、渣钢反应所致，MgO 主要来自炉渣和炉衬，MnO 是向钢液加入硅锰合金脱氧而产生的脱氧产物，Al_2O_3 是 AOD 精炼过程加入铝脱氧剂产生的氧化产物[13]，还存在如图 6-15 所示的 Cr_2O_3-FeO 夹杂物[6]，该类型夹杂物是由于 AOD 还原过程中未充分还原渣中 FeO 及 Cr_2O_3 产生的。

$MgO \cdot Al_2O_3$ 尖晶石是不锈钢中常见的夹杂物类型。$MgO \cdot Al_2O_3$ 尖晶石中的 Mg 来源于精炼渣[14,15]，或来源于 AOD 和钢包的内衬耐火材料[14,16]。$MgO \cdot Al_2O_3$ 尖晶石是卷入钢液中的 AOD 渣与铝脱氧产物的反应产物[17,18]。为了降低夹杂物中 MgO 含量，需将渣中 MgO 含量降至低水平。但需保证渣中一定的 MgO 含量，以降低熔渣对耐火材料的侵蚀。

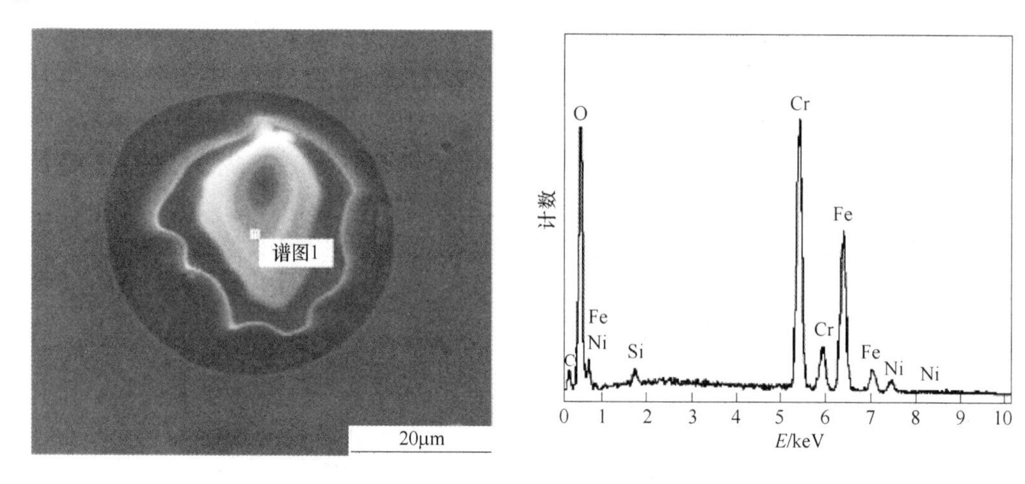

图 6-15 AOD 精炼结束钢中 Cr_2O_3-FeO 夹杂物

6.2.1.2 铝脱氧不锈钢中夹杂物控制

AOD 精炼的脱碳阶段，钢液中的铬被氧化为 CrO_x。AOD 精炼铝脱氧阶段，不锈钢会生成大量脱氧产物 Al_2O_3-CrO_x，如图 6-16 所示[19]。

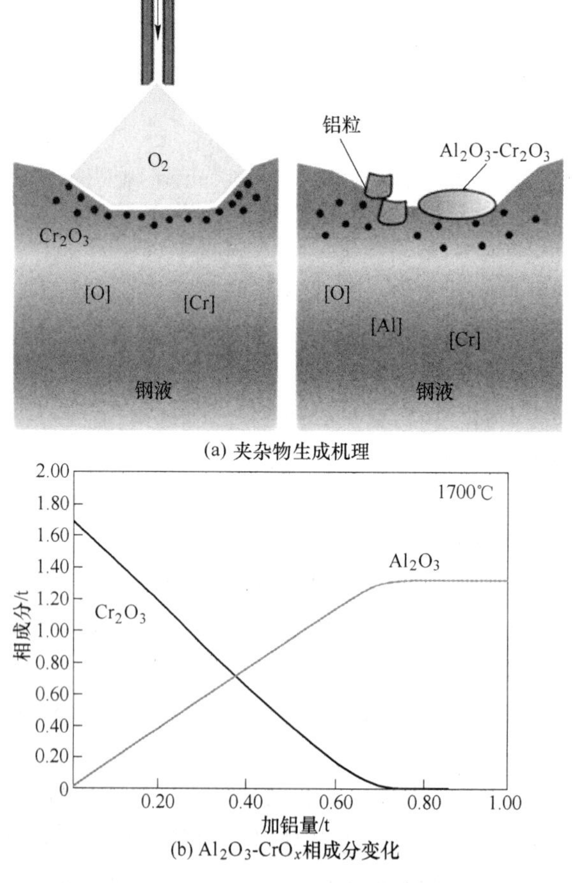

图 6-16 铝脱氧不锈钢 AOD 冶炼过程中夹杂物生成机理及相成分变化

在 AOD 出钢过程中，由于钢液和熔渣的湍流，熔渣会被卷入钢液成为外来夹杂物。由于氩气强烈搅拌作用，渣-钢反应趋向于平衡，钢液中组元（酸溶铝、镁、钙）与卷渣带来的夹杂物反应，生成钙铝酸盐夹杂物。

AOD 冶炼 17Cr-9Ni 奥氏体不锈钢过程，钢液中总氧含量变化如图 6-17 所示。

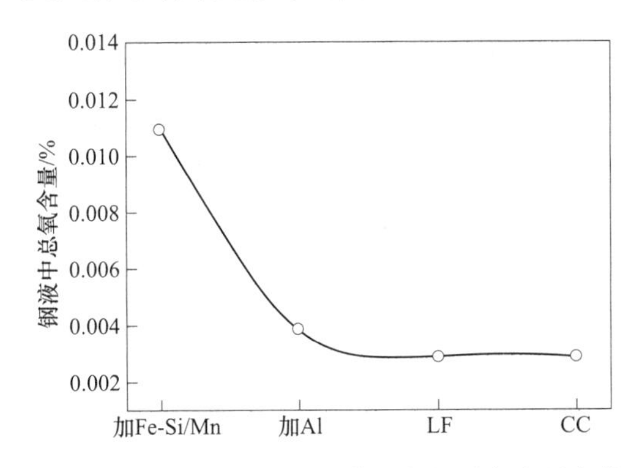

图 6-17 钛稳定 17Cr 奥氏体不锈钢总氧含量变化

由图 6-17 可知，钢液总氧含量由加入 Si/Mn 脱氧剂之后的 0.011%降低至加铝脱氧剂之后的 0.0039%。Si/Mn 脱氧之后，17Cr-9Ni 钢液中生成硅锰酸盐夹杂物；加铝脱氧剂后，原始的硅锰酸盐夹杂物按照化学反应式（6-15）和式（6-16）转变为富 Al_2O_3 夹杂物；AOD 冶炼之后的 LF 精炼过程中，加入钛合金后，钢液中生成 TiN 夹杂物。不锈钢中不同类型夹杂物形成机理如图 6-18 所示[20]。

$$4[Al] + 3(SiO_2)_{夹杂物} = 2(Al_2O_3)_{夹杂物} + 3[Si] \quad (6\text{-}15)$$

$$2[Al] + 3(MnO)_{夹杂物} = (Al_2O_3)_{夹杂物} + 3[Mn] \quad (6\text{-}16)$$

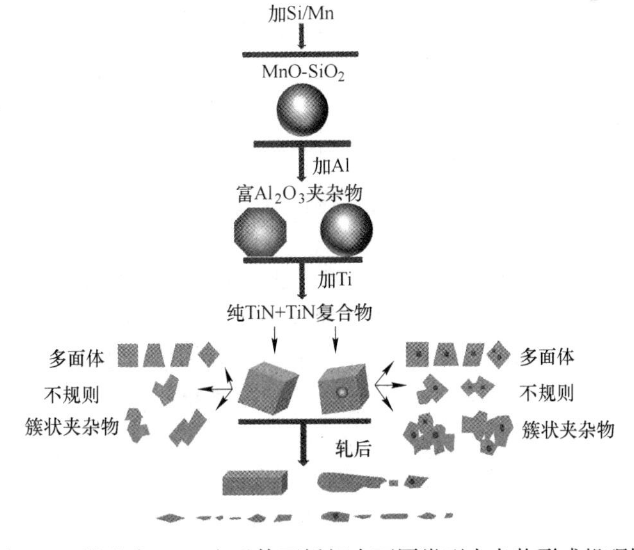

图 6-18 钛稳定 17Cr 奥氏体不锈钢中不同类型夹杂物形成机理图

铝脱氧不锈钢液浇铸时容易产生水口结瘤，影响不锈钢的连续生产。16%Cr 含量的不锈钢液铝脱氧平衡曲线如图 6-19 所示。可以看出，铬会降低铝的脱氧能力。

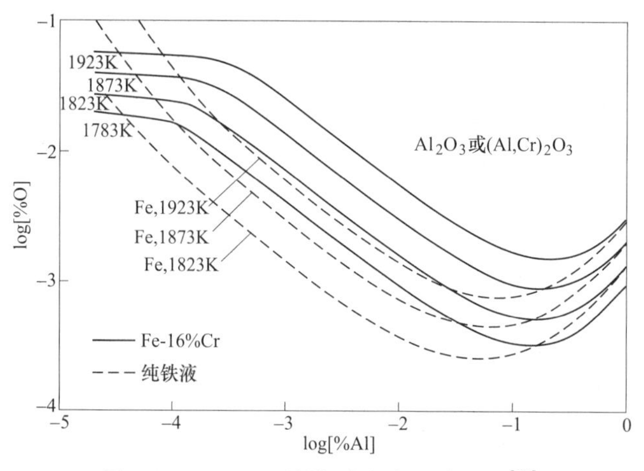

图 6-19 16%Cr 不锈钢中铝氧平衡曲线[21]

由于耐火材料中含有 MgO，随着 AOD 炉使用次数的增加，炉衬被侵蚀，钢中镁含量增加，会生成镁铝尖晶石。在低镁高铝的不锈钢液中，可能会生成 Al_2O_3、$MgAl_2O_4$ 与 Cr_2O_3 结合的复合夹杂物，如图 6-20 所示。

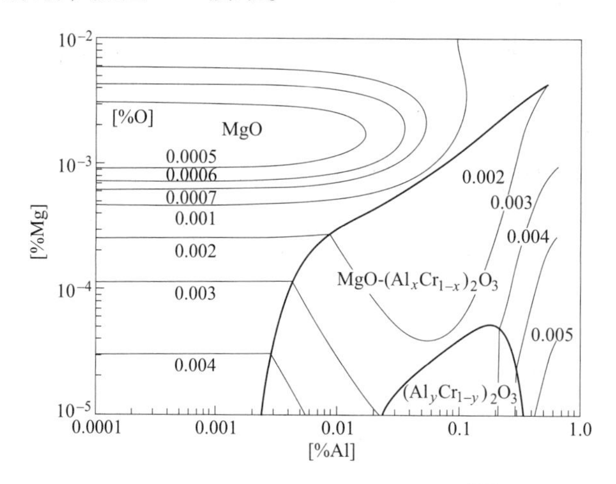

图 6-20 Al-Mg-18%Cr-O 系夹杂物[22]

铝脱氧能力强，很容易将不锈钢中的溶解氧降到很低的水平，同时生成大量的 Al_2O_3 夹杂物，然后再通过钙处理尽可能将其改性为液态钙铝酸盐夹杂物，防止堵塞水口，减小其对不锈钢材的危害。也就是说，铝脱氧生产的不锈钢虽然可能存在一些危害较大的未完全改性的氧化铝夹杂物，但是总夹杂物数量少，洁净度更高。

铝脱氧不锈钢夹杂物控制的目标如图 6-21 所示。图 6-21 中的深色区域分别为铝脱氧后 Al_2O_3-MgO-CaO 系和 Al_2O_3-SiO_2-CaO 系夹杂物控制的目标成分区域，即 12CaO · $7Al_2O_3$ 附近的低熔点区，炼钢温度下该区域内的夹杂物为液态，容易上浮聚集长大去除，浇铸时不易引起水口结瘤，还有一定的变形能力；同时采用高碱度渣精炼，可有效地降低钢中硫含量，提高钢材性能。通过调整钢液成分，可以将钢中夹杂物成分控制在低熔点区。图 6-22 为 1873K 下钢液中 Al-Ca-O 系夹杂物的平衡稳定相图。通过控制钢液中铝、钙、氧含量，可以将夹杂物控制在目标低熔点区域。

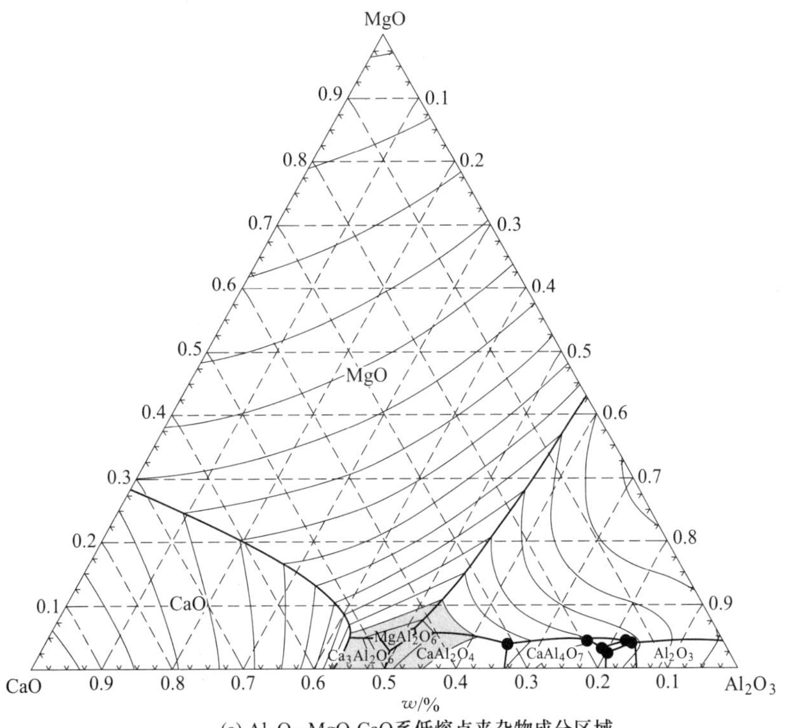

(a) Al_2O_3-MgO-CaO系低熔点夹杂物成分区域

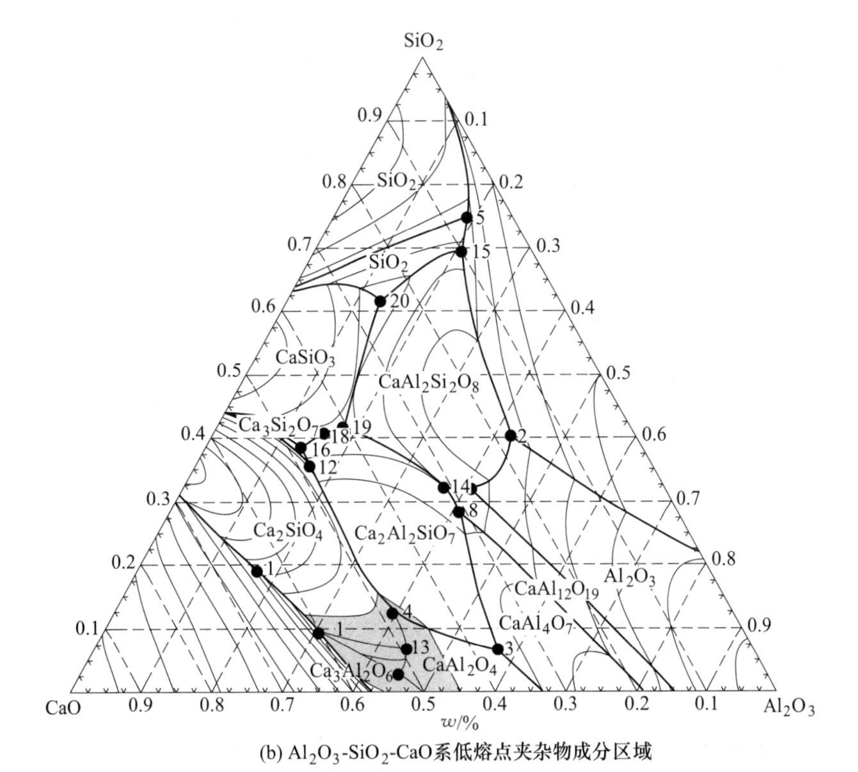

(b) Al_2O_3-SiO_2-CaO系低熔点夹杂物成分区域

图 6-21　铝脱氧不锈钢夹杂物控制的目标[23]

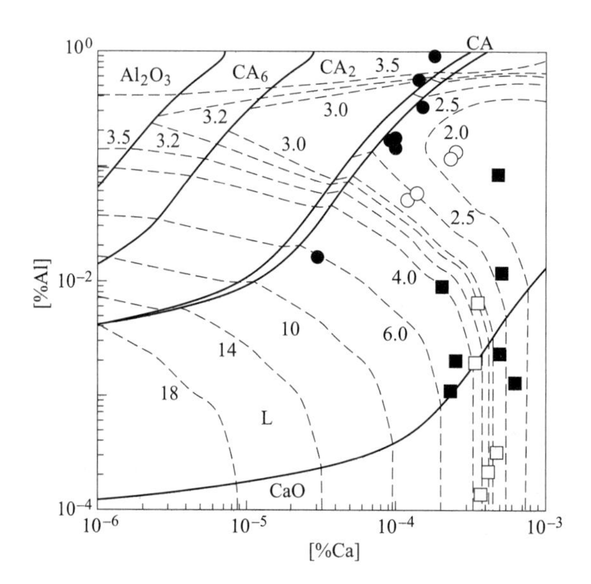

图 6-22 1873K 下钢液中 Al-Ca-O 系夹杂物的平衡稳定相图[24]

钢中的镁铝尖晶石夹杂物严重影响钢材质量，需要用钙处理的方法将其改性为低熔点的钙铝酸盐夹杂物。

6.2.1.3 硅基脱氧不锈钢中夹杂物控制

硅也是一种常用的脱氧元素。1873K 下钢液中 Si-O 平衡关系如图 6-23 所示。由图 6-23 可知，硅含量 0.001%～10%，氧含量随着硅含量的增加而降低。当硅含量达到 1%左右时，氧含量可以降低到 0.005%以下，可见硅的脱氧能力较弱。

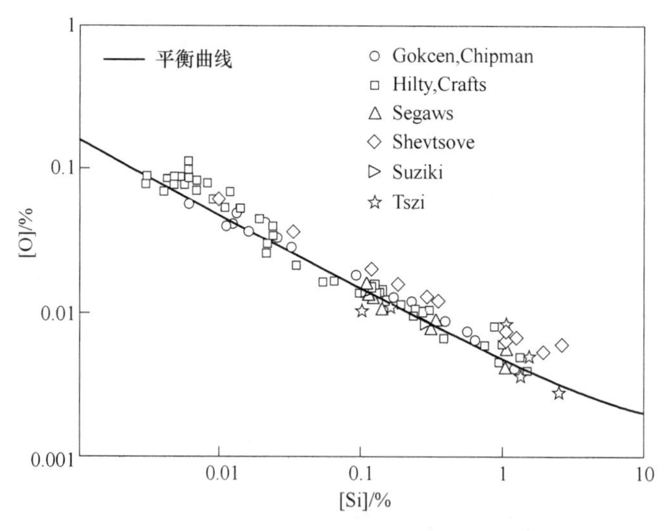

图 6-23 1873K 下硅脱氧平衡曲线[25]

18%Cr-0.15%Mn-0.05%C 不锈钢中硅脱氧的平衡曲线如图 6-24 所示。由图 6-24 可知，当不锈钢中 [Si]<0.7% 时，钢中主要夹杂物为 $MnO \cdot Cr_2O_3$，钢中的氧含量受硅脱氧影响不大；当不锈钢中 [Si]>0.7%时，钢中夹杂物主要为 SiO_2，钢中氧含量随硅含量的增加而降低。AOD 过程 Cr_2O_3 在氧化过程中形成，纯 SiO_2 夹杂物可在脱氧开始时形成，如果采用 Si-Mn 脱氧，钢液中形成含有 SiO_2 和 MnO（以及其他氧化物，如 Al_2O_3）的液体夹杂物[27]。

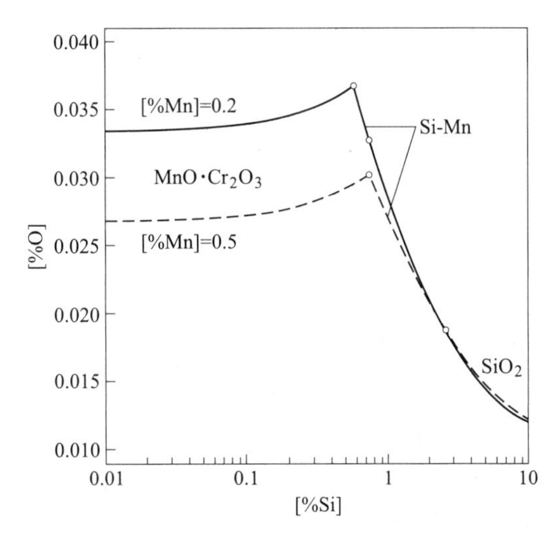

图 6-24　18%Cr-0.15%Mn-0.05%C 不锈钢 1873K 硅脱氧平衡曲线[26]

向钢中加入硅铁、硅锰合金或硅钙钡合金对钢液进行脱氧，由于硅的脱氧能力较弱，脱氧后钢中的溶解氧较高，所以相对于铝脱氧不锈钢，钢中仍然存在较多的夹杂物，但是硅脱氧后产生的硅酸盐夹杂物具有较好的变形能力，对钢材性能的危害小于氧化铝夹杂物。

硅脱氧不锈钢中夹杂物控制的目标区域如图 6-25 所示。图 6-25（a）中的深色区域为硅脱氧后 Al_2O_3-CaO-SiO_2 系夹杂物控制的目标成分区域，即 CaO · SiO_2 和 Al_2O_3 · CaO · $2SiO_2$ 之间附近的低熔点区；图 6-25（b）中深色区域为硅脱氧后 Al_2O_3-MnO-SiO_2 系夹杂物控制的目标成分区域，即锰铝榴石（3MnO · Al_2O_3 · $3SiO_2$）附近的低熔点区域。该类夹杂物为低熔点夹杂物，轧制过程中具有一定的变形能力，但这类夹杂物去除困难，要求较长的精炼时间。硅脱氧不锈钢在生产过程中需要严格控制各种原材料中的铝含量，采用镁质耐火材料和低碱度精炼渣。

6.2.2 AOD 精炼过程硫含量控制

当硫含量较高（[S]≥0.08%）、锰含量低时，硫易在晶界产生共晶化合物 FeO-FeS，导致在热加工时发生开裂，这就是硫产生的热脆现象[28]。由于硫在不锈钢中会形成 NiS 造成裂纹缺陷[29]，不锈钢对硫含量要求严格，通常要求 [S]≤0.005%，部分钢种的要求是 [S]≤0.002%。

6.2.2.1 AOD 脱硫的基础理论

AOD 具有造高碱度渣、吹氧升温、侧吹搅拌的优点，为脱硫反应提供了良好的动力学和热力学条件[31]。氧化期吹氧快速升温，还原期加入的硅铁作为还原剂能够吸收脱硫反应生成的氧，脱硫反应的产物为 CaS 和 SiO_2 等[32]。

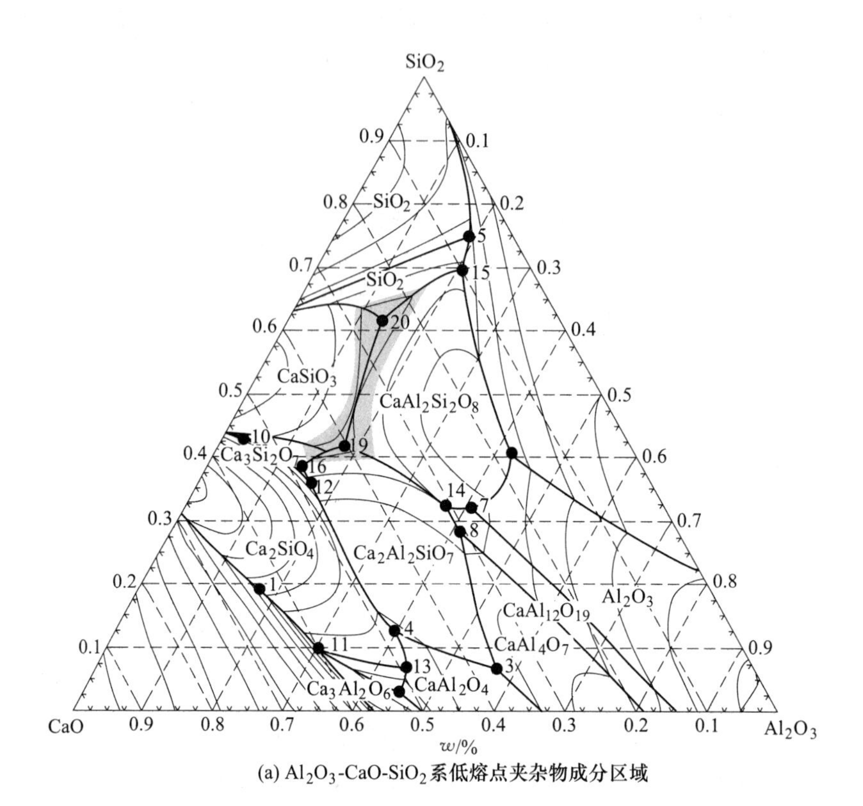

(a) Al_2O_3-CaO-SiO_2 系低熔点夹杂物成分区域

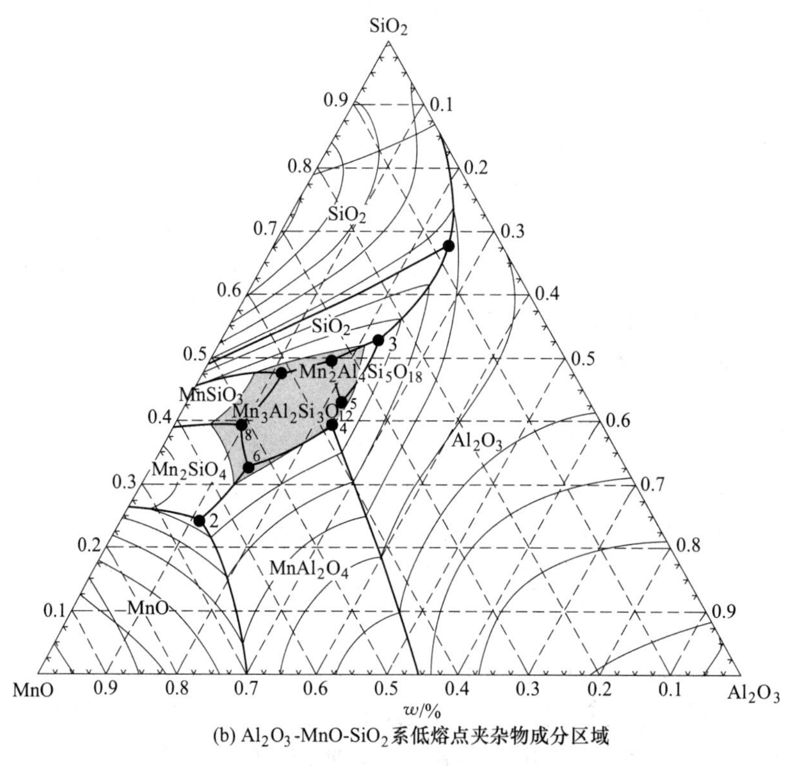

(b) Al_2O_3-MnO-SiO_2 系低熔点夹杂物成分区域

图 6-25　硅脱氧不锈钢中夹杂物控制的目标区域[23]

AOD 精炼中，脱碳期和还原期都会发生脱硫反应：

$$[S] + (Ca^{2+} + O^{2-}) = [O] + (Ca^{2+} + S^{2-})$$

$$\Delta G^{\ominus}_{m,CaS} = 105784.6 - 28.723T \tag{6-17}$$

$$K^{\ominus} = \frac{a_{CaS}a_O}{a_{CaO}a_S} = \frac{(\%S)[\%O]f_O}{16N_{CaO}[\%S]f_S\sum n_i} \tag{6-18}$$

$$L_S = \frac{(\%S)}{[\%S]} = \frac{16K^{\ominus}N_{CaO}f_S\sum n_i}{[\%O]f_O} \tag{6-19}$$

式中 $\Delta G^{\ominus}_{m,CaS}$——反应（6-17）的标准吉布斯自由能；

$K^{\ominus}$——反应（6-18）的平衡常数；

N_{CaO}——渣中 CaO 的质量作用浓度，基于共存理论，认为渣中组分的活度 a 等于其质量作用浓度 N；

a_O——钢液中氧的活度；

$(\%S)$——渣中硫的质量分数；

$\sum n_i$——所有结构单元总的平衡摩尔数；

$[\%S]$——钢中硫的质量分数；

f_S——硫的活度系数；

L_S——硫的分配比。

根据导出的 L_S 关系式（6-19），以下因素影响脱硫反应的进行：

（1）炉渣的组成。低氧化性、碱性渣有利于脱硫反应的进行。碱度提高，可使 N_{CaO} 增大，从而提高 L_S。炉渣氧化性越高，渣中 FeO 含量的增加会使钢液中氧含量增加（$(FeO) = [Fe] + [O]$），因此，低氧化性渣有利于脱硫。

（2）钢液的组成。钢液中硅、碳等元素能够提升 f_S。氧化期，钢液碳含量越高，钢液中的氧含量越低（$[C] + [O] = \{CO\}$），L_S 越大。还原期，钢液硅含量越高，钢液中的氧含量越低（$[Si] + 2[O] = (SiO_2)$），L_S 越大。

（3）温度。脱硫反应为吸热反应，提高温度有利于反应进行，同时，提高温度能加快石灰的熔化，更快获得高碱度炉渣。高温也能提升炉渣的流动性，对脱硫的动力学条件有利。

（4）渣量。大渣量能容纳更多的硫，但大渣量会增加石灰的消耗，也会加大其他合金元素的损失，增大能量消耗。

根据双膜理论分析，脱硫过程可分为 7 个步骤，其反应示意图如图 6-26 所示[33]。

（1）$[S] \to [S]^*$：[S] 从钢液扩散到钢-渣界面。

（2）$(CaO) \to (CaO)^*$：(CaO) 从炉渣扩散到钢-渣界面。

（3）在钢-渣界面上发生界面反应：$(CaO)^* + [S]^* = (CaS)^* + [O]^*$。

（4）$[Si] \to [Si]^*$：[Si] 从钢液扩散到钢-渣界面。

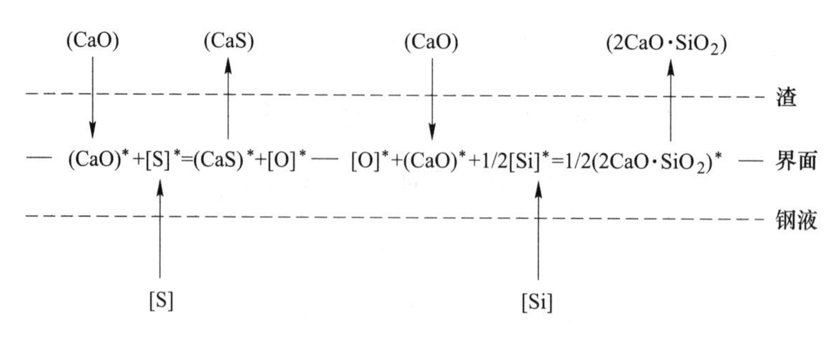

图 6-26 AOD 炉内基于双膜理论的脱硫过程示意图

（5）在钢-渣界面上发生界面反应：

$[O]^* + 1/2[Si]^* + (CaO)^* = 1/2(2CaO \cdot SiO_2)^*$，[Si] 的参与促进了 $(CaO)^* + [S]^* = (CaS)^* + [O]^*$ 的界面反应向右进行。

（6）$(CaS)^* \rightarrow (CaS)$：界面反应生成的（CaS）扩散进入炉渣。

（7）$(2CaO \cdot SiO_2)^* \rightarrow (2CaO \cdot SiO_2)$：界面反应后生成的（$2CaO \cdot SiO_2$）扩散进入炉渣。

精炼脱硫动力学研究认为硫的传质为脱硫过程限制性环节[34-36]。

6.2.2.2 AOD 脱硫的影响因素

A 炉渣碱度对还原终点硫含量的影响

还原期炉渣碱度对 AOD 炉冶炼还原终点硫含量的影响如图 6-27 所示。从图 6-27 可知，AOD 还原终点的碱度范围在 1.7~2.4 之间，还原期终点硫含量随 AOD 还原碱度的增加而降低[6]。炉渣碱度从 1.8 升至 2.1 时，还原期终点钢液硫含量明显下降，碱度高于 2.2 时，终点硫含量没有明显变化。碱度高于 2.15 时，还原期终点硫含量全部低于 0.01%，最低能降至 0.001%。因此，对于 AOD 冶炼不锈钢来说，将还原期渣碱度控制在 2.1 以上能够稳定实现较高的脱硫率。

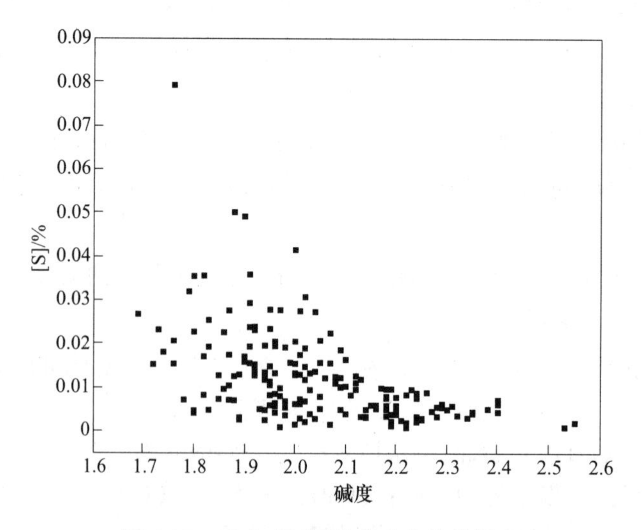

图 6-27 碱度对还原终点硫含量的影响

B （Cr_2O_3）含量对终点硫含量的影响

渣中 Cr_2O_3 含量对 AOD 炉冶炼还原终点钢液硫含量的影响，如图 6-28 所示。由图 6-28 可以看出，当渣中 Cr_2O_3 含量低于 0.15%时，还原期钢液终点硫含量都处于 0.01%以下的水平；渣中 Cr_2O_3 含量低于 0.1%时，还原期钢液终点硫含量可降低到 0.005%以下；渣中 Cr_2O_3 含量高于 0.55%，还原期钢液终点硫含量均高于 0.001%[6]。因此，降低渣中 Cr_2O_3 含量，不仅能够提高 AOD 精炼合金元素铬的收得率，而且也容易实现还原期终点较低的钢液硫含量[37]。

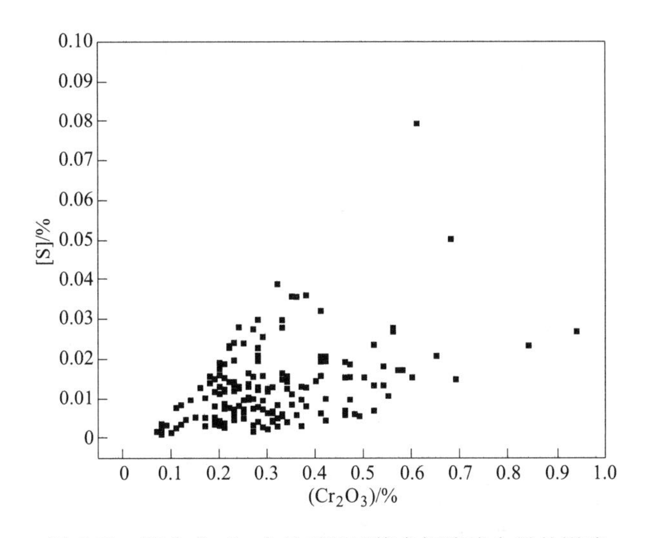

图 6-28 渣中 Cr_2O_3 含量对还原终点钢液硫含量的影响

AOD 炉冶炼过程，脱硫能力受渣量、碱度和温度影响较大，通过调整炉渣量、碱度和温度可有效改善脱硫能力。碱度由 1.5 增大至 2.0，升高炉温，炉渣脱硫能力明显增强，温度提高能够使渣中复杂离子团的键断裂并释放部分氧离子，炉渣黏度降低，炉渣与金属液之间的传质过程增强，促使更多的硫向渣中转移，提高了炉渣脱硫能力。碱度增大，渣中碱性氧化物以及自由阳离子增多，渣中复杂硅氧离子体解聚为简单的四面体结构，炉渣流动性增强，提高了炉渣脱硫能力。但碱度超过 2.0 后，脱硫趋势变得缓慢，这是由于高熔点化合物生成量增多，这些化合物以固态质点存在于液态渣中，导致脱硫的动力学条件变差。

C MgO/Al_2O_3 和 Al_2O_3 对终点硫含量的影响

基于炉渣分子-离子共存理论，研究了渣中 $w(MgO)/w(Al_2O_3)$ 和 $w(Al_2O_3)$ 对炉渣脱硫能力的影响，如图 6-29 和图 6-30 所示[38]。由图 6-29 可知，当 $w(Al_2O_3)=15\%$，渣碱度 $R=1.15 \sim 1.25$ 时，随着 $w(MgO)/w(Al_2O_3)$ 的增加，炉渣的脱硫能力（L_S）增加；由图 6-30 可知，当 $w(MgO)/w(Al_2O_3)=0.25 \sim 0.45$ 时，渣碱度 $R=1.20$ 时，随着 $w(Al_2O_3)$ 含量的增加，炉渣的脱硫能力（L_S）减小，故高 Al_2O_3 含量的条件下，应适当增大炉渣中的 $w(MgO)/w(Al_2O_3)$。

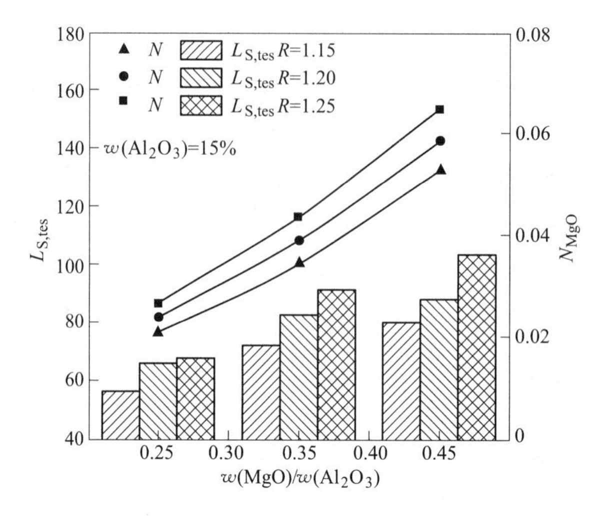

图 6-29　$w(MgO)/w(Al_2O_3)$ 对炉渣脱硫能力的影响

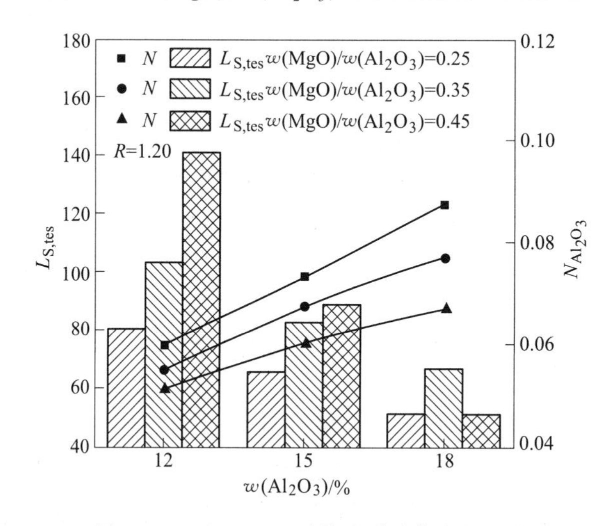

图 6-30　$w(Al_2O_3)$ 对炉渣脱硫能力的影响

D　钢液初始硫含量对还原终点硫含量的影响

AOD 冶炼不锈钢，入炉铁水初始硫含量对还原终点硫含量影响如图 6-31 所示。从图 6-31 可以看出，随着初始硫含量从 0.4%降到 0.01%，还原期终点钢液硫含量下降[6]。初始硫含量大于 0.3%，还原期终点硫含量很难降到 0.01%以下；初始硫含量小于 0.15%，还原期终点硫含量可以降到 0.01%以下，最低可以降到 0.0026%。因此，应尽可能降低 AOD 入炉铁水硫含量，以降低还原终点硫含量。

E　吹氩搅拌和处理时间的影响

AOD 具有吹氧升温、侧吹搅拌以及灵活的气体调控等系统，可以提供脱硫的动力学和热力学条件。供气制度的改变，也能够达到更好的冶金动力学效果，有助于硫的去除。

不同的吹氩速率条件下，吹氩功率和硫传质系数的关系如图 6-32 所示[39]。由图 6-32 可知，随吹氩搅拌功率增大，硫传质系数 k 值增加。随着吹氩功率增加至 $4000W/m^2$，硫的传质系数 k 增至 0.4cm/s，脱硫速率的增加主要取决于吹氩搅拌功率的提高。

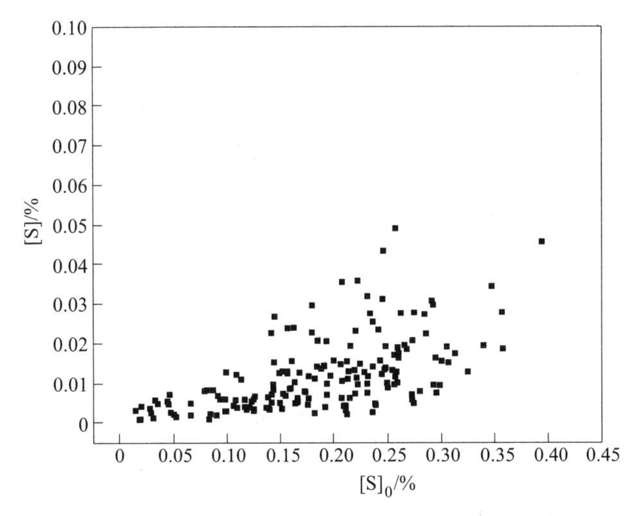

图 6-31 初始硫含量对还原终点硫含量的影响

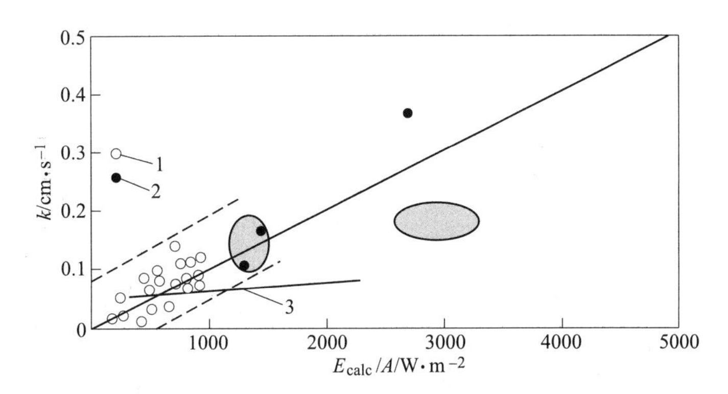

图 6-32 吹氩功率和硫传质系数的关系

1—7t 钢包；2—50t VAD；3—60t 钢包

不同的硫传质系数对应的硫含量与时间关系如图 6-33 所示。由图 6-33 可知，硫的传质系数 k 越小，脱硫反应的速率越小；在硫的传质系数 k 为某一确定值时，硫含量从 0.010%～0.020%降低到 0.002%～0.005%所需时间为 35～45min。

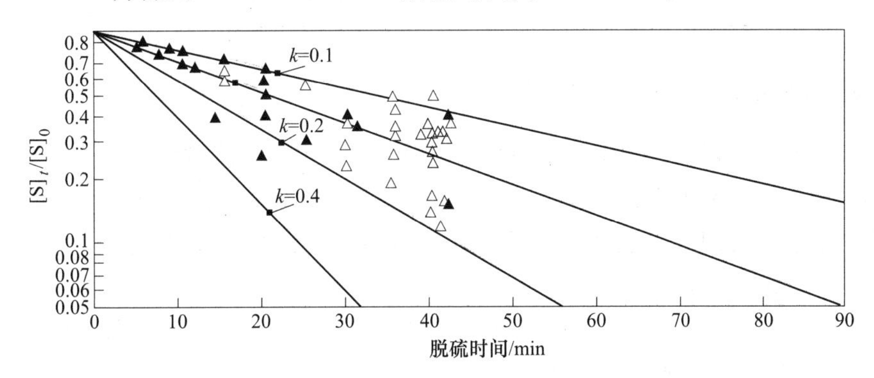

图 6-33 不同的硫传质系数对应的硫含量与时间关系

反应温度对硫含量的影响如图 6-34 所示。由图 6-34 可知，供气强度一定的情况下，脱硫过程前 3min 内温度对脱硫影响较大，9min 后温度对脱硫基本没有影响。

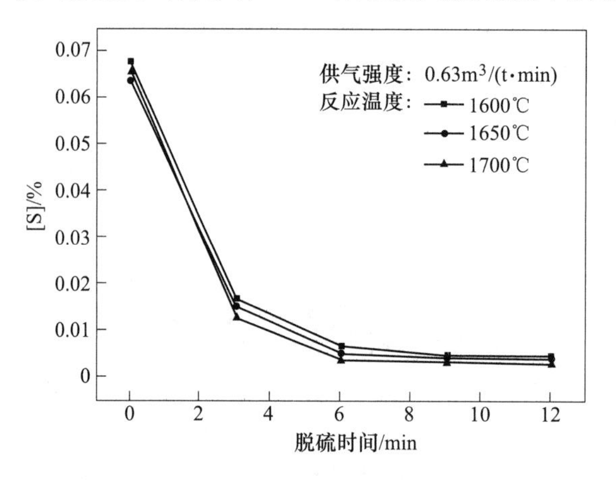

图 6-34 相同供气强度不同反应温度对脱硫的影响

供气强度对硫含量的影响如图 6-35 所示。由图 6-35 可知，一定温度下，供气强度对脱硫的影响较大，供气强度越大，钢液中硫含量越低，说明扩散步骤是脱硫过程的限制性环节。

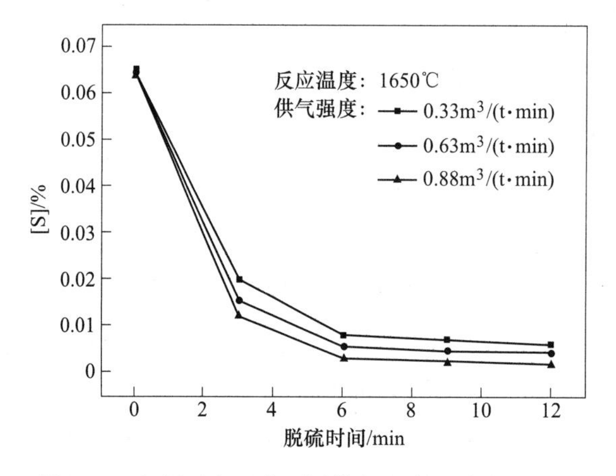

图 6-35 相同反应温度不同供气强度对脱硫的影响

6.2.3 AOD 精炼过程钢液磷含量控制

磷会导致冷脆，降低不锈钢的耐蚀性等。因此，必须在冶炼过程中严格控制钢中磷含量。然而，由于不锈钢中铬、锰等易氧化元素含量高，在氧化脱磷过程中这些元素易氧化进入渣中，不利于实现氧化脱磷[40]。全铁水冶炼条件下，AOD 精炼脱磷，会产生脱磷与脱碳不平衡、脱磷效果不稳定、脱磷后期温度控制不当、产生回磷等问题。AOD 顶侧复吹的优点为脱磷创造了很好的条件，必须利用低温、高氧化性、高碱度及大渣量、渣流动性好的有利条件，实现较高的脱磷率。

脱磷反应在钢液与熔渣界面进行，是强放热反应。加入氧化剂脱磷时，由于钢液中硅含量高，硅与渣中磷发生以下反应：

$$5Si + 2P_2O_5 = 4P + 5SiO_2$$
$$\Delta G^{\ominus} = -318471 - 2.04T \tag{6-20}$$

由式（6-20）的标准吉布斯自由能表达式可得，不论在何温度下，反应都会自发向右进行，因此硅比磷先氧化，形成的 SiO_2 大大降低了炉渣碱度；同时过高的硅抑制了磷的氧化，使脱磷效率变慢。为此，脱磷必须先脱硅并将硅含量降至 0.15%以下[41]。

AOD 冶炼过程中，熔渣中 P_2O_5 不稳定，必须和碱性氧化物结合才能被彻底去除，而 FeO 和 CaO 是生成稳定磷酸盐的最主要氧化物。

吹炼前期，熔渣中主要发生以下反应形成 $3FeO \cdot P_2O_5$，比较稳定。

$$8FeO + 2P = 5Fe + 3FeO \cdot P_2O_5 \tag{6-21}$$

因此，在氧化铁含量高的条件下，磷可以被有效地去除。但随着 AOD 冶炼脱碳反应的进行，温度逐渐升高，达 1450℃以上时，$3FeO \cdot P_2O_5$ 逐渐分解，磷又回到钢液中。为了有效地抑制回磷现象，须将温度控制在 1450℃以下。同时，碱度提高到 2.8~3.5，使磷在高碱度下生成更稳定的磷酸盐渣 $3FeO \cdot P_2O_5$ 或 $4CaO \cdot P_2O_5$。其中，$4CaO \cdot P_2O_5$ 的标准生成焓更大，因此更稳定，其反应式如下：

$$2P + 4CaO + 5FeO = 5Fe + 4CaO \cdot P_2O_5 \tag{6-22}$$

AOD 冶炼初期，兑铁水之后顶枪吹氧升温，石灰在冷料加完之前已入炉，充分保证了炉内石灰的熔化，熔渣中有大量的 CaO 和 FeO，同时初期钢液温度相对较低，这些均有利于钢液脱磷。该阶段铁水中硅含量高，虽然温度低带来的热力学条件较好，但渣的流动性差、炉渣碱度较低，需要加快化渣速度，通过迅速提高炉渣的氧化性和碱度等措施，改善铁液动力学条件。吹入的氧气首先与硅发生反应，铁水中过高的硅被大量氧化成 SiO_2。SiO_2 进入渣中降低熔渣碱度，对脱磷不利。因此，初期渣高氧化性、低碱度、低流动性，脱磷能力较低，如果渣中 SiO_2 含量过高，将会导致严重喷溅。必须将初期渣扒出约 50%，为中期脱磷创造良好的高碱度条件。

AOD 精炼中期，随着铁液中碳的大量氧化，熔池内温度逐步升高，加入 70%的 CaO 及 CaF_2(CaO 含量为 2%)，AOD 侧枪氧可关闭（或降低氧气流量至 1000Nm^3/h），侧枪压力调至 0.4MPa，直接用顶吹氧冶炼（氧气流量 5100Nm^3/h），CaO 不断溶解，炉渣中碱度不断上升，形成高碱度炉渣，碱度控制在 2.8~3.0 范围。此时发生的碳氧反应，促使动力搅拌加剧，促进脱磷反应快速进行，但碳氧反应消耗较多的 FeO。由于 FeO 和助熔剂 CaF_2 具有化渣作用，可以增强脱磷渣的流动性，因此反应在一定的 FeO 含量（>18%）、炉渣碱度高、流动性较好、温度控制在 1350~1450℃范围的条件下进行时，脱磷效率最高，可达 85%以上。但过程中应避免熔渣中的氧化剂 FeO 因脱碳而被消耗。渣中 FeO 含量降低，炉渣返干，钢液易回磷；渣中 FeO 含量太高，炉渣碱度降低，铁损率增高。当铁水硅含量大于 0.30%时，脱硅期采取纯侧吹模式先将硅脱掉，以降低喷溅概率。

AOD 精炼后期，随着钢液中脱碳反应的持续进行，钢液中碳含量大幅降低，脱碳反应减弱，熔渣中 FeO 含量再次回升，同时钢液温度也比较高，有利于化渣，炉渣碱度继续增加，达到 3.0 左右，此时渣量较大，流动性也较好，钢液中的磷进一步去除。但是，脱磷在高温、高（FeO）含量、高碱度的条件下进行，脱磷效率较低。由于 AOD 没有出钢口挡渣出钢的优势，必须通过 AOD 炉口人工扒除 90%的脱磷渣，防止 AOD 精炼还原后出现回磷现象。

采用脱磷站+AOD+LF 工艺，即一步法生产 410S 不锈钢过程中，将 AOD 单渣操作改为双渣操作，以期降低脱碳期石灰加入量，并采用一次还原后补加石灰，来保证终渣质量，降低不锈钢整体冶炼成本[42]。国内有钢厂采用专用炉顶吹氧+喷粉搅拌脱磷工艺，为 AOD 提供优质低磷铁水生产不锈钢，即新型一步法冶炼不锈钢工艺[43]。

针对入炉钢液磷含量高的冶炼条件，应重点控制在 AOD 冶炼初期实现深脱磷，控制好化钢期的温度在 1400~1450℃，分批加入冷料，石灰尽量前期加入，加大搅拌，保证脱磷所需的热力学条件和动力学条件，从而实现深脱磷，前期脱磷结束后，尽量扒掉脱磷渣。

AOD 冶炼过程加料类型和加入量对钢液磷含量的影响如图 6-36 所示[44]。由图 6-36 可见，开始加入 $CaO-CaF_2$ 渣和 Fe_2O_3 后，由于炉渣的碱度提高、流动性改善和氧化性提高，钢液磷含量急剧降低。加入 Fe-Si 合金进行升温之后，由于钢液硅含量和温度增加且炉渣碱度降低，钢液发生了轻微的回磷现象。在继续加入 5kg/t 的 Fe_2O_3 后，由于氧化性提高钢液磷含量降低，然后再加入 2. 5kg/t 的 Fe_2O_3 后，钢液磷含量也发生了降低，但是降低幅度低于加入 5kg/t Fe_2O_3 后磷含量的降低幅度。因此，提高炉渣碱度和氧化性，改善炉渣流动性有助于脱磷，提高钢液硅含量和温度、降低碱度非但不能继续脱磷甚至会发生回磷。

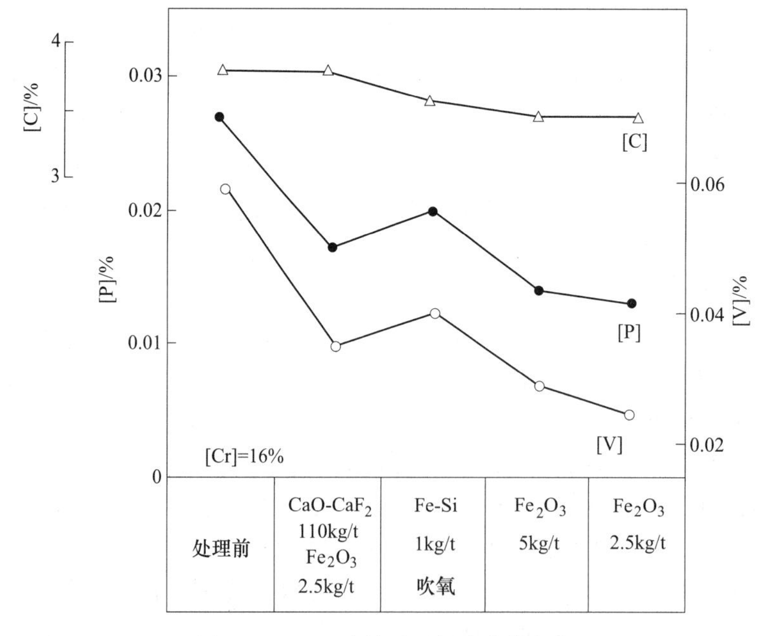

图 6-36 AOD 冶炼过程钢液成分变化

AOD 脱碳吹炼和还原阶段，由于温度、冶炼气氛变化、含磷炉渣及铁合金的加入而导致钢液回磷。AOD 还原期，随着硅铁、硅锰等还原剂的大量加入，渣碱度和氧化性显著降低，渣中（FeO+MnO）含量由 6%左右降低至 1%以下，造成氧化脱磷反应逆向进行，出现回磷现象。AOD 冶炼后期在还原条件下，炉渣容磷能力很弱，此时加入的铁合金中的磷将全部进入钢液。采用不同种类合金以及不同加入量，钢液增磷情况不同，钢液增磷与合金加入量成正比。各类锰铁合金都含有相当数量的磷，而硅铁合金磷含量较小。含锰合金使钢液增磷幅度较大，由于锰矿资源含磷较高，很难将含锰合金中磷含量降至更低的范围。冶炼极低磷不锈钢时，可采用电解锰，以避免铁合金引起的钢液回磷。304 不锈钢 AOD 冶炼还原期，钢液回磷量为 0.003%～0.004%。[45]

综上所述，AOD 冶炼是不锈钢磷含量控制的关键环节。为进一步降低磷含量，需在铁水预处理阶段尽量降低铁水中磷含量，为 AOD 工序冶炼高质量不锈钢提供保证。同时，为配合 AOD 冶炼过程的高效脱磷，为脱磷创造低硅铁水的条件，应在初炼炉熔炼阶段将铁水中的硅降低至一定水平[46]。AOD 冶炼环节，加入合适的脱磷剂，在脱碳吹炼前先进行快速脱磷，之后扒除脱磷渣。选用磷含量低的造渣材料，是防止和抑制回磷的重要措施。

6.3　AOD 精炼过程深脱碳与气体含量控制

6.3.1　AOD 精炼脱碳热力学

不锈钢中含有大量的铬、镍，铬、镍等元素可提高钢的耐蚀性能，而不锈钢中的碳降低了钢的耐腐蚀性能，大部分不锈钢碳含量都很低。因此，不锈钢的化学组成中要求较低的碳含量和较高的铬含量。

AOD 精炼过程中，经顶枪、侧枪向熔池内吹入氧气、氩气或氮气，吹入的氧气先后与溶于钢液中的 Ti、Al、Si、Nb、Cr、Fe、Ni 等元素发生反应生成各种氧化物。生成 Cr_2O_3 等其他氧化物吸附在惰性气体形成的气泡表面，随气泡在熔池内上下运动。与此同时，钢液中的碳向附有 Cr_2O_3 的气泡表面传递，并发生脱碳反应，生成的 CO 进入气泡内。由于气泡内存在惰性气体，使得气相中的 CO 气体得以稀释，其分压相应降低，从而有效促进碳氧反应的进行，并防止铬的大量氧化，由此达到脱碳保铬的目的。随着气泡的搅拌运动，脱碳反应不断进行，直到气泡离开熔池逸出。在此过程中，各主要精炼反应发生在钢液和气泡表面，并在竞争中达到平衡。

AOD 冶炼过程存在着碳和铬的竞争氧化。不同温度或不同一氧化碳分压的条件下，钢液中碳与铬含量的平衡曲线如图 6-37 所示。由图 6-37 可以看出，一氧化碳分压越低，温度越高越有利于脱碳。

平衡态下钢中碳含量与温度的关系如图 6-38 所示[47]。由图 6-38 可知，碳含量越低，曲线的斜率越大，这表明碳含量越低，脱碳需要的温度越高，脱碳越困难。AOD 冶炼过程中，合金主要在高碳区加入，钢液加入合金后，温度会随之降低，因此合金加入量间接对脱碳速度有影响。根据经验，45t 的 AOD 炉冶炼过程中每加入 1t 合金，温度会降低 30～40℃[48]。

不锈钢脱碳过程存在着两个氧化反应：

$$2[C] + O_2 = 2CO \tag{6-23}$$

$$4[Cr] + 3O_2 = 2(Cr_2O_3) \tag{6-24}$$

在普通喷吹纯氧情况下，除了在一定温度下与一定的铬相平衡的碳外，其余的碳都以

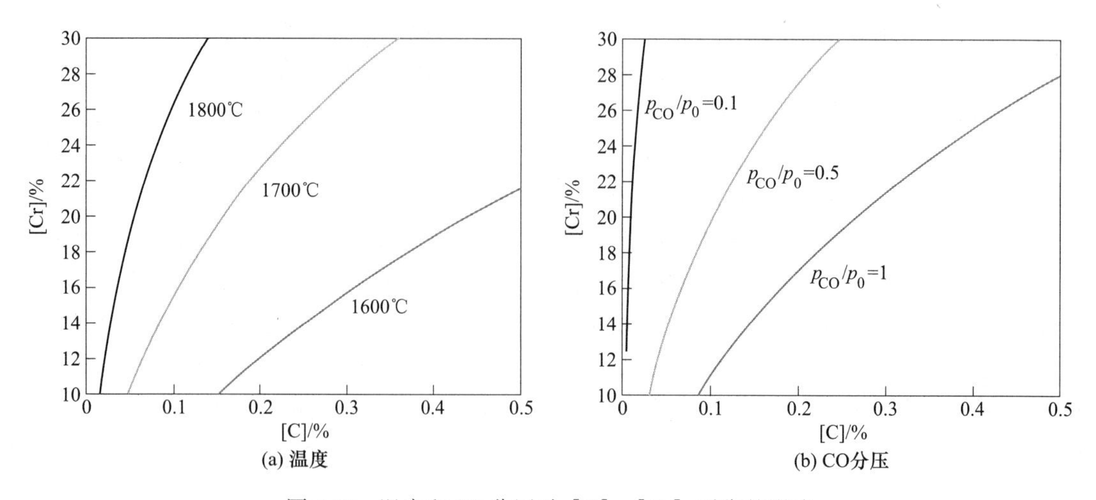

图 6-37　温度和 CO 分压对［C］、［Cr］平衡的影响

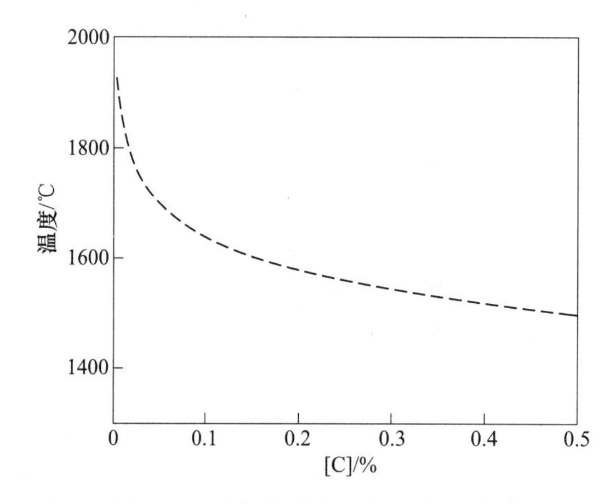

图 6-38　平衡态碳含量与温度的关系

CO 气体形式逸出。将式（6-23）与式（6-24）合并可得脱碳反应：

$$(Cr_2O_3) + 3[C] \Longleftarrow\!\!\!= 2[Cr] + 3CO \tag{6-25}$$

控制热力学条件，使反应向右进行，即“脱碳保铬”，这对 AOD 精炼不锈钢来说是至关重要的。

反应平衡常数 $K^{\ominus}$ 为：

$$K^{\ominus} = \frac{a_{Cr}^2 \left(\frac{p_{CO}}{p_a}\right)^3}{a_C^2 a_{Cr_2O_3}} \tag{6-26}$$

$$a_C = \sqrt{\frac{a_{Cr}^2 \left(\frac{p_{CO}}{p_a}\right)^3}{K^{\ominus} a_{Cr_2O_3}}} \tag{6-27}$$

式中　a——活度；

p_{CO}——CO 分压；

p_a——外界大气压。

钢液中组元 i 的活度以质量分数 1%为标准态，组元 i 的活度表达式为：

$$a_i = f_i[\%i] \tag{6-28}$$

式中 a_i——组元 i 的活度；

f_i——组元 i 的活度系数；

$[\%i]$——钢液中组元 i 的百分含量,%。

钢中各元素对碳、铬活度系数的影响由下式计算：

$$\lg f_i = \sum_{j=1}^{n} e_i^j[\%j] \tag{6-29}$$

式中 f_i——组元 i 的活度系数；

e_i^j——组元 j 对组元 i 的活度相互作用系数；

$[\%j]$——钢液中组元 j 的百分含量,%。

按钢液中的气泡讨论脱碳保铬反应，气泡内总压 p_T 为：

$$p_T = p_a + p_{sta} \tag{6-30}$$

$$p_{sta} = \rho_{steel} gh \tag{6-31}$$

式中 p_a——标准大气压，约 100kPa；

p_{sta}——钢液中气泡所受的静压力，kPa；

ρ_{steel}——钢液密度，kg/m^3；

g——重力加速度，m/s^2；

h——距离熔池上表面深度，m。

气泡中一氧化碳的分压 p_{CO} 为：

$$p_{CO} = \varphi_{CO} p_T \tag{6-32}$$

根据反应 [C] + [O] ═ CO，一氧化碳的生成速率是氧气消耗速率的两倍，因此设氧气的利用率为 η，$V_{CO} = 2\eta V_{O_2}$，气泡中一氧化碳的体积分数：

$$\varphi_{CO} = \frac{V_{CO}}{V_{CO} + V_{O_2} + V_{N_2}} = \frac{2\eta V_{O_2}}{(100\% + \eta) V_{O_2} + V_{N_2}} \tag{6-33}$$

式中 V_{CO}——生成的 CO 体积，m^3；

V_{O_2}——未反应的氧气体积，m^3；

V_{N_2}——吹入的氮气体积，m^3。

从式（6-26）和式（6-27）可以看出：

（1）一氧化碳分压 p_{CO} 的影响。降低体系中的 p_{CO}，也可以获得较低的 a_C，从而实现“脱碳保铬”，在 AOD 精炼不锈钢过程中主要通过吹入惰性气体（Ar、N_2），以降低 p_{CO}。

（2）温度的影响。$K^{\ominus}$ 是温度的函数，提高熔池温度，可以使 $K^{\ominus}$ 升高，使反应式（6-25）向右进行，实现“脱碳保铬”，但过高的熔炼温度会使耐火材料的寿命降低。

6.3.2 AOD 精炼脱碳过程分析

AOD 精炼过程脱碳，高碳区的脱碳速率由供氧量控制，在低碳区的脱碳速率由碳向气泡表面的扩散控制[49]。在一定温度下，根据熔池碳含量可将 AOD 脱碳过程大体可以分为两个阶段：[C]>0.15%（简称高碳区），脱碳速率与碳含量无关，是一个常数；[C]<0.15%（简称低碳区），脱碳速率随碳含量的减少而减少，此时碳在钢液内的扩散是脱碳反应的限制环节。高碳区与低碳区的界限称为临界碳含量。当然“临界碳含量”不是一个固定值，它一般随钢液铬含量、温度的变化而改变。即当钢液温度升高、铬含量降低时，临界碳含量降低；反之，则是增高的。

不同混合气组成下临界碳含量的变化如图 6-39 所示[50]。由图 6-39 可见，随着 $Ar-O_2$ 混合气中 O_2 比例的提高，临界碳含量提高。结合实际，AOD 脱碳过程中，通常认为临界碳含量为 0.15%。

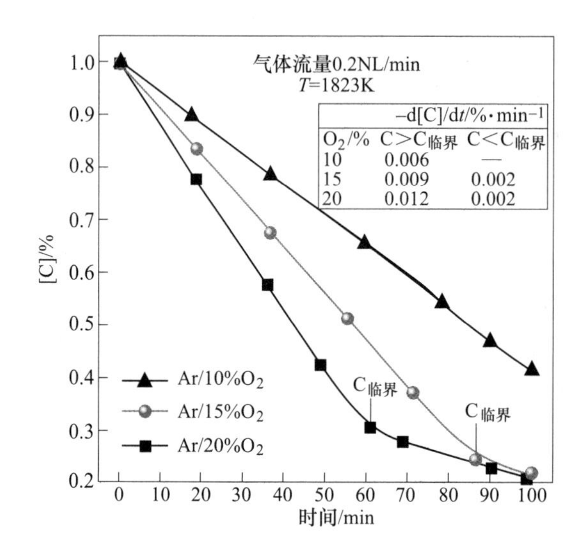

图 6-39 $Ar-O_2$ 混合气组成对钢液碳含量的影响

根据脱碳速率的变化将脱碳过程分为四个阶段进行，如图 6-40 所示。

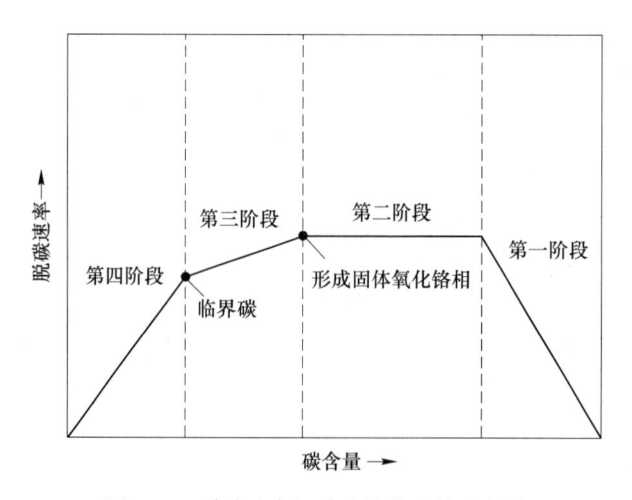

图 6-40 脱碳速率与碳含量关系的示意图

分析图 6-40 可知：

第一阶段，在处理的最初几分钟，只有氧气通过炉壁枪和顶枪被吹入钢液中，吹出的氧气主要与硅、锰和铬发生反应，阻碍了脱碳速率的提高。

第二阶段：在硅和锰含量降低后，吹入的大部分氧气被脱碳反应消耗掉。在一定的氧气吹入速度下，脱碳率恒定，这一阶段的脱碳速率与氧气供氧速度成正比。

第三阶段：形成了固体氧化铬相，限制了氧化铬活度的进一步提高。碳的活度随着其含量的减少而持续下降，越来越多的氧气被消耗用于氧化其他溶解的元素，尤其是铬和锰。

第四阶段：在临界碳含量以下，脱碳速率与碳浓度梯度和具有一阶动力学特征的反应速率成正比，脱碳速率受到扩散边界层中碳传质的限制。

在侧吹和顶吹的条件下，临界碳含量是不同的，在较高的氧气吹入情况下其值更高。依托此划分思路，结合 AOD 冶炼过程，图 6-41 所示为 AOD 冶炼奥氏体不锈钢过程钢液碳含量和铬含量的变化[51]。

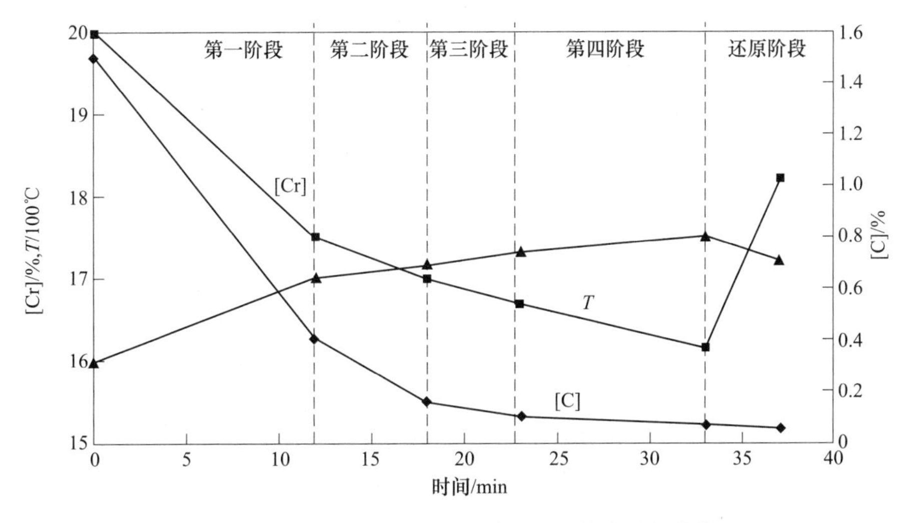

图 6-41　AOD 冶炼过程钢液碳含量和铬含量的变化

根据吹入气体的不同，将冶炼过程分为了五个阶段：第一阶段吹入 100% O_2、第二阶段吹入 50% O_2+50% N_2、第三阶段吹入 25% O_2+75% N_2、第四阶段吹入 25% O_2+75% Ar、还原阶段吹入 100% Ar。第一阶段，只有氧气通过炉壁枪和顶枪被吹入钢液中，吹出的氧气主要与碳和铬发生反应。随着碳含量的减少，惰性气体稀释率增加，铬的氧化减慢（第二阶段和第三阶段）。在脱碳的最后阶段（第三阶段和第四阶段），混合气体仅通过炉壁枪吹入，此时继续脱碳，但脱碳速率显著降低。AOD 工艺的最后阶段是对炉渣进行联合脱硫和还原，其中氧化铬被硅铁或锰铁从炉渣中还原，碳含量进一步降低。如何实现前三个阶段铬不氧化，是 AOD 冶炼技术研究的重点。

6.3.3　提高 AOD 精炼脱碳效率的措施

提高高碳区脱碳速率应采取的措施：

（1）增大供氧速度；

（2）提高钢液温度；

（3）改变氧枪高度，改进氧枪结构和改进吹氧方式等以增大氧气与钢液的接触面积。

提高低碳区脱碳速率应采取的措施：

（1）加强对钢液的搅拌，以增大反应界面面积和扩散速度；

（2）提高钢液温度，以增大碳的扩散速度和降低临界碳含量；

（3）通过气体比例转换，降低CO分压。

不同碳含量下O_2/Ar比例和温度对脱碳效率（CRE）的影响如图6-42所示[52]。脱碳效率定义为用于脱碳的氧气量与总吹入的氧气量之比，常来评价氧气的利用效率[53]。由图6-42可见，随着O_2/Ar比例的降低和温度的提高，钢液的脱碳效率CRE提高，这主要是由于低碳含量下，碳的传质是脱碳的限制性环节。提高Ar比例降低了碳氧反应产生的CO分压，促进了碳氧反应，同时温度的提高促进了碳的传质。

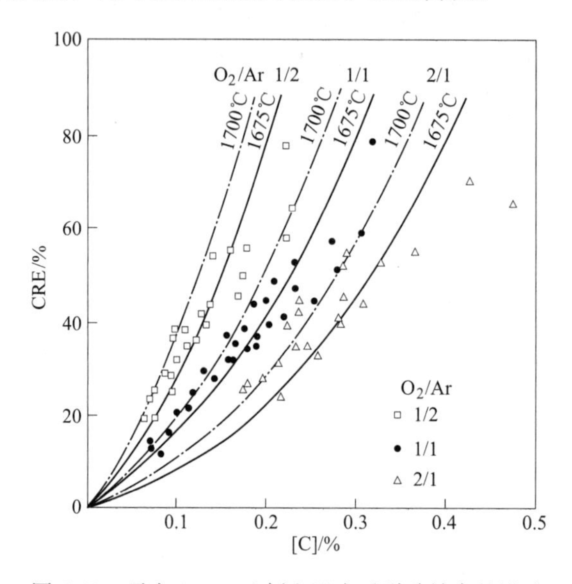

图6-42 顶吹O_2/Ar比例和温度对脱碳效率的影响

顶吹O_2/N_2比例分别为1∶3、1∶1和3∶1时对钢液碳含量的影响如图6-43所示，O_2/N_2比例相对于O_2的体积含量为25%、50%和75%。由图6-43可见，O_2/N_2比越高，

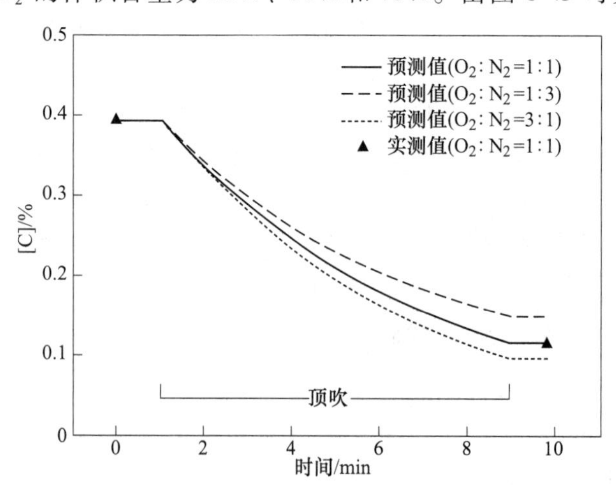

图6-43 顶吹O_2/N_2比例对碳含量的影响

钢液的碳含量越低，脱碳速率越大。O_2/N_2 比例分别为 1∶3、1∶1 和 3∶1 时相应的碳脱除效率 CRE 的值分别为 87%、50%和 36%[8]。说明低碳含量下虽然提高了脱碳速率，但降低了脱碳效率，即降低了氧气利用效率。

顶吹枪位对熔池碳含量的影响如图 6-44 所示[8]。由图 6-44 可见，相对于原始枪位，枪位高度降低 10%，熔池终点碳含量降低 0.03%；枪位高度提高 10%，熔池终点碳含量提高 0.05%。枪位变化影响金属液滴的产生速率，从而影响碳传质的进行。低枪位熔池的动力学条件更好，产生的液滴更多，更能促进低碳条件下传质的进行。

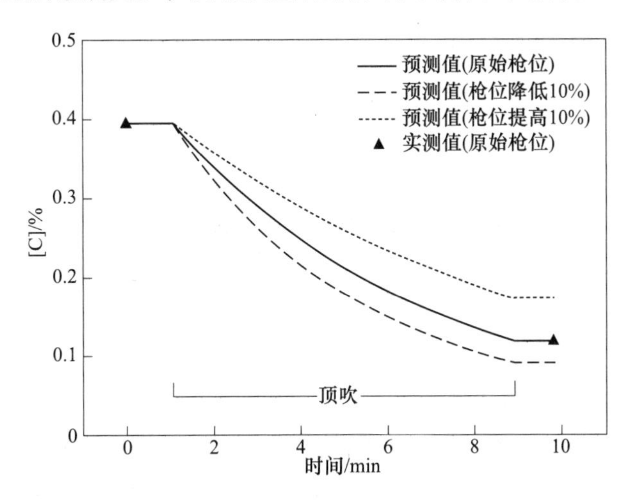

图 6-44 顶吹枪位对碳含量的影响

6.3.4 AOD 精炼过程氮含量控制

氮在许多不锈钢中是必不可少的合金元素和镍的替代品。氮合金化可以用氮气搅拌的方式以节省成本。AOD 冶炼过程中向钢液中吹入氧气进行脱碳、脱硅的同时，部分铬被氧化进入炉渣中；利用氧气、氮气混吹脱碳可以减少钢中铬的氧化，但吹入钢液中的氮气易使钢液增氮，不锈钢中氮含量可达 0.1%~0.15%。不同品种和用途的不锈钢对钢中氮含量的要求不同，因此必须脱除钢中多余的氮，将氮含量控制在钢种要求范围内。AOD 精炼过程中常采用吹氩脱氮法，调整钢液中氮含量。

AOD 由于采用 Ar/O_2 混吹，消耗大量 Ar，导致生产成本较高。其中，氩气费用占 AOD 生产不锈钢成本的 40%左右。目前国内外已研究出前期用粗氩（98%Ar+2%N_2）或氮气来代替纯氩进行精炼，可大幅度地降低氩气消耗。

图 6-45 所示为 AOD 底吹氮气冶炼不同阶段钢液氮含量变化[54]。由图 6-45 可见，冶炼前期，钢液碳含量高，氮的溶解度较低，随着碳的脱除，钢液氮含量提高，吹氮结束钢液氮含量达到最大。进入还原期，钢液氮含量急速下降，此后直至出钢氮含量缓慢降低。

为了精确控制最终产品中的氮含量，应明确氮在钢液中的溶解度，以便选择 AOD 合理的供气制度。不锈钢中铬和锰能显著提高氮溶解度，碳、镍、硅、氧、硫能降低氮溶解度[55]。当氮气作为惰性气体时，钢液氮含量接近于氮的饱和溶解度，特别是在 AOD 脱碳结束时。当氮气分压较高的条件下（0.8atm 以上），而当氮的溶解度达到饱和时，延长吹

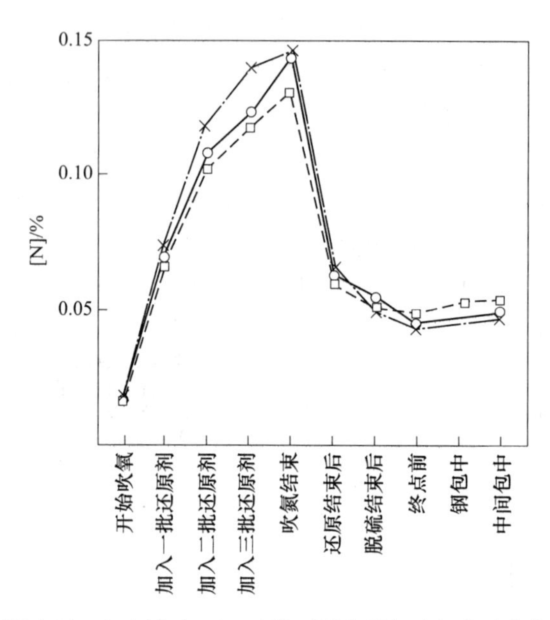

图 6-45 底吹氮时 AOD 冶炼不同阶段钢液氮含量变化

氮时间并不会影响最终氮含量[55,56]。

根据热力学数据及实验数据，推导出了钢液中氮溶解度的新计算式如下：

$$\lg[\%N] = \lg\left(\frac{p_{N_2}}{p^{\ominus}}\right)/2 - \frac{188}{T} - 1.17 - \left\{\left(\frac{3280}{T} - 0.75\right)\left(0.13[\%N] + 0.118[\%C] + 0.043[\%Si] + 0.011[\%Ni] + 3.5\times10^{-5}[\%Ni]^2 - 0.024[\%Mn] + 3.2\times10^{-5}[\%Mn]^2 - 0.01[\%Mo] + 7.9\times10^{-5}[\%Mo]^2 - 0.048[\%Cr] + 3.5\times10^{-4}[\%Cr]^2 + \delta_N^P \lg\sqrt{\frac{p_{N_2}}{p^{\ominus}}}\right)\right\} \tag{6-34}$$

式中 p_{N_2}——氮气压力；

$p^{\ominus}$——标准大气压；

δ_N^P——压力对氮活度的作用系数。当$\frac{p_{N_2}}{p^{\ominus}}>1.0$时，$\delta_N^P=0.06$；$\frac{p_{N_2}}{p^{\ominus}}<1.0$时，$\delta_N^P=0$。

AOD 冶炼采用氮气吹炼，出钢前含氮量高于目标值，因此需要吹氩气进行脱氮。根据气泡精炼理论，考虑不锈钢中氧、氩含量对脱氮速度的影响。

根据下式大致确定所需吹入氩气量的范围：

$$[N] = \frac{1}{fV_{Ar}/(8k_N^2 p_{N_2}) + 1/[N]_B} \tag{6-35}$$

式中 f——不锈钢中氧、氩含量对脱氮速度的影响系数；

V_{Ar}——吨钢消耗氩气量；

k_N——氮的脱除反应平衡常数；

p_{N_2}——氮在大气中的分压；

$[N]_B$——氮在一定温度下的溶解度值[9]。

由式（6-34）可知，随着温度升高，钢液中氮的溶解度呈降低趋势。

AOD 还原期氮含量主要受 AOD 冶炼过程中的配气模式影响，其中最重要的是氮气和氩气的切换时机，越早切换氩气，AOD 出钢后钢液中氮含量越低。氮氩切换时间对钢液氮含量的影响如图 6-46 所示。

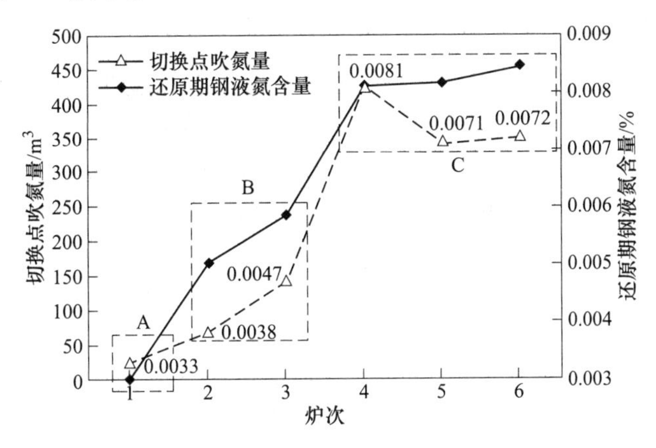

图 6-46 氮氩切换点吹氮量对还原期钢液氮含量的影响

由图 6-46 中可以看出，随着氮气和氩气的切换点的吹氮量增加，还原期钢液氮含量明显增加。AOD 出钢后，钢液与空气发生接触，接触时间越长，钢液从空气中吸收氮气越多。可通过改变炉口结构、减少出钢时间，使出钢增氮量由 0.005%降低至 0.004%[57]。

AOD 全程吹氩可以使出钢氮含量降低到 0.005%以下，但全程吹氩会导致成本增加。需要综合考虑不锈钢不同钢种的铬、碳等元素含量和出钢温度等特性，制定不同的氮氩切换制度[58]。

AOD 冶炼含氮奥氏体不锈钢时，氮除代替部分镍，节约贵重的镍资源外，主要是作为固溶强化元素，提高奥氏体不锈钢的强度，但并不显著损害钢的塑性和韧性；氮提高钢的耐腐蚀性能，特别是耐局部腐蚀[59]。一般铁素体基体中氮的质量分数不小于 0.08%或奥氏体基体氮的质量分数不小于 0.4%的钢称为高氮不锈钢[60]。高氮奥氏体不锈钢不仅具有高得多的抗拉强度和屈服强度、不明显降低的塑性和韧性，而且即便进行大变形量的冷加工，也不易形成铁素体和发生形变马氏体转变[61]。含氮不锈钢的增氮工艺基本可以分为用富氮合金进行合金化和用氮气增氮两类[62]。使用金属锰进行合金化，增氮时采用氮化锰进行氮的合金化。实践证明，氧化末期控制钢中锰含量为 3%～6%，还原后控制钢中锰含量为 13%～15%较合适。高氮钢并非总是在高压氮气中熔炼的，铬、锰含量高的钢种可以在 1atm（101.325kPa）或稍低的氮气压力下进行 AOD 精炼[63]。单纯靠 AOD 精炼吹氮，高氮奥氏体不锈钢中氮含量仅能达到 0.48%～0.55%，出钢后再通过加入氮化锰能使氮含量达到 0.65%，氮的收得率可达 42.1%～50.2%。

6.4 AOD 精炼模型

6.4.1 AOD 精炼钢液碳含量预报模型

在众多 AOD 脱碳模型中，Fruehan 模型是经典的脱碳模型[49]。如图 6-47 所示，模型假定反应最初产物为 Cr_2O_3，它作为氧的传递者使熔池中碳在气泡表面氧化，碳的氧化由液体金属中碳向气泡表面的扩散控制，熔池中铁的氧化量为铬氧化量的 1/10，硅优先氧化而不考虑锰的氧化。同时，在吹炼第一期，采用过程的平均温度来计算脱碳曲线，完全忽略了碳和铬的相对氧化速度对温度强烈的依赖关系。模型还认为在高碳区的脱碳速率由供氧量控制，在低碳区的脱碳速率由碳向气泡表面的扩散控制。

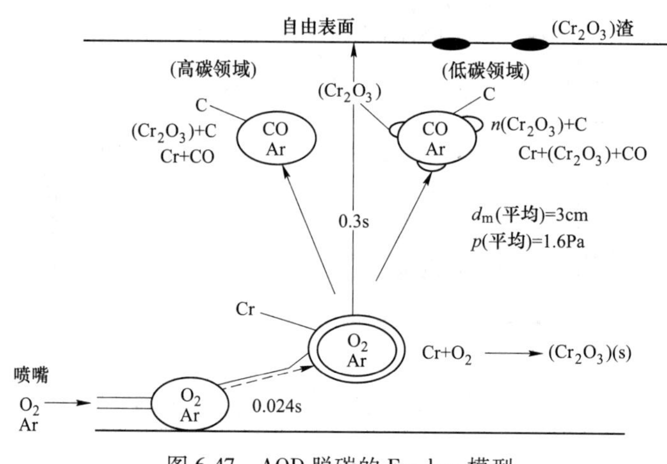

图 6-47 AOD 脱碳的 Fruehan 模型

高碳含量时，脱碳速率受供氧控制，取式（6-36）的前半部分；低碳含量时，脱碳速率受碳在液相中的传质控制，取式（6-36）的后半部分。

$$\frac{d[\%C]}{dt} = \max\left(\underbrace{-\frac{200M_C\dot{n}_{O_2}}{m_{bath}}}_{\text{供氧量控制}}, \underbrace{-k([\%C]-[\%C]_e)}_{\text{碳的扩散控制}}\right) \tag{6-36}$$

$$[\%C]_e = \frac{a_{[Cr]}^{2/3}}{K^{1/3}}\frac{100M_C}{M_{Fe}\gamma_{[C]}}p_{CO} \tag{6-37}$$

$$p_{CO} = \frac{\dot{n}_{CO}}{\dot{n}_{CO}+\dot{n}_{Ar}}p_G \tag{6-38}$$

$$\dot{n}_{CO} = \frac{d[\%C]}{dt}\frac{m_{bath}}{100M_C} \tag{6-39}$$

式中 M_C，M_{Fe}——分别为碳和铁的摩尔质量；

$\dot{n}_{O_2}$，$\dot{n}_{CO}$，$\dot{n}_{Ar}$——分别为氧气、CO 和氩气的摩尔流量；

m_{bath}——金属熔池的质量；

k——速率常数；

$[\%C]$——时间相关的熔池碳含量；

$[\%C]_e$——平衡碳含量；

$a_{[Cr]}$——金属熔池中铬的活度；

$\gamma_{[C]}$——碳的活度系数；

K——平衡常数；

p_{CO}，p_G——分别为 CO 的分压和金属熔池接触的气相总压力。

6.4.2 AOD 精炼过程钢液氮含量预报模型

AOD 精炼钢液在吹氧脱碳期，通常利用氮氧混吹模式进行脱碳保铬操作，吹入钢液中的氮气部分溶解在钢液中，导致钢液中氮含量增加。大多数情况下，钢液吸氮和脱氮速率受液相传质和界面反应混合控制。在高氧位、高硫位条件下，主要受界面反应的控制；而在高真空、低氧位、低硫位下，反应速率受液相传质控制。

吸氮按气体向钢液表面的吸附、离解和向钢液中溶解的过程进行。界面吸附过程成为渗氮的限制性环节。此时渗氮速度为：

$$\frac{d[N]}{dt}=\frac{A}{V}(k_1^* p_{N_2}^{1/2}-k_2^*[N])=\frac{A\rho}{W}(k_1^* p_{N_2}^{1/2}-k_2^*[N]) \tag{6-40}$$

式中　A——气-钢液界面面积；

V，W，ρ——分别为钢液体积、钢液质量和钢液密度；

k_1^*，k_2^*——分别为表观正反应速率常数和表观逆反应速率常数；

p_{N_2}——氮气分压；

$[N]$——钢液内部氮浓度。

此反应平衡时平衡常数 k_N 为：

$$k_N=\frac{f_N[N]}{\left(\frac{p_{N_2}}{p^{\ominus}}\right)^{1/2}},\quad p_{N_2}^{1/2}=\frac{f_N[N]_{sat}(p^{\ominus})^{1/2}}{K_N} \tag{6-41}$$

式中　f_N——氮的活度系数；

$[N]_{sat}$——氮的溶解度；

$p^{\ominus}$——标准大气压。

反应平衡时正逆反应速率常数相等，又因传质不是限制性环节，因此界面处氮的浓度与内部十分接近。

$$k_1^* p_{N_2}^{1/2}=k_2^*[N]_{sat} \tag{6-42}$$

所以式（6-42）可以写成：

$$\frac{d[N]}{dt}=\frac{A\rho}{W}(k_1^* p_{N_2}^{1/2}-k_2^*[N])=\frac{A\rho k_1^*(p^{\ominus})^{1/2}}{WK_N}([N]_{sat}-[N]) \tag{6-43}$$

对式（6-43）积分，得

$$\ln\left(\frac{[N]-[N]_{sat}}{[N]_0-[N]_{sat}}\right)=-\frac{A\rho k_1^*(p^{\ominus})^{1/2}}{WK_N}t \tag{6-44}$$

式中　$[N]$——t 时刻钢液内部氮浓度；

$[N]_0$——$t=0$ 时刻钢液内部氮浓度。

钢液脱氮机理由 5 个步骤组成：

（1）钢液中的氮原子 [N] 从钢液内部向钢液侧液相边界层传质；

（2）氮原子 [N] 穿过钢液侧液相边界层到液-气表面的传质；

（3）在液-气界面上发生化学反应：$[N]=1/2N_2$；

（4）N_2 穿过气相边界层到气相的传质；

（5）N_2 离开气相边界层向气相内部传质。

AOD精炼过程中，脱氮过程主要在还原期和脱硫期，由于钢液内部金属液的搅拌作用，认为上述步骤（1）(4) 和（5）速度很快，不会成为脱氮过程的限制性环节，即AOD脱氮的动力学由［N］在钢液侧边界层的传质和界面上的化学反应混合控制。吸氮公式建立如下：

$$\frac{d[N]}{dt} = \frac{A}{V}(k_1^* p_{N_2}^{1/2} - k_2^* [N]_e) \tag{6-45}$$

$$\frac{d[N]}{dt} = k_N \frac{A}{V}([N]_e - [N]) \tag{6-46}$$

脱氮过程中，气泡上升很快，气泡中的 p_{N_2} 很小，可将其忽略，则式（6-46）可以写为：

$$\frac{d[N]}{dt} = -\frac{A}{V}k_2^* [N]_e \tag{6-47}$$

式中 k_N——氮的传质系数；

$[N]_e$——界面处氮浓度。

假设扩散边界层非常薄，不含有多余的氮原子，则稳态时两者相等，即：

$$-k_2^* [N]_e = k_N^*([N]_e - [N])$$

$$[N]_e = \frac{k_N^*}{k_N^* + k_2^*}[N] \tag{6-48}$$

将式（6-48）代入式（6-47），得：

$$\frac{d[N]}{t} = -\frac{A\rho k_2^* k_N}{W(k_N + k_2^*)}[N] \tag{6-49}$$

将式（6-49）积分得：

$$\frac{d[N]}{[N]_0} = -\frac{A\rho k_2^* k_N}{W(k_N + k_2^*)}t \tag{6-50}$$

式中 $[N]_0$——钢液中初始氮浓度。

式（6-44）与式（6-50）即为AOD精炼过程中吸氮和脱氮模型，通过实际大生产试验确定参数，调整后即可应用于实际生产，可以较为准确地预测不锈钢成品的氮含量。

为了预测AOD冶炼过程钢液氮含量的变化，基于氮的传输机理建立了AOD冶炼过程中氮含量计算模型，吸附和解吸方程如式（6-51）和式（6-52）所示[58]：

$$C(t) = C_e - (C_e - C_0)e^{-k_1\frac{A_{eff}}{V}t} \tag{6-51}$$

$$C(t) = C_e \frac{ae^{bt} - 1}{1 + ae^{bt}} \tag{6-52}$$

式中 $C(t)$——冶炼过程 t 时刻的氮含量；

C_e——平衡氮含量；

C_0——钢液初始氮含量；

k_1，k_2——分别为一级反应速率常数和二级反应速率常数；

A_{eff}——有效反应表面积；

V——熔体体积；

a，b——反应参数。

平衡氮含量通过式（6-53）计算：

$$[\%N] = [(-11.786m_{Cr}^2 + 1.8136m_{Cr} - 0.2325)m_{Ni} + 9.6786m_{Cr}^2 - 1.1532m_{Cr} + 0.1518]p_{N_2}^{1/2} + \cdots \tag{6-53}$$

式中 m_{Cr}，m_{Ni}——分别为熔池铬与镍的质量分数；

p_{N_2}——与钢液接触的气相中的氮的分压，通过气相体积和测得的氮含量计算。

有效反应表面积 A_{eff} 为通过计算流体力学得到。

参数 a 和 b 可以通过式（6-54）计算：

$$a = \frac{C_e + C_0}{C_e - C_0},\ b = 2C_e k_2 \frac{A_{eff}}{V} \tag{6-54}$$

基于此方程，对 150t AOD 冶炼过程奥氏体不锈钢氮含量进行计算，其中第一阶段吹入 100%O_2、第二阶段吹入 50%O_2+50%N_2、第三阶段吹入 25%O_2+75%N_2、第四阶段吹入 25%O_2+75%Ar、还原阶段吹入 100%Ar。计算结果如图 6-48 所示。

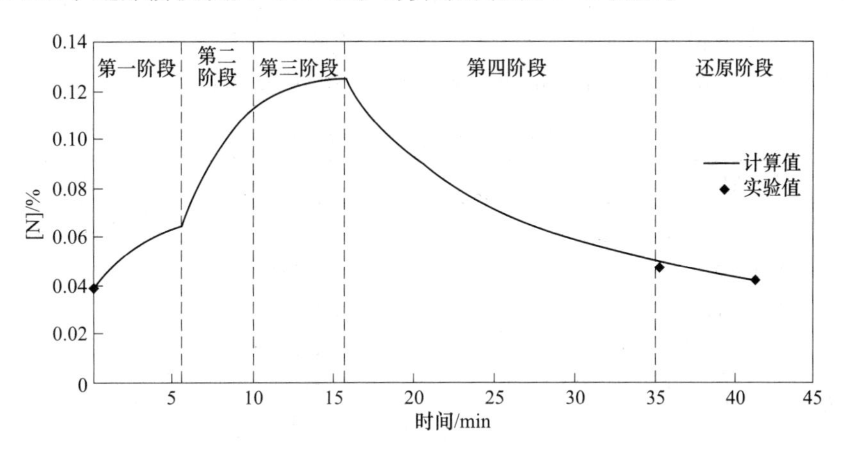

图 6-48 AOD 冶炼过程氮含量变化

由图 6-48 可知，前三阶段由于氧、硫含量提高和氮气的吹入，钢液氮含量增加，随后氧含量降低并由吹氮切换为吹氩，氮含量在脱碳最后阶段和熔渣还原阶段下降[51]。初始氮含量约为 0.04%，而在氮氩转换点之前达到了 0.1%~0.15%的最高值，最终氮含量略高于初始氮含量。而且氮的解吸率低，从最高值降低到与初始氮含量相近用了 25min，在此吹炼模式下，AOD 冶炼过程中最终氮含量低于 0.04%难以经济地实现，需要综合研究探讨考虑钢液氮含量、冶炼效果与成本等因素的最佳吹炼模式。Riipi 等[51]基于传质和热力学数据以及 150t AOD 工业生产数据建立了 AOD 钢液氮含量变化模型，如图 6-49 所示。模型预报结果与实测结果拟合良好，模型精度可靠。

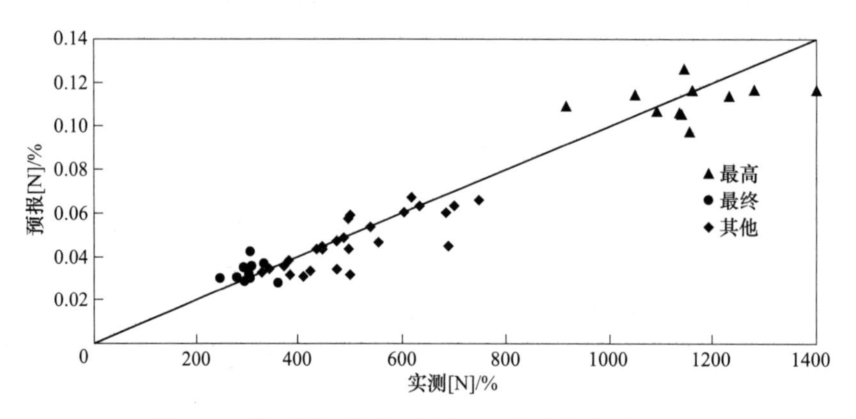

图 6-49 模型预报结果与实测 AOD 钢液氮含量的对比

6.4.3 AOD 精炼钢液温度预报模型

AOD 冶炼过程为多相流反应过程，系统的热交换与很多因素有关，包括钢液、炉渣和气体（包括底吹与顶吹氧枪吹入氧气，氩气或氮气以及反应产生的一氧化碳）携带的热量；脱碳期发生的氧化反应和还原期的还原反应释放大量的热量；炉衬耐火材料和炉体外壳的导热造成的热量损失；炉体辐射造成的热量损失；取样和测温等冶炼操作也会损失热量；添加渣料、废钢和合金剂等物料也会导致温度降低。

考虑以上因素，遵循热量守恒定律，输入和支出的热量如表 6-2 所示。

表 6-2 热量输入和支出项

输入的热量	铁水携带热量		$W_m c_{p,m} T$
	炉渣携带热量		$W_s c_{p,s} T$
	氧气携带热量		$Q_{O_2} \rho_{O_2} c_{p,O_2} T_{g,0} dt$
	氮气携带热量		$Q_{N_2} \rho_{N_2} c_{p,N_2} T_{g,0} dt$
	氩气携带热量		$Q_{Ar} \rho_{Ar} c_{p,Ar} T_{g,0} dt$
	元素 i 氧化释放热量		$\frac{W_m}{100} \frac{d[\%i]}{dt} \frac{\Delta H_i}{M_i} dt$
支出的热量	铁水携带热量		$W_m \left[1 + \left(\frac{d[\%C]}{dt} + \frac{d[\%Cr]}{dt} + \frac{d[\%Mn]}{dt} + \frac{d[\%Si]}{dt}\right) \frac{dt}{100}\right] c_{p,m}(T + dT)$
	炉渣携带热量		$\left[W_s - \frac{W_m dt}{100}\left(\frac{d[\%Cr]}{dt} \frac{M_{Cr_2O_3}}{2M_{Cr}} + \frac{d[\%Mn]}{dt} \frac{M_{MnO}}{M_{Mn}} + \frac{d[\%Si]}{dt} \frac{M_{SiO_2}}{M_{Si}}\right)\right] c_{p,s}(T + dT)$
	导热和辐射等热损		$q_{loss} dt$
	逸出气体携带热量	氧气	$Q_{O_2}(1 - \eta) \rho_{O_2} c_{p,O_2} T_g dt$
		氮气	$Q_{N_2} \rho_{N_2} c_{p,N_2} T_g dt$
		氩气	$Q_{Ar} \rho_{Ar} c_{p,Ar} T_g dt$

体系吹氧脱碳期在时间 $t \sim t+dt$ 时间里的热平衡方程为：

$$W_{\mathrm{m}}c_{p,\mathrm{m}}T + Q_{\mathrm{O_2}}\mathrm{d}t\rho_{\mathrm{O_2}}c_{p,\mathrm{O_2}}T_{\mathrm{g},0} + Q_{\mathrm{N_2}}\mathrm{d}t\rho_{\mathrm{N_2}}c_{p,\mathrm{N_2}}T_{\mathrm{g},0} + W_{\mathrm{s}}c_{p,\mathrm{s}}T +$$

$$\frac{W_{\mathrm{m}}}{100}\left(-\frac{\mathrm{d}[\%\mathrm{C}]}{\mathrm{d}t}\frac{\Delta H_{\mathrm{C}}}{M_{\mathrm{C}}} - \frac{\mathrm{d}[\%\mathrm{Cr}]}{\mathrm{d}t}\frac{\Delta H_{\mathrm{Cr}}}{M_{\mathrm{Cr}}} - \frac{\mathrm{d}[\%\mathrm{Mn}]}{\mathrm{d}t}\frac{\Delta H_{\mathrm{Mn}}}{M_{\mathrm{Mn}}} - \frac{\mathrm{d}[\%\mathrm{Si}]}{\mathrm{d}t}\frac{\Delta H_{\mathrm{Si}}}{M_{\mathrm{Si}}}\right)\mathrm{d}t$$

$$= W_{\mathrm{m}}\left[1 + \left(\frac{\mathrm{d}[\%\mathrm{C}]}{\mathrm{d}t} + \frac{\mathrm{d}[\%\mathrm{Cr}]}{\mathrm{d}t} + \frac{\mathrm{d}[\%\mathrm{Mn}]}{\mathrm{d}t} + \frac{\mathrm{d}[\%\mathrm{Si}]}{\mathrm{d}t}\right)\frac{\mathrm{d}t}{100}\right]c_{p,\mathrm{m}}(T + \mathrm{d}T) +$$

$$Q_{\mathrm{O_2}}(1-\eta)\mathrm{d}t\rho_{\mathrm{O_2}}c_{p,\mathrm{O_2}}T_{\mathrm{g}} + Q_{\mathrm{N_2}}\mathrm{d}t\rho_{\mathrm{N_2}}c_{p,\mathrm{N_2}}T_{\mathrm{g}} + \frac{W_{\mathrm{m}}}{100}\left(-\frac{\mathrm{d}[\%\mathrm{C}]}{\mathrm{d}t}\right)\mathrm{d}t\frac{M_{\mathrm{CO}}}{M_{\mathrm{C}}}c_{p,\mathrm{CO}}T_{\mathrm{g}} +$$

$$\left[W_{\mathrm{s}} - \frac{W_{\mathrm{m}}\mathrm{d}t}{100}\left(\frac{\mathrm{d}[\%\mathrm{Cr}]}{\mathrm{d}t}\frac{M_{\mathrm{Cr_2O_3}}}{2M_{\mathrm{Cr}}} + \frac{\mathrm{d}[\%\mathrm{Mn}]}{\mathrm{d}t}\frac{M_{\mathrm{MnO}}}{M_{\mathrm{Mn}}} + \frac{\mathrm{d}[\%\mathrm{Si}]}{\mathrm{d}t}\frac{M_{\mathrm{SiO_2}}}{M_{\mathrm{Si}}}\right)\right]c_{p,\mathrm{s}}(T + \mathrm{d}T) +$$

$$q_{\mathrm{loss}}\mathrm{d}t \tag{6-55}$$

式中 W_{m}，W_{s}——分别为钢液质量和炉渣质量，g；

$c_{p,\mathrm{m}}$，$c_{p,\mathrm{s}}$，$c_{p,i}$——分别为钢液、炉渣和物质 i 的等压比热容，J/(g·℃)；

T——钢液在时间 t 的温度，K；

$T_{\mathrm{g},0}$——入炉气体温度，K；

T_{g}——气体流出炉体的温度，K；

t——冶炼时间，s；

ΔH_{C}，ΔH_{Cr}，ΔH_{Mn}，ΔH_{Si}——分别为元素氧化反应的焓，J/mol；

$Q_{\mathrm{O_2}}$——氧气流量，$\mathrm{cm^3/s}$；

q_{loss}——导热和辐射等热损，J/s。

因此，脱碳期间熔池的升温速度为：

$$\frac{\mathrm{d}T}{\mathrm{d}t} = \Bigg(\left(\frac{\mathrm{d}[\%\mathrm{Cr}]}{\mathrm{d}t}\frac{M_{\mathrm{Cr_2O_3}}}{2M_{\mathrm{Cr}}} + \frac{\mathrm{d}[\%\mathrm{Mn}]}{\mathrm{d}t}\frac{M_{\mathrm{MnO}}}{M_{\mathrm{Mn}}} + \frac{\mathrm{d}[\%\mathrm{Si}]}{\mathrm{d}t}\frac{M_{\mathrm{SiO_2}}}{M_{\mathrm{Si}}}\right)c_{p,\mathrm{s}}T\frac{\mathrm{d}t}{100} -$$

$$\left(\frac{\mathrm{d}[\%\mathrm{C}]}{\mathrm{d}t} + \frac{\mathrm{d}[\%\mathrm{Cr}]}{\mathrm{d}t} + \frac{\mathrm{d}[\%\mathrm{Mn}]}{\mathrm{d}t} + \frac{\mathrm{d}[\%\mathrm{Si}]}{\mathrm{d}t}\right)\frac{\mathrm{d}t}{100}c_{p,\mathrm{m}}T -$$

$$\frac{\Delta H_{\mathrm{C}}}{M_{\mathrm{C}}}\frac{\mathrm{d}[\%\mathrm{C}]}{\mathrm{d}t} - \frac{\Delta H_{\mathrm{Cr}}}{M_{\mathrm{Cr}}}\frac{\mathrm{d}[\%\mathrm{Cr}]}{\mathrm{d}t} - \frac{\Delta H_{\mathrm{Mn}}}{M_{\mathrm{Mn}}}\frac{\mathrm{d}[\%\mathrm{Mn}]}{\mathrm{d}t} -$$

$$\frac{\Delta H_{\mathrm{Si}}}{M_{\mathrm{Si}}}\frac{\mathrm{d}[\%\mathrm{Si}]}{\mathrm{d}t} - \frac{100}{W_{\mathrm{m}}}(Q_{\mathrm{O_2}}\mathrm{d}t\rho_{\mathrm{O_2}}c_{p,\mathrm{O_2}}((1-\eta)T_{\mathrm{g}} - T_{\mathrm{g},0}) +$$

$$q_{\mathrm{loss}} + Q_{\mathrm{N_2}}\mathrm{d}t\rho_{\mathrm{N_2}}c_{p,\mathrm{N_2}}(T_{\mathrm{g}} - T_{\mathrm{g},0}))\mathrm{d}t +$$

$$c_{p,\mathrm{CO}}T_{\mathrm{g}}\frac{M_{\mathrm{CO}}}{M_{\mathrm{C}}}\mathrm{d}C\Bigg)/(100c_{p,\mathrm{m}} + 100c_{p,\mathrm{s}}W_{\mathrm{s}}/W_{\mathrm{m}}) \tag{6-56}$$

同理，体系还原期在 $t \sim t+\mathrm{d}t$ 时间里的热平衡方程为：

$$W_{\mathrm{m}}c_{p,\mathrm{m}}T + Q_{\mathrm{Ar}}\mathrm{d}t\rho_{\mathrm{Ar}}c_{p,\mathrm{Ar}}T_{\mathrm{g},0} + W_{\mathrm{s}}c_{p,\mathrm{s}}T + \frac{W_{\mathrm{m}}}{100}\left(-\frac{\mathrm{d}(\%\mathrm{FeO})}{\mathrm{d}t}\frac{\Delta H_{\mathrm{FeO}}}{M_{\mathrm{FeO}}} -\right.$$

$$\left.\frac{\mathrm{d}(\%\mathrm{Cr_2O_3})}{\mathrm{d}t}\frac{\Delta H_{\mathrm{Cr_2O_3}}}{M_{\mathrm{Cr_2O_3}}} - \frac{\mathrm{d}(\%\mathrm{MnO})}{\mathrm{d}t}\frac{\Delta H_{\mathrm{MnO}}}{M_{\mathrm{MnO}}}\right)\mathrm{d}t$$

$$
= \left(W_{m} - \left(\frac{d(\%FeO)}{dt} \frac{M_{Fe}}{M_{FeO}} + \frac{d(\%Cr_2O_3)}{dt} \frac{2M_{Cr}}{M_{Cr_2O_3}} + \frac{d(\%MnO)}{dt} \frac{M_{Mn}}{M_{MnO}} + \frac{d(\%SiO_2)}{dt} \frac{M_{Si}}{M_{SiO_2}} \right) \frac{W_s dt}{100} \right) c_{p,m}(T + dT) + Q_{Ar} dt \rho_{Ar} c_{p,Ar} T_g + W_s \left(1 + \frac{dt}{100} \left(\frac{d(\%Cr_2O_3)}{dt} + \frac{d(\%MnO)}{dt} + \frac{d(\%FeO)}{dt} + \frac{d(\%SiO_2)}{dt} \right) \right) c_{p,s}(T + dT) + q_{loss} dt \tag{6-57}
$$

式中　　Q_{Ar}——氩气流量，cm^3/s；

ΔH_{FeO}，$\Delta H_{Cr_2O_3}$，ΔH_{MnO}——分别为氧化物与硅反应的焓，J/mol。

熔池在还原期的升温速度为：

$$
\frac{dT}{dt} = \left(\left(\frac{d(\%FeO)}{dt} + \frac{d(\%MnO)}{dt} + \frac{d(\%SiO_2)}{dt} + \frac{d(\%Cr_2O_3)}{dt} \right) c_{p,s} T \frac{dt}{100} - \left(\frac{d(\%FeO)}{dt} \frac{M_{Fe}}{M_{FeO}} + \frac{d(\%Cr_2O_3)}{dt} \frac{2M_{Cr}}{M_{Cr_2O_3}} + \frac{d(\%MnO)}{dt} \frac{M_{Mn}}{M_{MnO}} + \frac{d(\%SiO_2)}{dt} \frac{M_{Si}}{M_{SiO_2}} \right) \frac{dt}{100} c_{p,m} T - \frac{\Delta H_{Cr_2O_3}}{M_{Cr_2O_3}} \frac{d(\%Cr_2O_3)}{dt} - \frac{\Delta H_{FeO}}{M_{FeO}} \frac{d(\%FeO)}{dt} - \frac{\Delta H_{MnO}}{M_{MnO}} \frac{d(\%MnO)}{dt} - \frac{100}{W_m} (Q_{Ar} dt \rho_{Ar} c_{p,Ar} (T_g - T_{g,0})) dt + q_{loss} \right) / (100 c_{p,m} + 100 c_{p,s} W_s / W_m) \tag{6-58}
$$

6.4.4 AOD 精炼过程脱硫模型

根据 AOD 冶炼不同来源的高铬铁水，初始渣量和渣成分均有明显差别。AOD 冶炼过程的渣成分不仅可以反映钢液的氧化程度，同时对还原期脱氧剂和合金加入制度有明显影响。实际生产中，AOD 冶炼过程渣成分不可能实时检测。因此，通过建立模型，准确预报渣成分变化具有重要意义。

AOD 冶炼过程氧化期主要根据钢液碳含量的变化来调整氧气和氩气（或氮气）的比例进行脱碳。冶炼过程可以根据钢种需求调整不同类型合金料的加入制度。由于不锈钢中铬、锰等合金元素含量较高，AOD 氧化脱碳过程中会有大量铬、锰等合金元素被氧化进入渣中，AOD 氧化末期炉渣中通常含 8%~18%Cr_2O_3。还原期需要添加硅铁等还原剂，并且底吹氩气强搅拌将渣中 Cr_2O_3 和 MnO 还原。同时由于具有高温、碱性还原渣等条件，可将硫脱至 0.005%的水平。

6.4.4.1 模型的基本假设

（1）顶吹氧枪和风口吹入的氧气同时使溶解在钢中的碳、铬、硅和锰进行氧化。

（2）所有可能的氧化还原反应同时发生，并在钢液/气体界面处达到并建立一个竞争组合平衡。

（3）在钢液碳含量较高的情况下，各元素的氧化速率主要与供氧速率有关；在低碳浓度水平下，脱碳速率主要由钢液中碳的传质决定。

（4）吹入钢液的未被吸收的氧气将从熔池中逸出，并在排气中与 CO 形成 CO_2。

（5）在整个 AOD 精炼过程中钢液、炉渣的成分和温度都是连续变化的，且均匀分布的。

（6）脱碳期不考虑钢中除碳、铬、硅、锰以外的元素氧化；忽略其他元素消耗的氧气。

（7）还原期（FeO）、（MnO）和（Cr_2O_3）消耗的硅元素与反应自由能确定的还原率有关，还原速率取决于硅元素的传质。

6.4.4.2 模型建立

炼钢过程中，石灰和白云石等固体氧化物被用作熔剂来造精炼渣，而这些氧化物的溶解速率对于提高钢渣间的反应速率起到至关重要的作用。金属物料和萤石的熔化速度很快，其熔化速度取决于热量传递。石灰的溶解速率受 CaO 在液态炉渣边界层中的传质控制[11]，采用式（6-59）计算：

$$-\frac{dr}{dt}=\frac{k_{CaO}}{100\rho_{Lime}}\{(\%CaO)_i\rho_i-(\%CaO)_s\rho_s\}\approx\frac{k_{CaO}\rho_s}{100\rho_{Lime}}\Delta(\%CaO) \tag{6-59}$$

式中 k_{CaO}——CaO 的传质系数，cm/s；
(%CaO)——渣中 CaO 的百分含量；
ρ——密度，g/cm^3；
下标 i，s，Lime——分别为界面、熔渣和石灰。

A 耦合反应体系渣金成分计算

脱碳期：在脱碳前期，碳含量较高的情况下。参与竞争氧化的碳、铬、硅和锰的反应速率如式（6-60）~式（6-63）所示[64]：

$$-\frac{W_m}{100m_C}\frac{d[\%C]}{dt}=\frac{2\eta Q_{O_2}}{22400}x_C \tag{6-60}$$

$$-1.5\frac{W_m}{100m_{Cr}}\frac{d[\%Cr]}{dt}=\frac{2\eta Q_{O_2}}{22400}x_{Cr} \tag{6-61}$$

$$-2\frac{W_m}{100m_{Si}}\frac{d[\%Si]}{dt}=\frac{2\eta Q_{O_2}}{22400}x_{Si} \tag{6-62}$$

$$-\frac{W_m}{100m_{Mn}}\frac{d[\%Mn]}{dt}=\frac{2\eta Q_{O_2}}{22400}x_{Mn} \tag{6-63}$$

式中 η——吹入熔池的氧气利用率；
Q_{O_2}——吹炼时氧气流量，cm^3/s；
x_i——氧化反应进行时各元素的氧气的分配率；
W_m——钢液质量，g；

m_i——i元素的摩尔质量。

在脱碳期末，低碳浓度水平下，平均脱碳速率如式（6-64）所示：

$$-W_m\frac{d[\%C]}{dt}=A_{rea}\rho_m k_C([\%C]-[\%C]_e) \tag{6-64}$$

式中 W_m——钢液质量，g；

ρ_m——钢液密度，g/cm^3；

A_{rea}——反应面积，cm^2；

k_C——钢液中碳的传质系数，cm/s；

$[\%C]$，$[\%C]_e$——分别为钢液碳的百分含量和平衡时碳的百分含量。

低碳浓度水平下，硅、锰含量较低，温度较高，此时主要考虑碳和铬的氧化竞争问题，反应如式（6-65）所列：

$$(Cr_2O_3)+3[C]=\!=\!=2[Cr]+3\{CO\} \tag{6-65}$$

还原期：硅元素还原其中一种氧化物时，按还原该氧化物的自由能确定的还原率进行分配。因此氧化物的速率方程如式（6-66）所示：

$$\frac{d(\%FeO)}{dt}=-\frac{M_{FeO}A\rho_m}{100W_s}\left[\frac{z_{FeO}\beta_{Si}}{M_{Si}}([\%Si]-[\%Si]_{Si-FeO,eq})\right]x_{FeO,Si} \tag{6-66}$$

式中 z_{FeO}——一个硅原子所能还原的FeO的计量数；

β_{Si}——钢液中硅元素传质系数；

$[\%Si]_{Si-FeO,eq}$——硅元素还原FeO的平衡浓度；

$x_{FeO,Si}$——硅元素用于还原FeO所占的比例。

同理，有：

$$\frac{d(\%Cr_2O_3)}{dt}=-\frac{M_{Cr_2O_3}A\rho_m}{100W_s}\left[\frac{z_{Cr_2O_3}\beta_{Si}}{M_{Si}}([\%Si]-[\%Si]_{Si-Cr_2O_3,eq})\right]x_{Cr_2O_3,Si} \tag{6-67}$$

$$\frac{d(\%MnO)}{dt}=-\frac{M_{MnO}A\rho_m}{100W_s}\left[\frac{z_{MnO}\beta_{Si}}{M_{Si}}([\%Si]-[\%Si]_{Si-MnO,eq})\right]x_{MnO,Si} \tag{6-68}$$

脱硫速率的限制性环节是熔渣中硫离子的扩散，因此冶炼过程中脱硫反应速率如式（6-69）所示：

$$\frac{d[\%S]}{dt}=\beta_S\frac{A\rho_S}{W_m}((\%S)-[\%S]L_S) \tag{6-69}$$

式中 β_S——硫离子在渣中的传质系数，cm^2/s；

A——反应面积，cm^2；

ρ_S——熔渣的密度，g/cm^3；

W_m——钢液质量，g；

$(\%S)$，$[\%S]$——分别为炉渣和钢液中的硫含量；

L_S——硫元素在熔渣与钢液中的分配比。

B 耦合反应体系元素分配比

脱碳期氧分配比由氧元素的分布比例与它们在界面氧化反应的吉布斯自由能成正比，计算式如式（6-70）~式（6-73）所示：

$$x_C = \frac{\Delta G_C}{\Delta G_C + \Delta G_{Cr}/3 + \Delta G_{Mn} + \Delta G_{Si}/2} \quad (6\text{-}70)$$

$$x_{Cr} = \frac{\Delta G_{Cr}/3}{\Delta G_C + \Delta G_{Cr}/3 + \Delta G_{Mn} + \Delta G_{Si}/2} \quad (6\text{-}71)$$

$$x_{Mn} = \frac{\Delta G_{Mn}}{\Delta G_C + \Delta G_{Cr}/3 + \Delta G_{Mn} + \Delta G_{Si}/2} \quad (6\text{-}72)$$

$$x_{Si} = \frac{\Delta G_{Si}/2}{\Delta G_C + \Delta G_{Cr}/3 + \Delta G_{Mn} + \Delta G_{Si}/2} \quad (6\text{-}73)$$

还原期硅元素的分配比也采用与氧元素相同的分配方式，计算式如式（6-74）~式（6-76）所示：

$$x_{FeO,Si} = \frac{\Delta G_{FeO,Si}}{\Delta G_{FeO,Si} + \Delta G_{Cr_2O_3,Si}/3 + \Delta G_{MnO,Si}} \quad (6\text{-}74)$$

$$x_{Cr_2O_3,Si} = \frac{\Delta G_{Cr_2O_3,Si}/3}{\Delta G_{FeO,Si} + \Delta G_{Cr_2O_3,Si}/3 + \Delta G_{MnO,Si}} \quad (6\text{-}75)$$

$$x_{MnO,Si} = \frac{\Delta G_{MnO,Si}}{\Delta G_{FeO,Si} + \Delta G_{Cr_2O_3,Si}/3 + \Delta G_{MnO,Si}} \quad (6\text{-}76)$$

C 活度系数

各组分的活度系数可使用相互作用参数 e 估算，计算公式如式（6-77）所示：

$$a_i = f_i[\%i]$$
$$\lg f_i = \sum_{j=2}^{n} e_i^j[\%i] \quad (6\text{-}77)$$

渣中各组元的活度系数计算参照魏季和的 AOD 精炼过程数学模型，Cr_2O_3 在炉渣中的较小（5%左右），因此，当渣中（$\%Cr_2O_3$）≥5%时，认定 $a_{Cr_2O_3}=1$。

硫分配比计算式如式（6-78）所示：

$$L_S = C_S \times \frac{f_S}{[\%O]} \times 32\sum n_{B^-} \quad (6\text{-}78)$$

式中 f_S——硫在钢液中的活度系数，由相互作用系数给出；

[%O]——钢液中的氧含量；

C_S——硫容量，根据利用基于光学碱度的硫化物容量模型（Young 模型）如式（6-79）所示：

$$\lg C_S = -13.913 + 42.84\Lambda - 23.82\Lambda^2 - \frac{11710}{T} - 0.02233(\%SiO_2) - 0.02275(\%Al_2O_3) \quad (\Lambda < 0.8)$$

$$\lg C_S = -0.6261 + 0.4808\Lambda + 0.7197\Lambda^2 - \frac{1697}{T} + \frac{2587\Lambda}{T} - 0.0005144(\%FeO) \quad (\Lambda > 0.8)$$

(6-79)

式中 Λ——光学碱度；

C_S——硫容量；

T——温度，K。

AOD精炼脱碳期钢中氧含量由式（6-80）反应控制，如式（6-80）所示：

$$[C] + [O] = \{CO\}$$

$$\lg K^{\ominus} = \lg \frac{p_{CO}}{a_{[C]}a_{[O]}} = -\frac{7157}{T} - 2.3 \tag{6-80}$$

式中 $K^{\ominus}$——脱碳反应的平衡常数；

T——熔池温度，K；

$a_{[O]}$，$a_{[C]}$——分别为钢液中溶解氧和碳的活度；

p_{CO}——AOD炉内CO的分压，0.1MPa。

AOD精炼还原期通常采用硅脱氧，钢中的氧活度由硅氧反应控制，如式（6-81）所示：

$$[Si] + 2[O] = (SiO_2)$$

$$\lg K^{\ominus} = \lg \frac{a_{(SiO_2)}}{a_{[Si]}a_{[O]}^2} = -\frac{30110}{T} + 11.4 \tag{6-81}$$

式中 $K^{\ominus}$——反应平衡常数；

T——熔池温度，K；

$a_{[O]}$，$a_{[Si]}$——分别为钢液中溶解氧和硅的活度；

$a_{(SiO_2)}$——炉渣中的SiO_2的活度。

D 反应面积

在气泡中，气体分压由其占组成的百分比决定，计算式如式（6-82）和式（6-83）所示：

$$p_{CO} = \frac{Q_{CO}}{Q_{N_2} + Q_{Ar} + Q_{O_2} + (1-\eta)Q_{CO}} p_t \tag{6-82}$$

$$Q_{CO} = \frac{22400 W_m}{12} \frac{d[\%C]}{dt} \tag{6-83}$$

式中 Q_{CO}——混合吹氧时的脱碳转化成CO的气体流量，由脱碳速度计算得出，cm^3/s；

Q_{N_2}，Q_{Ar}，Q_{O_2}——分别为氮气、氩气、氧气流量，cm^3/s；

W_m——钢液总质量，g；

p_t——反应时气泡的平均压力，atm（0.1MPa），p_t取决于AOD转炉中钢液的高度h。

$$\begin{aligned} p_t &= p_m + p_g + p_b \\ &= 0.6867h + p_g + 10^{-10} 4 \frac{\sigma}{d_b} \end{aligned} \tag{6-84}$$

$$\sigma_T = \sigma_{1550℃}[1 - 4.5 \times 10^{-4}(T - T_m)]/[1 - 4.5 \times 10^{-4}(1550 - T_m)] \tag{6-85}$$

$$\sigma_{1550℃} = 100(457 - 562\log[\%O] + 7.83 \times 10^{-2}[\%S]^{1/3}) \tag{6-86}$$

式中 h——反应处的钢液深度，cm；

p_g——标准大气压，atm；

σ——钢液的表面张力，dyn/m(10^{-5}N/m)；

T——温度，K；

d_b——气泡平均直径，cm。

AOD 转炉内的反应面积为气泡的总面积，计算式如式（6-87）所示：

$$A_{rea} = 6QH_b/(d_b u_b) \tag{6-87}$$

式中 A_{rea}——反应面积，cm^2；

Q——气体流量，cm^3/s；

H_b——熔池深度，cm；

d_b——气泡平均直径，cm；

u_b——气泡上升速度，cm/s。

气体上升速率如式（6-88）所示：

$$u_b = 2.46(gd_b/2)^{0.5} \tag{6-88}$$

式中 g——重力加速度，cm/s^2；

d_b——气泡半径，cm；

u_b——气泡上升速度，cm/s。

AOD 转炉在脱碳期钢液碳含量较高时，还会加入氧枪供氧，氧枪喷头喷出的高速气流会在炉内形成冲击坑，冲击坑的面积大小会影响到气液反应，而其形状和大小与供氧量和氧枪枪位相关，其计算式如式（6-89）所示：

$$A = \frac{\{[4h_0^2\beta + (L + h_0)^2]^{1.5} - (L + h_0)\}\pi(L + h_0)}{6h_0^2\beta^2} \tag{6-89}$$

式中，穿透深度 h_0 和穿透常数 β 可由式（6-90）~式（6-92）迭代得到：

$$\beta = \pi\rho_m g h_0(L + h_0)^2/(2M) = K_1^2 \tag{6-90}$$

$$K_1 = 1.0917 \times 10^{-5}\frac{p_0}{0.0404} \tag{6-91}$$

$$h_0^3 + 2Lh_0^2 + L^2h_0 - 2M\beta/(\pi\rho_m g) = 0 \tag{6-92}$$

式中 h_0——穿透深度，m；

β——穿透常数；

L——氧枪枪位，m；

ρ_m——钢液密度，g/cm^3；

g——重力加速度，m/s^2。

本 章 小 结

（1）AOD 精炼用稀释的办法降低 CO 分压，进行脱碳保铬，在生产高质量不锈钢中发挥重要作用。AOD 精炼由底吹氧气/惰性气体工艺→顶底复吹工艺→顶底复吹的 O-AOD 工艺→AOD-VCR 工艺的发展，脱碳保铬能力不断增强。

（2）为实现不锈钢中夹杂物的有效控制，要优化 AOD 吹氧工艺，有效调控铬的氧化、减少脱氧剂用量，降低脱氧产物产生量。脱氧有铝脱氧和硅脱氧两种方式，形成的夹杂物要进行塑性化控制。

（3）影响 AOD 精炼过程脱硫的因素包括炉渣组分、精炼前钢液中硫含量、吹氩搅拌和处理时间。

（4）AOD 精炼存在脱磷与脱碳矛盾、脱磷效果不稳定、精炼后期温度控制不合理还会产生回磷。顶侧复吹 AOD 精炼工艺为脱磷创造了条件，利用好脱磷热力学条件及渣流动性好的有利条件，实现较高脱磷率。

（5）AOD 精炼时，钢液碳含量在高碳区，脱碳速率与碳含量无关，是一个常数；钢液碳含量在低碳区，脱碳速率随碳含量的减少而减少，碳在钢液内的扩散是脱碳反应的限制环节。高碳区与低碳区的界限即临界碳含量，不是一个固定值，随钢液铬含量、温度的变化而改变。

（6）AOD 精炼过程中，利用氧气、氮气混吹脱碳可以减少钢中铬的氧化，但吹入钢液中的氮气易使钢液增氮。为满足不同品种不锈钢氮含量要求，采用吹氩脱氮法，调整钢液中氮含量。

（7）AOD 精炼过程具有多元反应、多相物质流交换、环境复杂等特点。考虑气泡反应区、射流冲击区、钢-渣反应区三个反应环境和反应特征建立钢液与炉渣成分预报模型，在此基础上计算冶炼过程钢液中硫含量变化。

（8）AOD 精炼过程系统的热交换包括钢液、炉渣和气体携带的热量；脱碳期发生的氧化反应和还原期的还原反应释放大量的热量；炉衬耐火材料和炉体外壳的导热造成的热量损失；炉体辐射造成的热量损失；取样和测温等冶炼操作也会损失热量；添加渣料、废钢和合金剂等物料也会导致温度降低。考虑以上因素，遵循热量守恒定律，建立 AOD 精炼过程钢液温度预报模型。

思 考 题

（1）简述 AOD 精炼工艺、设备、功能及相关技术的发展。

（2）AOD 在冶炼不锈钢中的作用有什么？

（3）说明 AOD 精炼过程氧含量与夹杂物控制技术。

（4）AOD 精炼过程脱硫的有利条件是什么？

（5）AOD 精炼过程脱磷与脱碳的关系，如何创造有利于脱磷的条件？

（6）如何实现 AOD 精炼过程氮含量准确控制？

（7）如何实现 AOD 精炼过程钢液与渣成分的预报与控制？

（8）AOD 精炼过程钢液温度与哪些因素有关？

参 考 文 献

[1] Shinkai H. Bull. Iron Steel Inst. Jpn.，2005，10（7）：44.

[2] Amano K，Nagatani T，Eguchi J. Denki Seiko（Electr. Furn. Steel），2003，74（1）：49（in Japanese）.

[3] Cheng Zhiwang，Xu Yong. Process technology of stainless steel smelting［J］. Special Steel Technology，2011：1-5.

[4] 史彩霞，吴燕萍，李冬刚，等．不锈钢冶炼工艺流程的分析与比较［J］. 钢铁技术，2014（1）：15-18.

[5] 游香米．不锈钢冶炼工艺及炉型比较［J］. 钢铁技术，2009（6）：17-20.

[6] 翟俊，刘浏．EAF+AOD+LF 流程冶炼 310S 耐热钢夹杂物控制［J］. 钢铁，2017，52（5）：31-35.

[7] 张存信，田华，孙红，等．不锈钢冶金技术的进展［J］．兵器材料科学与工程，2009，32（4）：109-111.

[8] Visuri V，Järvinen M，Kärnä A，et al. A mathematical model for reactions during top-blowing in the AOD process validation and results［J］. Metall. Mater. Trans. B，2017，48（3）：1868-1884.

[9] 刘睿智，谭建兴，闫建新，等．253MA 耐热不锈钢 EAF-AOD-LF-板坯连铸生产工艺实践［J］．特殊钢，2020，41（2）：40-42.

[10] 闫建新，谭建兴，武鹏．AOD-LF 冶炼高氮高锰不锈钢的工艺实践［J］．山西冶金，2017，40（5）：60-61.

[11] 翟俊，郎炜昀，刘浏．304 奥氏体不锈钢 180t AOD-LF 精炼过程夹杂物衍变行为的研究［J］．特殊钢，2017，38（1）：9-12.

[12] 王百顺，冯文甫，郭键，等．降低脱磷铁水-60t AOD-LF-150mm×150mm CCM 冶炼 0Cr13 钢总氧含量的生产实践［J］．特殊钢，2018，39（1）：34-36.

[13] 陈瑞梅，白雪峰，孙彦辉，等．50t EAF-AOD-LF-10t 铸锭流程 AISI 321 不锈钢含钛夹杂物演变行为［J］．特殊钢，2019，40（4）：7-11.

[14] Kruger D，Garbers-Craig A. Characteristics and modification of non-metallic inclusions in titanium-stabilized AISI 409 ferritic stainless steel［J］. Metall. Mater. Trans. B，2017，48（3）：1514-1532.

[15] Verma N，Pistorius P C，Fruehan R J，et al. Calcium modification of spinel inclusions in aluminum-killed steel：Reaction steps［J］. Metall. Mater. Trans. B，2012，43（4）：830-840.

[16] Yang S，Wang Q，Zhang L，et al. Formation and modification of $MgO \cdot Al_2O_3$-based inclusions in alloy steels［J］. Metall. Mater. Trans. B，2012，43（4）：731-750.

[17] Park J H. Formation mechanism of spinel-type inclusions in high-alloyed stainless steel melts［J］. Metall. Mater. Trans. B，2007，38（4）：657-663.

[18] Park J H. Thermodynamic investigation on the formation of inclusions containing $MgAl_2O_4$ spinel during 16Cr-14Ni austenitic stainless steel manufacturing processes［J］. Mater. Sci. Eng. A，2008，472（1/2）：43-51.

[19] Kim W，Nam Gi-Ju，Kim S. Evolution of non-metallic inclusions in Al-killed stainless steelmaking［J］. Metall. Mater. Trans. B，2021，52（3）：1508-1520.

[20] Yin X，Sun Y，Yang Y，et al. Formation of inclusions in Ti-stabilized 17Cr austenitic stainless steel［J］. Metall. Mater. Trans. B，2016，47（6）：3274-3284.

[21] Lee S B，Choi J，Lee H，et al. Aluminum deoxidation equilibrium in liquid Fe-16 pct Cr alloy［J］. Metallurgical and Materials Transactions B，2005，36：414-416.

[22] Jo S K，Song B，Kim S H. Thermodynamics on the formation of spinel（$MgO \cdot Al_2O_3$）inclusion in liquid iron containing chromium［J］. Metallurgical and Materials Transactions B，2002，33：703-709.

[23] 任英，张立峰，杨文．不锈钢中夹杂物控制综述［J］．炼钢，2014，30（1）：71-78.

[24] Taguchi K，Ono-Nakazato H，Usui T，et al. Complex deoxidation equilibria of molten iron by aluminum and calcium［J］. ISIJ International，2005，45（11），1572-1576.

[25] Itoh H，Hino M，Ban-ya S. Thermodynamics on the formation of spinel nonmetallic inclusion in liquid steel［J］. Metallurgical and Materials Transactions B，1997，28（5）：953-956.

[26] Tanahashi M，Taniguchi T，Kayukawa T，et al. Activities of MnO and SiO_2 in the MnO-SiO_2-CrO_x，melt and equilibrium relation among inclusions of this ternary system and molten stainless steel during Si-deoxidation process［J］. Tetsu-to-Hagane，2003，89（12）：1183-1190.

[27] Carlo Mapelli，Paolo Nolli. Formation mechanism of non-metallic inclusions in different stainless steel grades［J］. ISIJ International，2003，43（8）：1191-1199.

[28] 黄希祜．钢铁冶金原理［M］.4 版．北京：冶金工业出版社，2013.

[29] 肖纪美．不锈钢的金属学问题［M］.2 版．北京：冶金工业出版社，2006.

[30] 林文志．AOD 法冶炼 304 不锈钢渣成分预测模型与脱硫工艺研究［D］. 北京：北京科技大学，2023.

[31] 冯文甫，郭键，韩清连，等．60t AOD 炉铁水脱硫的工艺实践［J］. 炼钢，2020，36（1）：1-3.

[32] 冯聚合，艾立群，刘建华．铁水预处理与钢水炉外精炼［M］. 北京：冶金工业出版社，2006.

[33] 周建南，周天时．利用红土镍矿冶炼镍铁及不锈钢［M］. 北京：化学工业出版社，2015.

[34] 李素芹，熊国宏，李士琦，等．极低硫钢的精炼脱硫动力学模型［J］. 北京科技大学学报，2004，26（3）：244-246.

[35] Tokovoi O K，Akhmetov D V，Shaburov D V，et al. Ladle desulfurization of steel by solid slag mixtures［J］. Steel in Translation，2013，43（3）：130-132.

[36] 杜晓建．AOD 炉冶炼不锈钢时脱硫的动力学分析［C］. 中国金属学会，宝钢集团有限公司．“第十届中国钢铁年会”暨“第六届宝钢学术年会”论文集．北京：冶金工业出版社，2015：1640-1644.

[37] Li L，Cheng G，Hu B，et al. Effect of Cr_2O_3 on the properties of stainless steel refining slags and desulfurization［J］. Metallurgical Research & Technology，2017，114（1）：114.

[38] 郑海燕，王硕，郭永春，等．$CaO-SiO_2-MgO-Al_2O_3$ 渣系渣铁间硫分配比热力学模型［J］. 钢铁，2021，56（4）：16-23.

[39] Novikov V A，Tsarev V A，Novikov S V，et al. Thermodynamic and kinetic peculiarities of desulfurization［J］. Russian Metallurgy，2013，2013（6）：420.

[40] 杨连金，刘露露，李杰，等．不锈钢还原脱磷工艺的研究现状及其应用［J］. 上海金属，2023，45（1）：7-25.

[41] 王海川，张友平．铁水预处理脱硅对脱磷影响的实验研究［J］. 炼钢，2000，16（5）：43-46.

[42] 李广斌，姜方，白李国，等．AOD 炉低成本冶炼 410S 不锈钢双渣工艺实践［C］. 中国金属学会炼钢分会．2018 年（第二十届）全国炼钢学术会议大会报告及论文摘要集，2018：100.

[43] 赵斌，吴巍，吴伟，等．铁水脱磷顶吹氧+喷粉搅拌冶炼工艺的应用［J］. 钢铁，2019，54（11）：33-39.

[44] Tohru Matsuo，Keiichi Maya，Kenichi Kamegaw. Dephosphorization of molten high chromium iron with CaO-based flux［J］. Tetsu-to-Hagane，1992，78（5）：714-721.

[45] 李晶．高性能、低成本奥氏体不锈钢品质研究与开发［R］. 2019.

[46] 武拥军．“EAF+AOD+VOD”三步法冶炼不锈钢过程磷的控制研究［D］. 沈阳：东北大学，2003.

[47] 易天龙，吴华杰，孙悦，等．AOD 精炼双相不锈钢 2101 去碳保铬研究［J］. 工程科学学报，2020，42（S1）：89-94.

[48] 张海飞，武鹏，姚吕金．缩短双相不锈钢 45t AOD 炉冶炼时间实践［J］. 山西冶金，2021，44（6）：55-57.

[49] Fruehan R J. Reaction model for the AOD process［J］. Ironmaking and Steelmaking，1976，3（3）：153-158.

[50] Aliyeh Rafiei，Gordon A Irons，Kenneth S Coley. Argon-oxygen decarburization of high manganese steels：Effect of temperature，alloy composition，and submergence depth［J］. Metallurgical and Materials Transactions B，2021，52（4）：2509-2525.

[51] Jaana Riipi，Timo Fabritius，Eetu-Pekka Heikkinen，et al. Behavior of nitrogen during AOD process［J］. ISIJ International，2009，49（10）：1468-1473.

[52] Takamasa Ohno，Toshiaki Nishida. Reaction model for the AOD process［J］. Tetsu-to-Hagane，1977，63（13）：2094-2099.

[53] Brunner M. Scan. J. Metall. , 1998, 27: 37-43.

[54] Keizo Yamada, Hiroyuki Azuma, Takeshi Hiyama, et al. Direct stainless steelmaking by AOD process with top blowing from molten Fe-Ni and Fe-Cr materials [J]. Tetsu-to-Hagane, 1983, 69 (7): 775-781.

[55] 许勇 . AOD 冶炼 53Cr21Mn9Ni4N 氮合金化工艺研究 [J]. 特钢技术, 2017, 23 (4): 33-35.

[56] Pitkälä J, Holappa L, Jokilaakso A. A study of the effect of alloying elements and temperature on nitrogen solubility in industrial stainless steelmaking [J]. Metall. Mater. Trans. B, 2022, 53 (4): 2364-2376.

[57] 叶凡新, 冯文甫, 郭志彬, 等 . 60t AOD-LF-CCM 流程冶炼清洁球用超低 [C+N] 不锈钢 0Cr13 的工艺实践 [J]. 特殊钢, 2017, 38 (2): 23-25.

[58] 李广斌, 赵迎凯, 吴广海, 等 . 邢钢低碳 400 系铁素体不锈钢 AOD 控氮工艺实践 [J]. 特殊钢, 2020, 41 (1): 24-27.

[59] 陆世英, 张廷凯 . 不锈钢 [M]. 北京: 原子能出版社, 1995: 200-202.

[60] Speidel M O. 高氮钢的性能和应用 [C]. 上海钢铁研究所 . 高氮钢译文集, 1990: 65.

[61] 马玉喜 . 高氮奥氏体不锈钢组织结构及韧脆转变机制的研究 [D]. 昆明: 昆明理工大学, 2008.

[62] 冯珊, 张树格 . 高氮钢 [J]. 机械工程材料, 1993, 17 (6): 1-3.

[63] 范新智 . 45t AOD 精炼高氮奥氏体不锈钢 10Cr21Mn16NiN 的工艺实践 [J]. 特殊钢, 2014, 35 (3): 27-28.

[64] 林文志, 李晶, 史成斌, 等 . 0Cr18Ni9 不锈钢 AOD 工艺过程渣成分预测模型开发与应用 [J]. 江西冶金, 2023.

7 VOD 精炼技术

内容提要

本章介绍了 VOD 精炼设备和精炼工艺的发展，阐述了 VOD 精炼过程中氧、硫、磷的控制技术，分析了 VOD 精炼过程碳、氮、氢的行为及影响脱碳、脱氮的因素，揭示了 VOD 精炼过程钢液成分和炉渣成分变化，实现了钢液与渣成分的预报。

7.1 VOD 精炼技术概况

7.1.1 VOD 精炼技术的发展

VOD（Vacuum Oxygen Decarburization）是真空吹氧脱碳法的简称，由联邦德国维腾特殊钢厂（Edel-Stahlwerk Witten）和标准迈索公司（Standard Messo）公司于 1965 年共同研制成功，是一种在真空条件下吹氧脱碳并吹氩搅拌生产高铬不锈钢的炉外精炼技术。

20 世纪 50 年代，Hilty 等提出通过降低 CO 分压使碳在较低温度下优先于铬氧化，达到脱碳保铬的目的。1965 年德国维腾（Witten）特殊钢厂制造出世界上第一台 50t VOD。1968 年日本在日新钢铁公司安装了第一台 VOD 设备，用于不锈钢精炼。1976 年日本川崎公司在 VOD 钢包底部安装了两个透气塞，增大吹氩搅拌强度，称之为 SS-VOD，专门用于生产 C 0.0003%~0.0010%、N 0.0010%~0.0040%的超低碳铁素体不锈钢。1978 年大连钢厂与北京科技大学合作将 13t 真空脱气设备改造成 VOD 并投入使用。1979 年抚顺钢厂从德国海拉斯（Heraeus）公司引进了一台 30~60t 的 VOD/VHD 设备。发展的形式包括 VOD 方法生产超低碳钢和超低氮不锈钢（Katayama 等[1]）、KTG（川崎钢铁东京 Yogyo 气体喷吹系统）方法（Kakiuchi 等[2,3]、Oguchi 等[4]）使用单孔喷嘴替换多孔透气砖，在那个时期是钢包精炼的主流。此外，还研究了氧化剂粉末喷吹对脱氮的促进作用[5,6]。

VOD 精炼具有吹氧脱碳、升温、吹氩搅拌、真空脱气、造渣、合金化等冶金手段。由于在真空下很容易将钢液中的碳和氮降低到很低的水平，VOD 适用于不锈钢、工业纯铁、精密合金、高温合金等钢种的冶炼，尤其是超低碳不锈钢和精密合金的冶炼。

7.1.2 VOD 精炼的设备

VOD 精炼设备如图 7-1 所示，主要包括钢包、真空罐、真空系统、测温取样装置、吹氩系统、自动加料系统和过程检测仪表等。

VOD 钢包是在高温和气体搅拌条件下间歇操作的，其炉衬经受钢液冲刷、渣蚀和高

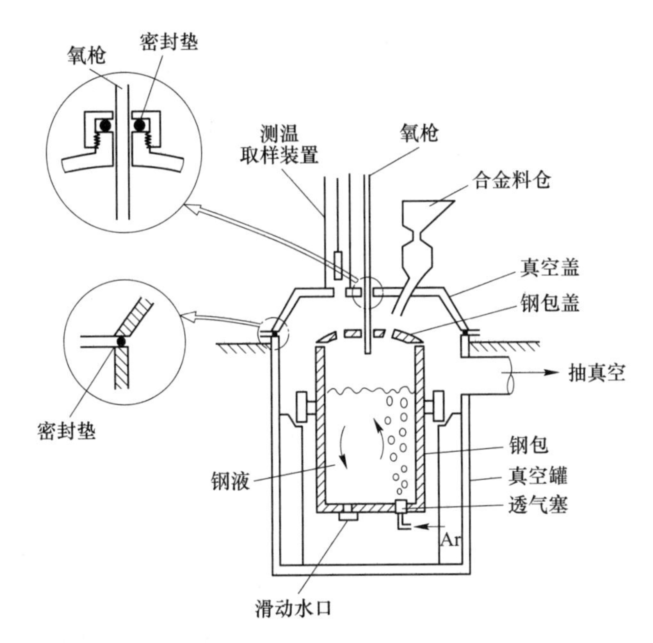

图 7-1 VOD 真空设备示意图

温结构剥落等，使用条件恶劣，其损毁速率远远大于其他精炼炉，特别是渣线部位和吹氩区附近。因此，提高 VOD 钢包用耐火材料的使用寿命对降低成本非常重要的。

根据 VOD 钢包的工艺特点和侵蚀特征，选择的 VOD 钢包内衬耐火材料主要应具备以下条件：高温下对精炼炉渣有较强的抗侵蚀性能，在间歇操作条件下具有较强的抗剥落性能。目前 VOD 精炼钢包所用的耐火材料主要为镁铬砖和镁白云石砖。

VOD 钢包用耐火材料的使用寿命还受许多操作参数的影响，如炉体的烘烤与维护、炉渣的控制、吹氧操作的控制、火焰喷补等。

7.1.3 VOD 精炼工艺

VOD 精炼过程主要包含三个阶段：（1）吹氧脱碳；（2）真空脱碳；（3）还原调整阶段。除渣后的钢包放入 VOD 真空室（罐）内，合上真空盖，开动真空泵抽真空，同时包底吹氩搅拌，当达到一定真空度（一般为 5332~7998Pa）时即开始吹氧脱碳。根据废气分析结果和测量废气的氧分压来控制精炼过程，在终点碳附近停止吹氧。为了促进脱碳、脱氧、均匀化成分和温度，吹氧完毕后，还要继续吹氩搅拌，以利用残余碳脱氧。最后用脱氧剂脱氧。VOD 过程真空状态下，CO 的分压抽至 10^4Pa 时，碳氧化优先于铬氧化，能在高铬条件下脱碳。生产实践中，最主要的难点是如何控制吹氧量，达到降碳却不氧化铬。通常通过二级系统和先进的多功能气体分析仪（MTA）来检测和控制吹氧量。

7.1.3.1 真空吹氧脱碳

A 真空度的影响

吹氧过程中真空度对终点碳的影响不大，终点碳主要决定于真空碳脱氧时的分压 p_{CO}。吹氧时真空度主要影响脱碳速度，真空度低脱碳速度慢，吹氧时间长，铬的氧化增加。

B 开吹温度及初始钢液碳含量

提高初始钢液温度是加快脱碳的重要手段。脱碳是放热反应，可以适当提高初始钢液碳含量，以提高VOD冶炼过程温度。初炼钢液温度为1570～1590℃、碳含量为0.30%～0.60%为宜。

C 氧枪高度

降低氧枪高度脱碳速度会明显增大，因为降低氧枪高度后，会使钢液面的凹坑面积增大，采用此项措施时应当与防止喷溅结合起来考虑。实践表明，采用马赫数为2.5的氧枪，氧枪高度控制在950～1100mm，氧气利用率可达40%。

D 供氧强度

VOD吹氧脱碳过程可分为两个阶段，即大于临界碳含量的粗真空氧脱碳过程和高真空度下低碳区的碳脱氧过程。碳的氧化模式为：

直接氧化： $[C] + [O] = (CO)$

间接氧化： $M_xO_y + y[C] = x[M] + y(CO)$

在高碳区，碳的直接氧化和间接氧化是同时发生的，脱碳速度不变，与供氧量成正比，反应的限制性环节是供氧强度，提高供氧强度将加快脱碳反应速度。

当钢液碳含量低于某临界量后，脱碳速度降低，脱碳的限制性环节为钢中碳在熔池中的传质，不取决于供氧，如果继续供氧或提高供氧强度都将造成铬的大量氧化，温度上升，有可能造成高温穿包事故。

E 供氩强度

VOD精炼过程中，高碳区为吹氧脱碳过程，供氩强度不变。但是在低碳区真空碳脱氧阶段，应提高供氩量增加传质系数；而且在低碳区，由于铬的氧化，钢液表面形成了一层块状的富铬渣。钢中铬氧化在1.5%～2.5%之间，阻碍了钢液内循环，恶化了间接氧化的动力学条件。增大吹氩量能把这层氧化物吹开，使它们卷入钢中，增加钢渣接触面积。

7.1.3.2 真空碳脱氧及铬的还原

A 终点碳控制技术

高铬钢液在吹氧脱碳时，钢液中碳含量有一个临界值。当将碳脱至临界值后，如继续吹氧，脱碳速度将显著降低，同时铬的氧化加剧。因此，吹氧终点碳含量的控制是整个VOD法精炼工艺的核心。

根据热力学计算，氧气分别氧化1%的碳和1%的铬，分别使钢液升温118℃和113℃，两者大致相当。但不锈钢中铬含量远高于碳含量，因此铬对钢液温度的影响也远大于碳的影响。吹氧终点碳含量越低，铬损越大，钢液温度也越高。VOD法冶炼一般的低碳和超低碳不锈钢时，通常希望将终点碳含量控制在0.04%～0.10%，经过真空碳脱氧后，成品钢中碳含量在0.01%～0.05%，甚至更低。如吹氧控制不当，造成钢液过氧化后，因铬损加大，钢液温度将随着吹氧量的增加迅速升高，停氧温度就可能达到1800℃，缩短耐火材料的使用寿命。特别是在真空中不便于频繁取样，而且吹炼时间短，因此吹氧终点碳含量的控制非常重要。

通过连续测量废气中氧分压、测量吹氧期间真空度的变化、测定废气中CO和O_2含量等方法确定VOD停氧时间或采用气相定碳措施，控制吹氧终点碳含量。吹氧终点也可以根据氧电势值进行判断：当其值从 10^{-5}Pa 突然上升到 10^{4}Pa，立即停止吹氧，同时提高真空度到 133~533Pa，利用高真空下钢中氧和碳反应，既可发挥真空碳脱氧的作用，使［O］从 0.05%降到 0.02%左右，又可使［C］从 0.03%~0.04%降到 0.015%左右。

B 真空碳脱氧

达到目标终点碳附近，停止吹氧，继续用氩气搅拌促使钢中碳氧反应快速进行。碳的脱氧产物是 CO，在真空下碳脱氧能力很强，如图 7-2 所示。

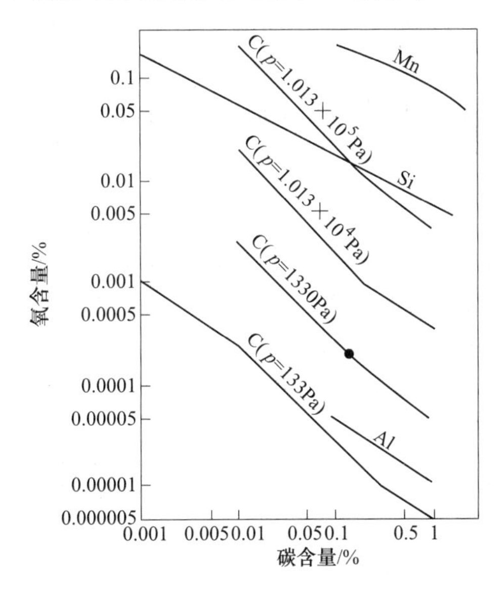

图 7-2 不同真空度下碳含量对氧含量的影响

由图 7-2 可知，真空度为 133Pa 时，碳的理论脱氧能力比铝还要强。真空碳脱氧既可进一步降低钢液碳含量，又可使氧含量下降，为下一步铬的还原打下了良好的基础。

C 还原和最终精炼

由于动力学因素的影响以及不锈钢中含有较高的铬，降低了碳的活度，碳的实际脱氧能力并不像理论计算的那样强。因此，最终铬还原和钢液脱氧还要通过还原剂和残余铝控制，即脱碳结束后要向真空室加入 CaO、CaF_2等造渣材料和硅铁、铝等还原剂，还原渣中的 Cr_2O_3，并脱氧和脱硫。在脱氧脱硫过程中要加强氩气搅拌，控制［Al］0.03%~0.05%，可以保证 T.O<0.0050%。

VOD 后期渣的碱度对脱氧、脱硫和铬的回收率都有较大的影响，合适的碱度应为 2~3，炉渣碱度低，渣中 Cr_2O_3 的含量将急剧增加。

以安塞乐米塔尔的比利时 ALZ 公司的 120t VOD 为例，其冶炼过程分为三个阶段，基本操作如下[7]：

（1）吹氩阶段。吹入氧气脱除炉内金属熔池中的碳，并加入合金与渣料。供氧速率为 30~60Nm^3/min，底吹氩气流量为 0.25Nm^3/min，吹炼时间为 30~60min，真空压力为 10~20kPa，初始钢液温度为 1550~1650℃，初始钢液成分为 C 0.2%~0.6%、Si 0.02%~0.4%、Mn 0.2%~1.0%、Cr 11.0%~26.0%。石灰、白云石等造渣料和一些 Fe-Si、Fe-Cr 等合金，根据钢液成分和钢种要求加入。

（2）脱气阶段。总压力降至 100~500Pa 并保持约 10min，由于压力的降低，熔池进一步脱碳。在此阶段，无渣料和合金的加入，底吹氩气流量为 0. 35Nm³/min。

（3）还原阶段。向炉内加入还原剂将金属铬从氧化阶段形成的铬渣中还原出来。在此阶段加入石灰、白云石和萤石以控制炉渣组分提高炉渣流动性，基于钢液组分及钢种要求，加入 Fe-Si、Fe-Mn、Fe-Ni 等合金和铝脱氧剂。还原期持续约 40min，真空压力为 100 ~ 500Pa，冶炼终点温度范围为 1640 ~ 1750℃，底吹氩气流量为 0. 35Nm³/min。

7.2　VOD 精炼过程洁净度控制

7.2.1　VOD 精炼过程氧含量控制技术

VOD 精炼一般用于不锈钢的冶炼，可以和转炉双联，也可以和电炉双联。对 VOD 精炼过程钢液氧含量直接或间接产生影响的主要是精炼的初始温度、吹氧操作终点的判断、脱氧剂的使用、精炼渣组分、脱气时间和底吹氩搅拌强度等。VOD 冶炼不同阶段钢液氧含量的变化，如图 7-3 所示。

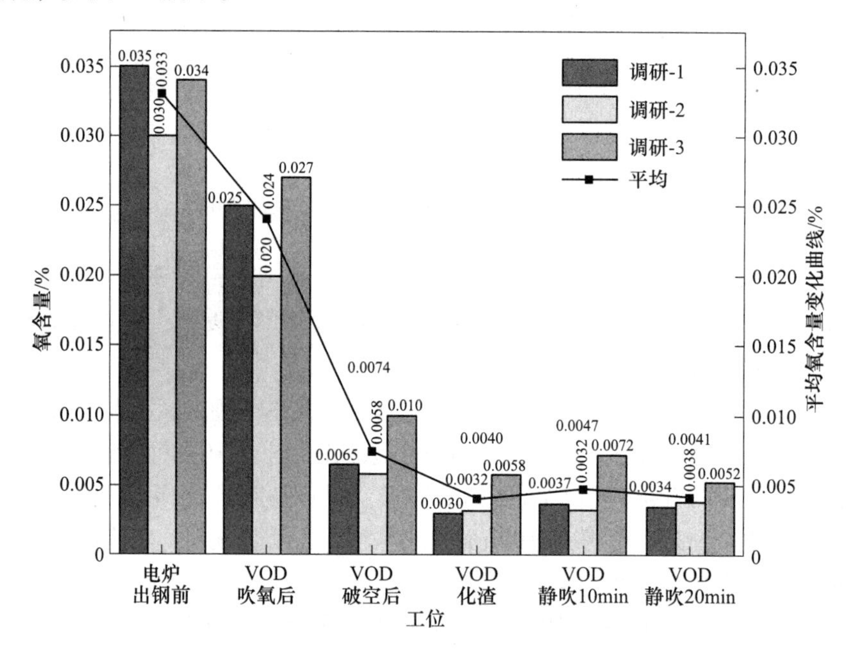

图 7-3　VOD 精炼不同阶段钢液氧含量变化[8]

由图 7-3 可知，在电炉、VOD 吹氧过程中由于进行吹氧脱碳反应，钢中平均氧含量分别为 0. 033%和 0. 024%；VOD 真空处理后钢液中氧通过碳氧反应下降到平均 0. 0074%；化渣脱氧后总氧含量降低到平均 0. 0040%。冶炼过程中，钢液总氧含量降低明显的工位主要为：VOD 吹氧后、VOD 破空后、化渣脱氧后，总氧含量分别降低 0. 009%、0. 0166%、0. 0034%。VOD 静搅阶段，钢液氧含量变化不大。钢液中氧含量变化与各工艺环节操作密切相关。

7.2.1.1　入 VOD 温度对钢液氧含量的影响

吹氧阶段，VOD 的主要任务是脱碳，吹氧冶炼过程中，钢中的碳与氧发生的主要反应如式（7-1）和式（7-2）所示。

$$[C] + [O] = CO \tag{7-1}$$

$$[C] + 1/2O_2 = CO \tag{7-2}$$

VOD 精炼吹氧脱碳阶段的吹氧操作直接增加钢中氧含量，因此，减少吹氧脱碳过程的耗氧量是降低钢液氧含量的重要操作，这就需要提高氧气利用率。钢液入炉温度升高，能够促进吹氧过程的碳氧反应，提高氧气利用率，减少脱碳过程的耗氧量，实现降低钢中的氧含量的效果。

初始钢液温度对氧利用率的影响如图 7-4 所示[9]。由图 7-4 中可见，碳氧反应的氧利用率一般在 60%~75%，随着钢液温度的升高，氧的利用率升高。

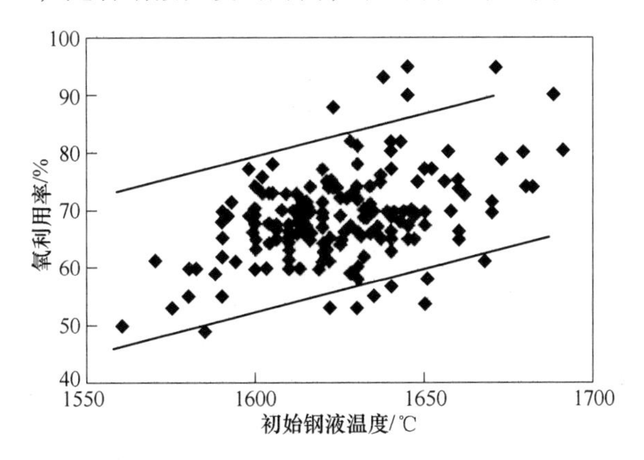

图 7-4　VOD 初始钢液温度对氧利用率的影响

虽然提高 VOD 初始钢液温度能够提高氧气利用率，但是过高的温度不利于钢液氧含量的控制。VOD 处理后钢液温度与平衡氧含量的关系如图 7-5 所示[10]。由图 7-5 可知，随着钢液温度的提高，钢液的平衡氧含量提高。基于工业实践，同时考虑 VOD 处理过程钢液温度的降低，VOD 处理结束最佳的钢液温度为 1600~1650℃。这样既利用了高的初始钢液温度提高氧气利用率，又将 VOD 终点温度控制在良好的范围，降低钢液氧含量。

7.2.1.2　脱碳控制对钢液氧含量的影响

VOD 冶炼过程吹氧是为了脱碳，为了控制钢中氧含量，应该首先计算出脱碳量，然后吹氧至刚好达到预计碳含量时立即停止吹氧，否则就可能造成钢液的大量氧化，导致钢液总氧含量升高。

钢液碳含量、脱气时间与总氧含量的关系如图 7-6 所示。由图 7-6 可知，随着碳含量的增加，钢液总氧含量快速下降。随着脱气时间的延长，钢液总氧含量进一步下降[11]。

如果吹氧终点的控制滞后，就很有可能发生钢液过氧化。精炼期和产品中气体含量的对比如图 7-7 所示。由图 7-7 发现，经 VOD 精炼后，钢中总氧含量升高，说明钢液在 VOD 吹氧脱碳时发生了过氧化现象[12]。

结合图 7-6 给出的钢液的[C]-[O]关系，VOD 吹氧终点控制滞后、钢液温度过高和真空时间过短是造成 VOD 真空后氧含量过高的主要原因。为了控制过氧化现象，通过延长

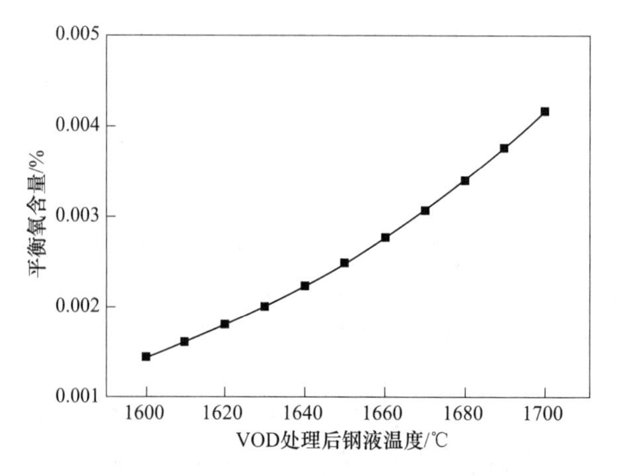

图 7-5　VOD 处理后钢液温度与平衡氧含量的关系

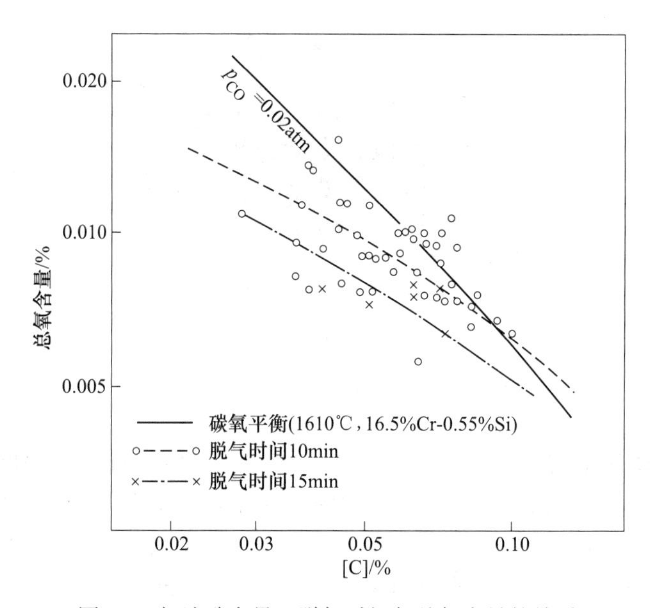

图 7-6　钢液碳含量、脱气时间与总氧含量的关系

VOD 真空保持时间 10~12min、在 VOD 脱氧后增加 15~20min 的底吹氩气搅拌和改用优质精炼渣，保证精炼渣碱度 $R \geqslant 3$ 等措施改进工艺，可以实现出钢时总氧含量控制在 0.0060%~0.0077%的效果[12]。

7.2.1.3　脱氧剂选择对钢液氧含量的影响

脱氧剂的选择、用量和配比也是降低精炼钢中氧含量的关键因素。一般常规的脱氧剂为铝粉、铝粒、铝块、钛铁、钙硅粉、硅块、硅锰合金，其脱氧效果依次递减[13]。由于铝块容易发生合金化、硅锰合金的脱氧效果一般、钛铁的性价比较低等不足之处，实际生产中采用较多的脱氧剂主要是铝粉、铝粒、钙硅粉和硅块等。

采用铝脱氧的 VOD 精炼过程中，脱氧反应为：

$$2[\mathrm{Al}] + 3[\mathrm{O}] = \mathrm{Al_2O_3(s)} \tag{7-3}$$

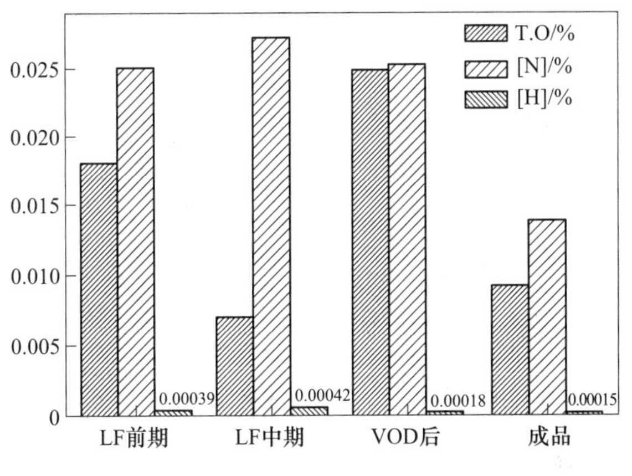

图 7-7 精炼前后气体含量对比

温度一定条件下，钢液中溶解氧含量与钢中铝含量和夹杂物中 Al_2O_3 活度有关。当 Al_2O_3 活度一定时，可以得到钢中溶解氧含量与铝含量的关系，如图 7-8 所示。

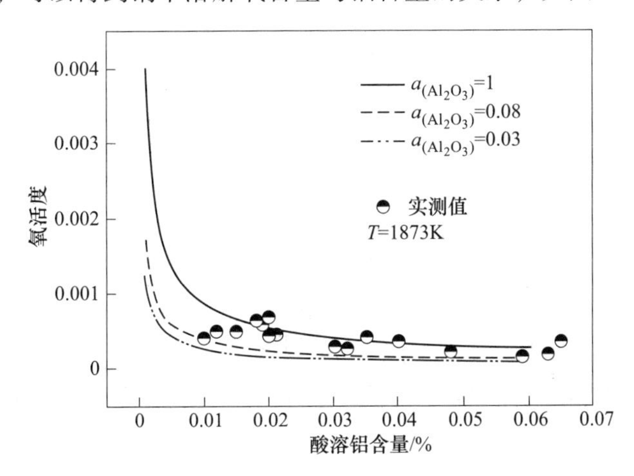

图 7-8 VOD 精炼中酸溶铝含量与氧活度的关系

由图 7-8 可知，钢液中氧活度随铝含量的升高而降低。当 Al_2O_3 活度为 1 时，0.015%铝含量实际氧浓度与理论平衡的氧活度为 6.6×10^{-6}、8.9×10^{-6}，当 Al_2O_3 活度降低到 0.03 时，钢液中与 0.015%铝含量实际氧浓度与理论平衡的氧活度为 2.0×10^{-6}、2.7×10^{-6}[8]。由此可知，降低夹杂物中 Al_2O_3 活度，可使钢液氧活度降低 $(4\sim6)\times10^{-6}$，所以在 VOD 真空搅拌脱氧过程中，应促使钢渣反应，达到炉渣脱氧平衡，降低钢液氧含量。

复合脱氧剂如 Al-Si-Ca 的脱氧效果要优于单一脱氧剂。脱氧剂中铝硅比和钙含量对氧含量的影响如图 7-9 所示。分析图 7-9 可以发现，采用复合脱氧剂时，将脱氧剂中铝硅比的值控制在 1.1~2.2 之间、钙含量控制在 3.7%~7.8%，脱氧剂加入顺序遵循先硅后铝的原则，可以起到良好降低钢中氧含量的作用[14]。

7.2.1.4 精炼渣对钢液氧含量的影响

精炼渣对脱氧效果也存在显著影响。加入 $CaO-CaF_2$ 或 $CaO-Al_2O_3$ 精炼渣对 VOD 处理 18Cr 不锈钢钢液氧含量的影响结果，如图 7-10 和图 7-11 所示[11]。由图 7-10 和图 7-11 可

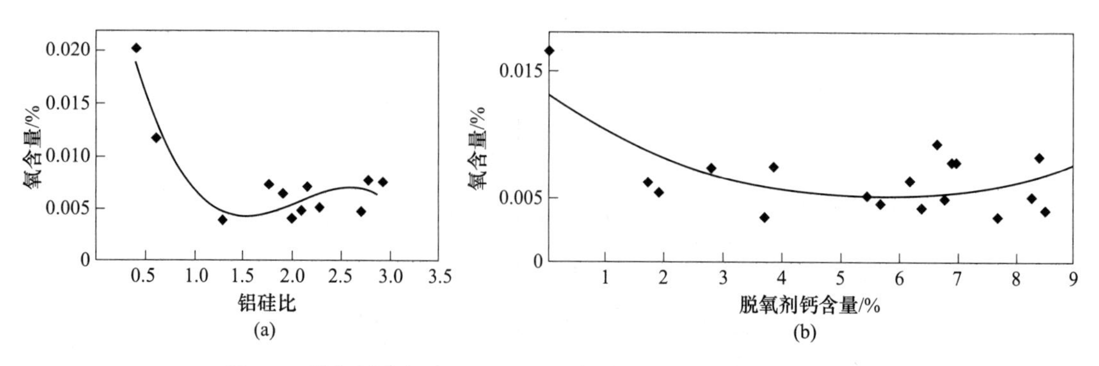

图 7-9　脱氧剂中铝硅比（a）以及钙含量（b）对氧含量的影响

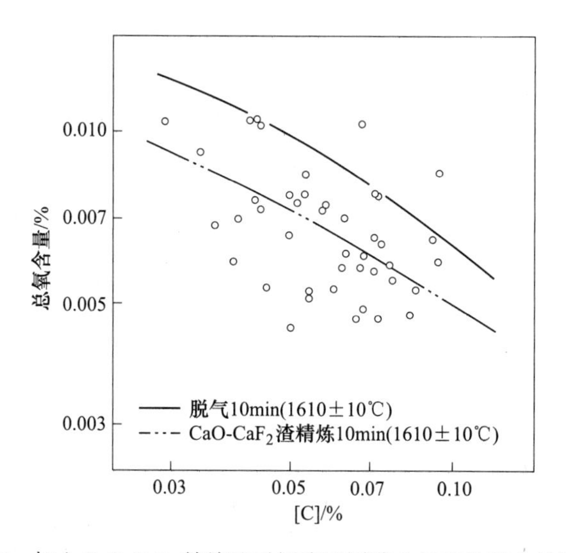

图 7-10　加入 $CaO-CaF_2$ 精炼渣对钢液不同碳含量下总氧含量的影响

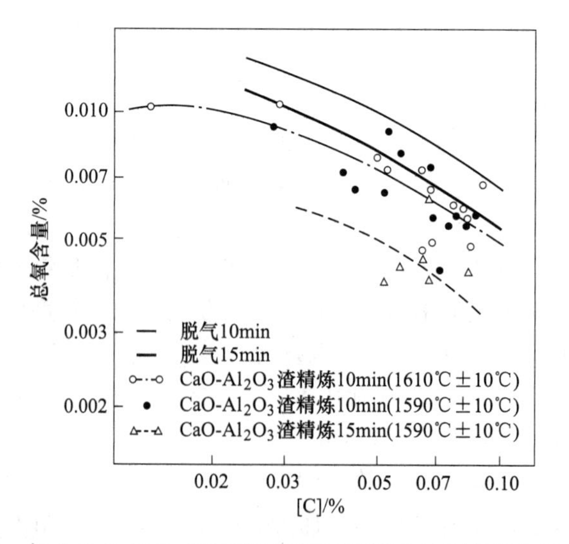

图 7-11　加入 $CaO-Al_2O_3$ 精炼渣对钢液不同碳含量下总氧含量的影响

知，采用精炼渣处理后，钢液的总氧含量均下降；真空情况下，精炼渣的脱氧效果与钢液碳含量关系较大，随着碳含量的提高，$CaO-CaF_2$ 和 $CaO-Al_2O_3$ 两种精炼渣的脱氧效果均变差。两种精炼渣处理后的钢液的总氧含量相近。在[C]=0.04%~0.10%的范围内，钢液总氧含量与单纯真空脱气相比平均低0.002%~0.0035%。VOD是碳脱氧和强制脱氧的结合，处理时间受温度下降和操作效率的限制。

钢液氧含量还与VOD渣的碱度密切相关。VOD精炼SUS304Si后钢液氧含量与炉渣碱度的关系如图7-12所示[15]。由图7-12可以看出，当炉渣碱度低于1.2时，钢液氧含量随着碱度的提高而快速下降。为了将钢液氧含量保持在较低水平，需要将炉渣碱度维持在1.4以上。

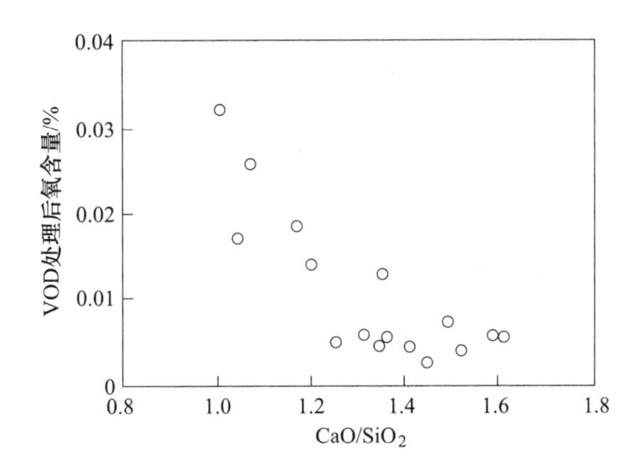

图7-12 VOD处理后钢液氧含量与炉渣碱度的关系

7.2.1.5 吹氩搅拌对钢液氧含量的影响

VOD采用底吹氩搅拌来降低CO的分压，实现脱碳过程，底吹氩搅拌强度也影响钢液氧含量。

底吹氩搅拌强度对钢液氧含量的影响如图7-13所示[15]。由图7-13可以发现，相同处理时间下，底吹氩流量提高，对钢液的搅拌强度增加，钢液氧含量显著降低。这是因为，提高底吹氩流量一方面增强了熔池的动力学条件，另一方面降低了CO分压，促进了C-O反应的进行和夹杂物的上浮去除。

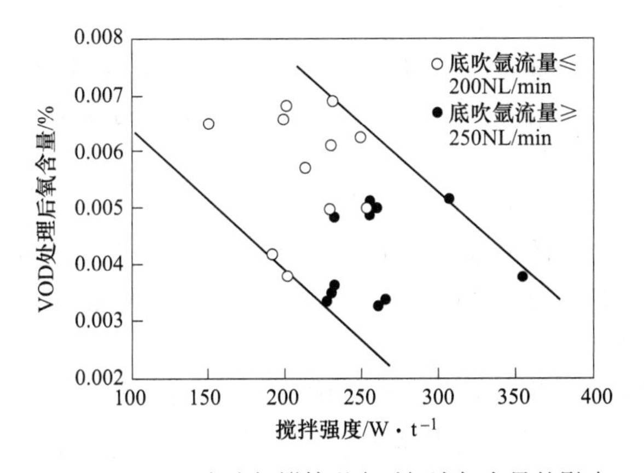

图7-13 VOD底吹氩搅拌强度对钢液氧含量的影响

7.2.2 VOD 精炼过程夹杂物控制技术

VOD 精炼前期，主要对钢液进行吹氧脱碳，为了达到高效脱碳的目的，常常采用少渣操作。氧化期接近结束时，钢液往往处于“过氧化”状态，即钢液中氧含量高于与碳、铬等元素平衡的氧含量。此时，钢液中很少有氧化物夹杂，钢液中的氧主要以溶解氧的形式存在。随着温度的降低，钢液中氧的溶解度不断降低，原溶解的大部分氧将从钢液中析出，并以夹杂物的形式存在。为了减少最终钢材中的夹杂物含量，并且提高铬的收得率，VOD 冶炼脱碳期完成以后，必须对钢液进行脱氧，将钢液中的氧含量降至较低的水平，提高钢液的洁净度。

VOD 精炼脱氧后，钢液中的夹杂物基本为脱氧产物以及与炉渣结合形成的复合夹杂物。如果 VOD 吹氧的终点控制滞后，将会导致吹入氧气的过量，再加上高温钢液溶解氧的含量较高，VOD 破真空后脱氧就需要加入更多的脱氧剂，这就意味着夹杂物含量升高，影响钢液洁净度。因此，合理地控制吹氧终点，防止钢液过氧化，也是控制夹杂物的含量措施之一。

VOD 中夹杂物的行为与很多因素有关，如 VOD 工艺、VOD 炉内钢液的湍流状况、夹杂物本身的物性等。如图 7-14 所示，VOD 冶炼过程中，通过高碱度炉渣精炼代替单纯的脱气精炼，能够提高硅脱氧的能力，有效降低不锈钢的夹杂物含量和产品缺陷[11]。

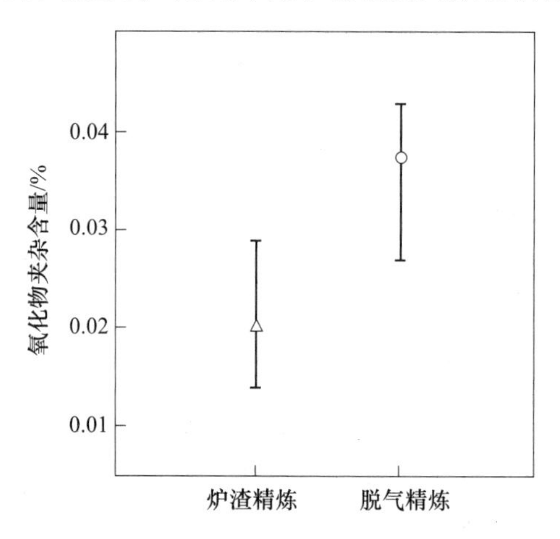

图 7-14 精炼工艺对夹杂物含量的影响

由于夹杂物行为的复杂性，需要通过模拟的手段，研究 VOD 精炼过程夹杂物的行为与演变。120t VOD 单孔底吹，精炼过程各类尺寸的夹杂物的数量密度随时间的变化，如图 7-15 所示[16]。

由图 7-15 可知，随着 VOD 炉内吹氩搅拌的进行，直径小于 15μm 的夹杂物的数量在不断地减少，而大于 15μm 的夹杂物在搅拌前期缓慢增加，随后逐渐降低。经过 VOD 处理后，大于 50μm 的夹杂物的数量很少，30 ~ 40μm 的夹杂物数量也不多，但是小于 5μm 的夹杂还有相当的数量。

一种含钛超纯铁素体不锈钢生产流程中不同阶段的夹杂物的数量，如图 7-16 所示[17]。由图 7-16 可以发现，VOD 精炼复合脱氧后，夹杂物的数量和尺寸明显减少，夹杂物的数量从 27 个/cm^2 减少到了 9 个/cm^2。

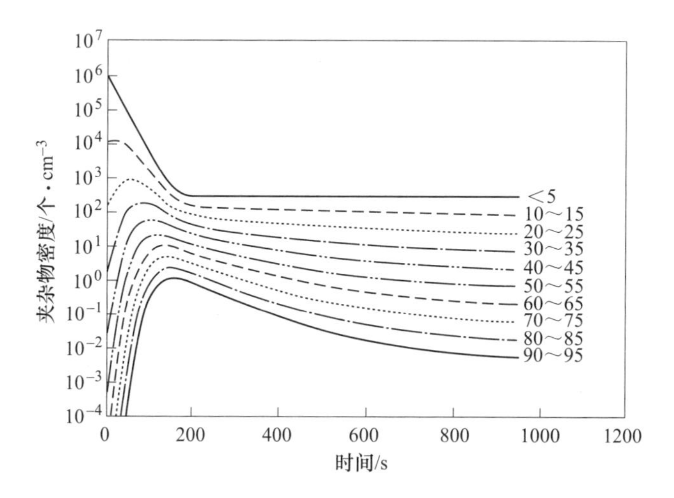

图 7-15 单孔底吹时 VOD 炉内各类尺寸的夹杂物的数量密度随时间的变化

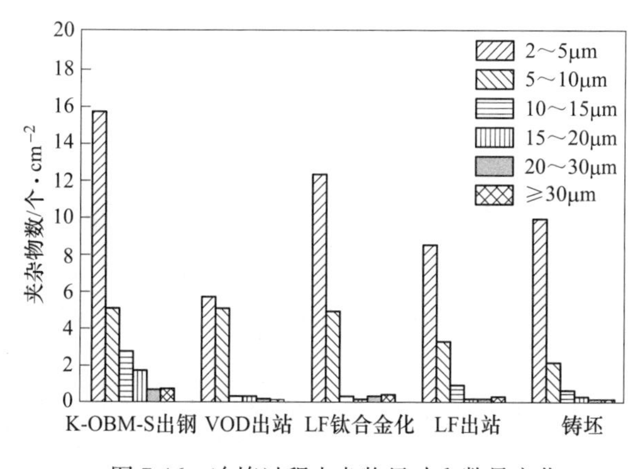

图 7-16 冶炼过程夹杂物尺寸和数量变化

通过扫描电镜与能谱仪分析了夹杂物成分变化，如图 7-17 所示。由图 7-17 可以发现，

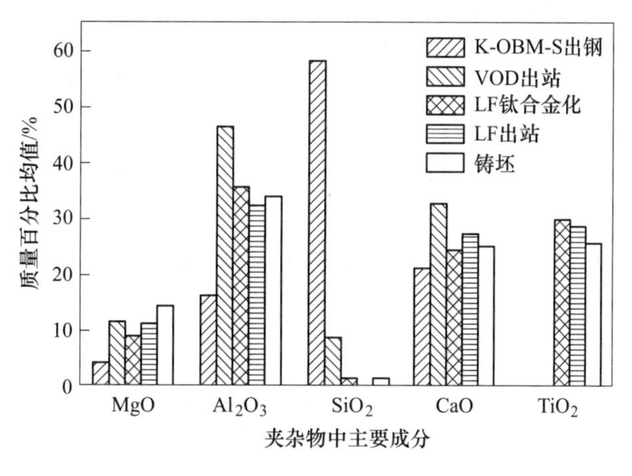

图 7-17 冶炼过程夹杂物成分变化

VOD 精炼过程中，钢液中夹杂物的主要成分是 MgO、SiO_2、Al_2O_3、CaO。也就是说，VOD 精炼中产生的夹杂物基本都是脱氧产物及其与炉渣结合形成的复杂氧化物[17]。

针对 BOF-AOD-VOD-LF-CC 工艺，VOD 精炼过程中，经硅铁还原后 304L 不锈钢中存在 CaO-SiO_2-Al_2O_3-MgO 外部夹杂物和 CaO-SiO_2-Al_2O_3-MgO-MnO 内生夹杂物两种，由脱氧产物演变而来。两种典型夹杂物的形态如图 7-18 所示[18]。

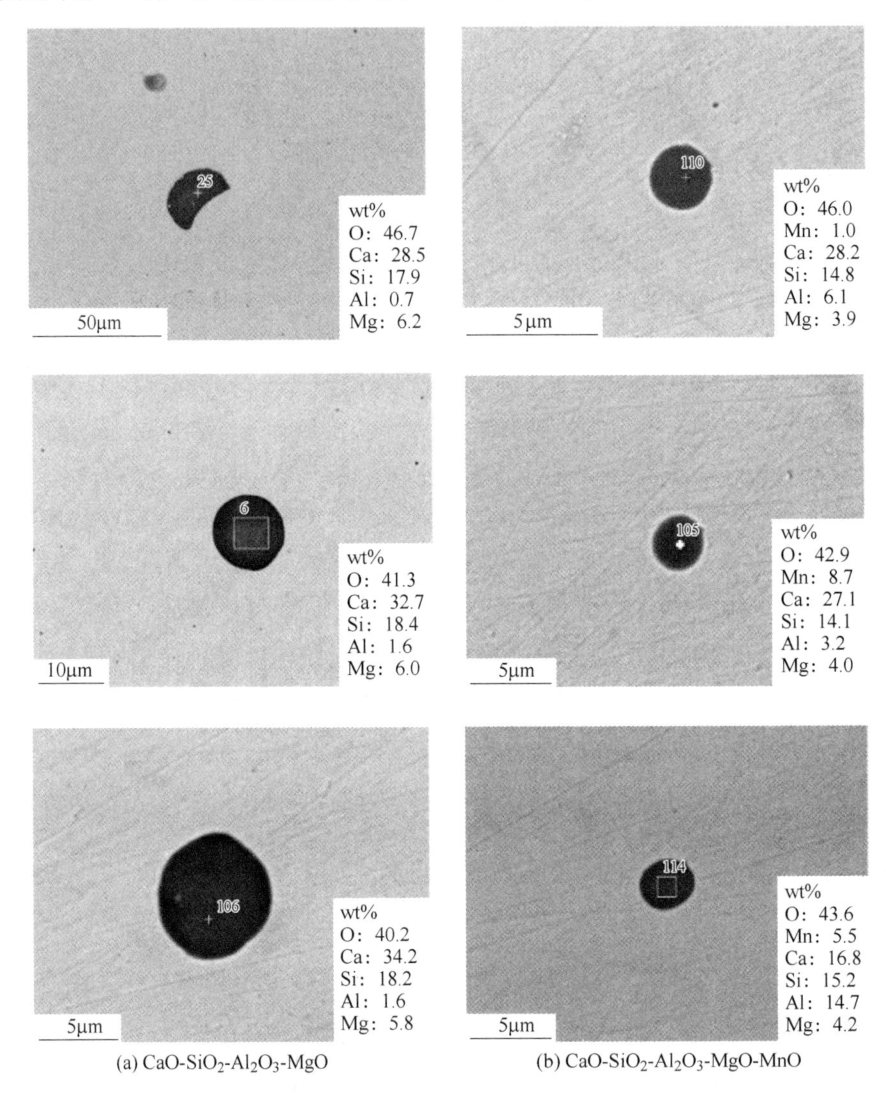

图 7-18　样品中典型夹杂物的形态

由图 7-18 可知，VOD 熔炼结束时，球形 CaO-SiO_2-Al_2O_3-MgO 夹杂物如图 7-18（a）所示，尺寸分布在几微米到几十微米不等；第二种类型夹杂物尺寸小于 5μm，常见的类型为 CaO-SiO_2-Al_2O_3-MgO-MnO，如图 7-18（b）所示。

为了探究不同元素含量与夹杂物组成变化的关系，图 7-19 给出了氧含量、铝含量、钙含量和温度对夹杂物组成的影响。

由图 7-19（a）可知，随着氧含量的降低，夹杂物 CaO 浓度增加，MgO 和 SiO_2 浓度稳

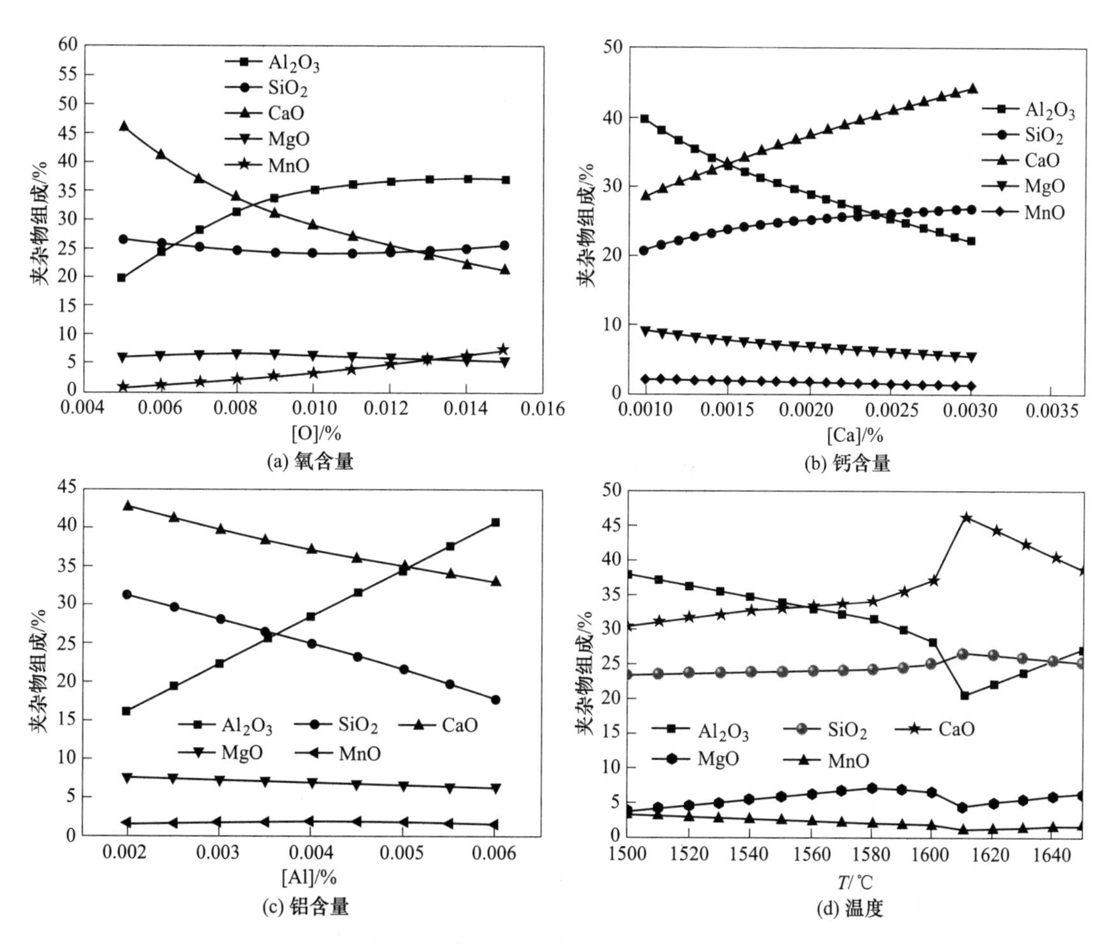

图 7-19 不同元素含量与夹杂物组成的关系

定，MnO 浓度降低。氧含量在 0.011%~0.015%范围内 Al_2O_3 浓度保持稳定，氧含量低于 0.011%时，随着氧含量的降低而逐渐降低。根据图 7-19（b），可以观察到钙含量的增加导致 CaO 和 SiO_2 含量的增加以及 Al_2O_3 含量的降低；但是 MgO 和 MnO 含量变化不大。从图 7-19（c）可以观察到铝含量的增加导致 Al_2O_3 含量的增加以及 CaO 和 SiO_2 含量的减少，但是 MgO 和 MnO 的含量变化不大。从图 7-19（d）可以看出，每种夹杂物的组成都随着温度的变化而变化。夹杂物中的 CaO 含量先增加后减少。Al_2O_3 和 MgO 含量从 1650℃开始首先下降至 1610℃，之后逐渐增加。夹杂物中 MgO 和 SiO_2 的变化趋势正好相反[18]。

VOD 精炼钢中会形成 $MgO \cdot Al_2O_3$ 尖晶石夹杂物。川崎制铁千叶制铁所对比了 KTB 与 VOD 精炼的夹杂物的不同[19]。

$$2[Al] + 3MgO(s) = Al_2O_3(s) + 3\{Mg\}(g) \tag{7-4}$$

$$4Al_2O_3(s) + 3[Mg] = 3MgAl_2O_4(s) + 2[Al] \tag{7-5}$$

$$4MgO(s) + 2[Al] = MgAl_2O_4(s) + 3[Mg] \tag{7-6}$$

由图 7-20 可以看出，KTB 精炼的夹杂物与 VOD 精炼的夹杂物存在较大区别，KTB 精炼的夹杂物 MgO 含量普遍低于 10%，VOD 精炼的夹杂物 MgO 含量在 22%~32%的范围，

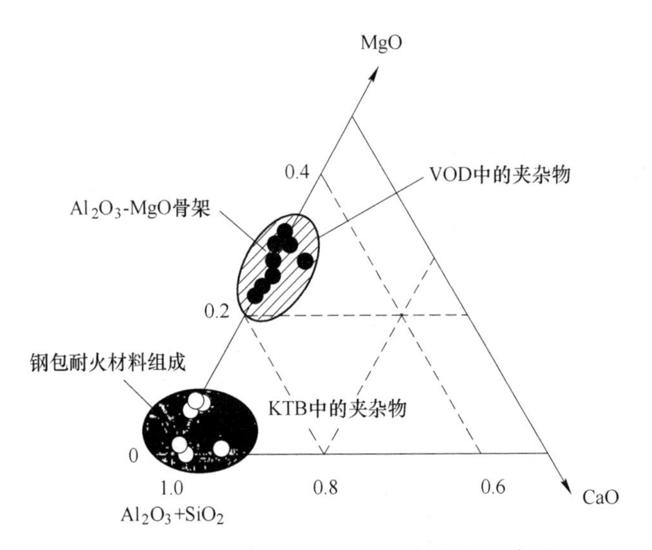

图 7-20　VOD 和 KTB 精炼的夹杂物化学组分对比

为典型的 MgO · Al_2O_3 尖晶石夹杂。VOD 精炼下 MgO · Al_2O_3 尖晶石夹杂的形成与高真空下钢液中的铝还原 MgO-C 质耐火材料或白云石或炉渣中的 MgO 有关，如图 7-21 所示。

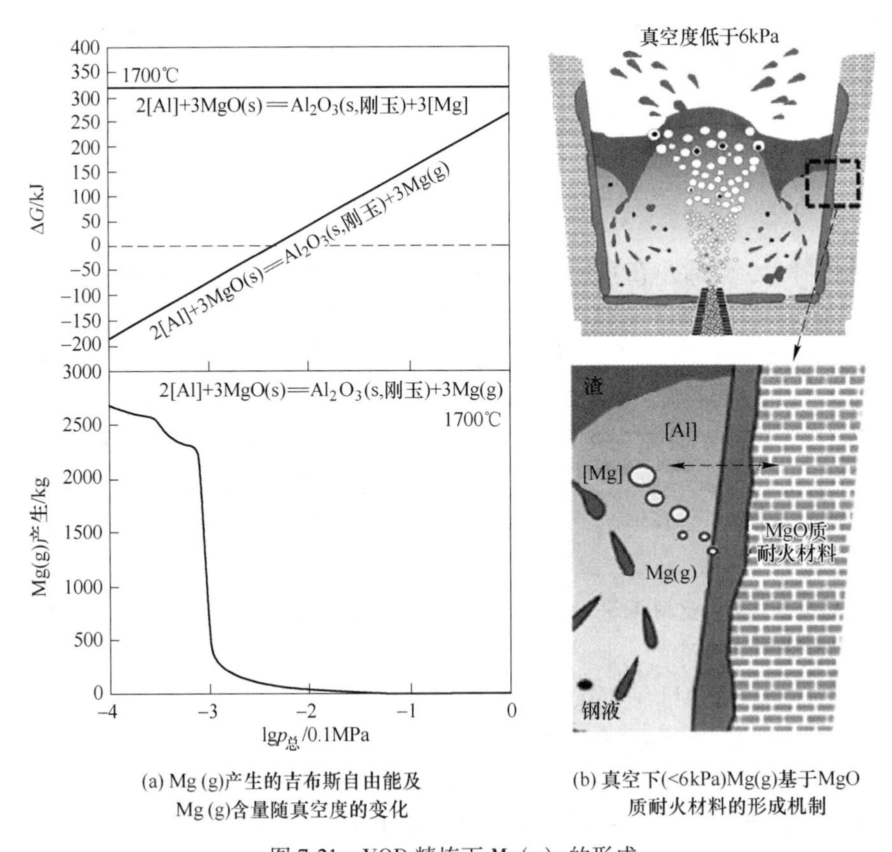

(a) Mg (g)产生的吉布斯自由能及 Mg (g)含量随真空度的变化　　(b) 真空下(<6kPa)Mg(g)基于MgO质耐火材料的形成机制

图 7-21　VOD 精炼下 Mg(g) 的形成

由图 7-21 可知，随着真空度值的降低，本不可能发生的反应（7-5）和（7-6）开始发生，同时 Mg(g) 含量开始增加。随着钢液温度降低，导致钢液夹杂物中 MgO 含量提高。相对于 KTB 精炼，VOD 精炼过程的真空大气量搅拌操作加剧了钢液与耐火材料或炉渣的反应，促进了 Mg(g) 的形成。在钢液中［Al］和 Al_2O_3 夹杂的作用下，发生反应，形成 $MgO \cdot Al_2O_3$ 尖晶石夹杂[20]。

Mg-Al-O 体系的相稳定图如图 7-22 所示。由图 7-22 可知，钢液中铝含量大于 0.001% 时，极低的镁含量即可在氧含量低于 0.002%时形成 $MgO \cdot Al_2O_3$ 尖晶石[21]。

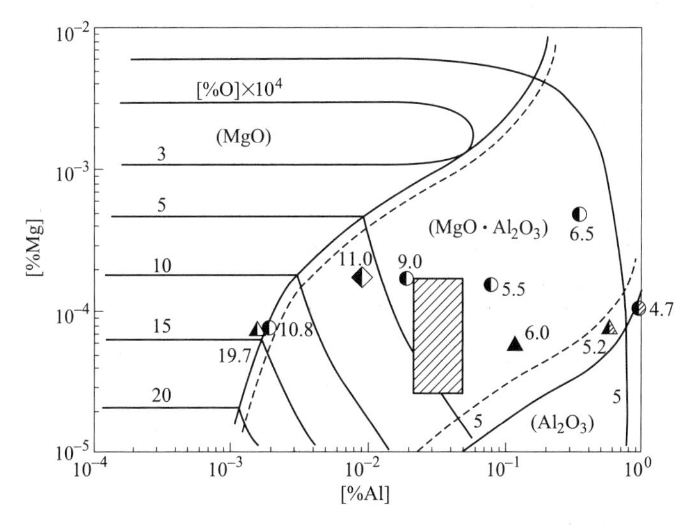

图 7-22 Mg-Al-O 稳定图

对于 VOD 后没有精炼工艺的钢种，通常在 VOD 脱氧后和软吹过程中进行钙处理，将硬质 $MgO \cdot Al_2O_3$ 尖晶石夹杂转变为低熔点夹杂物。图 7-23 给出了由 FactSage 热力学软件计算得到的钙含量分别为 0.0001%、0.0005%和 0.001%的 Mg-Al-O-Ca 四元系中夹杂物的稳定区域图。

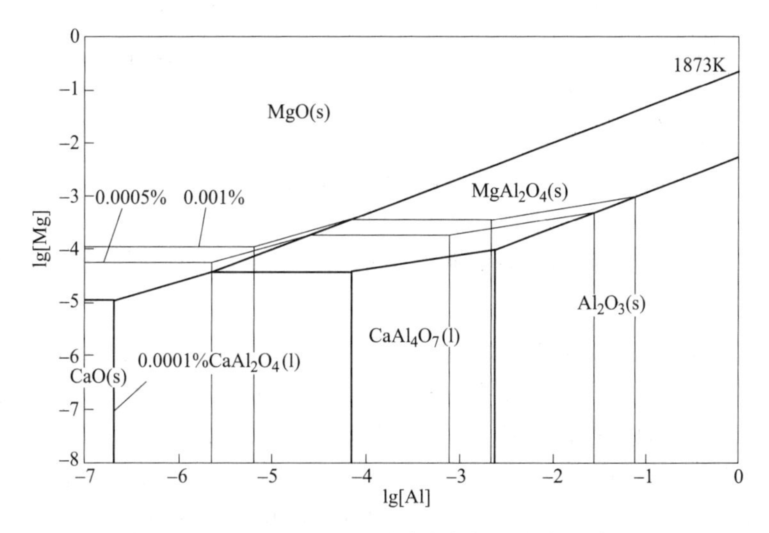

图 7-23 Mg-Al-O-Ca 四元系中夹杂物的稳定区域图

由图 7-23 可见，随着钢中钙含量增加，CaO、$MgO \cdot Al_2O_3$ 尖晶石和 Al_2O_3 的存在区域变小，钙铝酸盐液相区增加。

统计 2Cr13 不锈钢各 VOD 工序夹杂物中 MgO 含量，如图 7-24 所示。由图 7-24 可见，脱氧后多数夹杂物含有 $MgO \cdot Al_2O_3$，随着钙处理后，反应时间的延长，$MgO \cdot Al_2O_3$ 改变为钙铝酸盐或者钙镁铝酸盐复合夹杂物。

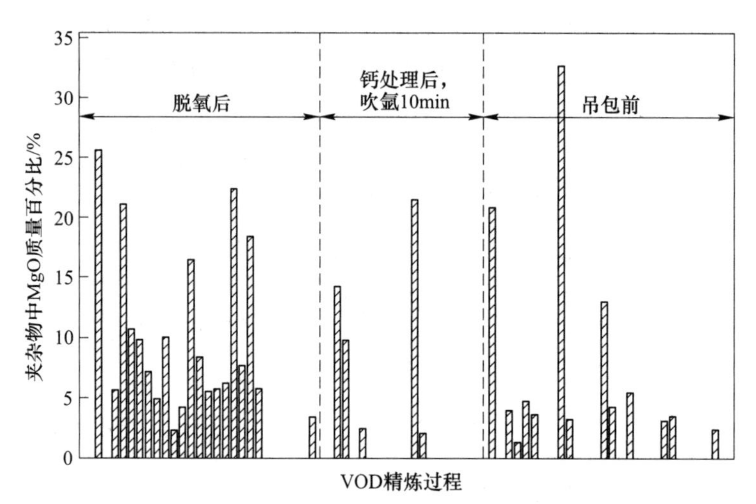

图 7-24 VOD 精炼各阶段夹杂物中 MgO 含量

7.2.3 VOD 精炼过程硫含量的控制

VOD 还原阶段的主要任务之一是造渣脱硫，精炼渣对脱硫效果影响显著。

对于 $CaO\text{-}SiO_2\text{-}MgO\text{-}FeO\text{-}MnO\text{-}Al_2O_3$ 渣系，硫容量可以通过式（7-7）计算[24]：

$$
\begin{aligned}
RT\ln C_{S^{2-}} = {} & 58.8157T - 118535 - (157705.28x_{Al_2O_3} - 33099.43x_{CaO} + \\
& 9573.07x_{MgO} + 36626.46x_{MnO} + 168872.59x_{SiO_2}) - \\
& (\xi_{Al_2O_3-CaO} + \xi_{Al_2O_3-SiO_2} + \xi_{Al_2O_3-MnO} + \xi_{CaO-SiO_2} + \xi_{MgO-SiO_2} + \\
& \xi_{MnO-SiO_2} + \xi_{CaO-FeO} + \xi_{MnO-FeO} + \xi_{FeO-SiO_2} + \xi_{Al_2O_3-CaO-MgO} + \\
& \xi_{Al_2O_3-CaO-SiO_2} + \xi_{Al_2O_3-MgO-SiO_2} + \xi_{Al_2O_3-MgO-MnO} + \\
& \xi_{Al_2O_3-MnO-SiO_2} + \xi_{CaO-MgO-SiO_2} + \xi_{CaO-MnO-SiO_2} + \\
& \xi_{MgO-MnO-SiO_2} + \xi_{Al_2O_3-FeO-SiO_2} + \xi_{CaO-FeO-SiO_2} + \\
& \xi_{MgO-FeO-SiO_2} + \xi_{MnO-FeO-SiO_2})
\end{aligned}
\tag{7-7}
$$

VOD 精炼过程脱硫的影响因素，包括渣的碱度、渣量以及钢中氧化物的含量、炉内喷粉、底吹搅拌等。

7.2.3.1 炉渣碱度对脱硫的影响

VOD 精炼 304 不锈钢，还原精炼渣碱度对钢液的总氧含量和硫含量影响，如图 7-25 所示[25]。由图 7-25 可以发现，还原精炼渣碱度在 1.7 ~ 2.6 范围，渣碱度提高对钢中总氧含量的影响不大，但钢中硫含量受碱度的影响比较显著。将渣碱度范围从 1.5 ~2.2 提高到 2.0~2.7 发现，碱度提高后，VOD 处理结束钢中的硫含量明显降低。

VOD 冶炼脱氧后不同石灰加入方式条件下碱度对渣金间硫分配比的影响，结果如

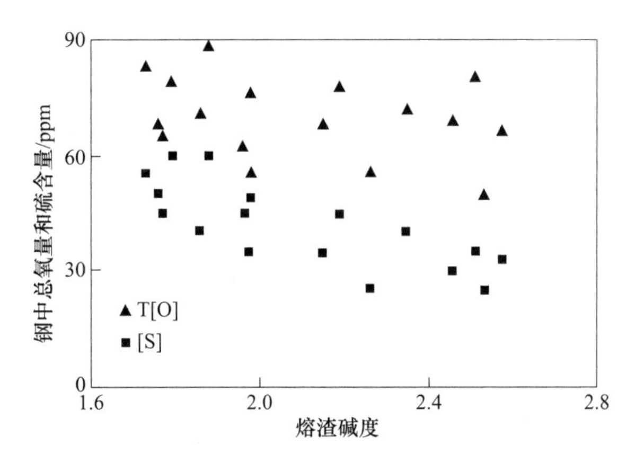

图 7-25 炉渣碱度对总氧含量和硫含量的影响

图 7-26 所示[26]。其研究主要分三种方式：(1) 单孔底吹氩，同时加入块状石灰；(2) 双孔底吹氩，同时加入块状石灰；(3) 单孔底吹氩，加入块状石灰后顶吹石灰粉。

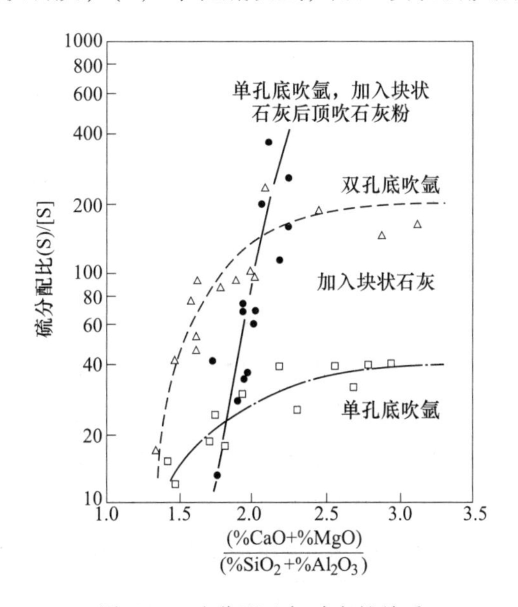

图 7-26 硫分配比与碱度的关系

由图 7-26 可以看出，在随着炉渣碱度(%CaO+%MgO)/(%SiO_2+%Al_2O_3)的提高，三种方式的硫分配比均提高，但是当碱度提高到 2.5 以上时，方式 (1) 和方式 (2) 的硫分配比增加的幅度显著变缓，但方式 (3) 的硫分配比继续快速增加。在相同碱度的情况下，即总的石灰加入量相同的情况下，方式 (1) 单孔底吹的硫分配比显著低于双孔底吹，且随着碱度的增加，差距增大。当碱度高于 1.8 时，方式 (1) 单孔底吹的硫分配比开始低于方式 (3) 单孔底吹+顶吹石灰粉吹炼模式下的硫分配比；当碱度高于 2.1 时，方式 (2) 双孔底吹的硫分配比开始低于方式 (3) 单孔底吹+顶吹石灰粉吹炼模式下的硫分配比。可见，碱度的提高促进了硫的脱除；双孔底吹提高了搅拌强度，促进了渣钢反应，进而促进了硫的脱除；顶吹石灰粉一方面增强了石灰与钢液的接触面积，另一方面增强了炉内搅拌从而促进了硫的脱除。

7.2.3.2 渣量对脱硫的影响

当VOD进站炉内带渣渣厚不大于20mm，脱硫率不小于6.0%，带渣渣厚不小于50mm，回硫率不大于5.0%。表7-1给出了初始硫含量、进站带渣渣厚与回硫量的关系[27]。

表7-1 初始硫含量、渣厚与回硫量的关系

炉号	初始硫含量/%	产品硫含量/%	渣厚/mm	回硫率/%
V-161	0.016	0.015	20	-6.0
V-368	0.020	0.021	50	5.0
V-174	0.016	0.017	60	6.0
V-179	0.017	0.022	70	30.0

由表7-1可知，进站渣子越厚，带渣量越大，回硫越多。造成这种现象的主要原因是随着冶炼时间的推移，渣钢间存在的(S)-[S]平衡破坏时，平衡会向回硫方向移动，导致渣中硫进入钢液，这也是钢液吹氧后钢中硫含量增加的主要原因。当精炼渣组成、温度变化不大时，还原时渣量越多，钢液中硫含量越低。炉内总渣量为新渣量和带渣量之和，当总渣量相对不变时，带渣量越大，所造新渣量相对减少，因新渣料有利于提高碱度且硫容量大，利于去硫。所以要增加新渣量，尽可能减少VOD进站时的带渣量，以满足脱硫的需要。

7.2.3.3 渣中Cr_2O_3含量对脱硫的影响

VOD脱氧时渣中氧化物对脱硫的影响如表7-2所示[27]。由表7-2可知，FeO含量从0.32%升高到1.29%、Cr_2O_3含量从0.34%升高到2.34%，L_S值从2.8降至1.7，这说明渣中氧化物（FeO）、（Cr_2O_3）对脱硫有明显的不利影响。因为FeO浓度增加使钢液的氧浓度增大，L_S随之降低，同理，渣中Cr_2O_3浓度增加也会使钢液的氧浓度增大降低L_S。因此，要想达到一个良好的脱硫效果，前提条件是充分脱除钢液和渣中氧。

表7-2 渣中氧化物对脱硫的影响

渣样	FeO/%	Cr_2O_3/%	[S]/%	L_S
3	1.44	0.52	0.015	3.0
2	0.32	0.34	0.014	2.8
1	1.29	2.34	0.024	1.7

7.2.3.4 供氧量对脱硫的影响

VOD冶炼过程中，脱硫发生在脱碳以后，吹氧量对VOD后期脱硫没有直接影响，但存在间接关系。这是因为吹氧量影响钢液终点碳，终点碳影响终点氧，从而影响脱硫。

图7-27给出了供氧量对钢液终点硫含量的影响[28]。由图7-27可以看出，随着供氧量增加，终点硫含量增加。在一定的真空度和一定温度下，碳氧积一定，供氧量增加，降低了钢液中碳浓度，增加了平衡溶解氧，对脱硫产生不利影响，导致终点硫会增加。

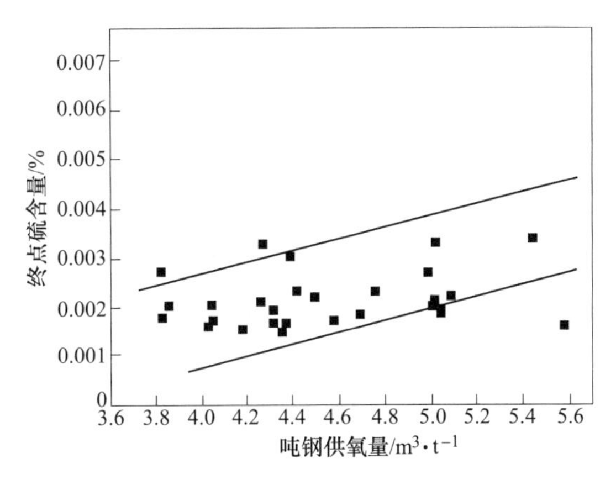

图 7-27 供氧量对终点硫含量的影响

7.2.3.5 底吹强度对脱硫的影响

底吹强度对硫分配比的影响如图 7-28 所示[29]。由图 7-28 可知，随底吹强度提高，硫分配比均提高。

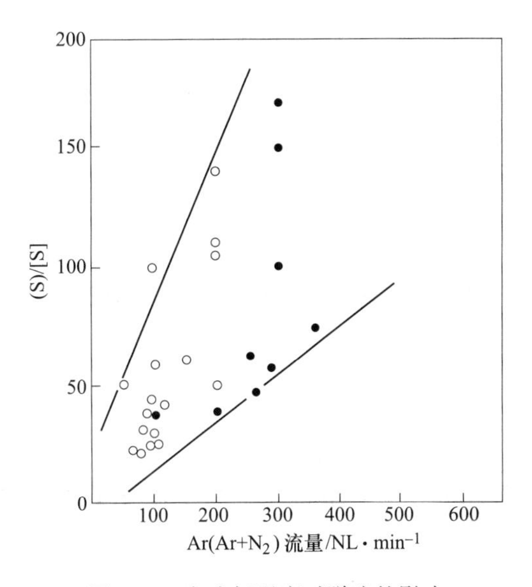

图 7-28 底吹氩强度对脱硫的影响

底吹氩气和氮气对 VOD 冶炼脱硫的影响如图 7-29 所示[30]，反映了真空度相同、氩气流量和压力约为氮气的一半时，氩气和氮气流量对 VOD 钢液硫的影响。由图 7-29 可以看出，随着吹炼时间延长，不同气体喷吹下钢液硫含量均降低，在更短时间内可将硫脱至 10×10^{-6}以下。

7.2.4 VOD 精炼过程钢液回磷控制

VOD 冶炼不锈钢过程，钢液经历吹氧、真空脱碳和还原过程，这一过程的温度整体呈下降趋势，但是由于氧化、真空脱碳和还原期的存在，钢液和炉渣的氧化性发生变化，

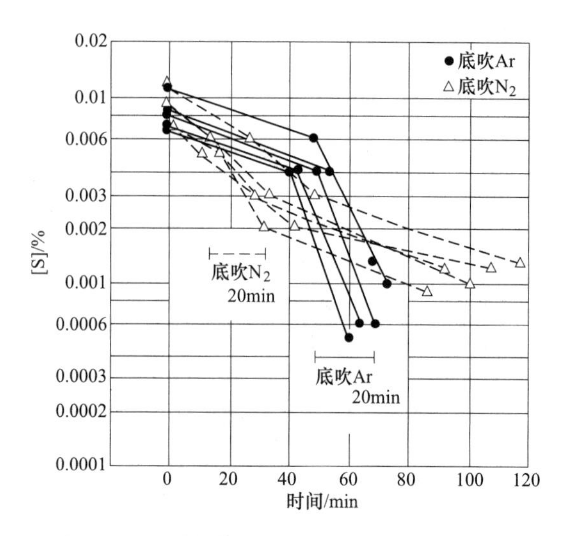

图 7-29　不同气体喷吹下硫含量随时间的变化

钢液会进行脱磷，有时也会发生回磷。

金属熔池在氧化条件下的脱磷反应为：

$$[P] + 5/2[O] + 3/2(O^{2-}) = (PO_4^{3-}) \tag{7-8}$$

金属熔池中的磷［P］与溶解在该相中的氧［O］反应，并与渣相的氧离子（O^{2-}）发生反应，在渣相中形成磷酸根阴离子 PO_4^{3-}，反应的平衡常数为：

$$K = \frac{a_{(PO_4^{3-})}}{a_{[P]} a_{[O]}^{\frac{5}{2}} a_{(O^{2-})}^{\frac{3}{2}}} \tag{7-9}$$

炉渣对磷的吸收程度可以通过称磷酸盐容量$C_{PO_4^{3-}}$的值来估计，磷酸盐容量由 Wagner 定义，其表达式为：

$$C_{PO_4^{3-}} = \frac{(\%PO_4^{3-})}{p_{P_2}^{\frac{1}{2}} p_{O_2}^{\frac{5}{4}}} \tag{7-10}$$

对于金属/炉渣的平衡，更有用的是将炉渣磷酸盐容量转换为磷含量的另一种形式，称为磷容量，可以表示为：

$$C_P = \frac{(\%P)}{a_{[P]} a_{[O]}^{\frac{5}{2}}} = \frac{L_P}{f_{[P]} a_{[O]}^{\frac{5}{2}}} \tag{7-11}$$

式中，$f_{[P]}$为［P］在金属熔池中的活度系数。这两种容量可以通过式（7-12）相互关联：

$$\lg C_P = \lg C_{PO_4^{3-}} - 1.8077 - \frac{21742}{T} \tag{7-12}$$

磷的分配比对炉渣和钢液的依赖性可以通过如式（7-13）所示的变换得到：

$$\lg L_P = \lg C_P + \lg f_{[P]} + 2.5\lg a_{[O]} \tag{7-13}$$

对于含铬钢液的脱磷，炉渣应该具备良好的脱磷能力。然而当铬或氧化铬在精炼过程中进入炉渣后，很大程度上降低了脱磷效率。脱磷效果最好的精炼渣应当是在钡或钙的氧化物以及卤化物的基础上形成。含有钡化合物的炉渣的磷酸盐容量更高，更有利于脱磷。

然而，由于钡化合物非常昂贵，因此主要采用性价比更高的钙化合物，主要考虑的是基于 CaO 和 CaF_2 的精炼渣[31-33]。

针对不锈钢中铬及碳含量，适用的各种脱磷方法如图 7-30 所示[34]。由图 7-30 可知，在氧化条件下，根据不同铬含量，使用不同高磷容量、高碱性混合精炼渣进行脱磷。铬含量大于 20%时，使用 BaO-$BaCl_2$ 精炼渣；铬含量小于 20%时，使用 CaO 基精炼渣。

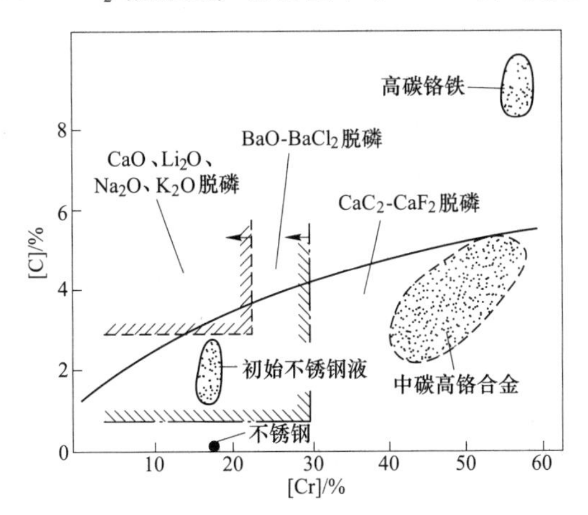

图 7-30　适用于各种脱磷方法的金属成分

使用不同合金情况下，钢液中磷含量随时间变化的曲线如图 7-31 所示[35]。由图 7-31 可知，还原脱磷过程中使用 Si-Al-Ba-Ca 合金不会出现回磷现象。加入还原剂 0.5~2min 后钢中的磷达到最低值，随着反应时间的延长，除了 Si-Al-Ba-Ca 合金脱磷实验未出现回磷现象之外，其他炉次均出现不同程度的回磷现象。

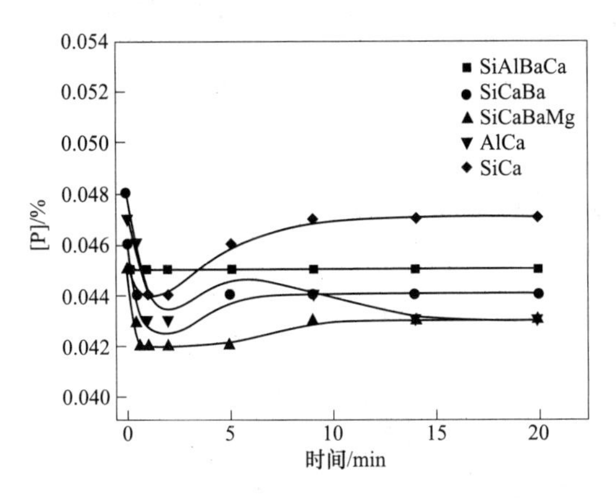

图 7-31　钢液中磷含量随时间变化的曲线

7.3　VOD 精炼过程深脱碳

7.3.1　VOD 精炼吹氧脱碳理论

尽管 AOD 可以进行脱碳冶炼不锈钢，但是其不能同时将钢液的[C]+[N]等控制在较低水平（如0.02%以下）以满足超纯不锈钢的要求，这就导致了能够同时将碳、氮脱至较低含量的VOD精炼技术的开发。VOD冶炼不锈钢的过程中，同样存在着脱碳保铬的问题。

7.3.1.1 “脱碳保铬”的途径

不锈钢中的碳降低了钢的耐腐蚀性能，对于大部分不锈钢，碳含量都是较低的。近年来超低碳类型的不锈钢日益增多，在冶炼中就必然会遇到高铬钢液的降碳问题。为了降低原材料的费用，希望充分利用不锈钢的返回料和碳含量较高的铬铁。在冶炼中希望尽可能降低钢中的碳，而铬的氧化损失却要求保持在最低的水平。这样就迫切需要研究Fe-Cr-C-O系的平衡关系，以找到最佳的“脱碳保铬”的条件。

在Fe-Cr-C-O系中，两个主要的反应是：

$$[C] + [O] \longrightarrow \{CO\}$$

$$m[Cr] + n[O] \longrightarrow Cr_mO_n$$

对于铬的氧化反应，最主要的是确定产物的组成，即 m 和 n 的数值。Fe-Cr-O系的铬氧化产物的组成有三类：当$[Cr]=0\sim3.0\%$时，铬的氧化物为$FeCr_2O_4$；当$[Cr]=3\%\sim9\%$时，为$Fe_{0.67}Cr_{2.33}O_4$；当$[Cr]>9\%$时，为Cr_3O_4或Cr_2O_3。

对于铬不锈钢的精炼过程而言，铬氧化的平衡产物应是Cr_3O_4。钢液中同时存在[C]、[Cr]的氧化反应：

$$[C] + [O] === \{CO\}$$

$$3[Cr] + 4[O] === (Cr_3O_4)$$

为分析熔池中碳、铬的选择性氧化，可以将碳和铬的氧化反应式合并为：

$$4[C] + (Cr_3O_4) === 3[Cr] + 4\{CO\}$$

$$\Delta_r G_m^{\ominus} = 934706 - 617.22T \quad \text{J/mol} \tag{7-14}$$

反应的平衡常数 K 为：

$$K = \frac{a_{Cr}^3 p_{CO}'^4}{a_C^4 a_{Cr_3O_4}} \tag{7-15}$$

由于（Cr_3O_4）在渣中接近于饱和，所以可取 $a_{Cr_3O_4}=1$，得：

$$a_C = p'_{CO}\sqrt[4]{\frac{a_{Cr}^3}{K}} \tag{7-16}$$

式（7-16）表明，只要熔池温度升高，K 值增大，就可使平衡碳的活度降低。同理降低 p'_{CO}（注：$p'_{CO}=p_{CO}/p^{\ominus}$）也可获得较低的碳活度。

按不同[Cr]含量和产物作不同温度下的[C]-[Cr]平衡图（图7-32），发现在$[Cr]=3\%\sim30\%$时，[Cr]和[C]的温度关系式如下：

$$\lg\frac{[Cr]}{[C]} = -\frac{15200}{T} + 9.46 \tag{7-17}$$

进一步修正为：

$$\lg\frac{[Cr]p'_{CO}}{[C]} = -\frac{13800}{T} + 8.76 \tag{7-18}$$

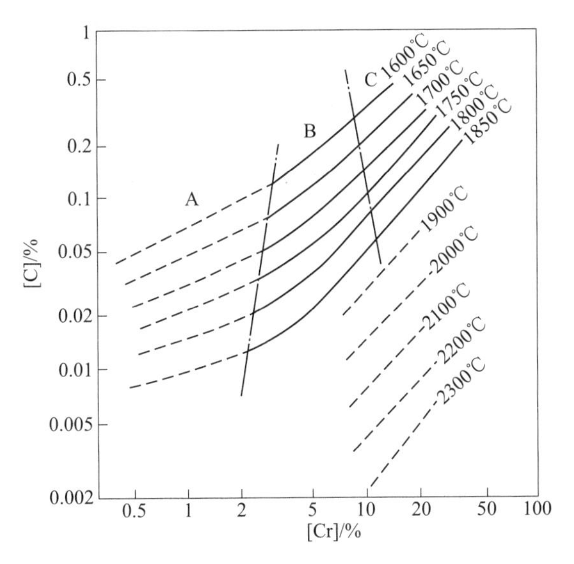

图 7-32 含铬钢液在氧化平衡时的［C］、［Cr］关系

A—$FeCr_2O_4$ 区；B—尖晶石（$CrO \cdot Cr_2O_3$）区；C—Cr_3O_4 区

由此可见“脱碳保铬”的途径有两个：

（1）提高温度。在一定的 p_{CO}下，与一定铬含量保持平衡的碳含量，随温度的升高而降低。这是过去电弧炉用返回吹氧法冶炼不锈钢的理论依据，但是提高温度将受到炉衬耐火度的限制。由图 7-32 可见，与铬平衡的碳含量越低，需要的温度越高。对于 18%Cr 钢在常压下冶炼，如果碳含量要达到 0.03%，那么平衡温度要在 1900℃以上。但是，在炉内过高的温度也是不允许的，耐火材料难以承受。因此，采用常压工艺冶炼超低碳不锈钢是十分困难的，而且精炼期要加入大量的微碳铬铁或金属铬，生产成本较高。

（2）降低 p_{CO}。在温度一定时，平衡的碳含量随 p_{CO}的降低而降低，这是不锈钢炉外精炼的理论依据。降低 p_{CO}的方法有：

1）真空法：即降低系统的总压力，如 VOD、RH-OB 等，利用真空使 p_{CO}大大降低进行脱碳保铬。

2）稀释法：即用其他气体来稀释，这种方法有 AOD、CLU 等。吹入氩气或水蒸气等稀释气体来降低 p_{CO}进行脱碳保铬。从而实现在假真空下精炼不锈钢。

3）两者组合法：如 AOD-VCR、VODC。

尽管 AOD 可以实现假真空，但 VOD 冶炼可以达到比 AOD 更低的 p_{CO}，因而可以实现超低[C]+[N]含量的不锈钢的冶炼。

7.3.1.2 富铬渣的还原

不锈钢的吹氧“脱碳保铬”是一个相对的概念，炉外精炼应用真空和稀释法对高铬钢液中的碳进行选择性氧化。所谓选择性氧化，并不意味着吹入钢液中的氧仅仅和碳作用，而铬不氧化；确切地说是氧化程度的选择，即碳能优先地较大程度的氧化，而铬的氧化程度较小。不锈钢的特征是高铬低碳，碳的氧化多属于间接氧化，即吹入的氧首先氧化钢液内的铬，生成 Cr_3O_4，然后碳再被 Cr_3O_4 氧化，使铬还原，因而“脱碳保铬”也可以看作一个动态平衡过程。因此，在不锈钢吹氧脱碳结束时，钢液中的铬或多或少地要氧化一部分进入渣中。为了提高铬的回收率，除在吹氧精炼时力求减少铬的氧化外，还要在脱碳任务完成后争取多还原已被氧化进入炉渣中的铬。

VOD 脱碳过程中大约有 1%[Cr] 氧化，钢液中的氧浓度也达到数百个 ppm，吹氧脱碳精炼后的渣中 Cr_3O_4 含量高达 25%以上，脱碳结束要向真空室的钢包内加入 CaO、CaF_2 等造渣材料和硅铁粉等还原剂对富铬渣进行还原，其还原反应为：

$$(Cr_3O_4) + 2[Si] = 2(SiO_2) + 3[Cr] \tag{7-19}$$

反应的平衡常数 K_{Si} 为：

$$K_{Si} = \frac{a_{SiO_2}^2 a_{Cr}^3}{a_{Cr_3O_4} a_{Si}^2} \tag{7-20}$$

$$a_{Cr_3O_4} = \frac{a_{SiO_2}^2 a_{Cr}^3}{K_{Si} a_{Si}^2} \tag{7-21}$$

有时也使用 Si-Cr 合金，其中硅作还原剂，铬作为补加合金。

由上述分析可知，影响富铬渣还原的因素有：

（1）炉渣碱度。增大碱度，a_{SiO_2}降低，$a_{Cr_3O_4}$降低。

（2）钢液中硅含量。钢液中硅含量增加，$a_{Cr_3O_4}$降低。

（3）温度的影响。K_{Si}是温度的函数，温度升高，硅还原 Cr_3O_4 的能力增强。

7.3.2 VOD 精炼真空脱碳过程

对于超低碳钢，VOD 的脱碳负荷很高，脱碳是工艺过程控制的关键。冶炼开始，具有高动量的氧气吹到钢液表面上，形成高温凹坑（温度高达 2600℃），凹坑的形状和深度十分重要[36]。凹坑表面溶解氧饱和并析出氧化物 FeO、Cr_2O_3，高速氧气流内 CO 分压远低于自由空间大气压，此时传递到凹坑表面的碳与表面上高浓度的氧反应生成 CO，CO 排出进入氧气流内生成 CO_2。传递到凹坑表面的碳如果不能消耗完凹坑表面上的氧，氧将主要以氧化物方式弥散在凹坑表面附近的区域，发生间接氧化。如果间接氧化和直接氧化都没有消耗完所吹的氧，那么氧以氧化物（除了 CO、CO_2）方式进入渣层或以溶解氧方式进入熔池深处。高碳条件下，真正的脱碳速度取决于渣和凹坑乳化反应区向反应区传递氧的速度[37]。

VOD 炉的脱碳由供氧速度、氧枪高度、真空度和底吹氩气流量控制。根据不同的钢液成分和温度使用不同的吹氧流量、吹氧压力、氧枪高度和吹氧真空度[38]。在脱碳初期，为防止钢液激烈喷溅，需适当提高氧枪高度，降低真空度，减少氩气流量；脱碳中期，随着脱碳反应的进行而提高真空度促进脱碳；到脱碳末期，由于脱碳反应速度的限制性环节由供氧速率限制变成钢中碳的扩散限制，所以要减小供氧速度，强化氩气搅拌促进钢中碳的扩散。在终点碳附近停止吹氧，用氩气搅拌促使钢中碳氧的反应快速进行[39]。吹炼脱碳反应区如图 7-33 所示[37]。

宝钢在利用 120t SS-VOD 生产[C]+[N]≤0.015%的超纯低铬系铁素体不锈钢时，将 VOD 冶炼过程分为三个阶段：吹氧脱碳阶段、自由脱碳阶段和还原阶段。吹氧脱碳阶段吹氧流量最大为 $1800m^3/h$，在吹氧初期和末期有所降低，真空压力为 0.08atm（8106Pa），吹炼末期真空度有所增大；自由脱碳阶段为非吹氧的高真空强搅拌的脱碳阶段，真空压力

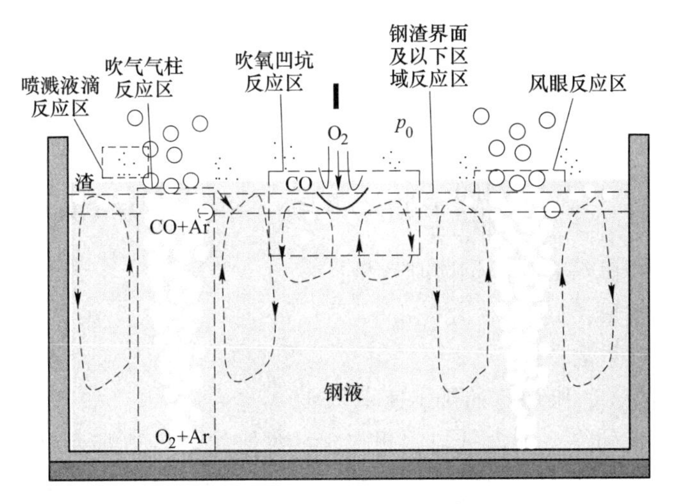

图 7-33 VOD 吹炼脱碳反应区

最低可达 100Pa 以下；还原阶段主要将氧化阶段留下的氧化铬还原，并实现造渣和脱氧，一般也在高真空条件下运行，以继续发挥真空脱碳和脱氧的功能[40]。

图 7-34 给出了模型计算的每个脱碳反应位置对脱碳反应的贡献[41]。

阶段	碳含量	火点	表面	内部	气泡	渣
1	0.14%<[C]≤0.4%	75	5	<1	20	<1
2	0.02%<[C]≤0.14%	50	25	25	<1	<1
3	[C]≤0.02%	0	85	12	1	<1

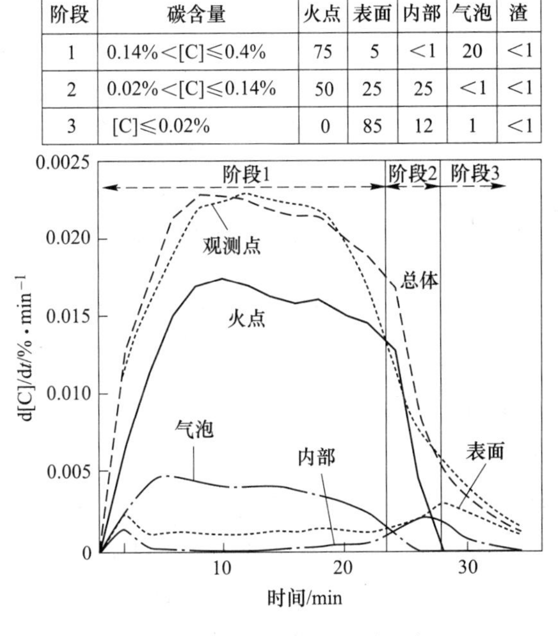

图 7-34 不同反应区脱碳速率

在脱碳阶段 1，火点区反应的贡献很高，而其余部分主要是由于气泡反应。在脱碳阶段 2 中，火点区反应的比例很高，而其余的主要是表面和内部反应。在脱碳阶段 3，尽管内部反应也有部分贡献，但以表面反应为主。在所有的脱碳区域，与炉渣的反应都小于 1%，炉渣脱碳的贡献率很小。在脱碳阶段 1，脱碳速率取决于氧气供应速率而不是取决于搅拌强度的增加。第 2 和第 3 脱碳阶段是［C］迁移率控制的区域，对于上述任何一个位置的反应，脱碳率随着搅拌强度的增加而增加。

住友金属高轮武志等[42]认为，VOD 脱碳发生在真空吹氧脱碳过程和真空脱碳过程。基于脱碳过程测得了烟气中 CO 和 CO_2 的体积，建立了真空脱碳结束时碳含量的预报模型：

$$C_E = C_0 - \frac{100}{W_{ST}} \sum_E K(v_{CO} + v_{CO_2}) \times 12/22.4/1000 \tag{7-22}$$

式中　C_E——真空脱碳结束时的钢液碳含量；

W_{ST}——钢液重量；

K——修正项系数；

v_{CO}，v_{CO_2}——分别为 CO 和 CO_2 的排出速率。

基于此模型预报的终点碳含量与实测碳含量对比如图 7-35 所示。从图 7-35 中可以看出，其偏差在±0.02%以内。对于超低碳不锈钢来讲，预报精度还需要进一步提高[42]。

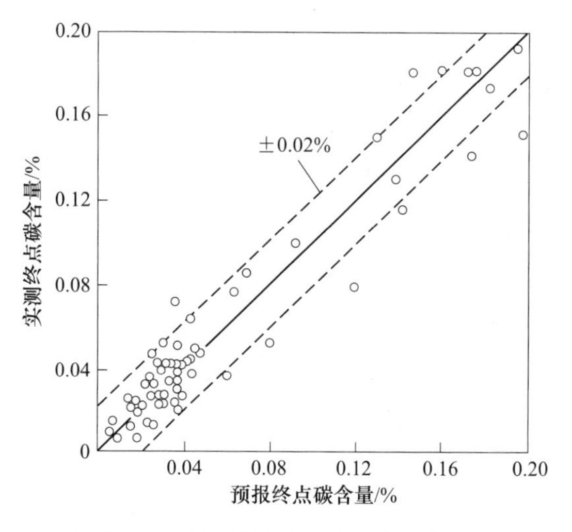

图 7-35　基于模型预报的终点碳与实测值对比

7.3.3　VOD 精炼真空脱碳的影响因素

7.3.3.1　真空度的影响

吹氧阶段不同真空压力下碳含量随吹炼时间的变化如图 7-36 所示[7]。由图 7-36 可以看出，随着真空室压力的降低，钢液碳含量降低，这说明提高真空度促进了脱碳的进行。

从热力学角度考虑，VOD 冶炼过程中的碳氧反应如下：

$$[C] + [O] = CO \tag{7-23}$$

$$K^{\ominus} = \frac{p_{CO}}{f_C[\%C] f_O[\%O]} \tag{7-24}$$

根据式（7-24）可以看出，真空下随着 CO 分压的降低，钢中氧与碳的反应被重新激活，从而达到降碳的目的。所以，氧与碳的反应能力随真空度的提高而提高。虽然脱碳反应仅发生在钢液的表面，但考虑到真空吹氧过程中的喷溅问题，不能一味追求过低真空度。

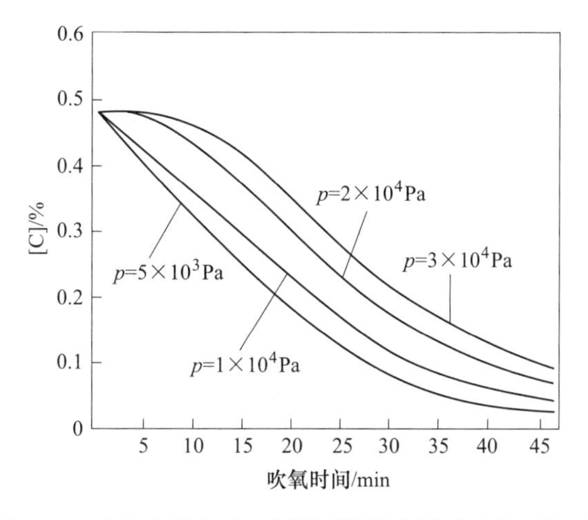

图 7-36　真空室压力对吹氧脱碳阶段钢液碳含量的影响

7.3.3.2　底吹氩的影响

VOD 精炼过程钢包吹氩，使钢包内钢液形成运动流场，从而达到对钢液搅拌的目的，可以加快脱碳反应的进行。由此可以看出，在 VOD 精炼过程中，钢液温度、重量、深度以及真空压力都确定，只能改变吹氩流量来提高钢液的比搅拌功率，通过增强搅拌从而加快脱碳反应的进行。图 7-37 为 JFE 对比的有无吹氩对 VOD 脱碳速率的影响。从图中可以看出，通过底吹氩将脱碳速率提高了 13%[43]。

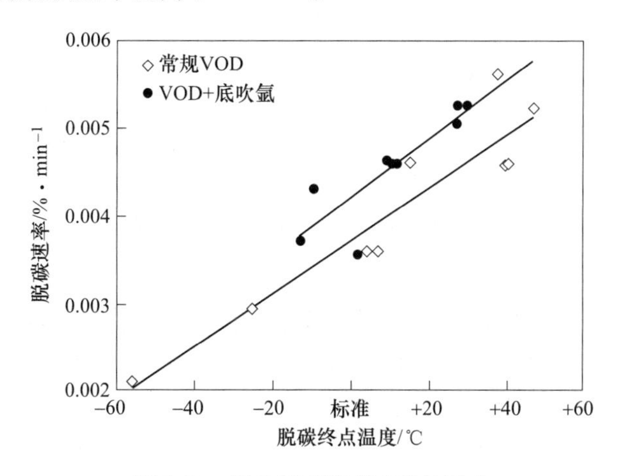

图 7-37　底吹氩对脱碳速率的影响

川崎制铁进一步基于 50t VOD 对比了不同底吹氩强度对吹氧脱碳中期结束碳含量的影响，如图 7-38 所示。由图 7-38 可见，随着搅拌强度的增加，碳含量显著降低，底吹氩气流量提高到 2700NL/min，可将 30%Cr 不锈钢碳含量降低至 0.003%[44]。

7.3.3.3　碳含量的影响

图 7-39 给出了钢中碳含量与脱碳速率的关系[36,45]。由图 7-39 可以看出，脱碳分为两个阶段：第一阶段脱碳速率不受碳含量的影响；第二阶段脱碳速率随碳含量的降低而降低。这是因为高碳条件下，供氧速率是脱碳反应速度的限制性环节；当碳含量降低到一定

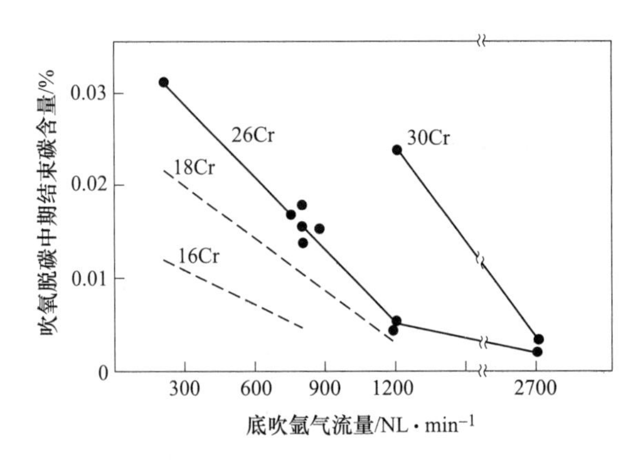

图 7-38 底吹氩气流量对 VOD 精炼过程碳含量的影响

程度时，脱碳反应速度的限制性环节由供氧速率变成了钢中碳的扩散，通过减小供氧速度、强化氩气搅拌、提高 Ar/O_2，促进钢中碳的扩散。而且，提高温度可以提高反应速率常数和扩散系数，提高了脱碳速率。

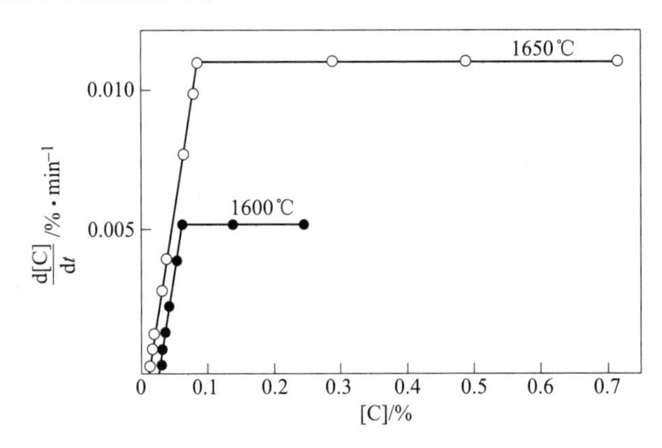

图 7-39 钢中碳含量与脱碳速率关系

7.3.3.4 钢包条件的影响

钢包的几何形状（钢包的设计）对脱碳效果存在影响，一般而言新钢包的脱碳效率优于旧钢包的脱碳效率，主要是由于旧钢包的几何内衬发生了变化[46]。不同钢包条件下 VOD 脱碳速率与初始碳含量的关系如图 7-40 所示。由图 7-40 可知，相同初始碳含量下新钢包的脱碳速率更高。

7.4 VOD 精炼过程气体含量控制

7.4.1 VOD 精炼过程氮的行为

图 7-41 给出了 Fe-Cr 合金中氮溶解度随温度的变化。可以看出，随着钢液中铬含量的提高，氮的溶解度快速上升[47]。但不同温度区间氮溶解度上升的幅度不同，奥氏体区的增幅最大。当钢液中铬含量在 8%以上时，奥氏体区的氮溶解度明显大于相应液相中氮的溶解度。因而对于不锈钢来说，氮难以在凝固过程中逸出，往往留在钢中。

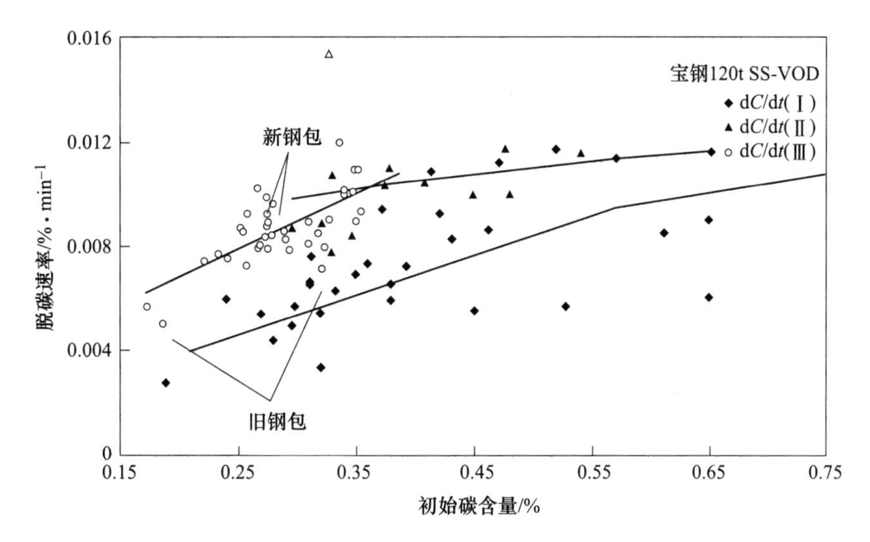

图 7-40　不同钢包条件下 VOD 脱碳速率与初始碳含量的关系

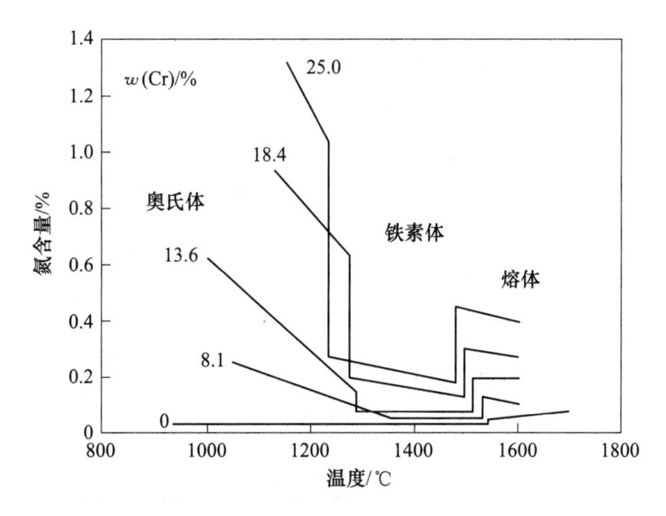

图 7-41　Fe-Cr 合金中氮的溶解度

当钢中［C+N］含量降到0.015%以下，即超纯铁素体不锈钢时，其性能优于或至少等同于奥氏体不锈钢，适量的氮作为间隙元素可以形成碳化物或氮化物固溶存在于基体中，使铁素体不锈钢得到强化，但过高的氮依然不利于综合性能的提高。

图 7-42 为 VOD 法精炼超纯铁素体不锈钢不同阶段氮的行为。由图 7-42 可知，从转炉出钢到 VOD 进站前，钢液发生了严重的吸氮现象，氮含量增加 0.008%～0.016%；VOD 吹氧脱碳后氮含量大幅降低，随着脱气和合金化的进行，钢液氮含量又出现增加[48]。

7.4.2 影响 VOD 精炼过程钢液氮含量的因素

7.4.2.1 碳含量的影响

图 7-43 给出了 VOD 冶炼过程不同阶段钢中碳、氮和氧含量随冶炼时间的变化。可以

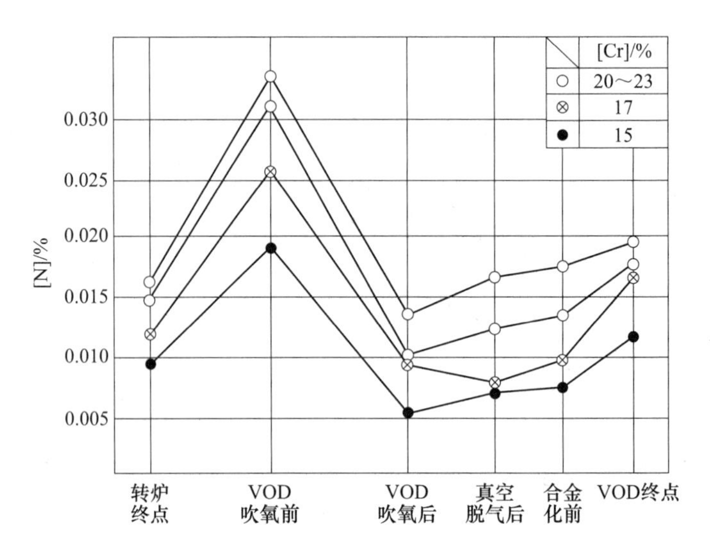

图 7-42　VOD 法精炼超纯铁素体不锈钢不同阶段氮的行为

看出，随着冶炼的进行，钢中碳、氮含量快速降低，在吹氧结束真空脱碳开始，钢中碳、氮含量变化不大，钢中氧含量直至进入还原期才迅速下降[49]。从钢中碳、氮含量随冶炼时间变化的一致性可以看出脱碳和脱氮密切相关。

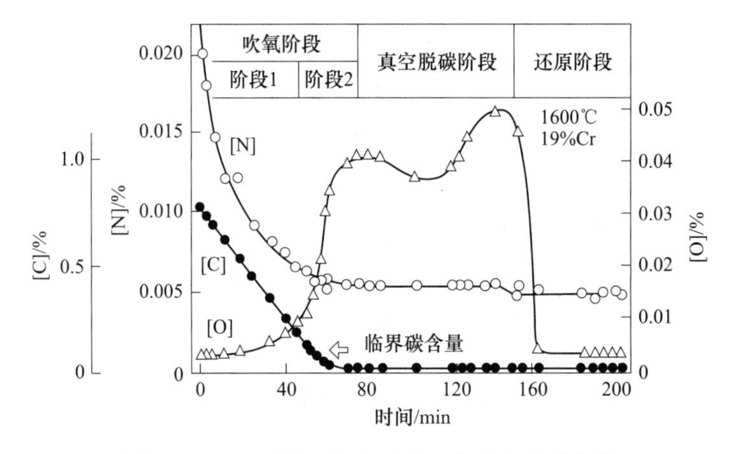

图 7-43　VOD 冶炼过程钢中碳、氮和氧含量变化

50t VOD 中初始碳含量和最终氮含量的关系如图 7-44 所示。从图 7-44 可以看出，无论是传统方法还是吹氧过程降压的新方法，随着初始碳含量的增加，终点氮含量均显著降低[49]。

130t VOD 不同反应位置（CO 气泡、熔池表面、氩气泡）脱氮率如图 7-45 所示[50]。由图 7-45 可见，冶炼的早期阶段，脱氮反应主要在钢液内形成的 CO 气体表面进行，并且氮的浓度迅速下降。然后，脱氮整体反应速率逐渐下降。冶炼中期和后期，脱氧反应主要在熔池表面和氧气泡进行，熔池表面的反应比例占 70%～80%，而吹入的氩气气泡表面的反应比例为 20%～30%。冶炼过程总脱氮量的比例分别是熔池表面 36%、氩气泡 13%、CO 气泡 51%。这表明熔池内形成的 CO 气泡是脱氮反应的最适宜的位置。其原因一方面是 CO 气泡脱氮反应面积比其他部位大得多，另一方面是 CO 气泡中的氮气分压非常小。因而，VOD 冶炼过程

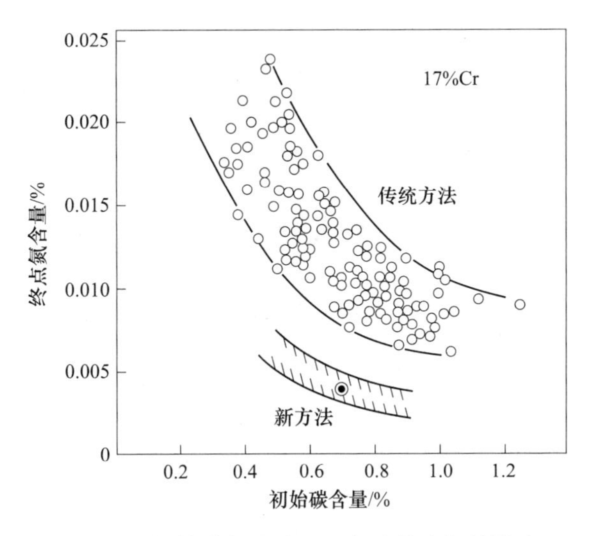

图 7-44　初始碳含量对 VOD 钢液终点氮的影响

促进钢液 CO 气体形成，可以加速脱氮反应，CO 气体的形成需要高的熔池碳含量。因而，提高熔池初始碳含量有助于钢液脱氮。

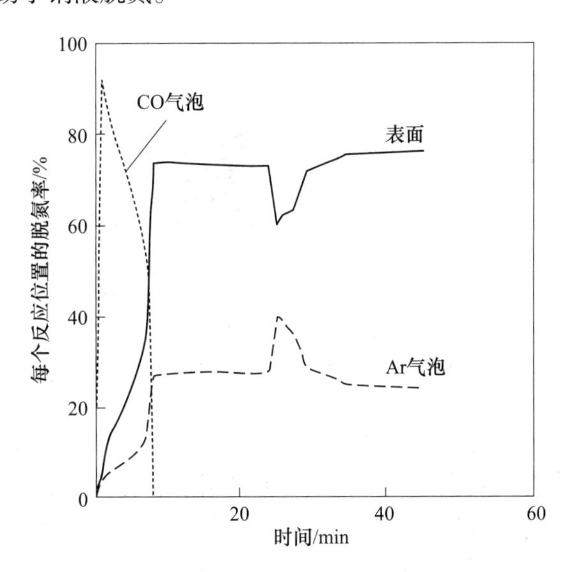

图 7-45　VOD 冶炼过程不同反应位置的脱氮率

7.4.2.2　铬含量的影响

不锈钢中铬含量较高，而且不同类型的不锈钢铬含量有较大差别。图 7-46 对比了 19%和 30%铬含量的不锈钢随着冶炼的进行钢液氮含量的变化。由图 7-46 可知，无论铬含量高低，吹氧结束后 [N] 含量均趋于稳定，但是 30%铬含量的不锈钢终点 [N] 含量比 19%铬含量的终点 [N] 含量高 80×10^{-6}左右[49]。

$\Delta(1/w_{[N]})$与 $\Delta w_{[C]}$成正比关系，主要与钢中铬含量有关，因此，可用脱氮指数 $\alpha=\Delta(1/w_{[N]})/\Delta w_{[C]}$表示脱碳过程中的脱氧能力。120t VOD 实际吹氧脱碳过程脱氮效果 $\Delta(1/[N])$与脱碳量 $\Delta[C]$的关系如图 7-47 所示[51]。由图 7-47 可见，铬含量为 11.6%、

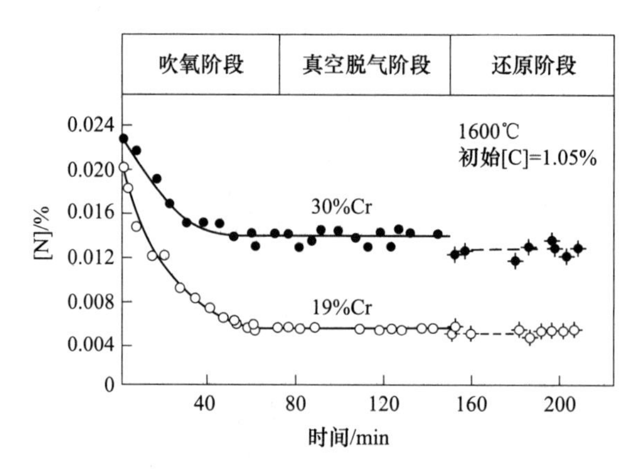

图 7-46　不同铬含量下 VOD 精炼过程钢液氮含量的变化

17.6%和 20.6%的铁素体不锈钢的平均脱氮指数分别为 250%$^{-2}$、150%$^{-2}$和 90%$^{-2}$。同等脱碳条件下，高的铬含量抑制了脱氮的进行。

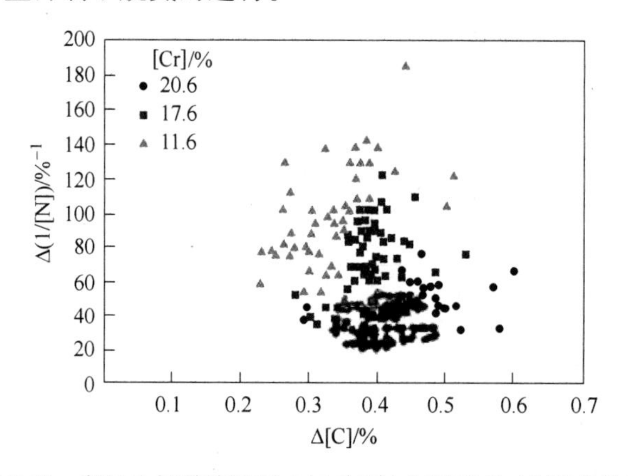

图 7-47　实际吹氧脱碳过程 Δ(1/[N])与脱碳量 Δ[C]的关系

从热力学角度来说，钢液铬含量增加抑制氮的脱除，是因为高铬不锈钢中铬对氮的相互作用系数为负值，随着钢液铬含量的提高，氮的活度系数降低，在一定的温度和氮分压下，氮的活度系数越低，钢液的平衡氮含量越高，越不利于脱氮的进行。

从动力学角度来说，与钢中铬抑制氮的传质有关，如图 7-48 所示。从图 7-48 可以看出，随着钢中铬含量的增加，脱氮速率常数显著降低，这说明钢中铬含量的增加抑制了脱氮过程氮的传质[52]。

7.4.2.3　硫和氧含量的影响

钢液的氧、硫含量与脱氮速率常数成反比关系。1600℃时硫质量分数和氧质量分数对脱氮速率常数的影响如图 7-49 所示[53]。显然，降低氧、硫含量有助于氮从钢液的脱除。

7.4.2.4　顶喷粉的影响

住友金属开发了 VOD 顶喷粉技术（VOD-PB）以生产低氮不锈钢。在常规 VOD 生产铁素体不锈钢时，吹氧脱碳到一定程度时([C]≥0.3%)，改用氩气作载气喷入铁矿、锰矿、二氧化硅和其他氧化剂粉剂，如图 7-50 所示。由图 7-50 可知，其脱氮速率是传统顶

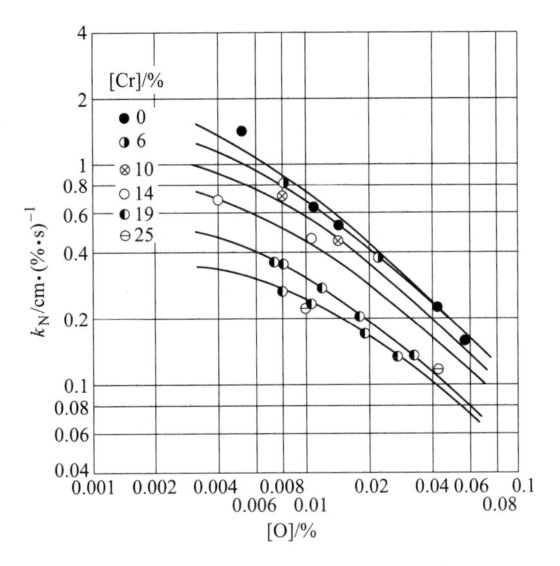

图 7-48 钢液铬含量对脱氮速率常数的影响

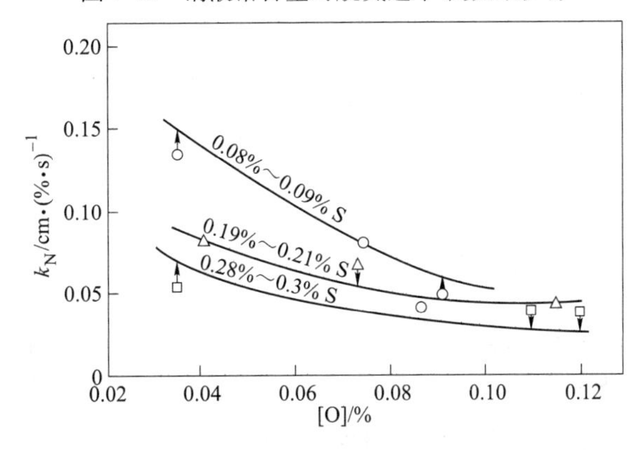

图 7-49 1600℃时硫含量和氧含量对脱氮速率常数的影响

吹氧脱氮速率的约2倍，在50t VOD炉上可将钢液氮含量脱至0.0012%[54]。

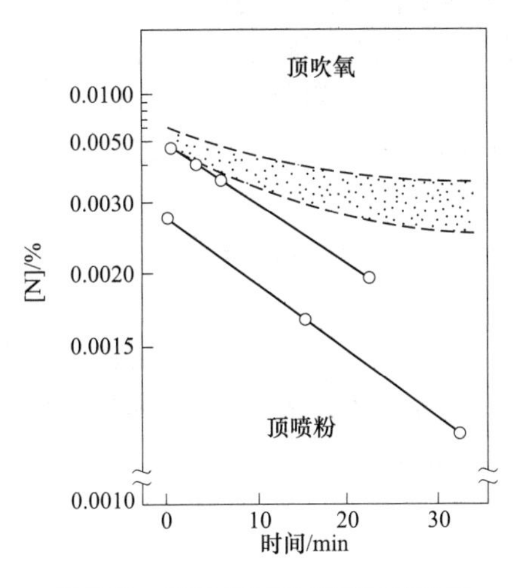

图 7-50 VOD顶喷粉对脱氮的影响

图 7-51 对比了顶喷粉与顶吹氧对脱氮影响的机制。从图 7-51 可以看出，进行顶喷粉时，氧化粉剂颗粒作为脱碳反应的氧源，并作为 CO 气泡形成的核心，产生的 CO 气泡是极细的气泡，大幅增加了反应界面面积[54]。CO 气泡在氧化剂颗粒上形成并与颗粒分离，在 CO 气体-钢液界面区域的氧含量低于钢液渗入的氧化剂颗粒周围的氧含量，脱碳反应是在氧化剂颗粒上进行的，那里的氧含量较高；而脱氮反应在 CO 气体与金属的界面区域进行，那里的氧含量相对较低，因而实现了同时脱碳和脱氮。而对于顶吹氧方式，脱碳和脱氮反应在 CO 气泡上的任意位置同时进行，氧势恒定，反应界面面积较小。

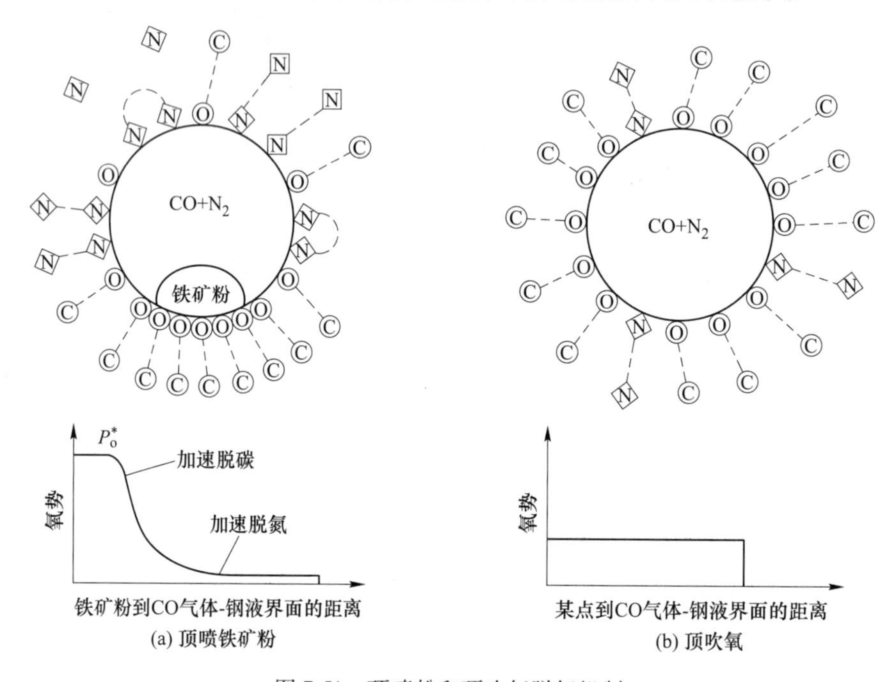

图 7-51 顶喷粉和顶吹氧脱氮机制

7.4.2.5 氩气流量的影响

氩气的搅拌对脱氮有着积极的作用，氩气搅拌主要是增大金属液与气相接触面积，使脱氮速度加快；吹氩搅拌可以通过气泡不断更新熔池表面，在此作用下金属液表面的湍流加速了传质过程；吹氩搅拌还可使温度均匀。316L 不锈钢钢液氮含量和吹氩流量的关系如图 7-52 所示[55]。钢中最终氮含量主要取决于吹氮工艺等动力学条件。

日本川崎钢铁公司用 50t SS-VOD 设备精炼 17% Cr 钢时，底吹氩流量达 1000L/min（常规 VOD 为 100~300L/min），终点氮含量可达到 0.003%[56]。

7.4.2.6 真空度的影响

图 7-53 给出了真空室压力对 17%Cr 不锈钢终点氮含量的影响。由图 7-53 可见，在相同的脱碳速率下，随着真空度的提高终点氮含量显著降低。这是因为真空度的提高降低了 CO 和 N_2 的分压，从而促进了氮的脱除[57]。

7.4.3 VOD 精炼过程脱氢

根据 VOD 的冶炼特性，可把脱氢分为三个阶段。

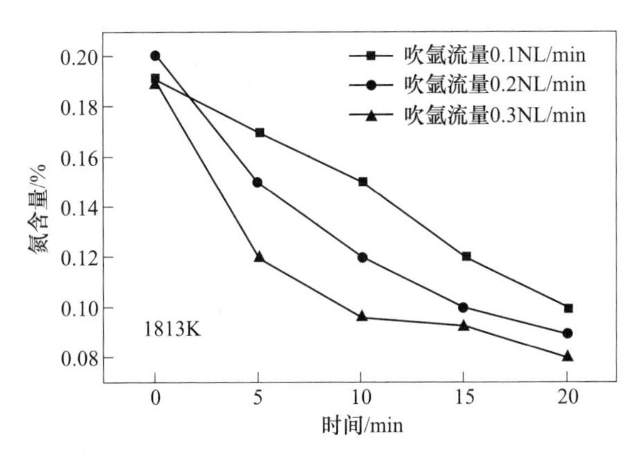

图 7-52 钢液氮含量和吹氩流量的关系

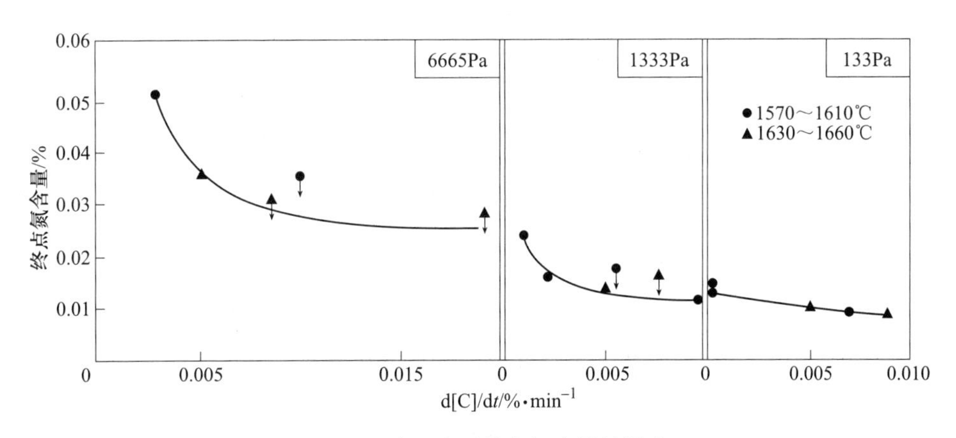

图 7-53 真空度对终点氮含量的影响

吹氧脱碳阶段：在这个阶段，氧气在一定的真空条件下从顶部吹入，氩气从底部吹入，在钢液中形成大量小气泡作为“真空室”。与此同时，钢液中大量碳原子被氧化为一氧化碳并逸出，少量氢扩散到气泡中被去除。

真空脱气阶段：在此阶段，停止吹氧，真空度达到极限值。氩气从钢包底部吹入剧烈搅拌钢液，大部分氢在此阶段被去除。

还原阶段：在此阶段，在钢液中加入造渣料和合金进行造渣操作，由于真空度低，几乎没有脱氢能力。

基于此，得出脱氢的机理模型[58]：

$$[\%H] = ([\%H]_0 - [\%H]_{e1})e^{C(A_1t_1+A_2t_2)} + ([\%H]_{e1} - [\%H]_{e2})e^{Ct_2} + [\%H]_{e2} \tag{7-25}$$

$$C = -\frac{\rho_m k_d}{W_m} \tag{7-26}$$

式中 $[\%H]_0$，$[\%H]$——分别为吹氧开始和真空结束时的氢含量；

$[\%H]_{e1}$，$[\%H]_{e2}$——分别为吹氧和真空阶段的平衡氢含量；

A_1，A_2——分别为吹氧和真空阶段气液反应的面积；

t_1，t_2——分别为吹氧和真空阶段的时间；

k_d——氢在钢液的传质系数；

ρ_m，W_m——钢液的密度和重量。

钢液的脱氢与脱碳速度有关，如图 7-54 所示[59]。由图 7-54 可知，随着脱碳速度的提高，脱氢率提高。从这个角度来说，有利于脱碳速度提高的因素都有利于脱氢。

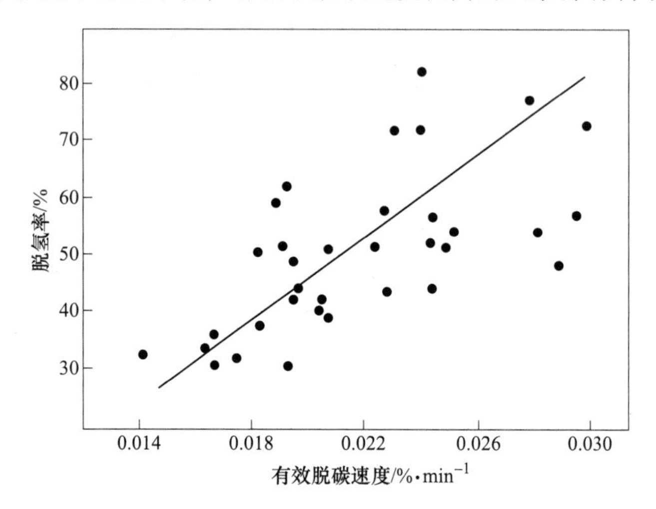

图 7-54 脱氢率和有效脱碳速度的关系

7.5 VOD 精炼模型

针对 VOD 冶炼过程吹氧阶段、真空阶段和还原阶段三个时期建立动态模型[7]。

7.5.1 吹氧期动态模型的建立

假设如下：(1) 只有两个反应区，即金属/气体（M/G）和金属/渣（M/S）反应区；(2) 其余部分未发生反应。吹氧阶段的反应区示意图如图 7-55 所示。

7.5.1.1 M/G 反应区

在 M/G 反应区中会发生以下反应：

$$O_2 = 2[O] \qquad \Delta G^{\ominus} = -56000.0 - 1.38T \tag{7-27}$$

$$\frac{1}{2}[Si] + [O] = \frac{1}{2}(SiO_2) \qquad \Delta G^{\ominus} = -7100.0 + 27.6T \tag{7-28}$$

$$[Mn] + [O] = (MnO) \qquad \Delta G^{\ominus} = -69469.0 + 30.96T \tag{7-29}$$

$$[C] + [O] = CO \qquad \Delta G^{\ominus} = -5350.0 - 9.48T \tag{7-30}$$

$$\frac{2}{3}[Cr] + [O] = \frac{1}{3}(Cr_2O_3) \qquad \Delta G^{\ominus} = -65767.0 + 28.84T \tag{7-31}$$

$$Fe + [O] = (FeO) \qquad \Delta G^{\ominus} = -28900.0 + 12.51T \tag{7-32}$$

假设 M/G 反应区内一定量的金属 M_{mg}^{t} 在固定时间间隔 Δt 内与气相发生反应，此后，这部分金属立即与剩余的金属和新的金属 M_{mg}^{t} 在 M/G 反应区反应，并以此方式进行循环。

金属 M_{mg}^{t}的量取决于底部氩气、顶部氧气的吹入状况以及钢包的几何形状。

为计算 M/G 反应区的反应，将总的吹炼时间分为若干时间步 Δt，在每个时间步 Δt 内，计算进入反应区的金属量和氧气量。没有进入废气的氧气被分配到氧化反应和金属溶解氧的增加之间。从氧平衡出发建立氧分布模型，在模型中，每一个 Δt 被分为更小的时间步，假设在反应(7-28)~(7-32) 中，只有反应自由能变化最小的反应发生，并消耗了在最小时间间隔内可用于反应的全部氧气。吹入的氧分为被氧化反应消耗的部分（R^t）和溶解在金属中的部分（D^t）。

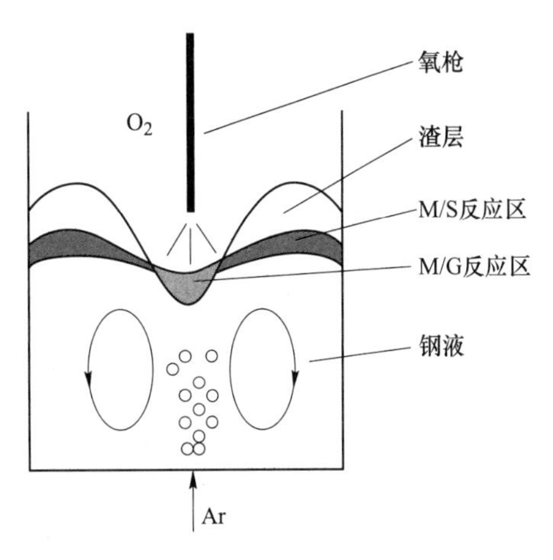

图 7-55 VOD 吹氧阶段不同反应区

$$Q_{O}^{t}\Delta t = R^t + D^t \tag{7-33}$$

为计算钢液中溶解氧的量，认为钢液中的氧含量等于其溶解度的极限，即与其他溶解元素平衡时的最低浓度。当氧碳平衡反应（7-30）限制了氧的溶解度时，可以基于反应（7-30）的平衡常数计算出的碳含量和前一个时间步（$t-\Delta t$）结束时的钢液温度来计算金属的氧含量。

$$K_4 = \frac{p_{CO}^{t}}{f_C C_C^{t-\Delta t} f_O C_O^{t}} \tag{7-34}$$

钢液中溶解的氧量 D^t 可由在（$t-\Delta t$）到 t 期间氧含量的变化进行计算。

$$D^t = \frac{(C_O^t - C_O^{t-\Delta t}) W_M^t}{100} \tag{7-35}$$

氧化反应中耗氧量 R^t由式（7-33）计算，其中 D^t由式（7-35）中前一时间步的 $D^{t-\Delta t}$进行近似估算。在吹氧的第一分钟，假定氧气仅被氧化反应消耗。此过程产生的计算误差在下一个时间间隔的计算中自动补偿。在每一个小的时间步长 Δt 中，均使用与前面描述的氧分布模型相同的判据，R^t项分布在不同的氧化反应上。

在给定的时间间隔 Δt 内，经过 N 个小的时间步 Δt_s后，M/G 反应区氧含量为：

$$C_{O1}^{(n)} = \frac{C_{O1}^{r(n-1)} M_{mg}^{(n-1)} + (\dot{Q}_{CO}^{t}\Delta t_s - R^t/N)}{M_{mg}^{(n)}} \times 100 \quad (n = 1, \cdots, N) \tag{7-36}$$

式中 下标 mg——M/G 反应区。

反应（7-28）的自由能变化为：

$$\Delta G_{Si}^{(n)} = -7100.0 + 27.6T^t + 4.575T^t \lg\left(\frac{(\gamma_{SiO_2} x_{SiO_2})^{1/2}}{(f_{Si} C_{Si}^{(i)})^{1/2} f_O C_{O1}^{(\tilde{n})}}\right) \quad (n = 1, \cdots, N) \tag{7-37}$$

对于反应（7-29）~(7-32)，可以用类相似的公式计算反应自由能的变化。

反应（7-28）~(7-32）的最小反应自由能为：

$$\Delta G_{min}^{(n)} = \min(\Delta G_i^{(n)}) \quad (i = Si, Mn, C, Cr, Fe; n = 1, \cdots, N) \tag{7-38}$$

在每一个小的时间步 Δt_s 中，元素被氧化的量为：

$$W_{mg}^{i(t)(n)}=\frac{1}{m}\frac{M_i}{M_O}\frac{R^t}{N}$$

$$(i=Si,Mn,C,Cr,Fe;n=1,\cdots,N) \tag{7-39}$$

式中　m——“特定元素 i 的每个原子”与之相结合的氧原子数。

生成的相应氧化物的量为：

$$W_{mgs}^{j(t)(n)}=\frac{M_j}{M_i}W_{mg}^{i(t)(n)}$$

$$(j=SiO_2,MnO,Cr_2O_3,FeO;i=Si,Mn,Cr,Fe) \tag{7-40}$$

式中　下标 mgs——炉渣组分 j 位于 M/G 反应区。

在一个反应时间 Δt 内，金属中各元素 i 和渣中各化合物 j 由于 M/G 反应的总重量变化为：

$$W_{mg}^{i(t)}=\sum_{n=1}^{N}W_{mg}^{i(t)(n)}\quad(i=Si,Mn,C,Cr,Fe) \tag{7-41}$$

$$W_{mgs}^{(f)}=\sum_{n=1}^{N}W_{mgs}^{j(t)(n)}\quad(j=SiO_2,MnO,Cr_2O_3,FeO) \tag{7-42}$$

7.5.1.2　M/S 反应区

在 M/S 反应区，发生以下反应：

$$(Cr_2O_3)+3[C]=\!=\!=2[Cr]+3CO$$

$$\Delta G^{\ominus}=181250.0-114.95T \tag{7-43}$$

$$2(Cr_2O_3)+3[Si]=\!=\!=4[Cr]+3(SiO_2)$$

$$\Delta G^{\ominus}=-31400.0-8.02T \tag{7-44}$$

$$3(FeO)+2[Cr]=\!=\!=3Fe+(Cr_2O_3)$$

$$\Delta G^{\ominus}=-110601.0+48.99T \tag{7-45}$$

$$(MnO)+[C]=\!=\!=[Mn]+CO$$

$$\Delta G^{\ominus}=64119.0-40.44T \tag{7-46}$$

采用与 M/G 反应区相似的反应区概念，根据反应（7-27）~（7-32）的数据可计算反应（7-43）~（7-46）的自由能变化。来自熔池的一定量的金属 M_{ms}^t 和来自渣层的一定量的渣 M_{sm}^t 以固定的时间间隔 Δt 进入 M/S 反应区。假设 M_{ms}^t 和 M_{sm}^t 在 M/G 反应区的行为与 M_{mg}^t 相似，同时假设 M/S 反应区的所有反应都达到平衡。

对于反应（7-43），反应的平衡常数为：

$$K_{ms}^t=\frac{(f_{Cr}C_{ms(Cr)}^{t(e)})2(p_{CO}^t)^3}{\gamma_{Cr_2O_3}x_{sm(Cr_2O_3)}^{t(e)}\ (f_C C_{ms(C)}^{t(e)})^3} \tag{7-47}$$

式中　下标 ms，sm——M/S 反应区。

反应（7-44）~（7-46）的平衡常数可以用类似的公式计算。

根据质量守恒，当反应在 M/S 区达到平衡时，M/S 反应区金属和渣组分中元素的含量应为：

$$C_{ms(i)}^{t(e)}=(M_{ms}^{t-1}C_{ms(i)}^t-W_{ms}^{(t)})/M_{ms}^t$$

$$(i = \mathrm{Si}, \mathrm{Mn}, \mathrm{C}, \mathrm{Cr}) \tag{7-48}$$

$$C_{\mathrm{sm}(j)}^{(e)} = (M_{\mathrm{sm}}^{t-1} C_{\mathrm{sm}(j)}^{t} - W_{\mathrm{sm}}^{(t)}) / M_{\mathrm{sm}}^{t}$$

$$(j = \mathrm{SiO_2}, \mathrm{MnO}, \mathrm{Cr_2O_3}, \mathrm{FeO}) \tag{7-49}$$

$$W_{\mathrm{sm}(i)}^{j(t)} = \frac{M_j}{M_i} W_{\mathrm{ms}}^{i(t)}$$

$$(i = \mathrm{Si}, \mathrm{Mn}, \mathrm{Cr}, \mathrm{Fe};\quad j = \mathrm{SiO_2}, \mathrm{MnO}, \mathrm{Cr_2O_3}, \mathrm{FeO}) \tag{7-50}$$

式中　下标 ms(i)——M/S 反应区的 i 元素；

　　下标 sm(j)——M/S 反应区的 j 氧化物。

为求解反应（7-43）~（7-46），需要一个额外的方程。根据 M/S 区质量守恒定律，M/S 反应区铁的质量变化应为：

$$W_{\mathrm{ms}}^{\mathrm{Fe}(t)} = \frac{3M_{\mathrm{Fe}}}{2M_{\mathrm{Cr}}} \left(W_{\mathrm{ms}}^{\mathrm{Cr}(t)} - \frac{4M_{\mathrm{Cr}}}{3M_{\mathrm{Si}}} W_{\mathrm{ms}}^{\mathrm{Si}(t)} - W_{\mathrm{ms}}^{\mathrm{Cr1}(t)} \right) \tag{7-51}$$

式中　$W_{\mathrm{ms}}^{\mathrm{Cr1}(t)}$——［Cr］因被［C］还原而发生的重量变化，它的计算公式为：

$$W_{\mathrm{ms}}^{\mathrm{Cr1}(t)} = \frac{2M_{\mathrm{Cr}}}{3M_{\mathrm{C}}} \left(W_{\mathrm{ms}}^{\mathrm{C}(t)} - \frac{M_{\mathrm{C}}}{M_{\mathrm{Mn}}} W_{\mathrm{ms}}^{\mathrm{Mn}(t)} \right) \tag{7-52}$$

通过解相关方程（7-47）~（7-52）可以计算出 M/S 反应区金属和炉渣的重量变化。

7.5.1.3 金属和炉渣的整体计算

吹氧阶段金属和炉渣的总重量变化应为 Δt 至 t 时间内 M/G 和 M/S 反应区重量变化之和。

$$W_{\mathrm{M}}^{t} = W_{\mathrm{M}}^{(t-\Delta t)} - \left(\sum_i W_{\mathrm{mg}}^{i(t)} + \sum_i W_{\mathrm{ms}}^{i(t)} \right)$$

$$(i = \mathrm{Si}, \mathrm{Mn}, \mathrm{Cr}, \mathrm{C}, \mathrm{Fe}) \tag{7-53}$$

$$W_{\mathrm{S}}^{t} = W_{\mathrm{S}}^{(t-\Delta t)} + \left(\sum_j W_{\mathrm{mgs}}^{j(t)} + \sum_j W_{\mathrm{sm}}^{j(t)} \right)$$

$$(j = \mathrm{SiO_2}, \mathrm{MnO}, \mathrm{Cr_2O_3}, \mathrm{FeO}) \tag{7-54}$$

吹氧阶段的任何时刻，熔池成分应为：

$$C_i^t = \{ C_1^{(t-\Delta t)} W_{\mathrm{M}}^{(t-\Delta t)} - (W_{\mathrm{mg}}^{i(t)} + W_{\mathrm{ms}}^{i(t)}) \} / W_{\mathrm{M}}^{t}$$

$$(i = \mathrm{Si}, \mathrm{Mn}, \mathrm{Cr}, \mathrm{C}, \mathrm{Fe}, \cdots) \tag{7-55}$$

渣的成分变为：

$$C_j^t = \{ C_j^{(t-\Delta t)} W_{\mathrm{S}}^{(t-\Delta t)} + (W_{\mathrm{mgs}}^{j(t)} + W_{\mathrm{sm}}^{j(t)}) \} / W_{\mathrm{S}}^{t}$$

$$(j = \mathrm{SiO_2}, \mathrm{MnO}, \mathrm{Cr_2O_3}, \mathrm{FeO}, \cdots) \tag{7-56}$$

吹氧阶段 CO 分压为：

$$\dot{Q}_{\mathrm{CO}}^{t} = \frac{M_{\mathrm{CO}}}{M_{\mathrm{C}}} \frac{W_{\mathrm{mg}}^{\mathrm{C}(t)} + W_{\mathrm{ms}}^{\mathrm{C}(t)}}{\Delta t} \tag{7-57}$$

$$p_{\mathrm{CO}}^{t} = p^{t} \frac{\dot{Q}_{\mathrm{CO}}^{t}}{\dot{Q}_{\mathrm{CO}}^{t} + Q_{\mathrm{Ar}}^{t}} \tag{7-58}$$

根据 VOD 过程中的热量守恒可以确定温度：

$$\sum H_{\mathrm{in}}^{t} - \sum H_{\mathrm{out}}^{t} = \int_{T(t)}^{T(t+\Delta t)} (W_{\mathrm{M}}^{t} c_p^{\mathrm{M}} + W_{\mathrm{S}}^{t} c_p^{\mathrm{S}}) \mathrm{d}T \tag{7-59}$$

$\sum H_{in}^{t}$是Δt过程中所有反应热的总和，可以通过上述M/G和M/S反应区得到的各元素的氧化反应来计算。$\sum H_{out}^{t}$由VOD过程中的所有热损失组成，如与废气有关的热损失和通过钢包壁的热损失。

7.5.2　真空脱气和还原期动态模型的建立

停止吹氧后进入真空脱气阶段，降低压力，以便连续脱气脱碳。在接下来的还原阶段，加入合金，以降低渣中的Cr_2O_3、控制钢的最终成分和温度。在这两个阶段中，钢包内只存在M/S反应区。脱气阶段考虑以下反应：

$$[C]+[O]=CO$$
$$\Delta G^{\ominus}=-5350.0-9.48T \tag{7-60}$$
$$(Cr_2O_3)+3[C]=2[Cr]+3CO$$
$$\Delta G^{\ominus}=181250.0-114.95T \tag{7-61}$$
$$(MnO)+[C]=[Mn]+CO$$
$$\Delta G^{\ominus}=64119.0-40.44T \tag{7-62}$$

在还原阶段，考虑以下反应：

$$(Cr_2O_3)+2[Al]=(Al_2O_3)+2[Cr]$$
$$\Delta G^{\ominus}=-94000.0+7.69T \tag{7-63}$$
$$2(Cr_2O_3)+3[Si]=3(SiO_2)+4[Cr]$$
$$\Delta G^{\ominus}=-31400.0-8.02T \tag{7-64}$$
$$(Cr_2O_3)+3[Mn]=3(MnO)+2[Cr]$$
$$\Delta G^{\ominus}=-11106.0+6.36T \tag{7-65}$$
$$3(MnO)+2[Al]=(Al_2O_3)+3[Mn]$$
$$\Delta G^{\ominus}=-82953.0+1.32T \tag{7-66}$$

为了模拟和计算这些反应，进行了与吹氧阶段M/S反应区相同的假设，数学模型和计算方法也与第一阶段M/S反应区的计算方法相似。

一个完整的用于模拟整个VOD过程的动态模型是由三个不同阶段的数学模型组合而成的，它可连续计算金属和熔渣的组成、金属和熔渣的重量，以及最后的熔池温度。

表7-3对比了316L不锈钢的工业数据与相应的计算结果。

表7-3　316L不锈钢的工业数据和计算结果

项目	钢液成分/%					钢液重量 W_M/t	钢液温度 T/℃
	C	Si	Mn	Cr	Ni		
初始值	0.48	0.2	0.55	16.45	10.49	121	1549
还原终点	0.01	0.46	1.44	16.48	10.8	—	1663
计算值	0.012	0.49	1.42	16.47	10.8	126.3	1642

图7-56给出了该炉316L的整个VOD过程中金属和炉渣成分变化、金属温度、炉渣总重量和Cr_2O_3重量变化的计算结果，与实际变化较为相符。

由于合金成分的波动、VOD过程中压力的变化、转炉下渣重量、VOD过程炉渣与钢液热容的变化等参数很难准确确定，增加不锈钢冶炼工艺降低了模型的计算精度。为了提

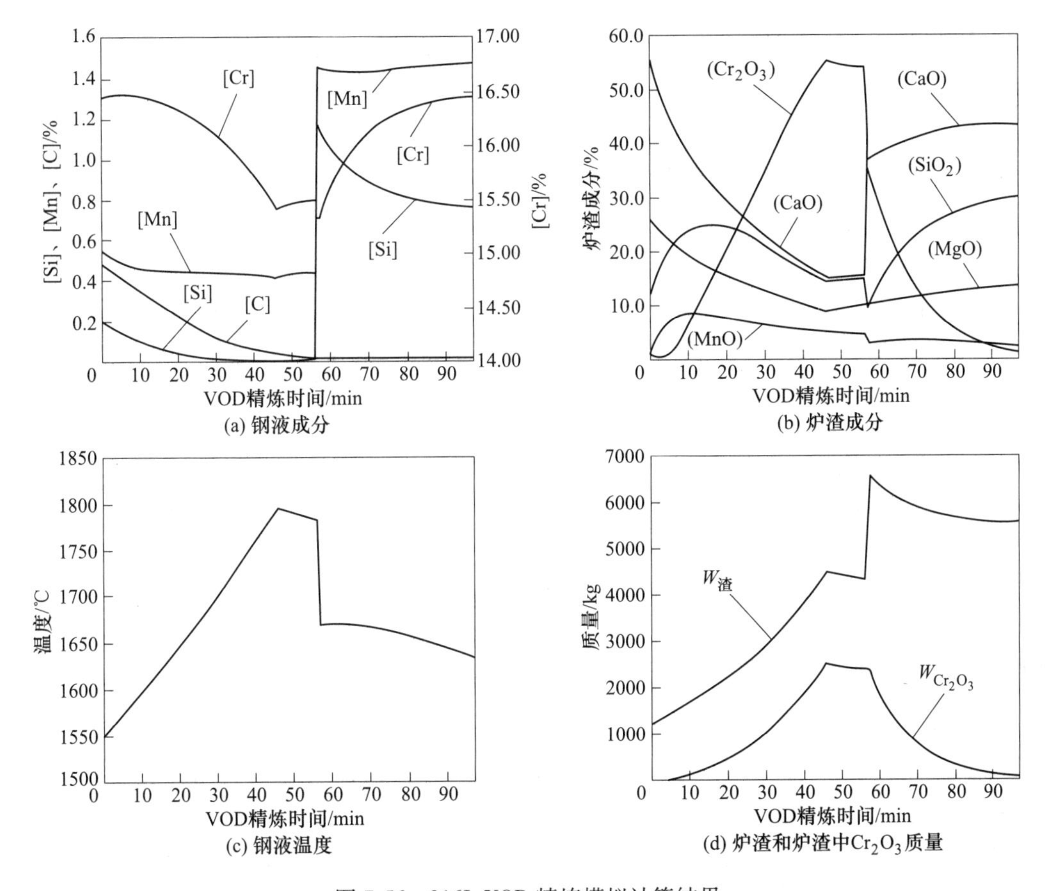

图 7-56 316L VOD 精炼模拟计算结果

高模型的准确性，应尽量获取 VOD 过程中更精确的生产参数和一些中间信息，如吹氧阶段结束时的钢液成分和温度等。

本 章 小 结

（1）VOD 精炼具有吹氧脱碳、升温、吹氩搅拌、真空脱气、造渣、合金化等冶金手段，主要用于超纯不锈钢和精密合金的冶炼。VOD 精炼过程主要包含吹氧脱碳、真空脱碳和还原调整三个阶段，根据不同阶段特点在三个阶段进行不同工艺操作以达到冶炼目标。

（2）VOD 吹氧脱碳是钢液氧的主要来源。精炼的初始温度、吹氧操作终点的判断、脱氧剂的使用、精炼渣组分、脱气时间和底吹氩搅拌强度等影响 VOD 精炼钢液的氧含量和夹杂物。炉渣碱度、渣量、钢液氧含量、炉内喷粉、底吹搅拌等影响钢液的硫含量，合理的 VOD 精炼工艺可将硫脱至 10×10^{-6}以下。由于 VOD 精炼过程钢液的氧化、真空脱碳和还原的存在，钢液和炉渣的氧化性发生变化，钢液存在回磷现象。

（3）VOD 的脱碳由供氧速度、氧枪高度、真空度和底吹氩流量控制；脱氮则受钢液碳含量、铬含量、硫含量、氧含量、底吹氩流量、真空度等的控制；VOD 可以冶炼[C]+[N]含量低于 0.015%甚至更低的不锈钢。VOD 冶炼过程氢主要在真空脱气过程中脱除，小部分在吹氧脱碳过程脱除，提高脱碳速率有利于氢的脱除。

（4）基于 VOD 冶炼过程的反应热力学和动力学分析并结合吹氧脱碳、真空脱碳和还原三个阶段建立的 VOD 过程动态模型，可连续计算 VOD 冶炼过程钢液和熔渣的组成、钢液和熔渣的重量、终点钢液温度，为了解 VOD 冶炼过程钢液成分、炉渣成分和钢液温度变化提供了参考。

思　考　题

（1）说明 VOD 精炼设备与工艺技术的发展。

（2）VOD 冶炼过程通常分为几个阶段，不同阶段的主要功能和操作是什么？

（3）VOD 精炼过程氧含量及夹杂物控制技术有哪些？

（4）简述 VOD 精炼过程硫含量及回磷的控制技术。

（5）简述 VOD 吹氧脱碳理论及影响真空脱碳的因素。

（6）VOD 冶炼超低碳和超低氮不锈钢的基本理论及促进碳和氮的脱除的措施是什么？

（7）VOD 精炼过程钢液成分及渣成分变化的规律有什么？

参 考 文 献

[1] Katayama H，Kajioka H，Inatomi M，et al. Tetsu-to-Hagané，1977，63：2077（in Japanese）.

[2] Kaito H，Morimoto M，Murai T，et al. Tetsu-to-Hagané，1980，66：S832（in Japanese）.

[3] Kaito H，Morimoto M，Murai T，et al. Tetsu-to-Hagané，1980，66：S833（in Japanese）.

[4] Oguchi Y，Kaito H，Suzuki T，et al. Kawasaki Steel Tech. Rep.，1980，12（4）：561（in Japanese）.

[5] Shinme K，Matsuo T. Tetsu-to-Hagané，1986，72：S1104（in Japanese）.

[6] Shinme K，Matsuo T，Morishige M. Trans. Iron Steel Inst. Jpn.，1988，28：297.

[7] Ding R，Blanpain B，Jones P T，et al. Modeling of the vacuum oxygen decarburization refining process [J]. Metallurgical and Materials Transactions B，2000，31：197-206.

[8] 张乐辰．高品质 2Cr13 不锈钢关键冶金技术研究 [D]. 北京：北京科技大学，2017.

[9] 安杰，于丹，耿振伟，等．VOD 不锈钢水的初始温度对精炼效果的影响 [J]. 特殊钢，2013，34（1）：31-33.

[10] Chen Xingrun，Cheng Guoguang，Li Yao，et al. Research on the oxygen content in 304L stainless steel during VOD-LF-CC process based on IMCT [J]. Metall. Res. Technol.，2019，116（6）：626.

[11] Hasegawa M，Shigeaki M，Aruhashi S. Synthetic slag refining of 18Cr steel in VOD [J]. 鉄と鋼，1977，63（13）：2087-2093.

[12] 林腾昌，朱荣，魏鑫燕，等．VOD 精炼水轮机用不锈钢的洁净度研究 [J]. 炼钢，2011，27（3）：47-50.

[13] 安杰，陈秀强，林晶晶，等．降低 VOD/VHD 精炼不锈钢的氧含量 [C]. 中国金属学会．第九届中国钢铁年会论文集．北京：冶金工业出版社，2013：972-975.

[14] 黄晓斌．VOD 吹炼不锈钢脱氧工艺及渣系分析 [J]. 特钢技术，2006（2）：1-6.

[15] Hirota Akihito，Nakazato Kazuki，Kishimoto Yasuo，et al. Decrease in oxygen content of stainless steel in VOD process [J]. CAMP-ISIJ，1996，9：89.

[16] 陈兆平，黄宗泽，朱苗勇．VOD 炉内夹杂物行为的数学模拟 [J]. 北京科技大学学报，2005，26（增刊）：72-75.

[17] 郎炜昀，翟俊，赵鑫森，等．典型含钛超纯铁素体不锈钢冶炼-连铸过程夹杂物衍变研究 [J]. 特殊钢，2021，42（1）：16-19.

［18］ Chen Xingrun，Cheng Guoguang，Li Jing，et al. Characteristics and formation mechanism of inclusions in 304L stainless steel during the VOD refining process ［J］. Metals，2018，8（12）：1024.

［19］ Akihito Hirota，Hiroshi Nomura，Goro Okuyama. Ultra clean stainless steel by VOD Process ［J］. Kawasaki Steel Giho，1998，30（2）：78-81.

［20］ Kim Wan-Yi，Nam Gi-Ju，Kim Seong-Yeon. Evolution of non-metallic inclusions in Al-killed stainless steelmaking ［J］. Metallurgical and Materials Transactions B，2021，52：1508-1520.

［21］ Katsumori Fujii，Tetsuya Nagasaka，Mitsutaka Hino. Activities of the constituents in spinel solid solution and free energies of formation of MgO，MgO · Al_2O_3 ［J］. ISIJ International，2000，40（11）：1059-1066.

［22］ 杨树峰．铝脱氧合金钢中 MgO · Al_2O_3 夹杂物控制研究 ［D］. 北京：北京科技大学，2010.

［23］ Michalek K，Čamek L，Piegza Z，et al. Use of industrially produced synthetic slag at Třinecké Železárny，AS ［J］. Archives of Metallurgy and Materials，2010，55：1159-1165.

［24］ Nzotta M，Sichen D，Seetharaman S. Sulphide capacities in some multicomponent slag systems ［J］. ISIJ Int.，1998，38（11）：1170.

［25］ 王贵平，李志斌，刘春来．VOD 和 LF 精炼操作工艺对提高不锈钢洁净度的影响 ［C］. 中国金属学会．第七届（2009）中国钢铁年会论文集（上）．北京：冶金工业出版社，2009：1262-1266.

［26］ 阪根武良，亀川憲一，真目かおる. VOD 粉体上吹脱硫 ［J］. 鉄と鋼，1971（12）：S1074.

［27］ 吕世建．浅析炉外精炼不锈钢 1Cr18Ni9Ti 硫的变化规律 ［J］. 特钢技术，1999（3）：7-10.

［28］ 侯东涛，郭汉杰．0Cr13 不锈钢冶炼过程 VOD 脱碳脱硫研究 ［J］. 冶金研究，2008：113-117.

［29］ Kaito H，Morimoto M，Murai T. 底吹き単孔ノズルを用いた VOD 精錬法の改良 ［J］. Tetsu-to-Hagané，1980，66：S832（in Japanese）.

［30］ 森はじめ，笹島保敏，長谷川輝之．低炭低硫高窒素ステンレス鋼溶製技術改善 ［J］. 1984，70（12）：S951.

［31］ Inoue Ryo，Li Hong，Hideaki Suito. Dephosphorization equilibrium between liquid iron containing Cr and BaO-Cr_2O_3-Fe_tO slags ［J］. Transactions of the Iron and Steel Institute of Japan，1988，28（3）：179-185.

［32］ Inoue S，Usui T，Yamada K，et al. Dephosphorization of chromium-containing iron with various oxide-halide fluxes ［J］. Transactions of the Iron and Steel Institute of Japan，1988，28（3）：192-197.

［33］ Inouye T K，Fujiwara H，Ichise E，et al. A thermodynamic study of BaO+$BaCl_2$+Cr_2O_3 fluxes used for the removal of phosphorus from chromium-containing iron melts ［J］. Metallurgical and Materials Transactions B，1994，25（5）：695-701.

［34］ Sano N，Katayama H. 1st Int. Chromium Steel and Alloys Congress，Cape Town，South Africa，vol. 2，SAIMM，Johannesburg，South Africa，1992：25-33.

［35］ 李花兵，姜周华，邹德玲，等．用添加 Ba、Mg 的 SiCaAlFe 合金对不锈钢还原脱磷的研究 ［J］. 材料与冶金学报，2004（1）：17-20.

［36］ 邹勇．VOD 冶炼超纯铁素体不锈钢脱碳工艺的研究 ［J］. 炼钢，2011，27（1）：54-56.

［37］ 徐迎铁，陈兆平，黄宗泽，等．VOD 冶炼不锈钢脱碳机理及相关模型研究进展 ［C］. 中国金属学会．全国炼钢学术会议文集，2006.

［38］ 陈龙民．基于真空压力的 VOD 吹氧脱碳过程模型 ［C］. 2009 全国炉外精炼生产技术交流研讨会，2009.

［39］ 陈聪．VOD 法在冶炼低碳不锈钢中的应用 ［J］. 特钢技术，2007（1）：37-40.

［40］ 徐迎铁，陈兆平，李实．VOD 冶炼超纯铁素体不锈钢脱碳脱氮 ［J］. 北京科技大学学报，2014，

36（s1）：36-40.

[41] Kenichiro Miyamoto, Ryoji Tsujino, Shinya Kitamura, et al. Mechanism of decarburization reaction of stainless steel in reduced pressure and the effect of stirring condition [J]. Tetsu-to-Hagane, 1996, 82（2）：117-122.

[42] Takawa T, Katayama K, Sakane T, et al. Development of the endpoint control system for VOD refining process [J]. Tetsu-to-Hagane, 1987, 73（11）：1575-1581.

[43] Ogasawara Futoshi, Okuyama Goro, Miki Yuji, et al. Enhancement of the decarburization rate of ULC stainless steel in VOD [J]. CAMP-ISIJ, 2015, 28：654.

[44] 垣内博之，森本正興，村井高，等. 底吹き単孔ノズルを用いたVODによる極低炭素30Cr鋼の溶製 [J]. 鉄と鋼，1980，66（11）：S833.

[45] Yoshio Kobayashi, Shigeaki Maruhashi. The decarburization mechanism for stainless steel melt by Ar-O_2 ascending gas bubble [J]. 鉄と鋼，1977，63（13）：2100-2109.

[46] 刘竑，李实. VOD 在不锈钢脱碳中的应用 [C]. 2007 中国钢铁年会论文集，2007.

[47] Feichtinger H K, Stein G. Melting of high nitrogen steels [J]. Materials Science Forum, 1999, 318：261-270.

[48] Hiroyuki Katayama, Hiroyuki Kajioka, Makoto Inatomi, et al. Production of extremely low carbon and nitrogen stainless steel by VOD process [J]. Transactions of the Iron and Steel Institute of Japan, 1978, 18（12）：761-767.

[49] Kaoru Shinme, Tohru Matsuo, Mitsuyuki Morishige. Acceleration of nitrogen removal in stainless steel under reduced pressure [J]. Transactions of the Iron and Steel Institute of Japan, 1988, 28（4）：297-304.

[50] Toshihiro Kitamura, Kenichiro Miyamoto, Ryouji Tsujino, et al. Mathematical model for nitrogen desorption and decarburization reaction in vacuum degasser [J]. ISIJ International, 1996, 36（4）：395-401.

[51] 陈兆平，徐迎铁，李实，等. VOD 冶炼超纯铁素体不锈钢的脱氮研究 [J]. 宝钢技术，2012（4）：1-5.

[52] Takao Choh, Takashi Takebe, Michio Inouye. Kinetics of the nitrogen desorption of liquid Fe-Cr alloys under reduced pressure [J]. Tetsu-to-Hagane, 1981, 67（16）：2665-2674.

[53] Shiro Ban-ya, Tadahiro Shinohara, Hideo Tozaki, et al. Reaction rate of nitrogen desorption from liquid iron and iron alloys [J]. Tetsu-to-Hagane, 1974, 60（10）：1443-1453.

[54] Kaoru Shinme, Tohru Matsuo, Kenichi Kamekawa, et al. Development of the refining process on the powder-top-blowing method under reduced pressure [J]. Materia Japan, 1994, 33（6）：826-828.

[55] 时彦林，张士宪. 奥氏体不锈钢 VOD 冶炼过程中氮行为的研究 [J]. 铸造技术，2017，38（6）：1422-1425.

[56] Yoshioka K, Suzuki S, Kinoshita N, et al. Ultra-low C and N high chromium ferritic stainless steel [M]. Tech Rep., 1986：101-112.

[57] Hiroyuki Katayama, Hiroyuki Kajioka, Makoto Inatomi, et al. Production of extremely low carbon and nitrogen stainless steel by VOD process [J]. Transactions of the Iron and Steel Institute of Japan, 1978, 18（12）：761-767.

[58] Yang Wenjie, Wang Lijun, Zhang Wei, et al. Deep neural network prediction model of hydrogen content in VOD process based on small sample dataset [J]. Metallurgical and Materials Transactions B, 2022, 53（5）：3124-3135.

[59] 赵沛，成国光. 炉外精炼及铁水预处理实用技术手册 [M]. 北京：冶金工业出版社，2004.

8 炉外精炼设备组合工艺对钢洁净度的影响

内容提要

本章介绍了炉外精炼设备的选型依据，分析了 LF-RH、RH-LF 及 LF-VD 精炼工艺的特点及其对产品质量的影响，比较了 RH-LF 和 LF-VD 精炼工艺的特点和钢液温度、碳含量、氮含量、洁净度控制方面的差异。

8.1 炉外精炼设备的选型依据

8.1.1 炉外精炼的组合方式

随着炉外精炼技术的进步和钢种冶炼要求的提高，炉外精炼向组合化、多功能精炼方向发展，炉外精炼组合的方式主要包括以下四大类：

(1) 以钢包吹氩为核心，配合喂丝、喷粉、化学加热、合金成分微调等一种或几种技术。

(2) 以钢包精炼（LF）为核心，配合喂丝、喷粉或真空处理等一种或几种技术。

(3) 以真空处理 RH 装置为核心，配合喂丝、喷粉、化学加热、合金成分微调等一种或多种技术。

(4) 以 AOD/VOD 为主体，生产不锈钢和超低碳钢的炉外精炼技术。

目前，以 LF 精炼为主，组合化、多功能精炼方式占据了主导地位，对工序稳定性要求高的钢铁企业，LF 成了必不可少的精炼方法之一。据不完全统计，国内各大钢铁企业中，LF 占全部炉外精炼设备的 85%以上，甚至更高，国外钢铁企业的情况大体和国内企业相当。

8.1.2 炉外精炼工艺的确定

根据产品类型和质量要求，确定炉外精炼工艺：

(1) 生产合金钢为主的钢厂，一般采用 LF+VD 或 LF+RH 的多功能复合精炼工艺。

(2) 生产普碳钢和低合金钢为主的钢厂，一般采用 LF 精炼工艺。

(3) 对于生产板坯的钢厂，一般采用 LF+RH 精炼工艺，也有采用 LF+VD 的工艺。

(4) 生产不锈钢板、带、棒材的钢厂，一般采用 AOD 精炼方式，有的还有 LF 或 VOD/VAD 装置。对于非超低碳要求的不锈钢钢种，采用 AOD+LF 工艺即可；冶炼超低碳、氮铁素体不锈钢，则需采用 AOD+VOD+LF 工艺，VOD 具备超强的脱碳脱氮能力，可以把不锈钢中碳或氮含量稳定控制在 0.01%以下；生产高铬合金钢（如高合金管材）时，如果精炼没有配置 AOD，则需在 LF 进行铬合金化后，利用 VOD 或 RH-OB 继续脱碳，即采用 LF+VOD/RH-OB 工艺，但 LF 负担过重，生产效率偏低。

8.2　LF-RH 与 RH-LF 工艺对产品质量的影响

8.2.1　LF-RH 与 RH-LF 的工艺特点

RH 循环真空脱气具有脱气效果好、留氧自然脱碳或吹氧脱碳、处理钢液量大、合金微调等功能，有利于减轻转炉脱碳负担，降低钢液氧化性。转炉后使用可以采用 RH 轻处理，通过真空下碳氧反应进行脱气，起到净化钢液的作用，同时也可以对钢中的碳含量进行相应的控制，因而转炉终点碳含量的控制自由度相对较大，同时转炉出钢也允许保留一定的溶解氧。但 RH 的脱硫能力有限，脱硫剂的加入会导致钢液产生增碳和较大温降，并加速对耐火材料的侵蚀，使钢液中的夹杂物含量增加，缩短耐火材料的寿命。单独的 LF 精炼可实现深脱硫，但难以实现超低碳高纯净钢冶炼。

对于 RH-LF 工艺，先经 RH 脱碳、脱气后再进入 LF 进行深脱硫，将脱碳和脱硫分别分配给 RH 和 LF，其优点在于 RH 脱碳结束后钢液碳含量易于满足低碳、超低碳要求；同时经过 LF 精炼后钢液硫含量很低，钢包顶渣被充分还原，其氧化性很低，钢中夹杂物含量低；LF 升温补偿 RH 处理过程的温度损失，有利于低碳、超低碳、低硫含量的高纯净钢的冶炼，但 LF 有增氮、增碳的可能。

对于 LF-RH 工艺，通常 RH 只起到钢液净化的作用，没有脱碳功能，转炉出钢到连铸过程钢液始终处于一个增碳的过程，因此如果采用此工艺冶炼低碳钢，要求在转炉出钢时钢液碳含量按目标成分下限控制，同时严格控制耐火材料碳含量和电极增碳，采用低碳合金、低碳覆盖剂和低碳保护渣，出钢温度可以低一些，但钢液过氧化严重。

8.2.2　LF-RH 与 RH-LF 工艺对钢液质量的影响

8.2.2.1　对钢液氧化性的影响

由于 LF-RH 工艺中 RH 处理只进行钢液净化，因而转炉出钢钢液碳含量通常较低，钢液的溶解氧含量高，过氧化严重；RH-LF 工艺由于需要经过脱碳，故转炉终点钢液碳含量控制的较高一些。根据图 8-1 所示的转炉终点碳氧平衡曲线，如果 LF-RH 工艺与 RH-LF 工艺转炉终点碳含量分别控制在 0.035%和 0.05%，则钢液溶解氧含量分别达 0.076%和 0.055%，显然 LF-RH 工艺的转炉钢液氧化性更高。

RH-LF 工艺由于后续要继续进行留氧自然脱碳或强制脱碳处理，转炉出钢后通常进行弱脱氧或不脱氧，而对于 LF-RH 工艺出钢后要进行强脱氧。

两种工艺下管线钢氧含量变化分别如图 8-2 和图 8-3 所示。由图 8-2 和图 8-3 可以看出，在 LF-RH 工艺下，转炉出钢到 LF 过程就脱去绝大部分氧，RH 过程氧含量降低较少，钢中氧含量是逐步降低的；而在 RH-LF 工艺下，要保证 RH 过程留有一定的溶解氧用于碳氧反应，因此入 RH 前钢中总氧水平较高，LF 精炼过程中继续脱氧[1]。

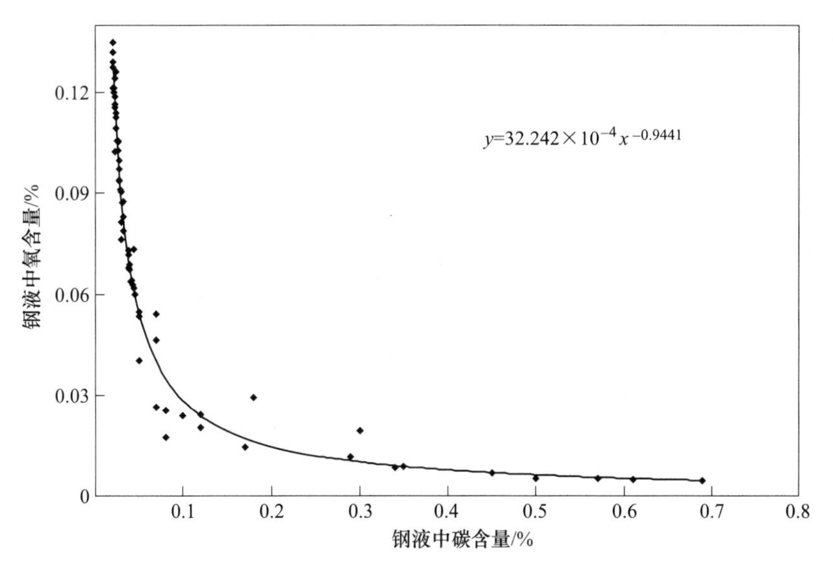

图 8-1 钢液的[C]-[O]关系曲线

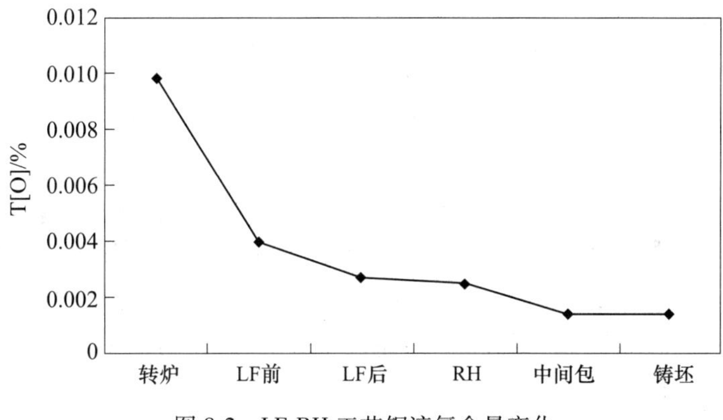

图 8-2 LF-RH 工艺钢液氧含量变化

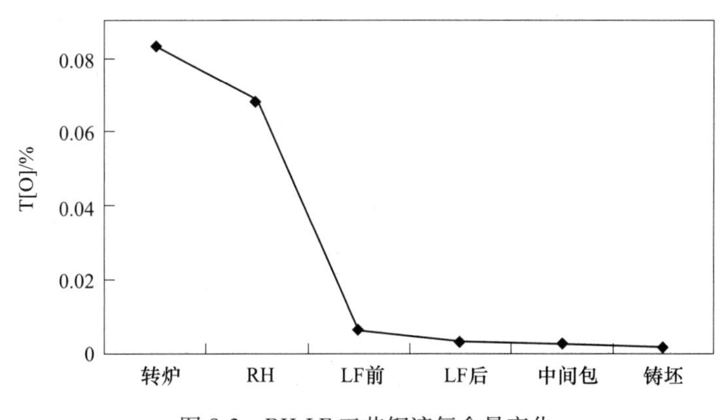

图 8-3 RH-LF 工艺钢液氧含量变化

8.2.2.2 对钢液磷含量的影响

图 8-4 为转炉终点钢液碳含量与磷分配比之间的关系[2]。由图 8-4 可知，试验值与理论计算曲线基本相符，随着钢液碳含量增加，磷分配比减小。如果以(%P)/[%P]表示磷分配比，终点碳含量为 0.17%时，磷分配比的值平均为 70，而碳含量降到 0.04%时，磷分配比的值平均为 232。降低转炉终点出钢碳含量可以增大磷分配比，提高转炉脱磷能力。这是因为出钢碳含量越低，碳氧反应时间越长，后期的碳氧反应可以为熔池提供搅拌，促进脱磷反应的进行。由于 RH-LF 工艺可以进一步进行脱碳，通常 RH-LF 工艺转炉出钢碳含量高于 LF-RH 工艺的转炉出钢碳含量，所以 RH-LF 工艺不利于转炉脱磷。

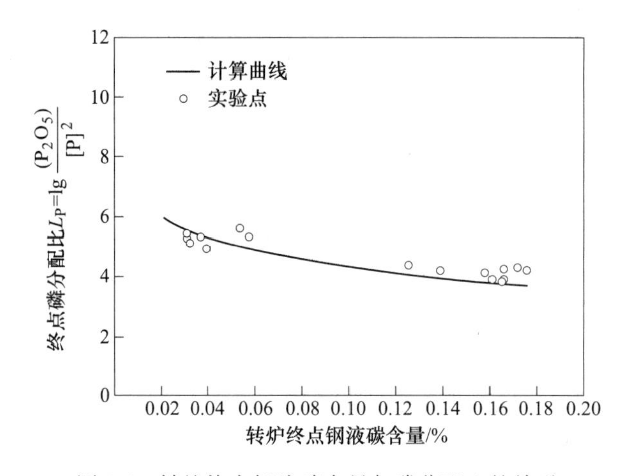

图 8-4 转炉终点钢液碳含量与磷分配比的关系

根据转炉脱磷的综合反应（8-1）和（8-2）可以看出，熔池温度越高，脱磷反应平衡常数越小，要想获得较低的出钢磷含量，必须降低终点温度。由图 8-5 可以看出，随着温度的提高，磷分配比下降，钢液磷含量提高。对于 LF-RH 工艺，由于转炉出钢后即进入 LF 进行升温精炼，因而转炉出钢温度可以低一些，一般控制在 1600～1650℃，所以转炉

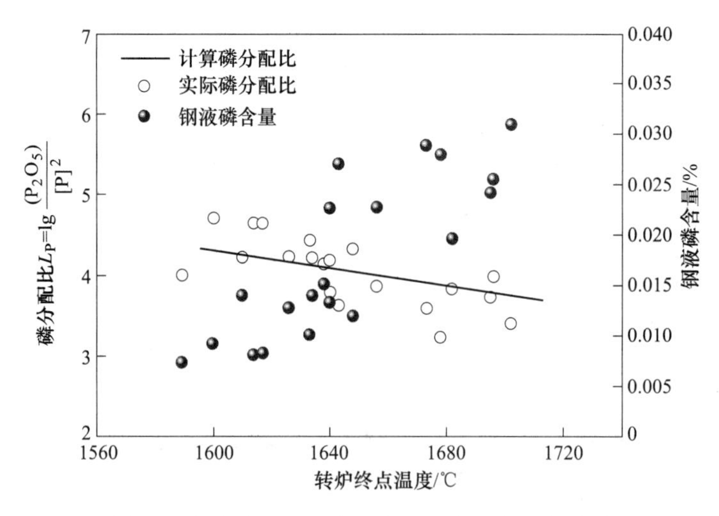

图 8-5 转炉终点温度与磷分配比和磷含量的关系

终点的磷分配比高、终点磷含量低；对于 RH-LF 工艺，转炉出钢后进入 RH 进行处理，RH 处理过程温度降低，因而要求转炉出钢温度要高，通常高于 1680℃，所以 RH-LF 工艺的转炉终点的磷分配比低、终点磷含量高。

$$2[P] + 5(FeO) + 4(CaO) = (4CaO \cdot P_2O_5) + 5[Fe] \tag{8-1}$$

$$\lg K = \lg \frac{a_{4CaO \cdot P_2O_5}}{a_P^2 a_{FeO}^4 a_{CaO}^4} = \frac{40067}{T} - 15.06 \tag{8-2}$$

但是对于 RH-LF 工艺，由于在后续的 RH 处理中继续进行留氧自然脱碳或吹氧脱碳，转炉出钢通常采用弱脱氧或不脱氧的工艺，钢液溶解氧含量较高。

钢液脱除溶解氧量与回磷量的关系如图 8-6 所示[3]。由图 8-6 可知，转炉出钢后，在其他影响条件相当的情况下，钢液氧化性降低越大，由下渣造成的回磷也越大。脱氧量越小，回磷量越小，弱脱氧沸腾出钢有利于抑制回磷。

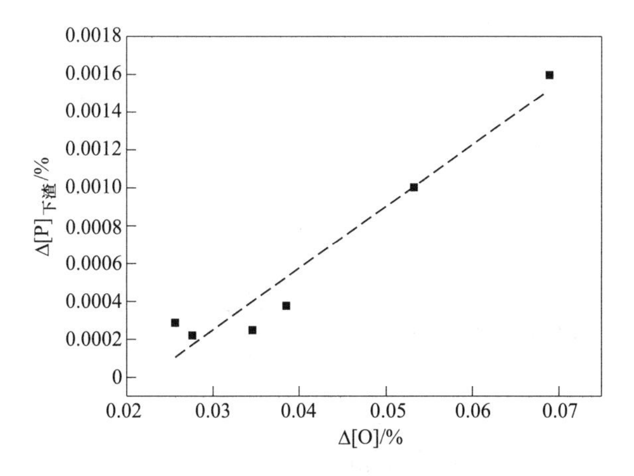

图 8-6　钢液脱氧量与回磷量的关系

此外，出钢过程难免下渣，弱脱氧或不脱氧炉渣具有和转炉终渣相近的氧化性。确保炉渣一定的氧化性，对于防止出钢过程的回磷有重要作用，出钢时钢液平衡时的磷含量与炉渣氧化性的关系[4]如图 8-7 所示。

从图 8-7 中可以看出，转炉出钢渣中 FeO+MnO 含量越高，与之平衡的磷含量就越低，由炉渣造成的钢液回磷趋势也越小，因而转炉出钢至 RH 过程炉渣氧化性高可以继续进行脱磷。

图 8-8 所示为 RH-LF 工艺钢液磷含量的变化。可见，转炉出钢至入 RH 钢液磷含量最高降低 0.002%，在后续的 RH 和 LF 处理过程，由于钢液和炉渣氧化性降低，发生回磷现象。

对于 LF-RH 工艺，出钢进行强脱氧，钢液溶解氧含量大幅降低，炉渣氧化性降低，因而下渣带来的 P_2O_5 易于被重新还原进入钢液，造成显著的回磷。图 8-9 所示为 LF 精炼前后渣中 P_2O_5 含量的变化。可见，渣中 P_2O_5 含量显著降低，这些降低的 P_2O_5 通过还原重新进入了钢液。图 8-10 为转炉出钢至 LF 精炼终点钢液磷含量的变化。可见，转炉出钢至 LF 化渣期间钢液磷含量已经出现了约 20×10^{-6} 的回升。

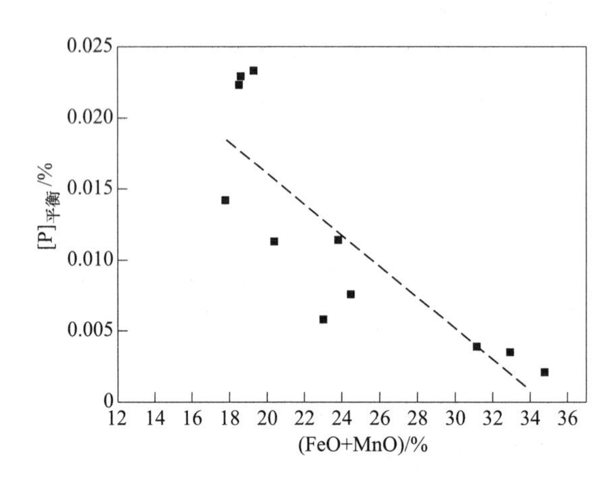

图 8-7　炉渣氧化性与平衡磷含量的关系

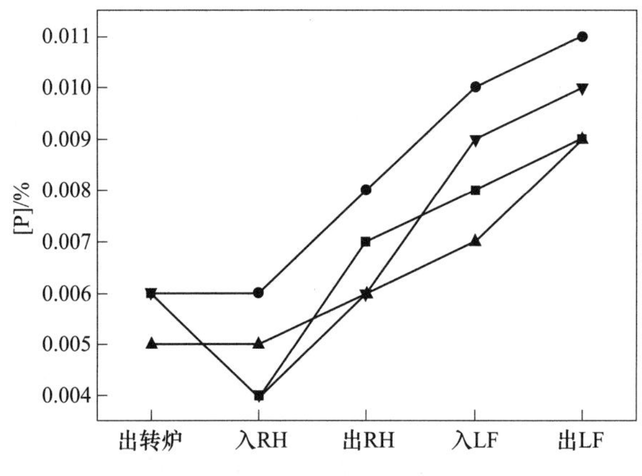

图 8-8　RH-LF 过程钢液磷含量变化

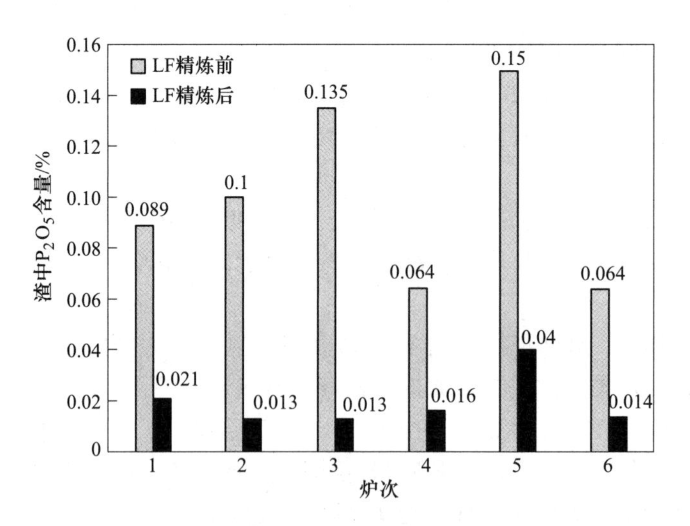

图 8-9　LF 精炼前后渣中 P_2O_5 含量的变化

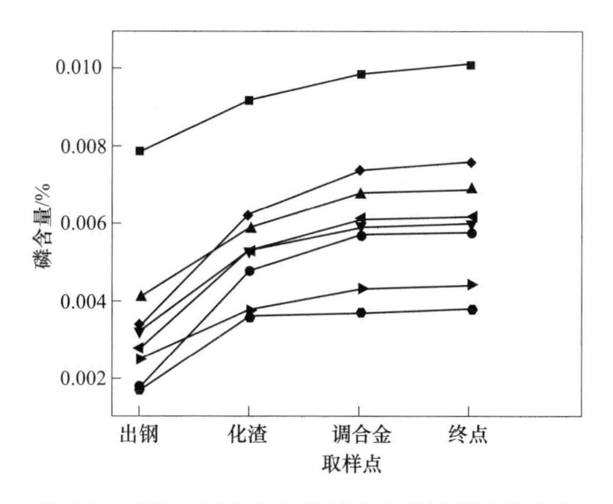

图 8-10　转炉出钢至 LF 精炼终点钢液磷含量变化

8.2.2.3　对钢液硫含量的影响

两种工艺流程所生产的管线钢各个工序钢液硫含量的变化如图 8-11 和图 8-12 所示[1]。钢液脱硫反应是在钢渣界面上进行的，转炉出钢过程加入钢包改质剂，出钢后喂入铝线，同时对顶渣和钢液进行脱氧，在极短的时间内将钢液及顶渣中的不稳定氧化物脱至最低，提高了脱硫反应速率和脱硫程度。在渣钢界面由于有铝富集，氧含量极低，使脱硫反应速度较快。由图 8-11 和图 8-12 可见，两种工艺流程中 LF 炉都是控制钢液中硫的关键环节，LF-RH 工艺中 RH 处理过程硫含量略降低，但 RH-LF 工艺中 RH 处理过程硫含量几乎不变。保持合理的 LF 精炼渣碱度、氧化性及流动性可以大幅度降低钢中的硫。

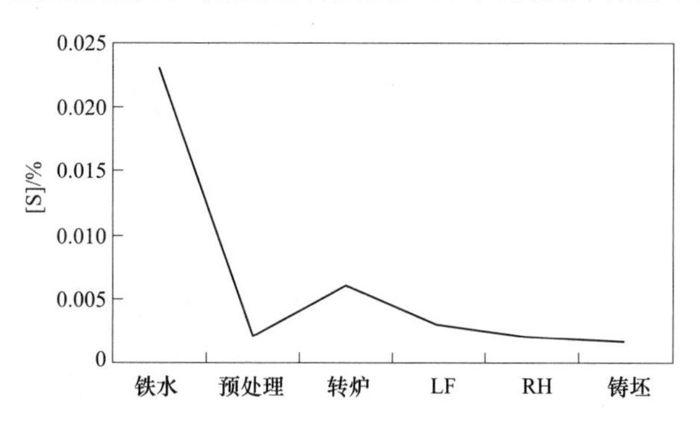

图 8-11　LF-RH 工艺下不同工序平均硫含量变化

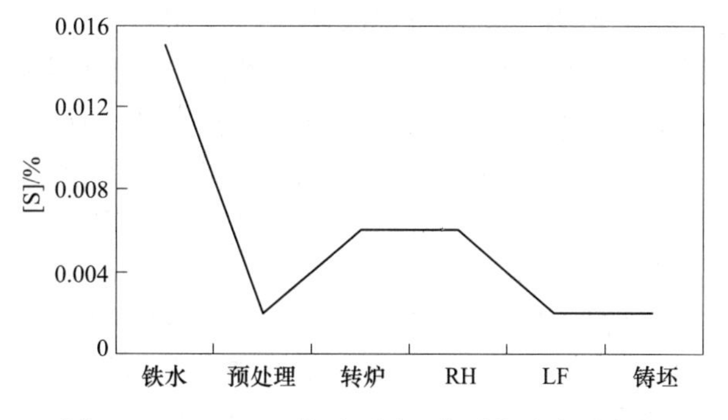

图 8-12　RH-LF 工艺下不同工序平均硫含量变化

8.2.2.4 对钢液氮含量的影响

对于出钢脱氧的 LF-RH 工艺，钢液氧含量控制小于 0.002%，LF-RH 精炼过程钢液氮含量增加[5]。

对于出钢不进行脱氧的 RH-LF 工艺，钢液氮含量处于较为稳定的水平。不同炉次的试验结果一致，钢液不增氮的规律非常明显。在钢液中溶解氧较高情况下，无论对低碳钢还是高碳钢，钢液裸露造成钢液吸氮量都是非常小，其吸氮速率几乎等于 0。

钢液硫含量对吸氮也有影响。对于 LF-RH 工艺，出钢脱氧脱硫，硫含量低为出钢过程中吸氮创造条件。

总的来说，对于 LF-RH 工艺，LF 钢液脱氧脱硫，在出钢及 LF 精炼过程钢液吸氮，RH 钢液低氧低硫，钢液发生脱氮；对于 RH-LF 工艺，RH 钢液的氧和硫含量高，出钢几乎不吸氮，RH 钢液也几乎不脱氮，进入 LF 后，LF 钢液脱氧脱硫，钢液发生吸氮。对比而言，LF-RH 工艺中 LF 过程吸氮，RH 过程脱氮；RH-LF 工艺中 RH 过程不吸氮不脱氮，LF 过程吸氮。因此，如图 8-13 所示，LF-RH 工艺处理的钢液较 RH-LF 工艺处理的钢液具有更低的氮含量。

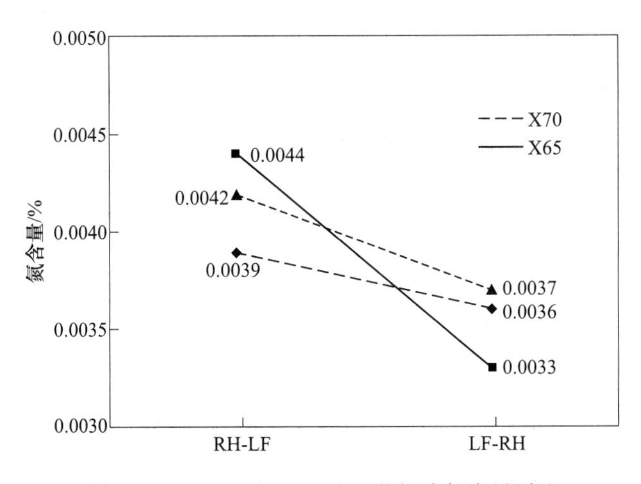

图 8-13 RH-LF 和 LF-RH 工艺钢液氮含量对比

8.2.2.5 对钢中夹杂物的影响

图 8-14 所示为 RH-LF 工艺和 LF-RH 工艺下铸坯中夹杂物的类型分布[1]。由图8-14 可见，RH-LF 工艺铸坯中的夹杂物主要为钙铝酸盐与硫化物的复合夹杂物，其次为钙铝酸盐，没有典型的氧化铝夹杂；而 LF-RH 工艺得到的铸坯中的夹杂物主要为钙铝酸盐，其次为钙铝酸盐与硫化物的复合夹杂物，此外还有氧化铝夹杂。这和钙处理工艺有关，在 RH-LF 工艺下，RH 真空处理后在 LF 工序后喂钙线，因此夹杂物变性比较充分，RH-LF 工艺中不存在氧化铝夹杂。而在 LF-RH 工艺下，在 LF 工序后喂钙线，进行 RH 真空处理后再进行浇铸，在真空处理时会加入一定量的铝线进行调温，因此铸坯中有一定量的氧化铝，所以 LF-RH 工艺下喂钙线的时机需要结合温度和洁净度要求进一步优化。

从图 8-15 可以看出，LF-RH 与 RH-LF 工艺下钢中夹杂物尺寸都小于 10μm 的数量达到 99%，说明夹杂物的尺寸控制较好。进一步由图 8-16 可以看出，LF-RH 与 RH-LF 工艺

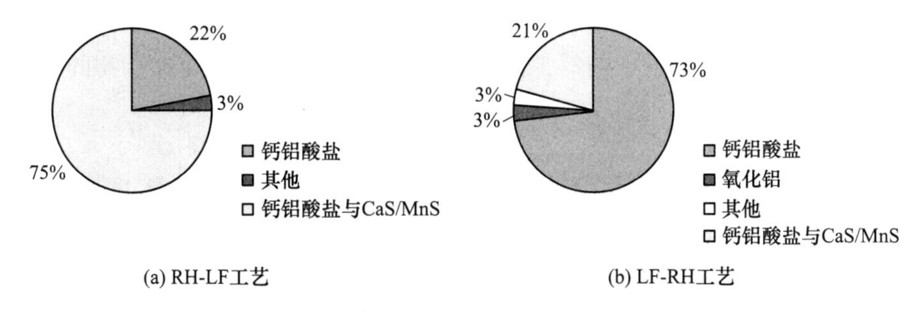

图 8-14 不同工艺下铸坯中夹杂物的类型分布

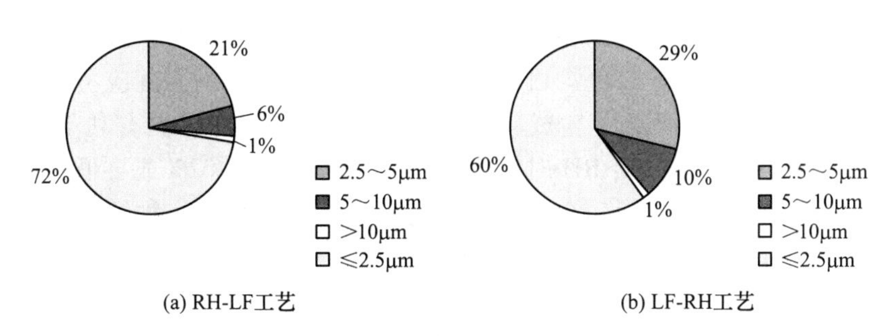

图 8-15 不同工艺下铸坯中夹杂物的尺寸分布

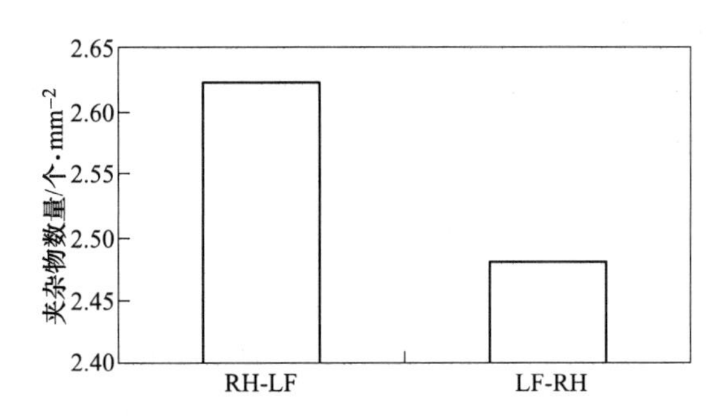

图 8-16 不同工艺下铸坯中夹杂物的数量密度

下微细夹杂物个数分别为 2.48 个/mm^2 和 2.62 个/mm^2，钢中夹杂物的数量也比较少，说明合理工艺参数下 LF-RH 与 RH-LF 工艺都能达到相同的实物质量，都能达到较高的纯净度[1]。

总体对比来说：

(1) RH-LF 工艺，转炉出钢碳含量高、出钢温度高，不利于转炉后期的脱磷；LF-RH 工艺，转炉出钢碳含量低，易产生钢液过氧化，有利于转炉脱磷，在生产低磷钢或极低磷钢方面有优势。

(2) RH-LF 工艺弱脱氧出钢，出钢过程可脱磷；LF-RH 工艺全程不脱磷。但由于两工艺顶渣中的（P_2O_5），精炼结束后全部回到钢液中，所以精炼过程磷含量变化是相似的。同等情况下，RH-LF 工艺钢液磷含量略低，差别不明显。

(3) RH-LF 工艺弱脱氧出钢，出钢过程钢液不增氮；LF-RH 工艺出钢过程强脱氧，钢液增氮，但 RH 过程钢液氧硫低，可脱氮，所以 LF-RH 工艺钢液中的氮含量低。

（4）LF-RH 工艺总氧含量和硫含量均较低。LF-RH 工艺中钢中钙铝酸盐与硫化物的复合夹杂比例较 RH-LF 工艺钢中的低，但 Al_2O_3 夹杂的比例高，细小夹杂物的比例和数密度相近，都能达到较高的洁净度。

8.3　RH-LF 与 LF-VD 工艺对产品质量的影响

8.3.1　RH-LF 和 LF-VD 的工艺特点

8.3.1.1　RH-LF 精炼工艺特点

RH-LF 精炼工艺适合于生产低碳钢种，可以降低转炉或电炉冶炼时的铁损，提高金属收得率。其工艺特点为：转炉或电炉可以较高碳含量出钢，出钢温度应考虑 RH 的温降，出钢时加高碳或低碳锰铁弱脱氧，生成部分（MnO）增加氧化性，更有利于 RH 过程的氧脱碳，同时降低钢中氢含量，出 RH 时钢液中碳含量可小于 0.02%或更低；LF 精炼在高温、高碱度、还原性热力学条件和合适的底吹条件下进行深脱硫，并尽量减少钢液吸氮，LF 精炼后期喂钙线处理，弱搅拌均匀钢液成分和温度，并促进夹杂物上浮去除。

8.3.1.2　LF-VD 精炼工艺特点

转炉或电炉出钢，出钢碳含量、磷含量小于钢种要求并要考虑精炼过程的增碳量、增磷量，出钢温度可低些，但精炼时升温时间要满足连铸节奏要求。出钢时大部分采用强脱氧剂脱氧，如果冶炼的是低碳钢，出钢过程只能加低碳铁合金；LF 精炼进行脱氧、去除夹杂物、深脱硫、钙处理、避免钢液增氮、升温；VD 保持高真空度，真空保持时间一般大于 15min。

8.3.2　精炼过程温度和碳含量控制比较

8.3.2.1　钢液温度的变化不同

以冶炼 X80 管线钢为例，150t RH-LF 精炼工艺钢液温度的变化如图 8-17 所示。

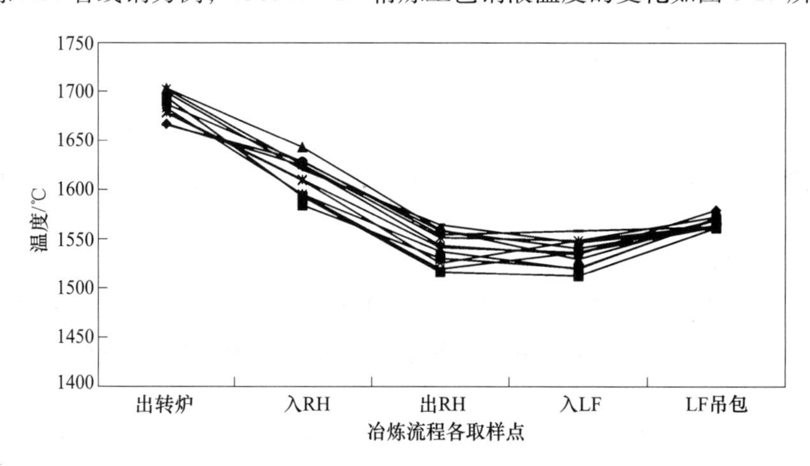

图 8-17　RH-LF 流程冶炼过程温度变化图

由图 8-17 可以看出：

（1）转炉出钢平均温度为 1690℃，保证了出 RH 工位钢液温度高于液相线温度；

（2）入 RH 时钢液温度最低为 1594℃，最高为 1644℃，平均温度为 1612℃，从出转炉到入 RH 工位钢液温度平均降低 79.2℃；

（3）出 RH 温度平均为 1540℃，RH 工位钢液温度大幅降低，平均降低 73.25℃，出 RH 平均温度为 1540℃；

（4）出 RH 到入 LF 钢液温度变化很小，钢液温度平均降低 6.3℃，入 LF 的平均温度为 1534℃；

（5）LF 工位有调节钢液温度的作用，LF 工位钢液平均升温 35℃，LF 吊包平均温度为 1569℃。

8.3.2.2 碳含量控制不同

RH-LF 工艺与 LF-VD 工艺，冶炼管线钢过程碳含量的变化分别如图 8-18 与图 8-19 所示。

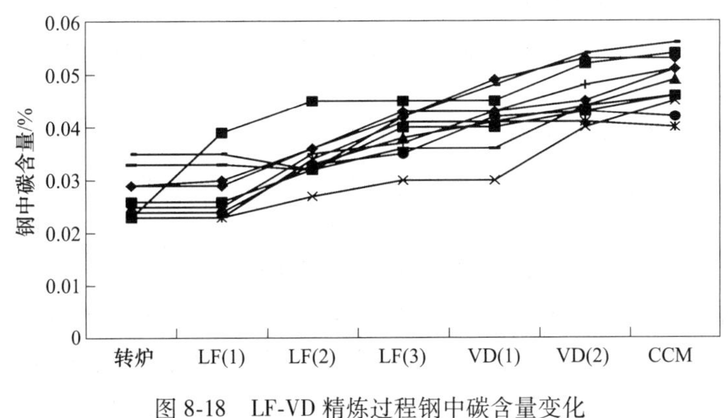

图 8-18 LF-VD 精炼过程钢中碳含量变化

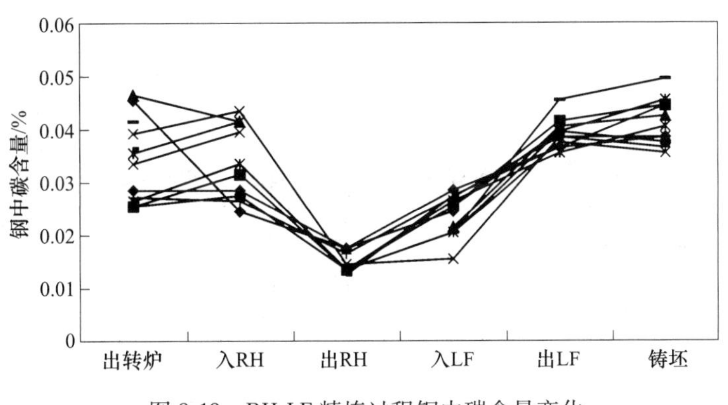

图 8-19 RH-LF 精炼过程钢中碳含量变化

由图 8-18 和图 8-19 可以看出：

（1）转炉出钢碳含量不同。采用 LF-VD 精炼工艺，转炉出钢碳含量为 0.035%；采用 RH-LF 精炼工艺，转炉出钢碳含量达到 0.046%。转炉出钢碳含量 0.03%以下时对转炉炉衬的侵蚀较大，采用 RH-LF 工艺，可减少渣中的（FeO）含量，有效缓解高氧化性炉渣对炉衬的侵蚀，提高炉龄。同时，转炉出钢碳含量升高，缩短了转炉的冶炼周期，提高了生产效率。随着 RH 精炼工艺的成熟，出钢碳含量还可以继续提高。

（2）出钢与 LF 过程增碳量不同。采用 LF-VD 精炼工艺，转炉出钢过程基本不增碳，LF 过程增碳量为 0.014%；采用 RH-LF 精炼工艺，转炉出钢过程增碳量达到 0.015%，LF 过程增碳量为 0.027%。这是因为 RH 的深脱碳功能，出钢及 LF 过程可使用碳含量较高的合金。

（3）脱碳方式不同。RH 具有很强的脱碳能力，可弥补转炉脱碳量的不足，减少转炉脱碳的压力。LF-VD 精炼工艺只有转炉具有脱碳能力，对转炉的脱碳要求高，出钢一次不命中，补吹的可能性大，造成铁损及钢液过氧化。RH-LF 流程可提高转炉出钢碳含量，减少钢液对炉衬的侵蚀。

8.3.3　精炼过程氮含量及洁净度控制比较

RH 和 VD 真空精炼设备都具有真空脱气的效果。RH 具有较高的真空度，处理过程有强烈的碳氧反应，并产生大量的气泡，在钢液脱氧脱硫的良好情况下，有利于脱氮；VD 的真空度可以达到 50Pa 内，有利于脱气。RH 钢液循环流动、VD 工艺底吹氩搅拌，都具有很好的动力学条件。

8.3.3.1　氮含量控制比较

RH-LF、LF-VD 流程钢中多炉次平均氮含量变化如图 8-20 所示[6]。由图 8-20（a）可知，RH 平均能脱除氮 0.0010% 以上。由图 8-20（b）可知，VD 平均能脱除 0.0015% 的氮。VD 工位钢中的氧、硫等表面活性元素含量降到很低，钢中氧含量约为 0.0015%，钢中硫含量为 0.0010% 以内，为脱氮创造了良好的热力学条件，而 RH 处理时钢中氧硫含量高，钢中硫含量为 0.0070%；因此，VD 的脱氮效果优于 RH，VD 后钢中氮含量可以控制在 0.0040% 以内，而 RH-LF 流程，LF 工位会有部分增氮，因此 LF-VD 工艺更易于控制钢中较低的氮含量。RH、VD 的真空过程降低了钢中氮含量，减轻了其余环节控制氮的压力。

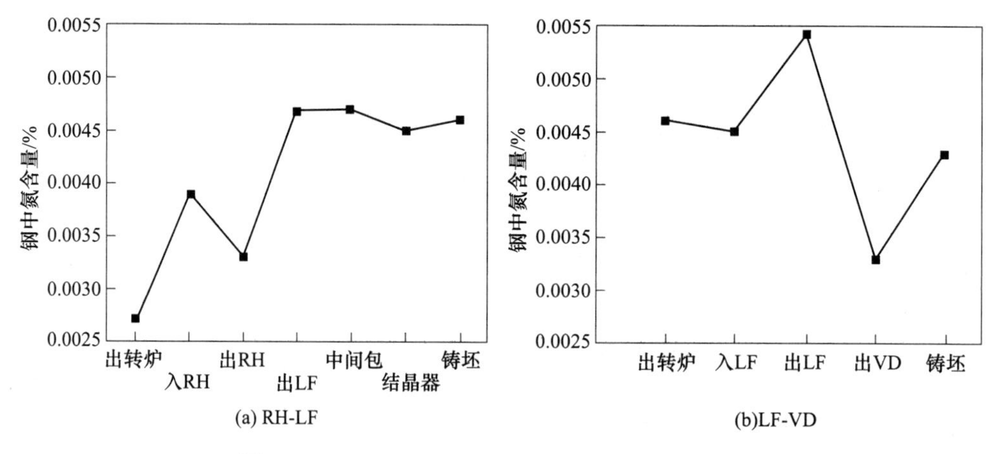

图 8-20　RH-LF 和 LF-VD 流程钢中平均氮含量变化

8.3.3.2　脱氧能力

RH 具有脱碳脱氧能力，碳氧反应进一步降低了钢中的溶解氧含量，并减少了氧化物夹杂的生成量。如图 8-21 所示，RH 后钢中总氧含量可以降低到 0.0030%；LF-VD 流程出钢后的脱氧完全靠脱氧合金来完成，LF 后钢中氧含量已经降低到 0.0010%以内，VD 精炼后，钢中氧含量略有降低。RH-LF 和 LF-VD 两种工艺均能有效脱除钢中氧到 0.0010%以下。

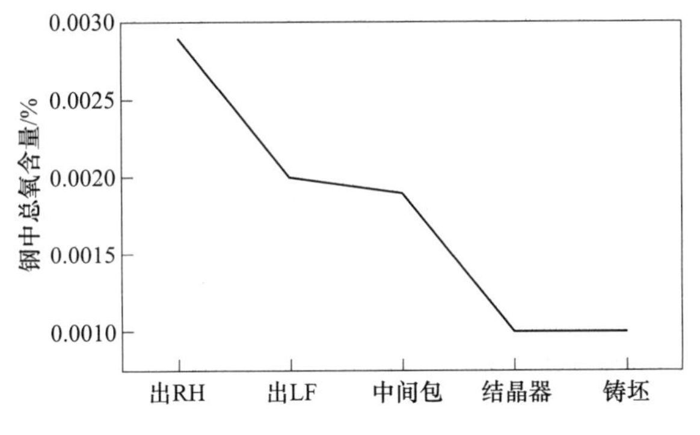

图 8-21 RH-LF 流程钢中平均总氧含量变化

8.3.3.3 脱硫工艺

两种工艺主要脱硫任务均在 LF 完成，LF 通过造还原渣、高碱度、高温、底吹搅拌等控制措施，保证渣钢界面脱硫反应的热力学和动力学条件。

图 8-22 为 RH-LF 和 LF-VD 流程钢中多炉次平均硫含量变化[6]。由图 8-22 可知，LF 后钢中硫含量均可以控制在 0.0020%内，钢中硫在 RH 处理过程几乎没有变化，VD 有很好的脱硫能力，VD 处理过程钢中硫还可以降低。实践表明，LF-VD 流程钢中硫含量最低可控制到 0.0004%，RH-LF 流程钢中硫含量最低控制到 0.0006%。

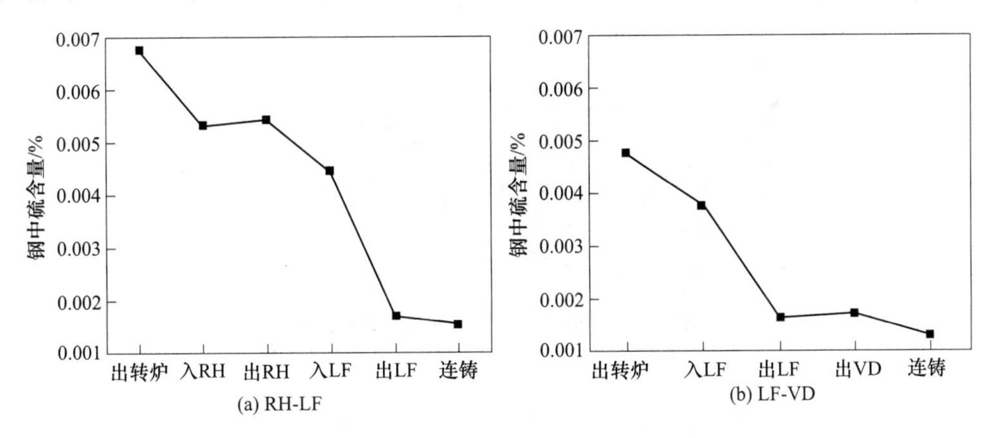

图 8-22 RH-LF 和 LF-VD 流程钢中平均硫含量变化

8.3.3.4 磷含量控制

图 8-23 为 RH-LF 和 LF-VD 流程钢中多炉次平均磷含量变化[6]。由图 8-23 可知，RH-LF 工艺流程出钢时加入合金料温度降低及氧化渣的原因，钢中磷含量降低，出钢磷含量可相对高些；从入 RH 到 LF 结束，钢中磷含量逐步增加，RH 流程钢中磷含量平均升高 0.0010%，从出 RH 到入 LF 过程钢中磷平均增加 0.0022%，LF 过程钢中磷平均增加 0.0015%，出 LF 时钢中磷含量平均为 0.0094%。LF-VD 流程钢中磷含量从入 LF 到出 VD 增加 0.0010%，出 VD 时钢中磷含量平均为 0.0090%。

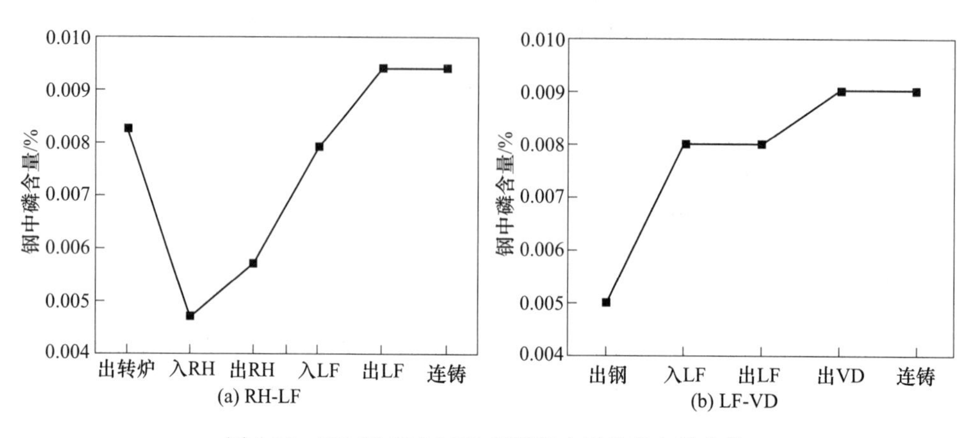

图 8-23　RH-LF 和 LF-VD 流程钢中平均磷含量变化

8.3.3.5　夹杂物控制

管线钢对夹杂物控制要求较高，LF-VD 工艺钢液中夹杂物在 VD 处理后期弱搅拌上浮去除。RH-LF 工艺流程中 RH 循环搅拌提高了夹杂物去除的动力学条件，在 LF 流程钙处理有效地促进了夹杂物球化。两种精炼工艺钢中夹杂物总量都可以控制达到较低水平。

图 8-24 和图 8-25 为夹杂物类型分布[6]。由图 8-24 和图 8-25 可知，RH-LF 和 LF-VD 工艺钢中夹杂物以钙铝酸盐或钙铝酸盐的复合物为主，RH-LF 工艺钢中有部分二氧化硅，LF-VD 工艺钢中有部分氧化铝夹杂物。

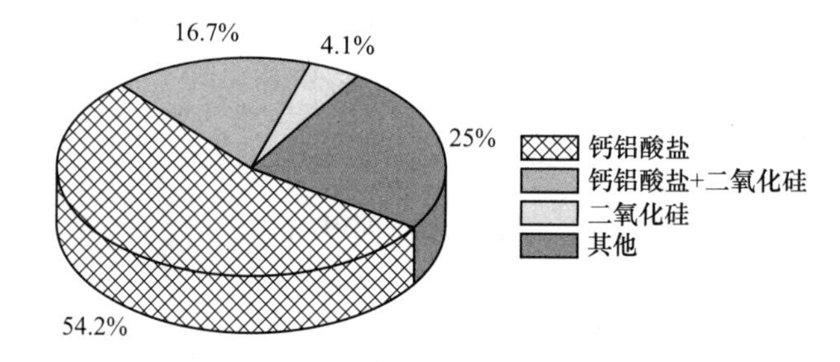

图 8-24　RH-LF 工艺钢中夹杂物成分图

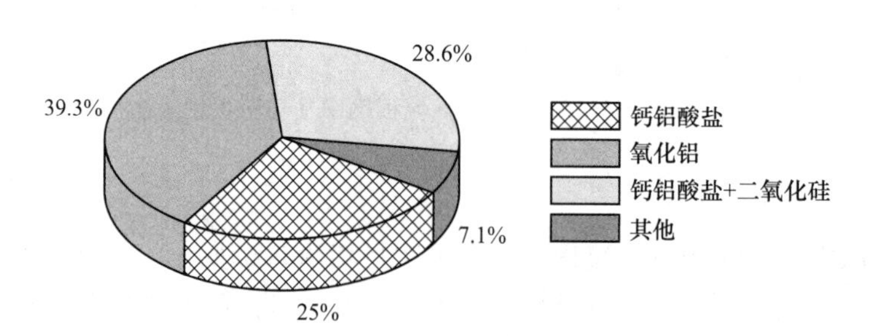

图 8-25　LF-VD 工艺钢中夹杂物成分图

RH-LF 夹杂物尺寸主要为 5~10μm。

总体对比分析如下：

（1）RH-LF、LF-VD 精炼工艺都可以冶炼碳含量为 0.04%的钢，但 RH-LF 流程因为 RH 脱碳能力强，可以提高转炉出钢的碳含量而减轻转炉的脱碳压力。LF-VD 流程因为控制碳含量导致钢液过氧化而引起铁损提高和炉龄降低。

（2）从脱气效果比较来看，冶炼管线钢时 LF-VD 工艺控制钢中氮的效果优于 RH-LF 流程，钢中总氧含量均能控制在 0.0010%以内。

（3）RH-LF 和 LF-VD 两种工艺都有较好的脱硫效果，均能控制钢中硫含量在 0.0020%以内，LF-VD 精炼工艺脱硫效果更佳。

（4）RH-LF 和 LF-VD 工艺由于渣碱度等冶炼条件的差别，造成不同阶段回磷量差异。

（5）RH-LF 和 LF-VD 工艺显微夹杂物成分主要以钙铝酸盐、钙铝酸盐和二氧化硅的复合物为主，大部分夹杂物尺寸在 5~10μm 范围。

8.4 LF-RH 与 LF-VD 工艺对产品质量的影响

8.4.1 LF-RH 与 LF-VD 的工艺特点

目前，生产板坯或与电炉配置最为广泛的精炼流程为 LF-VD 以及 LF-RH，RH 和 VD 的不同特点决定了不同的冶炼效果。目前 LF、RH 和 VD 精炼应用广泛，并有不同组合。LF 具备了升温、造还原渣、脱氧、脱硫、合金化以及控制夹杂物等功能，真空脱气装置 VD 或 RH 不仅能完成脱气任务，且对钢液纯净度和夹杂物控制有重要影响。

LF-RH 与 LF-VD 工艺的不同主要在于 VD 和 RH 精炼发挥作用的不同，VD 和 RH 冶炼功能对比如表 8-1 所示。从表 8-1 可以看出，这两种真空处理方式各有优缺点，目前欧洲高端产品生产偏向 VD 处理，而日本高端钢材偏向 RH 处理。

表 8-1 VD 和 RH 精炼功能对比

精炼要求	VD	RH
脱硫	强 真空下钢渣混充，充分发挥炉渣脱硫能力	一般 真空过程钢渣不接触，仅包内渣脱硫，渣-钢界面“平静”
脱氢脱氮	强	更强 因真空槽内无炉渣覆盖，脱气条件更好。但必须降低钢液中氧硫含量，否则脱氮效果不佳
脱氧	一般 真空室钢液上方炉渣覆盖，有向钢液传氧的可能。处理前须将渣中的不稳定氧化物降到最低	更强 真空槽内钢液无渣覆盖，可充分脱气并脱氧
夹杂物控制	去除能力较强 可利用钢渣充分混充吸附夹杂物，也会因卷渣带入新的卷渣类夹杂物，还存在渣线耐火材料侵蚀产生的新夹杂物问题	去除能力强 因脱氧能力强，部分夹杂会变小而无害。渣-金反应弱，吸附夹杂能力一般，不会形成新的卷渣类夹杂物。存在真空槽冷钢夹杂进入钢液的可能

8.4.2　LF-RH 与 LF-VD 工艺对钢液质量的影响

8.4.2.1　对钢液回磷的影响

图 8-26 和图 8-27 分别为 LF-VD 工艺与 LF-RH 工艺不同工序磷含量的变化[7]。由图 8-26 和图 8-27 可知，两种工艺控制磷含量的关键环节都在转炉阶段，回磷主要发生在 LF 阶段，回磷量为 0.001%~0.002%，VD 和 RH 阶段的回磷并不明显。回磷的主要原因是转炉下渣带来的 P_2O_5，LF 脱硫过程中对钢液和炉渣进行脱氧，氧化性降低，渣中 P_2O_5 被还原重新进入钢液。

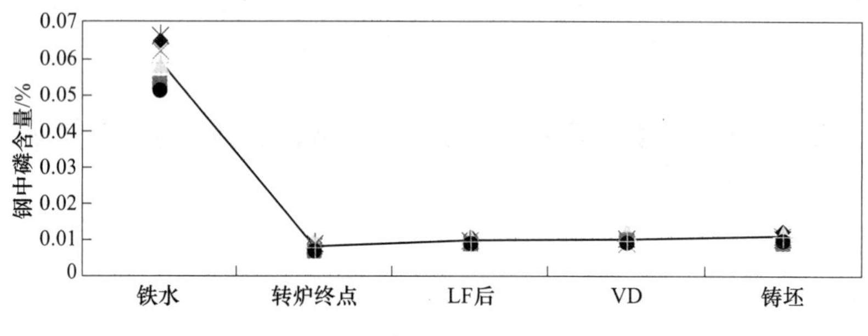

图 8-26　LF-VD 工艺不同工序磷含量变化

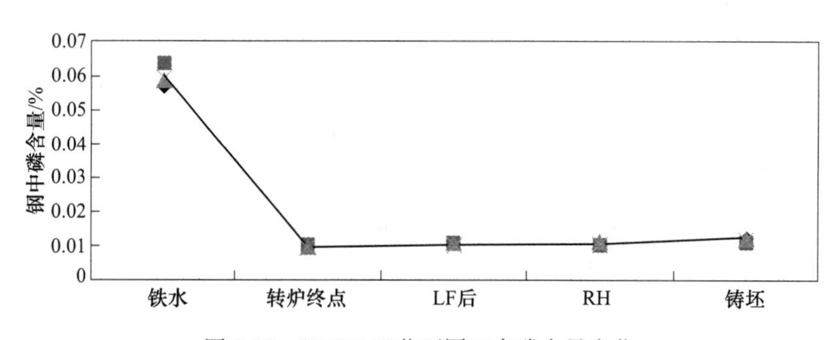

图 8-27　LF-RH 工艺不同工序磷含量变化

8.4.2.2　对硫含量的影响

图 8-28 和图 8-29 分别为 LF-VD 工艺与 LF-RH 工艺不同工序硫含量的变化[7]。由图 8-28和图 8-29 可知，转炉冶炼结束两种工艺下 LF 都是脱硫的关键环节，从转炉终点至 LF 结束钢液硫含量分别降低 0.0046%和 0.0030%，脱硫率分别为 60.5%和 50.0%。LF 至 VD 和 RH 结束，钢液硫含量分别降低 0.0007%和 0.0009%。

8.4.2.3　对氮含量的影响

图 8-30 为 LF-RH 和 LF-VD 流程管线钢 X70 中氮含量变化图[8]。由图 8-30 可知，无论是 LF-RH 工艺还是 LF-VD 工艺条件下，出钢钢液强脱氧后到 LF 前钢液中氮含量增加，分析原因可能是钢液中总氧含量不断降低，钢液极易从空气中吸入氮，氧含量降低越多，吸氮越多。相对于 LF 前，LF-RH 工艺 LF 后钢液增氮 0.0003%，LF-VD 工艺 LF 后钢液增氮 0.0027%，一方面因为 LF 精炼过程在高温电弧区空气电离，氮原子进入钢液；另一方面由于 LF 过程中钢包底吹氩钢液剧烈沸腾，钢液面部分裸露，钢液与空气接触造成钢液吸

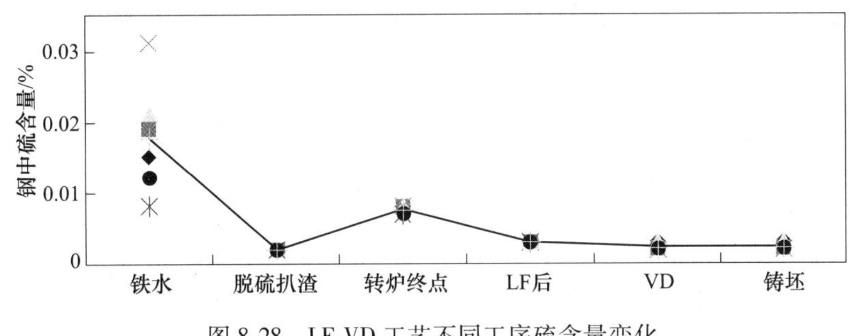

图8-28 LF-VD工艺不同工序硫含量变化

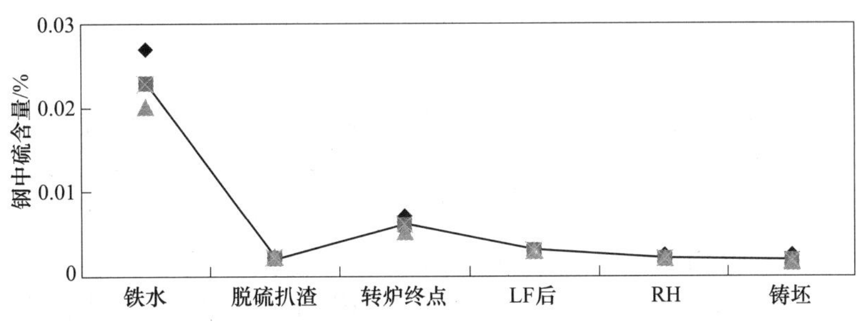

图8-29 LF-RH工艺不同工序硫含量变化

氮。LF-RH工艺RH结束后，钢液中氮含量为0.0028%，与LF后相比降低了0.0019%，脱氮效果明显，这是由于RH操作过程真空度较低（22min时真空度为0.040kPa）；VD结束后，钢液中氮含量为0.0052%，与LF后相比降低了0.0016%，略低于RH的脱氮量。RH和VD结束后到铸坯过程钢液中氮含量分别增加了0.0018%和0.0010%，说明钢液在此过程与空气接触，空气中大量的氮原子进入钢液。

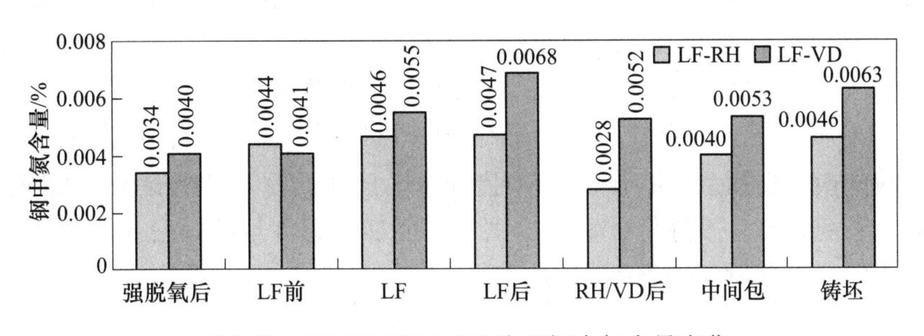

图8-30 LF-RH和LF-VD流程钢中氮含量变化

8.4.2.4 对总氧含量的影响

图8-31为LF-RH和LF-VD流程管线钢X70中总氧含量变化图[8]。由图8-31可知，LF-RH和LF-VD流程在LF精炼处理后钢液总氧含量分别为0.0044%和0.0036%，经过RH精炼处理，钢液中总氧含量进一步降低，RH精炼结束后总氧达0.003%，比LF后钢液总氧含量降低了0.0014%，说明RH精炼效果也很显著。VD处理后钢液总氧含量反而增加到0.0037%，这是因为VD真空室钢液上方有炉渣覆盖，向钢液传氧，而且炉渣卷入也会导致钢液总氧含量增加，因此，VD精炼后的弱搅拌很重要。从RH和VD后到中间包过

程，钢液总氧含量分别降低了0.0014%和0.0018%，说明中间包冶金过程部分夹杂物上浮去除，中间包冶金效果明显。

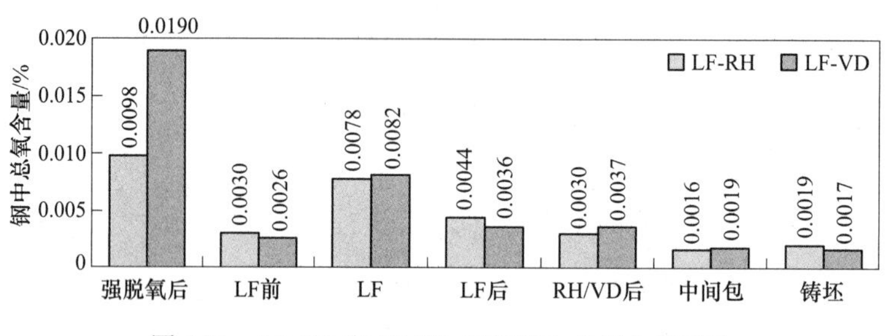

图8-31　LF-RH和LF-VD流程钢中总氧含量变化

8.4.2.5　对夹杂物控制的影响

RH后所取试样中观察到的显微夹杂物主要有两类[8]：（1）C类：硅酸盐夹杂，所占比例为20%，此类夹杂物一般呈球形，有的呈块状，主要为钙铝硅酸盐夹杂，同时有的含有少量的MnO和MnS；（2）D类：球状氧化物，所占比例为80%，此类夹杂物大多呈球块状，为Al_2O_3与CaO的复合夹杂物，还含有少量的MgO。

VD后所取试样中观察到的显微夹杂物类型与RH后夹杂物类型相同，钢液中夹杂物小于5.0μm的显微夹杂物占90%左右，尺寸大于10μm的夹杂物对钢的质量影响很大，应在弱搅拌操作中尽量去除。

本章小结

（1）炉外精炼向以LF精炼为主的组合化、多功能精炼方式发展，LF占全部炉外精炼设备的85%以上。根据产品类型和质量要求，确定组合的炉外精炼工艺。

（2）与LF-RH工艺相比，对于RH-LF工艺，转炉出钢碳含量高、出钢温度高不利于转炉后期的脱磷；弱脱氧出钢，出钢过程可脱磷、不增氮，同等情况下，钢液磷含量略低；由于RH过程钢液氧、硫含量高，脱氮能力低；两者都能达到较高的洁净度。

（3）RH-LF精炼工艺适合于生产低碳钢种，可以适当提高碳含量出钢，降低转炉或电炉冶炼时的铁损，提高金属收得率；对于LF-VD精炼工艺，出钢温度可低些，出钢时大部分采用强脱氧剂脱氧，冶炼低碳钢，出钢后只能加低碳含量的铁合金。两种工艺精炼过程钢液温度变化、碳含量变化都不相同。

思考题

（1）简述多功能炉外精炼的组合方式及确定精炼工艺的依据。

（2）LF-RH、RH-LF及LF-VD精炼工艺的特点及对产品冶金质量的影响有什么？

参考文献

[1] 李太全，包燕平，刘建华，等．RH生产X70管线钢的不同工艺研究［J］．北京科技大学学报，2007（S1）：32-35.

[2] 罗开敏，李晶，周朝刚，等．120t顶底复吹转炉终点碳含量控制对钢水脱磷的影响［J］．特殊钢，

2015，36（2）：36-39.
［3］杨克枝，李晶，蔡可森，等．低磷钢生产过程中钢液回磷的研究［J］. 钢铁研究，2013，41（3）：22-25.
［4］杨克枝．影响精炼过程回磷因素的分析研究［D］. 北京：北京科技大学，2012.
［5］李晶，傅杰，迪林，等．溶解氧对钢液吸氮影响的研究［J］. 钢铁，2002（4）：19-20.
［6］余健，李晶，田伟，等．RH-LF 和 LF-VD 工艺生产管线钢洁净度的比较［J］. 特殊钢，2009，30（2）：52-54.
［7］徐光．鞍钢高级别管线钢纯净度控制及工艺优化研究［D］. 北京：北京科技大学，2009.
［8］韩丽娜．鞍钢高级别管线钢洁净度研究［D］. 北京：北京科技大学，2008.

炉外精炼技术中英文对照

ABS，Aluminum Bullet Shooting，弹射法

AIS，Argon and Induction Stirring，吹氩感应搅拌法

ANS-OB，ANsteel(鞍钢)-Oxygen Blowing，类似 CAS-OB

AOD，Argon Oxygen Decarburization，氩氧脱碳法

AOD-CB，AOD-Converter Blowing，转炉氩氧精炼法

AOD-VCR，AOD-Vacuum Converter Refiner，转炉真空精炼-氩氧脱碳法

AOH，Aluminum Oxygen Heating，钢包铝氧加热精炼法

AP，Argon Process，电弧加热法

APV，Arc Process Vacuum，真空电弧加热法

ASEA-SKF，ASEA(瑞典通用电机公司)-SKF(瑞典滚珠轴承公司)，真空电磁搅拌-电弧加热法

BV，Bochumer-Verein(波鸿联合公司)，钢包注流脱气法

CAB，Capped Argon Blowing，带盖钢包炉吹氩法

CAS，Composition Adjustment by Sealed Argon Blowing，密封吹氩合金成分调整法

CAS-OB，CAS-Oxygen Blowing，密封吹氩合金成分调整-吹氧法

CLU，Creusoi-Loire(法国克勒索-卢瓦尔公司)-Uddeholms(瑞典乌德霍尔姆公司)，气氧混吹脱碳法

DH，德国公司 Dortmund Horder，提升脱气法

Finkl，A Finkl & Sons Co(阿·芬克尔父子公司)，真空钢包吹氩精炼法

Gazal，底吹氩法

Gazid，加真空包盖的底吹氩法

GRAF，Gas Refining Arc Furnace，吹氩喷粉电弧精炼法

IRSID，IRSID(法国钢铁研究院)，钢包喷粉法

IR-UT，Injection Refining-Up Temperature 或 Injection Refining with Temperature Raising Capability，喷射精炼升温法

ISLD，Induction Stirring Ladle Degassing，真空感应搅拌脱气法

KIP，Kimizu Injeet Procass，君津喷射处理钢包精炼法

KTG，川崎钢铁东京 Yogyo 气体喷吹法

KTS，喷射冶金法
LF，Ladle Furnace，电弧加热钢包炉
LFV，Ladle Furnace Vacuum Degassing，真空钢包炉

MVAD，VAD 法的电极间增设氧枪

O-AOD，顶底复吹氩氧脱碳法

PERRIN，合成渣洗法
PM，Powder Metallurgy，粉末冶金法
PM，Pulsating Mixing Process，脉冲搅拌法

REDA，Revolutionary Degassing Activator，单嘴真空精炼法
RH，Ruhrstahl(联邦德国鲁尔公司)-Heraeus(海拉斯公司)，真空循环脱气法
RH-IJ，RH-Injection，真空喷吹法
RH-KTB，RH-KAWASAKI Top Blowing，真空吹氧法
RH-MFB，RH-Multi-Fuctional Blower(多功能喷嘴)，真空顶吹氧法
RH-O，RH-Oxygen，真空吹氧法
RH-OB，RH-Oxygen Blowing，真空吹氧法
RH-PB，RH-Powder Blowing，真空喷粉法
RH-PTB，RH-Powder Top Blowing，真空顶喷粉法
RH-WPB，真空喷粉法

SAB，Sealed Argon Blowing，密封钢包吹氩法
SL，Scaudinavian Lancers(瑞典斯堪的纳维亚兰瑟喷射冶金公司)，钢包喷粉法
SLD，Shift Ladle Degassing，倒包真空脱气法
SS-VOD，Strong Stirring Vacuum Oxygen Decarburization，强搅拌真空吹氧脱碳精炼法
SSRF，Single Snorkel Refining Furnace，单嘴精炼炉

TD，Tap Degassing，出钢过程真空脱气法
TN，Thyssen-Niederhein(德国蒂森—尼德尔汉公司)，蒂森喷粉钢包精炼法

VAD/VHD，Vacuum Arc Degasser，真空埋弧加热脱气法
VC，Vacuum Casting，真空浇铸脱气法
VD/LVD，Vacuum Degassing/Ladle Vacuum Degassing Process，钢包真空脱气法
VSR，Vacuum Slag Refining，真空渣洗法
VOD，Vacuum Oxygen Decarburization，真空吹氧脱碳法
VODC/VODK，Vacuum Oxygen-Argon Decarburization Converter，转炉真空吹氧脱碳法
VOD-PB，VOD-Powder Blowing，真空喷粉吹氧脱碳法

V-AOD，Vacuum-Argon Oxygen Decarburization，真空氩氧脱碳法
V-KIP，Vacuum-Kimizu Injeet Procass，真空—君津喷射处理钢包精炼法

WF，Wire Feeding，喂线法